住房城乡建设部土建类学科专业『十三五』规划教材

室内与家具设计工程制图

（建筑室内设计专业适用）

本教材编审委员会组织编写
裴 斐 主 编
陶 然
翟 艳 副主编
季 翔 主 审

中国建筑工业出版社

图书在版编目（CIP）数据

室内与家具设计工程制图 / 裴斐主编. —北京：中国建筑工业出版社，2019.5（2024.9重印）
住房城乡建设部土建类学科专业“十三五”规划教材.建筑室内设计专业适用
ISBN 978-7-112-23619-0

Ⅰ.①室… Ⅱ.①裴… Ⅲ.①室内装饰设计-建筑制图-高等学校-教材
②家具-制图-高等学校-教材 Ⅳ.①TU238.2②TS664.01

中国版本图书馆CIP数据核字（2019）第071833号

本书根据最新高等职业教育建筑室内设计专业教学基本要求编写而成。注重从学生的学习思维模式出发，以应用为目的。

本书共10个项目，包括制图基础的认知与实践，投影基础的认知与实践，点、直线、平面的投影，基本体的投影，组合体的投影，轴测投影，房屋建筑图的图示原理，室内设计施工图，家具设计工程图以及拓展项目。其中，拓展项目中包括5个子项目，分别来自建筑设计、室内设计、家具设计中的真实案例项目。

本书教学结构为“项目引入—提出任务—知识链接—任务实施—拓展任务—思考与讨论”六个步骤。并增设“相关链接”“小技巧”“请注意”等环节，为学习者提供了知识扩展的版块。另外，本书严格遵守《房屋建筑制图统一标准》GB/T 50001—2017、《建筑制图标准》GB/T 50104—2010、《总图制图标准》GB/T 50103—2010、《家具制图》QB/T 1338—2012等国家标准，做到知识点有章可循。

本书可作为高职院校室内设计专业、建筑装饰设计专业、建筑设计技术专业、家具设计与制造专业及其相关专业的教材或参考用书，也可供有关工程技术人员参考。

如有使用本教材的教师需要配套教学课件，请与出版社联系，邮箱：jckj@cabp.com.cn，电话：（010）58337285，建工书院：https://edu.cabplink.com。

责任编辑：杨 虹 牟琳琳 周 觅
责任校对：李美娜

住房城乡建设部土建类学科专业“十三五”规划教材
室内与家具设计工程制图
（建筑室内设计专业适用）
本教材编审委员会组织编写
裴 斐 主 编
陶 然 翟 艳 副主编
季 翔 主 审
*
中国建筑工业出版社出版、发行（北京海淀三里河路9号）
各地新华书店、建筑书店经销
北京雅盈中佳图文设计公司制版
建工社（河北）印刷有限公司印刷
*
开本：787毫米×1092毫米 1/16 印张：$19^1/_2$ 字数：412千字
2019年7月第一版 2024年9月第五次印刷
定价：46.00元（赠教师课件）
ISBN 978-7-112-23619-0
（33915）

编审委员会名单

前　言

本书根据最新发布执行的《房屋建筑制图统一标准》GB/T 50001—2017、《建筑制图标准》GB/T 50104—2010、《总图制图标准》GB/T 50103—2010、《家具制图》QB/T 1338—2012，并结合最新高等职业教育建筑室内设计专业教学基本要求编写而成。注重从高职学生的学习思维模式出发，“弱理论、重实践”，以应用为目的。本书由绪论和10个项目构成，其中绪论，主要叙述本课程性质、目的、任务及学习方法；项目1～6为制图的基本理论部分，对制图工具及仪器使用、投影的基本理论、方法及其应用给予讲解；项目7为房屋建筑图的图示原理，了解建筑施工图的形成、绘制内容、识读方法等；项目8为室内设计施工图的识读与制图，用真实案例贯穿整体项目教学，下设4个任务，分层次理解施工图形成及绘制方法，在实践中体会图纸在设计中、施工中的意义；项目9为家具设计工程图，下设3个任务，依据家具制图标准、家具产品设计流程及图样表达，展开对家具加工图纸的识读与绘制；拓展项目中涉及5个子项目，分别为房屋建筑施工图（1个项目）、室内设计施工图（2个项目）、家具设计工程图（2个项目），5个子项目全部为真实案例，作为对全书内容的总结和综合实践应用。

本书具有以下特色：

1. 本书在内容上严格控制，最大化降低难度，可以满足各阶层初学者的使用。

2. 采用六步教学结构：“项目引入—提出任务—知识链接—任务实施—拓展任务—思考与讨论”。在“项目引入”环节共设置了五个步骤，分别为“项目描述”“项目目标”“项目要求”“项目计划”和“项目评价”。

3. 为了提高学习者的学习兴趣和知识内容的扩充，增设了“相关链接”“小技巧”“请注意”等环节。

4. 书中部分引用真实案例，并在项目（任务）实施环节，模拟实际工作过程，将理论知识与实际应用完美对接。

5. 为了锻炼制图能力，在拓展任务中设计了多种类型的习题，供学习者练习。

本书由裴斐主编，参加编写的有：黑龙江建筑职业技术学院裴斐（项目3、项目4、项目5、项目8，拓展项目中的拓展项目2、拓展项目3）；黑龙江建筑职业技术学院陶然（项目1、项目2、项目7，拓展项目中的拓展项目1）；山西林业职业技术学院翟艳（项目6中的任务6.3、拓展任务，项目9，拓展项目中的拓展项目4、拓展项目5）；湖南城建职业技术学院邹海鹰（项目6中的任务6.1、任务6.2），全书由裴斐统稿。

本书在编写过程中得到了黑龙江建筑职业技术学院金锦花、张波，研篁（北京）家具有限公司刘兴，北京木尚空间设计有限公司张夜凯大力支持与帮助，谨此深表感谢。

由于编者水平有限，本书难免有疏漏之处，敬请读者批评、指正。

编　者

2018年5月

目　录

绪　论

■ 教学目标

1. 了解房屋建筑工程图的分类及作用。
2. 了解室内设计工程制图的基本内容。
3. 了解家具设计工程制图的基本内容。
4. 了解本课程的学习目的和任务。
5. 了解本课程的学习方法。

0.1 房屋建筑工程图的分类和作用

房屋建筑工程图是在初步设计完成的前提下，对施工技术要求给予更为具体的细化，为施工安装、编制工程预算、购买材料和设备、制作非标准配件等，提供完整的、正确的图样依据。一套完整的房屋建筑工程图，按其内容和工种不同可分为以下几类。

1. 建筑施工图

基本图纸包括建筑总平面图、建筑平面图、建筑立面图、建筑剖面图及建筑详图等。主要表达建筑内部布局、外部装修、外观造型、施工要求等。

2. 结构施工图

基本图纸包括基础平面图、基础详图、结构平面图、楼梯结构图和结构详图等。主要表达承重结构的布置方式、结构构件类型等。

3. 室内设计施工图

基本图纸包括平面布置图、顶棚平面图、地面铺装图、立面图和详图等。主要表达室内布局、室内墙面、地面、顶棚装饰、陈设品摆放等。

4. 设备施工图

基本图纸包括给水排水、采暖通风、电气照明等设备的平面布置图、系统图和施工详图等。主要表达管道的布置和走向、构件做法和加工安装要求，电器线路走向及安装要求等。

在以上四种工程图中，室内设计施工图将作为本书研究的重点内容。另外，家具作为室内空间不可缺少的物品，它的设计图纸的绘制也将作为本书研究的重点内容。

0.2 室内设计工程制图概述

室内设计工程制图是研究识读和绘制室内工程图样的一门学科。在室内设计工程中，无论是大型商场、酒店室内设计，还是小户型家居设计都需要完整、详细的工程图样给予施工上的指导。工程图样也是工程设计技术人员表达设计与技术思想的重要工具，是工程建设中重要的技术资料，是设计者与施工者交流的媒介，是设计者与客户之间沟通的桥梁。工程图样被誉为“工程界的语言”，作为“语言”交流应做到无障碍，因此，规范性尤为重要。由于我国并未对室内设计工程制图制定专门国家规范，为此，本书编写将依据《建筑制图标准》GB/T 50104—2010、《房屋建筑制图统一标准》GB/T 50001—2017 等最新建筑国标中所涉及室内设计工程制图的相关规定，并结合室内设计自身特点，指导教学。

0.3 家具设计工程制图概述

家具设计工程制图是研究识读和绘制家具工程图样的一门学科。家具作为一种特殊的工业产品，体现了艺术与技术并重的设计理念。无论何种形式的家具都需要设计师们通过采用各种家具图样表达设计思想，传递相关技术信息，包括外部造型、内部结构、材料使用等，以适应设计、生产加工、组合安装、质量检查等需要。本书依据《家具制图》QB/T 1338—2012 国家标准进行编写，并结合当下家具行业制图特点，给予案例讲解。

0.4 室内与家具设计工程制图课程的目的和任务

1. 学习目的

通过本课程的学习使学生能够读懂并正确表达室内与家具设计工程图。并通过实践，培养学生的空间想象能力。

2. 学习任务

(1) 掌握国家建筑工程图、家具制图相关标准。

(2) 制图工具及仪器的正确使用。

(3) 基本几何图形的绘制方法。

(4) 投影法的基本理论及其应用。

(5) 培养空间想象能力，二维图形与三维形体的转换。

(6) 培养建筑施工图识图能力。

(7) 培养室内设计工程图识图及绘图能力。

(8) 培养家具设计工程图识图及绘图能力。

(9) 培养分析问题和解决问题的能力。

(10) 培养认真负责的工作态度和一丝不苟的工作作风。

0.5 室内与家具设计工程制图课程的学习方法

本课程主要包括制图的基本知识、投影、室内设计工程制图、家具设计工程图四部分。其中，制图的基本知识和投影为基础理论，系统性很强，主要完成制图工具的使用、三维形体与二维图形之间的转换等。室内与家具设计工程制图是对投影的现实应用，实践性较强，是本课程的核心知识内容。为了使学生们更好地完成课程学习，现针对本课程内容提出几点学习方法，仅供参考。

1. 提高空间想象能力

培养空间想象能力，即通过二维图形可以想象三维形体，反之可将三维形体用二维图形来表达。最初可以利用简单的基本几何体或是借助模型完成三维形体与二维图形的转换，通过训练逐步完成较为复杂组合体与图形的转换。空间想象能力是学好室内与家具设计工程制图的关键。

2. 遵守国家标准

本课程严格按照国家相关建筑制图标准、家具制图标准进行教学。图纸上的图形、图线、文字、符号等都有明确的规定，并不能随心所欲。因此，学生们在制图和读图的过程中，应积极参照制图相关国家标准，做到准确、规范。

3. 制图与读图相结合

在投影训练时，学生们应将图形分析与制图过程有机结合。在室内与家具设计工程制图时，应先读懂原图设计意图及各个符号表达内容，然后动手绘制图纸。

4. 加强课后训练

本课程实践性很高。因此，除了做到课前预习、课上练习外，还应加强课后的训练。特别是投影部分，涉及二维图形与三维形体转换，为快速提高空间想象能力，必须增加课后习题量。与此同时，在训练中还应逐渐提高绘图速度，做到制图快速、准确。

5. 提高自我学习能力

自我学习能力和独立工作能力是一名设计工作者应具备的基本能力。只有做好课前预习，找到问题，并带着问题去学习、听课，才能提高学习效果。

6. 认真的学习态度

工程制图是施工与制造的依据。图上的每一处细节都决定了工程最终的完成效果及质量。因此，学生们在学习初始就应该严格要求自己，按照国家相关制图标准进行绘图，培养认真负责的学习态度和严谨细致的工作作风。

1

项目 1 制图基础的认知与实践

【项目描述】

工程制图是工程项目设计与实施的重要技术手段。对于初学者，在学习绘制建筑工程图纸、室内设计工程图纸或家具设计图纸前，应首先掌握制图的基础内容。项目1的设立，意在熟练地使用制图工具，明晰国家相应制图标准，并能够规范、准确、灵活地完成基本图形的绘制工作。

【项目目标】

1. 掌握制图工具及仪器的使用。
2. 掌握图线的用途与画法。
3. 掌握图纸幅面规格及表达形式。
4. 掌握图样上文字的书写方法。
5. 掌握尺寸标注组成及各类图形的标注方法。
6. 利用制图工具及仪器完成几何作图及平面图形的绘制。

【项目要求】

1. 根据任务1.1的要求，学习制图工具及仪器的识别与使用。完成壁纸图样的设计与绘制工作，壁纸图样所用图纸规格为A4绘图纸（297mm×210mm），需要绘制图框。

2. 根据任务1.2的要求，学习制图标准的相关规定。完成任务指定图样的临摹工作，所用图纸规格为A3绘图纸（420mm×297mm），需要绘制图框。

3. 根据任务1.3的要求，学习几何作图及平面图形画法。完成任务指定图样的临摹工作，图样可绘制在练习本上，无需绘制图框。

4. 完成拓展任务，根据任务要求将图形绘制在指定位置。

5. 所有任务需按照任务要求所示的比例和线型要求进行绘制。

6. 图纸中所涉及的汉字应规范书写，宜采用仿宋体或黑体，禁止随意使用字体。

7. 应充分合理地使用制图工具，保持图面清洁、图线清晰。

【项目计划】

见表1–1。

【项目评价】

见表1–2。

项目1计划 **表1-1**

项目内容	知识点	学时
任务 1.1 制图工具的识别与应用	图板、丁字尺、三角板、绘图笔、比例尺、圆规、分规、制图模板、擦图片、曲线板和曲线尺	1
任务 1.2 制图标准的基本规定	图纸幅面、标题栏、会签栏、图线、字体、比例、尺寸标注	2
任务 1.3 几何作图及平面图形画法	平行线、垂直线、直线等分、正多边形、特殊矩形、椭圆、圆弧连接	2
拓展任务	(此部分内容可单独使用，也可融入以上任务完成)	1

项目1评价 **表1-2**

项目评分	评价标准
5★	①按照任务书要求完成所有任务，准确率在90%以上；②制图工具使用娴熟；③制图规范；④图面整洁、无刮痕；⑤图线清晰
4★	①按照任务书要求完成所有任务，准确率在75%~89%；②制图工具使用熟练；③制图规范；④图面较整洁或有≤2处刮痕；⑤图线较清晰
3★	①按照任务书要求完成所有任务，准确率在60%~74%；②制图工具使用不熟练，有≤4处图线未使用工具绘制；③制图欠规范；④图面不整洁或有≤4处刮痕；⑤图线不清晰
2★	①没有完成任务，准确率在30%~59%；②制图工具使用不熟练，有≤6处图线未使用工具绘制；③制图欠规范；④图面不整洁，有≤6处刮痕；⑤图线不清晰。建议重新完成任务
1★	①没有完成任务，准确率在30%以下；②且>6处图形未使用工具；③制图不规范；④图面不整洁；⑤图线不清晰。建议重新学习

注：如不满足评价标准中的任意一项，便需要降低一个评分等级。

任务 1.1 制图工具的识别与应用

■ 任务引入

在室内设计中，设计师为了营造个性、舒适的空间环境，常常用一些抽象图案装饰墙面，如图 1-1 所示。试想一下，如果将这些图形移植到纸面上应该如何绘制？应该运用哪些工具帮助我们完成呢？

本节我们的任务是了解制图工具和仪器的种类及使用方法，并完成简单图形的绘制。

■ 知识链接

学习制图，首先要了解制图工具的种类及性能。熟练地掌握工具的使用方法，是快速高效、保证绘图质量的关键。常用的制图工具有图板、丁字尺、三角板、绘图铅笔、针管笔、比例尺、圆规、分规、擦图片、曲线板和曲线尺等。

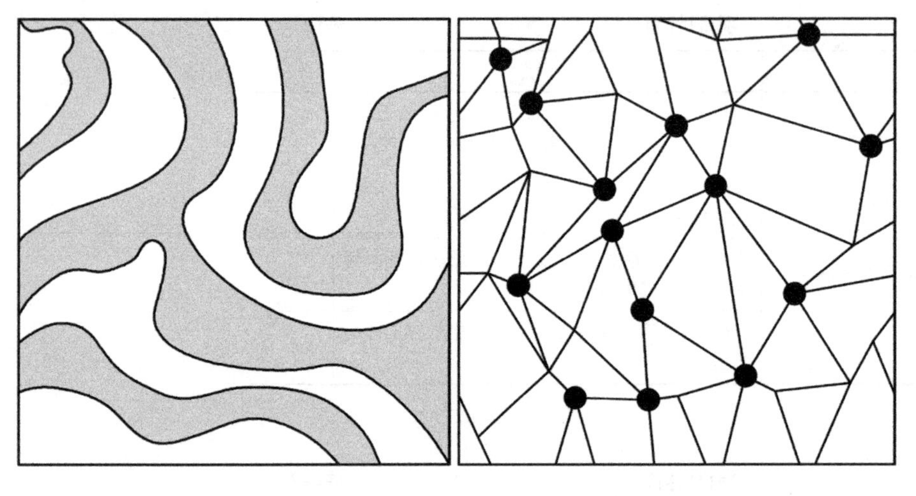

图 1–1
装饰图案

1.1.1 图板

图板通常用木板制成，是制图时的垫板，用来固定图纸，要求其表面光滑、平整、有弹性，如图 1–2 所示。其规格分为 0 号（900mm × 1200mm）、1 号（600mm × 900mm）、2 号（450mm × 600mm）、3 号（300mm × 450mm）等，可根据所画图幅的大小而定。

图板由四个边构成，其中两个短边为工作边，必须保持平整，角边应垂直。图板不可用水刷洗和在日光下曝晒，以防变形，不用时，以竖放保管为宜。

1.1.2 丁字尺

丁字尺是绘制水平线和配合三角板制图的工具。

丁字尺由相互垂直的尺头和尺身组成，尺身要牢固地连接在尺头上，尺头的内侧面必须平直，如图 1–2 所示。

作图时，左手把住尺头，使它始终紧靠图板左侧，不可以在图板的其他边滑动，以避免因图板各边不成直角，而造成所绘直线不准确，如图 1–3（*a*）所示。然后上下移动丁字尺，直至工作边对准要画线的地方，再从左向右画水平线，如图 1–3（*b*）所示。画较长的

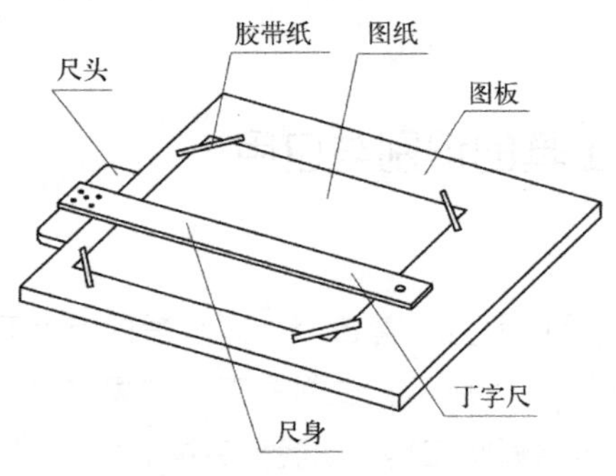

图 1–2
图板

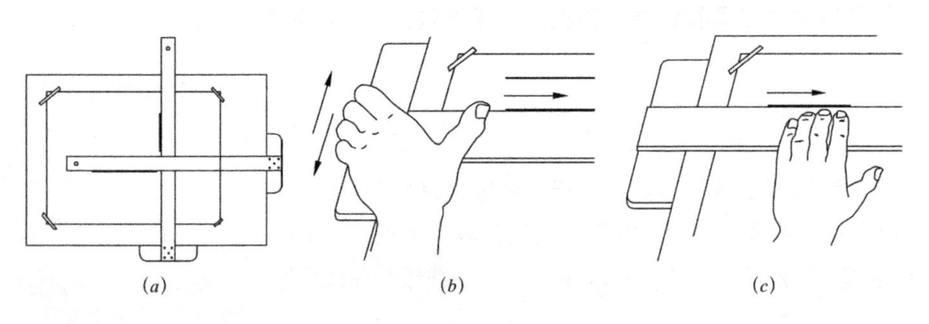

图 1–3
丁字尺的使用方法
（*a*）丁字尺错误的使用方法；（*b*）上下推动丁字尺；（*c*）画长线

水平线时，可把左手滑过来按住尺身，以防止尺尾翘起和尺身摆动，如图 1–3（*c*）所示。丁字尺用完后，宜竖直挂起来，以避免尺身弯曲变形或折断。

1.1.3 三角板

一副三角板有 30°、60° 直角三角板和 45° 等腰直角三角板两种规格。

三角板除了直接用来绘制直线外，还可以配合丁字尺绘制铅垂线和与水平线成 15° 整倍数（30°、45°、60°、75°）的斜线，如图 1–4（*a*）所示。画铅垂线时，先将丁字尺移动到所绘图线的下方，把三角板放在应画线的右方，并使一直角边紧靠丁字尺的工作边，然后移动三角板，直到另一直角边对准要画线的地方，再用左手按住丁字尺和三角板，自下而上画线，如图 1–4（*b*）所示。

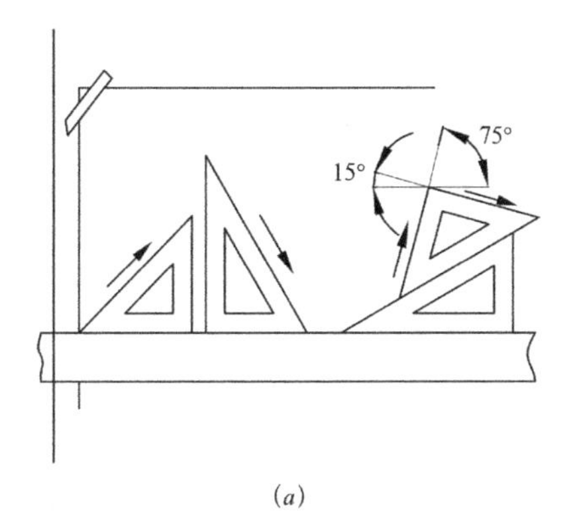

(*a*)

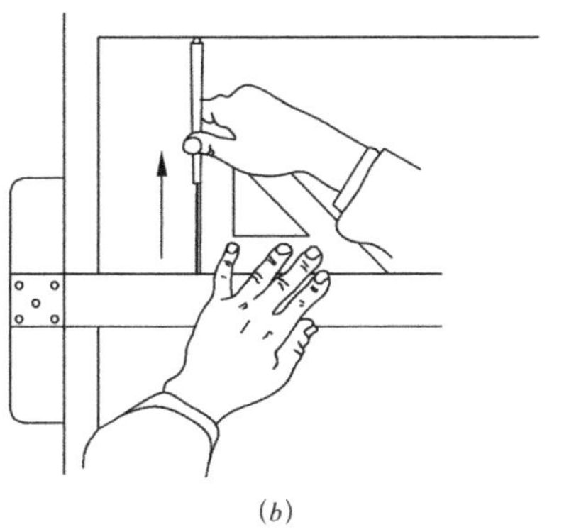
(*b*)

图 1–4
三角板的使用方法
(*a*) 绘制 15° 整倍斜线；
(*b*) 绘制垂直线

相关链接：组合式制图板

组合式制图板（图 1–5），是将图板、丁字尺、三角板有效整合在一起的新型制图板。较传统图板具有携带方便、绘图更便捷准确等优点，并且图板本身具有固定图纸的功能，免去了胶带纸或图钉固定图纸，导致图纸损坏情况的发生。

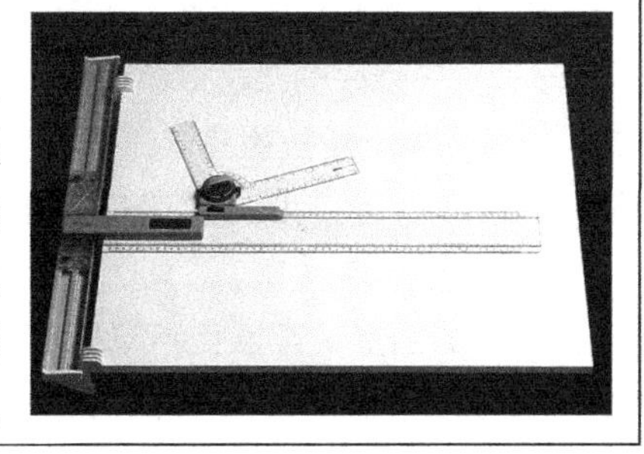

图 1–5
组合式制图板

1.1.4 绘图笔

1. 铅笔

绘图铅笔用 H、B 标明不同的硬度。标号 B、2B……6B 表示软铅芯，数字越大铅芯越软。标号 H、2H……6H 表示硬铅芯，数字越大铅芯越硬。标号 HB 表示中软。画底稿宜用 H 或 2H，徒手作图可用 HB 或 B，加重直线用 H 或 HB（细线）、HB（中粗线）、B 或 2B（粗线）。画底稿、细线和写字时，铅笔尖应削成锥形，芯露出 6 ~ 8mm；加深线型的铅笔（中粗线、粗实线）可削成楔形，如图 1–6 所示。削铅笔时要注意保留有标号的一端，以便始终能识别其软硬度。

使用铅笔绘图时，用力要均匀，用力过大会划破图纸或在纸上留下凹痕，

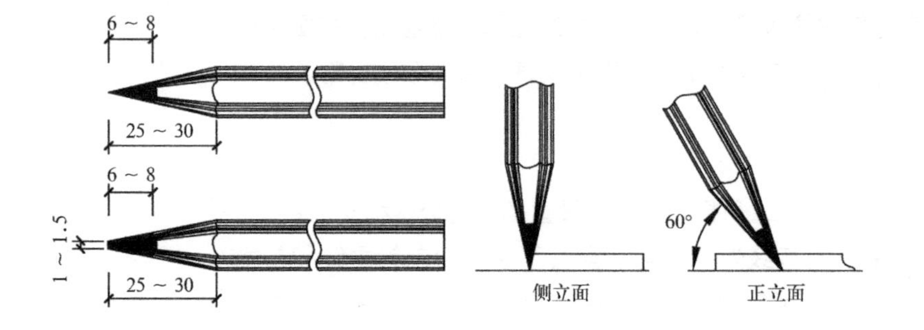

图 1–6（左）
铅笔尖的形状
图 1–7（右）
铅笔的使用方法

甚至折断铅芯。画长线时要边画边转动铅笔，使线条粗细一致。持笔的姿势要自然，笔尖与尺边距离始终保持一致，线条才能画得平直、准确，如图 1–7 所示。

2. 针管笔

针管笔又称绘图墨水笔，是用来描图或在图纸上绘制墨线的仪器。它的笔尖是一支细的不锈钢针管，能像普通钢笔一样吸取墨水。笔尖的管径从 0.1mm 到 1.2mm，有多种规格，可根据线型粗细而选用，如图 1–8 所示。

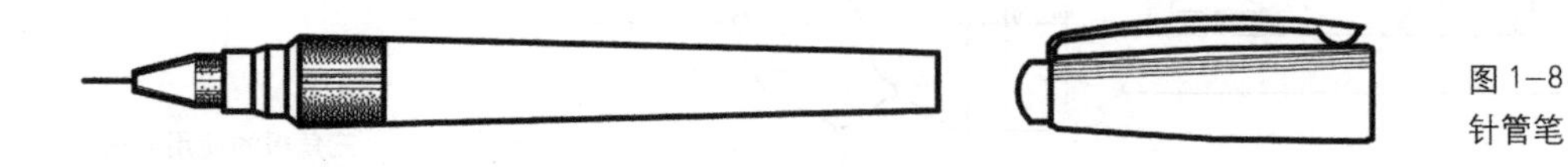

图 1–8
针管笔

使用时，笔尖倾斜纸面 10° ~ 15°，握笔要稳，用力均匀；制图顺序先上后下、先左后右、先曲后直、先细后粗；用较粗的针管笔作图时，落笔及收笔均不应有停顿；长期不用，应洗净针管中残存的墨水。

用吸水针管笔绘图时应注意如不能按照要求正确地使用和清洗针管笔头，会造成漏水和笔头堵塞情况的出现，为制图人员带来困扰。

3. 草图笔

为了避免漏水和笔头堵塞的困扰，可以使用草图笔代替吸水针管笔，草图笔又称一次性针管笔。笔头为尼龙质地，不用吸取墨水且不会造成笔头堵塞，出水均匀，使用方法与吸水针管笔相同。图 1–9 所示，为草图笔（一次性针管笔）的编号及对应所绘线条宽度值。

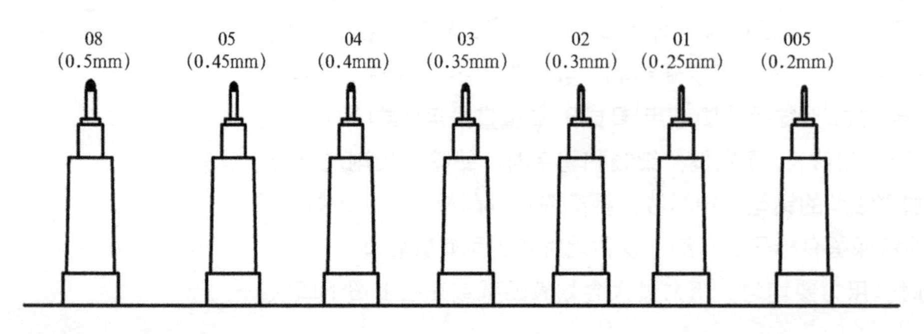

图 1–9
草图笔

1.1.5 比例尺

比例尺是刻有不同比例的直尺。常用的比例尺是三个面上刻有六种比例的三棱尺，其比例有百分比例尺和千分比例尺两种，单位为“m”，如图1–10所示。百分比例尺有1∶100、1∶200、1∶300、1∶400、1∶500、1∶600六个比例尺刻度；千分比例尺有1∶1000、1∶1250、1∶1500、1∶2000、1∶2500、1∶5000六个比例尺刻度。

我们在绘图时，不需通过计算，可以直接用比例尺在图纸上量得实际尺寸。如已知图形的比例是1∶100，需要画一条长度为1500mm的线段，就可利用比例尺上1∶100的比例刻度去量取1.5，即可得到长度1.5m的线段，即1500mm。

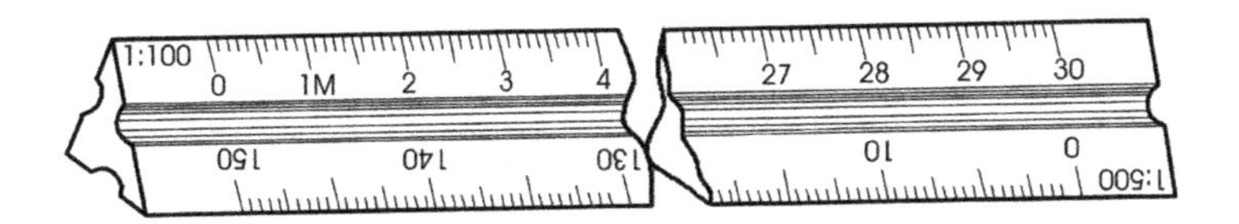

图1–10 比例尺

1.1.6 圆规和分规

1. 圆规

圆规是用来画圆及圆弧的工具。圆规的一腿为可固定紧的活动钢针；另一腿上附有插脚，根据不同用途可换上钢针插脚、铅芯插脚、鸭嘴插脚、接长杆，如图1–11所示。其中，钢针插脚可作为分规使用，铅芯插脚可绘制铅笔圆或圆弧，鸭嘴插脚可绘制墨线圆或圆弧，接长杆供画大圆使用。

使用时，先将圆规两脚分开，使铅芯与针尖的距离等于所画圆或圆弧的半径；然后，令针尖对准圆心，用右手的拇指与食指夹住圆规帽头，顺时针方向转动圆规。整个圆或圆弧应一次画完，如图1–12（*a*）所示。

绘制较大圆或圆弧时，可将圆规两脚与纸面垂直，或使用接长杆，如图1–12（*b*）所示。

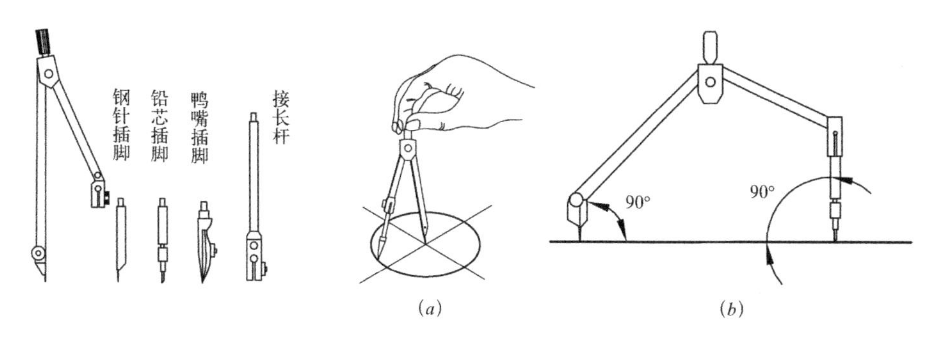

图1–11（左）圆规的组成
图1–12（右）圆规的使用方法
（*a*）普通圆画法；
（*b*）大圆或圆弧画法

2. 分规

分规是截量长度和等分线段的工具。它的两个腿必须等长，两针尖合拢时应会合成一点。分规可以在尺上量取所画线段尺寸，也可在直线上截取任意长度，或等分已知线段及圆弧，如图1–13所示。

1.1.7 制图模板

模板上刻有尺寸及各种不同的图例和符号的孔洞，如图 1–14 所示。其大小符合一定比例，只要用绘图笔沿着孔洞画一周即可完成所需图形。

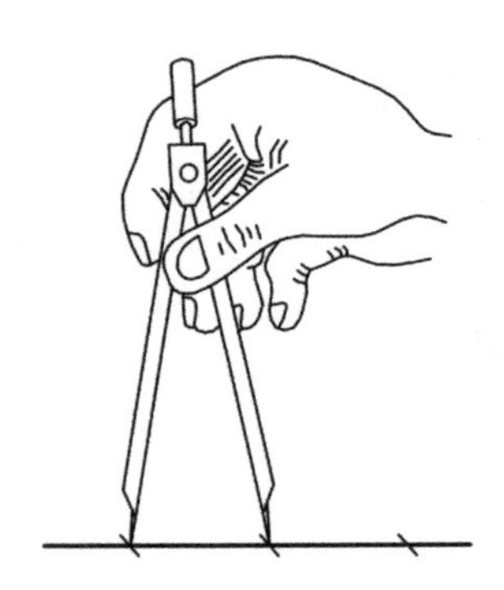

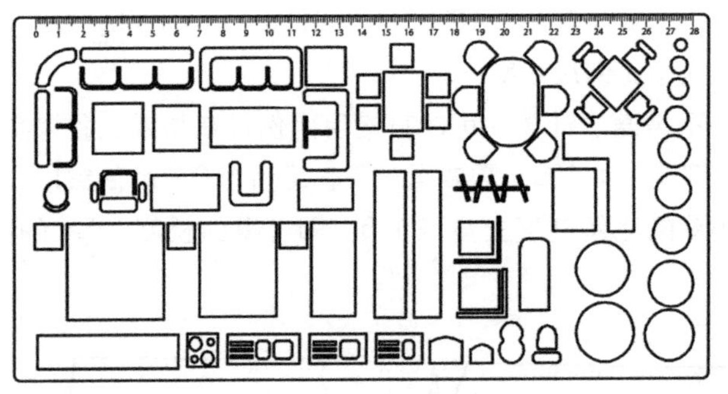

图 1–13（左）
分规的使用方法
图 1–14（右）
制图模板

1.1.8 擦图片

擦图片，又称擦线板，为擦去铅笔制图过程不需要的稿线或错误图线，并保护邻近图线完整的一种制图辅助工具。质地为不锈钢，厚度大约为 0.3mm，如图 1–15 所示。

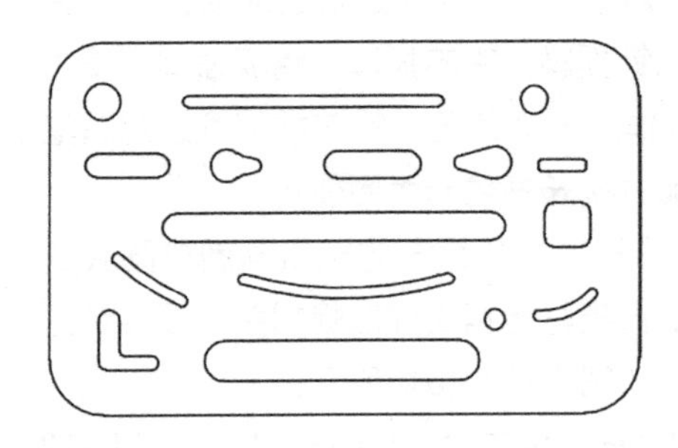

图 1–15
擦图片

1.1.9 曲线板和曲线尺

1. 曲线板

曲线板是用来画非圆曲线的工具。绘图时，先确定所画曲线上的若干点，用铅笔徒手顺着各点流畅地画出，然后选用曲线板上曲率合适的部分，分几段逐步描深，每段至少应有 3 个以上的点与曲线板吻合，如图 1–16 所示。

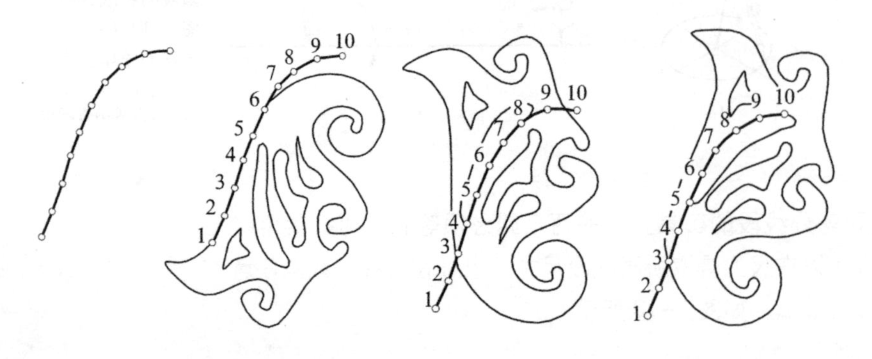

图 1–16
曲线板的使用方法

2. 曲线尺

曲线尺是较为方便的绘制曲线的工具。曲线尺可根据所绘曲线的形式进行弯曲，制图人员便可一次性完成曲线绘制，如图 1–17 所示。

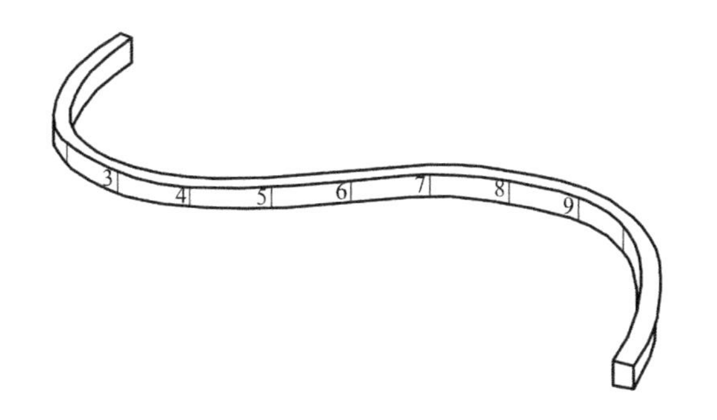

图 1–17
曲线尺

■ 任务实施

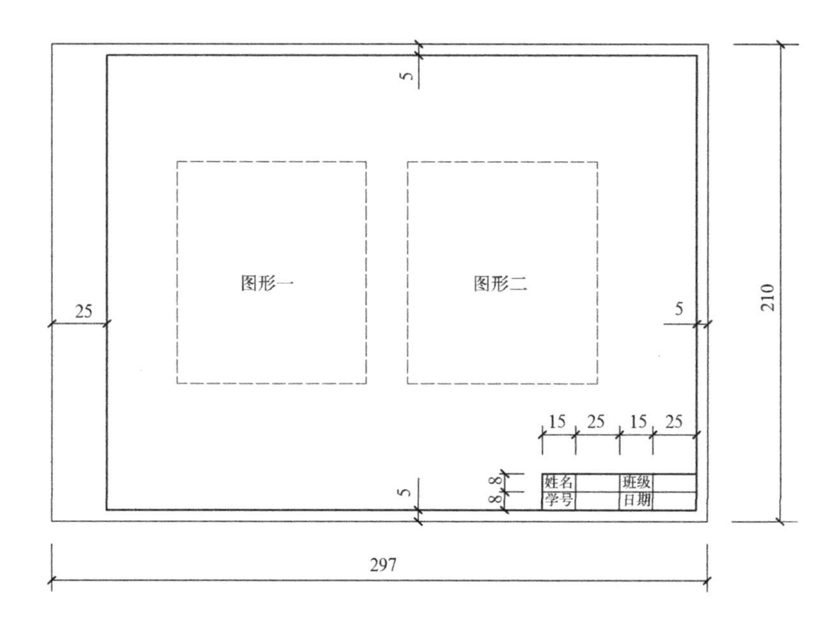

图 1–18
图框尺寸要求

1. 任务内容：参考图 1–1，设计两款壁纸图样。

2. 任务要求：

（1）图形要求：一款壁纸图样以曲线为主；另一款以直线为主。

（2）图纸规格：A4 绘图纸（210mm × 297mm）。

（3）图框尺寸要求：如图 1–18 所示。

（4）字体：所有字应用仿宋体书写，禁止随意字体。

（5）保持图面整洁、图线清晰，充分合理利用各种制图工具。

■ 思考与讨论

谈一谈，在绘制壁纸图案时你都使用了哪些制图工具，它们都具有哪些特点？

任务 1.2　制图标准的基本规定

■ 任务引入

如图 1–19 所示，图纸中有多种线型出现，如细实线、粗实线、单点长画线、折断线等。为什么一张图纸内要画不同线型呢？每种线型在工程图中都具有哪些意义呢？

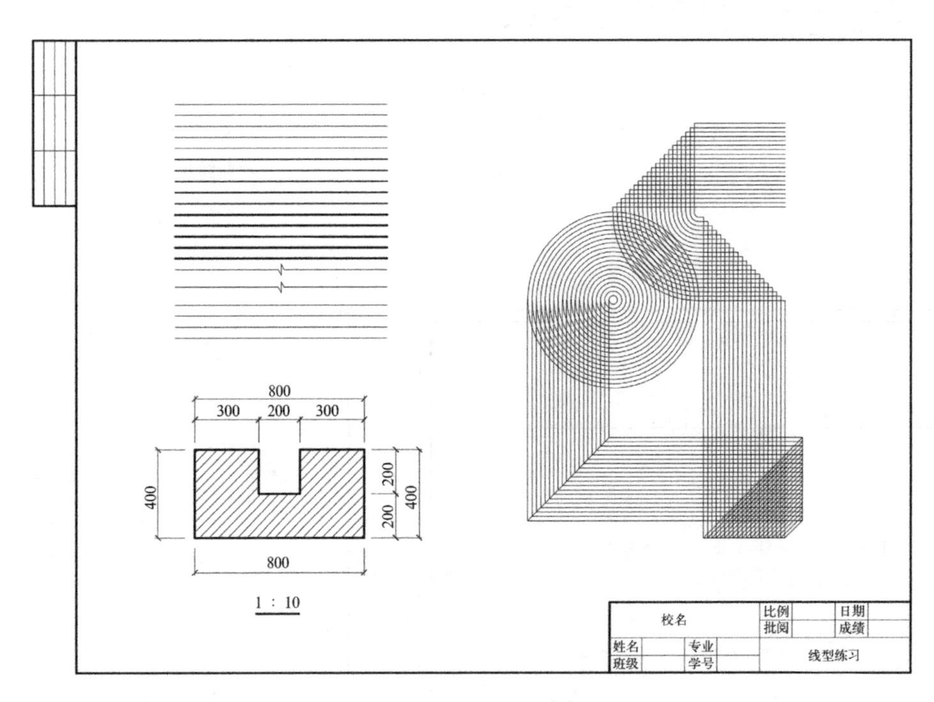

图 1–19
线型练习

本节我们的任务是依据国家标准的相关规定，学习并掌握图纸幅面规格与图纸编号编排顺序、图线、字体、比例和尺寸标准等相关内容。并结合所学知识，完成图样临摹。

■ 知识链接

为便于绘制、阅读和管理工程图样，住房和城乡建设部、国家质量监督检验检疫总局联合发布了有关制图的国家标准。本节内容主要介绍国家制定的《房屋建筑制图统一标准》GB/T 50001—2017（以下简称国标）和《建筑制图标准》GB/T 50104—2010 中有关图幅、图线、字体、尺寸标注、比例等相关规定。

需要注意的是本教材中家具制图部分参照国家轻工业标准《家具制图》QB/T 1338—2012，在标题栏、图线、尺寸标注、比例等设置上与建筑制图相关标准有所不同。因此，家具制图请参照项目 9 相关内容。

1.2.1　图纸幅面

图纸幅面是指图纸宽度与长度组成的图面，也就是图纸的大小。所有图纸的幅面均是以整张纸对裁所得。整张纸为 0 号图幅，1 号图是 0 号图的对裁，2 号图是 1 号图的对裁，以此类推，如图 1–20 所示。为使图纸整齐划一，同一项工程的图纸，不宜多于两种幅面。

图纸上的绘图范围界限称为图框。图框根据图幅的方向可分为横式和立式，如图 1–21 所示。

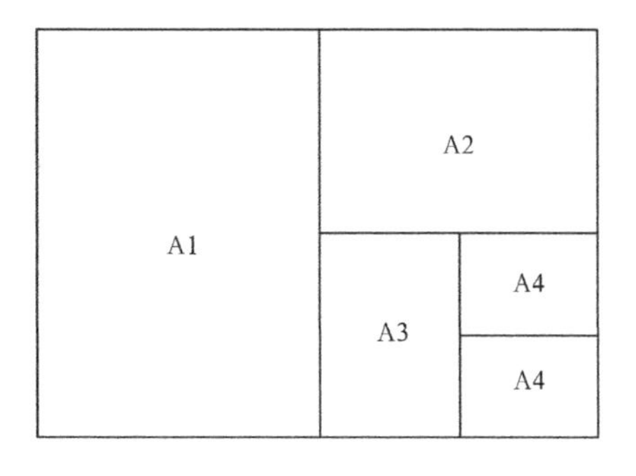

图 1–20
图幅

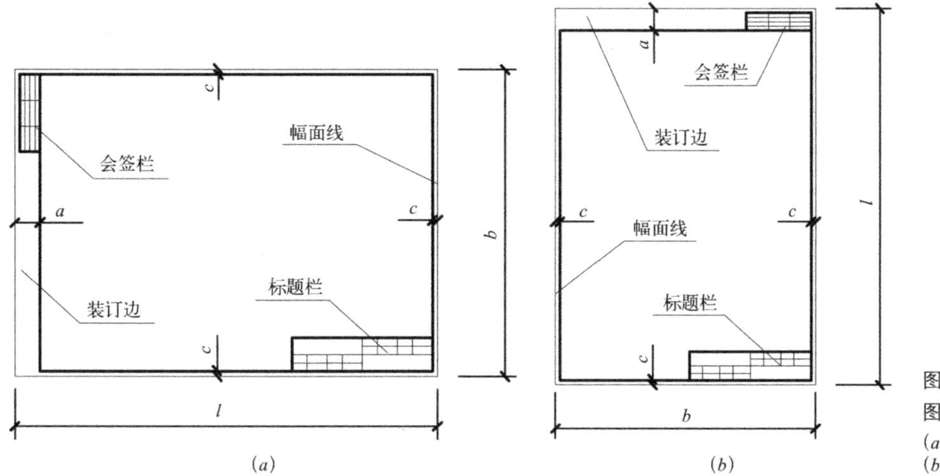

图 1–21
图框的格式
(a) 横式图框；
(b) 立式图框

图纸的幅面及图框尺寸应符合表 1–3 的规定。

图纸幅面及图框尺寸（mm） **表1–3**

尺寸代号 幅面代号	A0	A1	A2	A3	A4
$b \times l$	841 × 1189	594 × 841	420 × 594	297 × 420	210 × 297
c	10			5	
a	25				

1.2.2 标题栏和会签栏

1. 标题栏

标题栏位于图纸的右下角，用来填写工程名称、设计单位、图名、图纸编号等内容，其尺寸和分区格式，如图 1–22 所示。边框用粗实线绘制，分格线用细实线绘制。

2. 会签栏

会签栏是指工程建设图纸上由会签人员填写的有关专业、姓名、日期等的一个表格。其尺寸和分区格式，如图 1–23 所示。

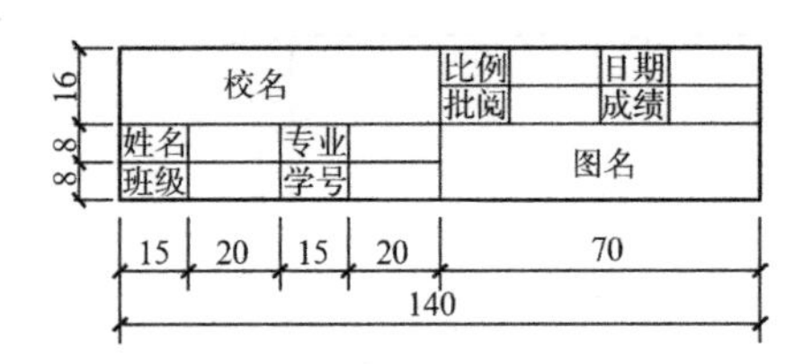

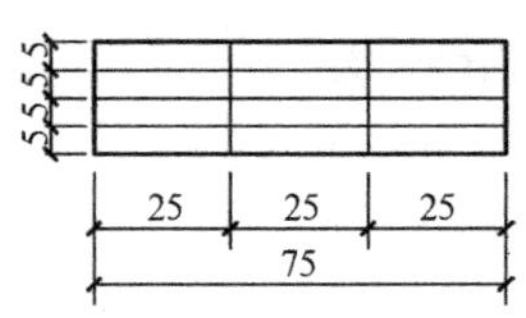

图 1–22（左）
标题栏
图 1–23（右）
会签栏

1.2.3 图线

1. 线型与线宽

工程图纸是由不同类型、不同线宽的图线组成的。这些图线在图纸中表达不同的含义和内容。同时，类型各异的图线也使得图样层次分明，便于读图，也增加了图样的美感。

图线的宽度 *b*，宜从 1.4、1.0、0.7、0.5、0.35、0.25、0.18、0.13mm 线宽系列中选取，图线的宽度不应小于 0.1mm。每个图样，应根据复杂程度与比例大小，先选定基本线宽 *b*，再选用表 1–4 中相应的线宽组。

线宽组（mm） **表1–4**

线宽比	线宽组			
b	1.4	1.0	0.7	0.5
0.7*b*	1.0	0.7	0.5	0.35
0.5*b*	0.7	0.5	0.35	0.25
0.25*b*	0.35	0.25	0.18	0.13

在《房屋建筑制图统一标准》GB/T 50001—2017 中对线型、线宽和用途作了规定，结合室内设计工程图特点总结如表 1–5 所示。

图线线型、线宽与用途 **表1–5**

名称		线型	线宽	用途
实线	粗	————	*b*	1. 主要可见轮廓线 2. 平、立面图墙体外轮廓线 3. 详图中主要部分的断面轮廓线和外轮廓线 4. 剖切符号 5. 图框、标题栏、会签栏外轮廓线
	中	————	0.5*b*	1. 可见轮廓线 2. 平、立、剖面图中一般构配件的轮廓线 3. 尺寸起止符号
	细	————	0.25*b*	1. 图例线 2. 尺寸线、尺寸界线、引出线、标高线、索引符号、较小图形的中心线
虚线	粗	— — — —	*b*	（见有关专业制图标准）
	中	— — — —	0.5*b*	一般不可见轮廓线
	细	— — — —	0.25*b*	不可见轮廓线、图例填充线等

续表

名称		线型	线宽	用途
单点长画线	粗		b	起重机（起重机轨道线）
	中		0.5b	（见有关专业制图标准）
	细		0.25b	中心线、定位轴线、对称线
双点长画线	粗		b	（见有关专业制图标准）
	中		0.5b	（见有关专业制图标准）
	细		0.25b	假想轮廓线、成型前原始轮廓线
折断线	细	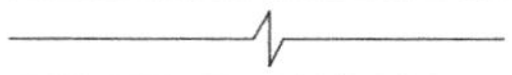	0.25b	部分省略表示时的断开界线
波浪线	细		0.25b	1. 部分省略表示时的断开界线，曲线形构件断开界限 2. 构造层次的断开界限

2. 图线画法

图线绘制过程中应注意以下事项：

(1) 相互平行的图例线，其净间隙或线中间隙不宜小于 0.2mm。

(2) 虚线、单点长画线或双点长画线的线段长度和间隔，宜各自相等。

(3) 单点长画线或双点长画线，当在较小图形中绘制有困难时，可用实线代替。

(4) 单点长画线或双点长画线的两端，不应是点，应是线段交接。

(5) 虚线与虚线交接或虚线与其他图线交接时，应是线段交接。虚线为实线的延长线时，不得与实线连接。

(6) 图线不得与文字、数字或符号重叠、混淆。不可避免时，应首先保证文字等的清晰。

图线的正误画法，见表 1–6 所示。

各种图线的正误画法 **表1–6**

图线	正确	错误	说明
虚线	4~6 1		虚线线段长度一般为 4 ~ 6mm，间隙约为 1mm，不能太短、太密
单点长画线	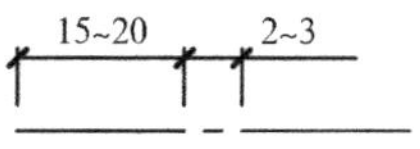 15~20 2~3		单点长画线线段长为 15 ~ 20mm，间隙约为 2 ~ 3mm，间隙中间画一段线段，而非点
两直线相接			两直线相接应画到交点处，不能画过也不能留有间隙
不同图线相交			1. 两虚线或虚线与直线相交，应是线段相交，相交处不应有间隙 2. 虚线是直线的延长线时，应留有间隙

续表

图线	正确	错误	说明
圆的中心线	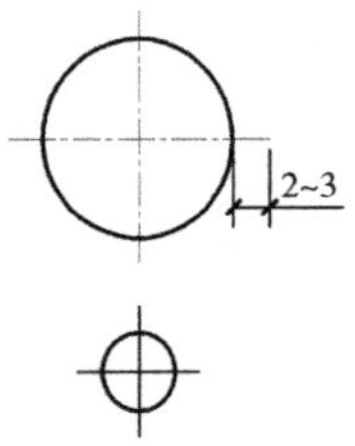 2~3	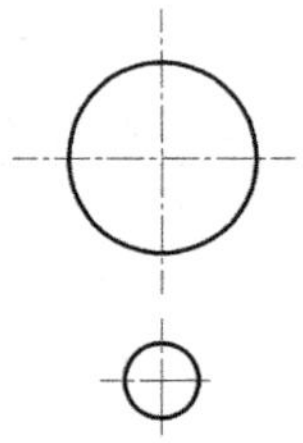	1. 两单点长画线相交，应在线段处相交 2. 单点长画线的起止点是线段而不是点 3. 单点长画线应超出圆周 2～3mm，且与圆周相交处应是线段 4. 单点长画线很短时可用细实线代替
折断线与波浪线	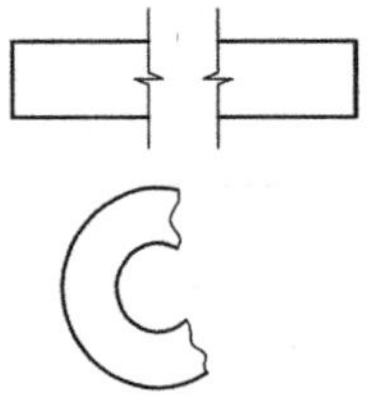	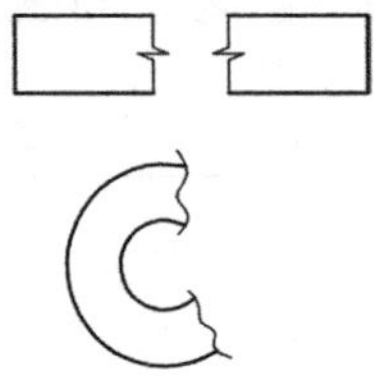	1. 折断线两端应超出图形轮廓线 2. 波浪线画到轮廓线为止，不要超出轮廓线

1.2.4 字体

文字与数字是用来表示尺寸标注、名称和说明设计要求的，是工程图纸不可缺少的一部分。

图纸的文字与数字，均应笔画清晰、字体端正、排列整齐。

1. 汉字

图样及说明中的汉字，宜采用仿宋体或黑体，同一图纸字体的种类不应超过两种，如图 1–24 所示。仿宋体的高宽关系应符合表 1–7 的规定，其中字体的大小用字号表示，字号又以仿宋字的高度确定，如字高为 10，则字号为 10 号。一般字号不应小于 3.5 号。黑体字的宽度与高度相同。

大标题、图册封面、地形图等的汉字，也可书写成其他字体，但应易于辨认。

室 内 设 计 工 程 制 图 平 面 立 体 天 棚 地 面 节 点 详
图 楼 梯 踢 脚 线 卧 室 书 房 客 厅 走 廊 卫 生 间 厨 房
陶 瓷 锦 砖 实 木 地 板 乳 胶 漆 饰 面 轻 钢 龙 骨 石 膏
板 吊 顶 木 门 玻 璃 窗 洁 具 书 架 装 饰 品 夹 层 板 壁
纸 吸 顶 灯 姓 名 班 级 学 校 日 期 校 对

图 1–24
长仿宋字书写示例

长仿宋字高宽关系（mm） **表1–7**

字高（字号）	20	14	10	7	5	3.5
字宽	14	10	7	5	3.5	2.5

2. 数字和字母

拉丁字母、阿拉伯数字与罗马数字，可写成斜体或直体。如采用斜体，其斜度应是从字的底线逆时针向上倾斜 75°，如图 1–25 所示。斜体字的高度和宽度应与相应的直体字相等。

拉丁字母、阿拉伯数字与罗马数字的字高，不应小于 2.5mm。

ABCDEFGHIJKLMNO ABCDEFGHIJKLMNO
PQRSTUVWXYZ PQRSTUVWXYZ
abcdefghijklmnopq abcdefghijklmnopq
rstuvwxyz rstuvwxyz
0123456789 0123456789
I II III IV V VI VII VIII IX X I II III IV V VI VII VIII IX X

图 1–25
字母和数字书写示例

1.2.5 比例

比例是图形与实物相对应的线性尺寸之比，即比例 = 图形大小：实物大小。

比例的符号为“：”，比例以阿拉伯数字表示。如 1 ： 100 即表示将实物尺寸缩小 100 倍进行绘制。

比例注写在图名的右侧或下方，字的基准线应取平；比例的字高宜比图名的字高小一号或二号，如图 1–26 所示。

平面图 1:100 ⑥ 1:20

图 1–26
比例的注写示例

根据图样的用途和复杂程度，从表 1–8 中选择绘图比例。应优先采用常用比例，特殊情况下也可自选比例。一般情况下，一个图样应选用一种比例。

绘图所用的比例 **表1–8**

常用比例	1 ： 1、1 ： 2、1 ： 5、1 ： 10、1 ： 20、1 ： 30、1 ： 50、1 ： 100、1 ： 150、1 ： 200、1 ： 500、1 ： 1000、1 ： 2000、1 ： 5000、1 ： 10000、1 ： 20000、1 ： 50000、1 ： 100000、1 ： 200000
可用比例	1 ： 3、1 ： 4、1 ： 6、1 ： 15、1 ： 25、1 ： 40、1 ： 60、1 ： 80、1 ： 250、1 ： 300、1 ： 400、1 ： 600

请注意：

无论采取放大或缩小的比例，图样上所注的尺寸必须是实际尺寸。

1.2.6 尺寸标注

图样可以表达设计物的形状，并不能完全指导施工，还应明确图样大小和各部分之间的相对位置，这就必须通过尺寸标注来完成。

1. 尺寸的组成

图样上的尺寸由尺寸界线、尺寸线、尺寸起止符号及尺寸数字四部分要素组成，如图 1–27 所示。

尺寸标注的具体规定见表 1–9。

尺寸的排列与布置的具体规定见表 1–10。

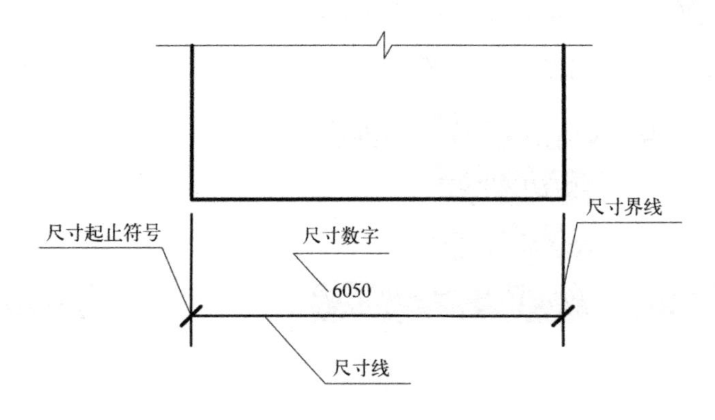

图 1–27
尺寸的组成

尺寸标注的具体规定 **表1–9**

内容	说明	正确图例	错误图例
尺寸界线	1. 尺寸界线应用细实线绘制，应与被注长度垂直，其一端应离开图样轮廓线不小于 2mm，另一端宜超出尺寸线 2 ~ 3mm 2. 图样轮廓线可用作尺寸界线		
尺寸线	1. 尺寸线应用细实线绘制，应与被注长度平行 2. 图样本身的任何图线均不得用作尺寸线		
尺寸起止符号	1. 尺寸起止符号用中粗短线绘制，其倾斜方向应与尺寸界线成顺时针 45° 角，长度宜为 2 ~ 3mm 2. 半径、直径、角度与弧长的尺寸起止符号，宜用箭头表示		
尺寸数字	1. 尺寸数字的方向应按正确图例（*a*）的规定注写 2. 尺寸数字应依据其方向注写在靠近尺寸线的上方中部。如没有足够的注写位置，最外边的尺寸数字可注写在尺寸界线的外侧，中间相邻的尺寸数字可上下错开注写。引出线端部表示标注尺寸的位置，如正确图例（*a*）、（*b*）所示 3. 若尺寸数字在 30° 斜线区内，也可按正确图例（*c*）的形式注写	（*a*） （*b*） （*c*）	

尺寸的排列与布置的具体规定 **表1-10**

序号	说明	正确图例	错误图例
1	尺寸宜标注在图样轮廓以外，不宜与图线、文字及符号等相连	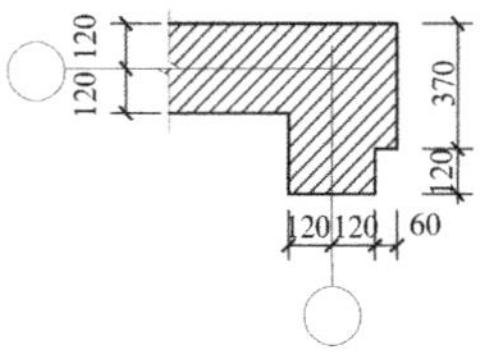	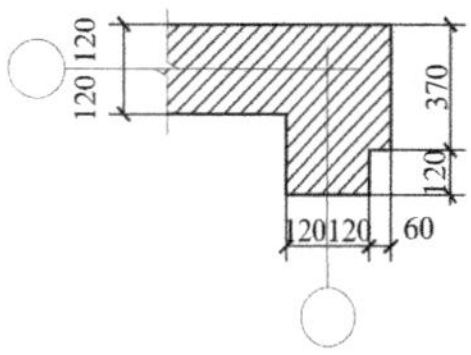
2	互相平行的尺寸线，应从被注写的图样轮廓线由近向远整齐排列，较小尺寸应离轮廓线较近，较大尺寸应离轮廓线较远	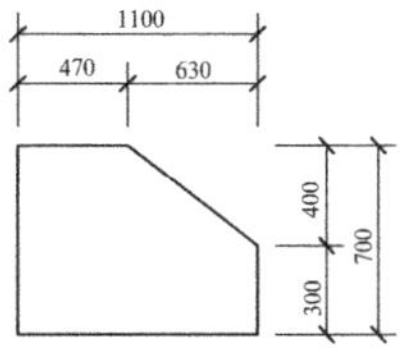	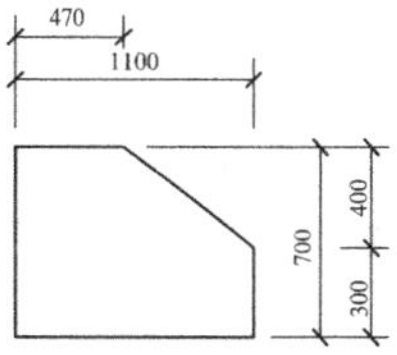
3	图样轮廓线以外的尺寸线，距图样最外轮廓之间的距离，不宜小于10mm。平行排列的尺寸线的间距，宜为7～10mm，并应保持一致	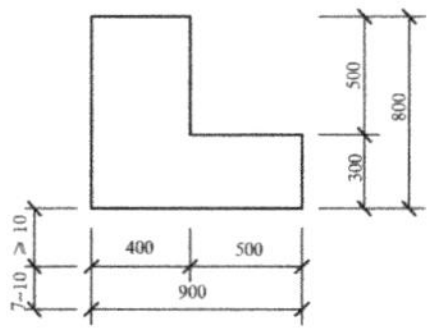	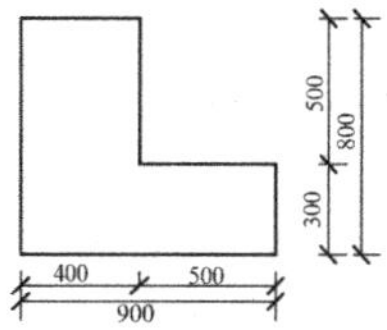

2. 尺寸标注的一般原则

(1) 图样中的尺寸单位，除标高及总平面以"m"为单位外，其他必须以"mm"为单位。

(2) 图上所有尺寸数字的数值是物体的实际大小，与绘图比例和准确度无关。

(3) 图样上的尺寸，应以尺寸数字为准，不得从图上直接量取。

(4) 一般情况下，物体每一结构的尺寸只标注一次且标注在表示该结构最清晰的图形上为宜。

3. 半径、直径及球的尺寸标注

1) 半径

半径的尺寸线应一端从圆心开始，另一端画箭头指向圆弧。半径数字前应加注半径符号"*R*"，如图1-28所示。较小圆弧半径，可加引线，如图1-29所示。较大圆弧半径，可按图1-30所示进行标注。

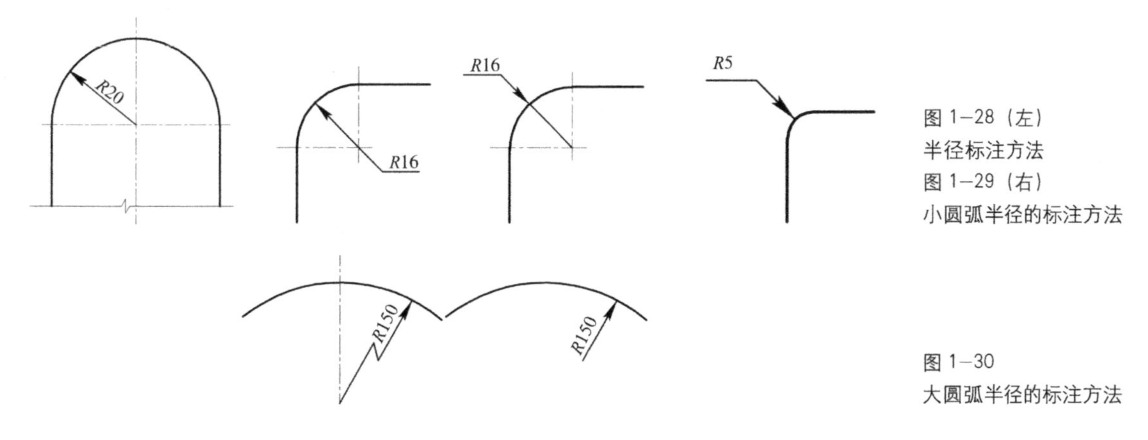

图1-28（左）
半径标注方法
图1-29（右）
小圆弧半径的标注方法

图1-30
大圆弧半径的标注方法

2）直径

标注圆的直径尺寸时，直径数字前应加直径符号"ϕ"。在圆内标注的尺寸线应通过圆心，两端画箭头指至圆弧，如图 1–31 所示。较小圆的直径尺寸，可标注在圆外，如图 1–32 所示。

3）球的尺寸标注

标注球的半径或直径尺寸时，应在尺寸数字前加注符号"SR"或"$S\phi$"。注写方法与圆弧半径和圆直径的尺寸标注方法相同，如图 1–33 所示。

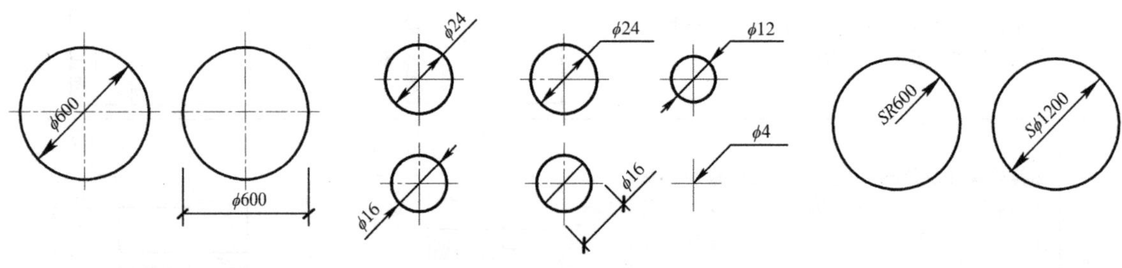

图 1–31　圆直径的标注方法　　图 1–32　小圆直径的标注方法　　图 1–33　球的标注方法

4. 角度、弧长、弦长的尺寸标注

1）角度

角度的尺寸线应以圆弧表示。该圆弧的圆心应是该角的顶点，角的两条边为尺寸界线。起止符号应以箭头表示，如没有足够位置画箭头，可用圆点代替，角度数字应沿尺寸线方向注写，如图 1–34 所示。

2）弧长

标注圆弧的弧长时，尺寸线应以与该圆弧同心的圆弧线表示，尺寸界线垂直于该圆弧的弦，起止符号用箭头表示，弧长数字上方应加注圆弧符号"⌒"，如图 1–35 所示。

3）弦长

标注圆弧的弦长时，尺寸线应以平行于该弦的直线表示，尺寸界线应垂直于该弦，起止符号用中粗斜短线表示，如图 1–36 所示。

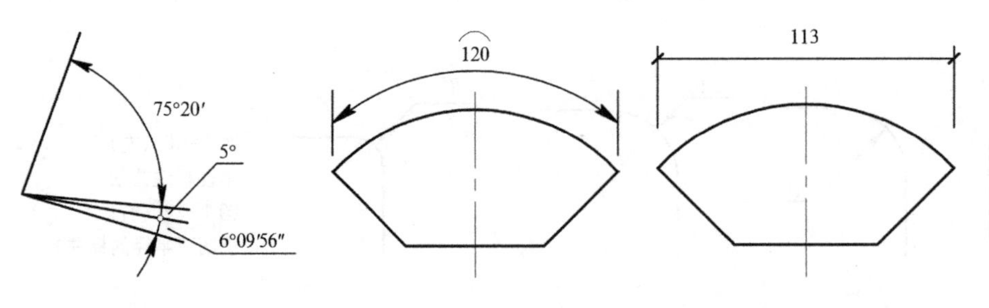

图 1–34（左）角度的标注方法
图 1–35（中）弧长的标注方法
图 1–36（右）弦长的标注方法

5. 其他尺寸标注

（1）在薄板板面标注板厚尺寸时，应在厚度数字前加厚度符号"t"，如图 1–37 所示。

（2）标注正方形的尺寸，可用“边长 × 边长”的形式，也可以在边长数字前加正方形符号“□”，如图 1–38 所示。

（3）标注坡度时，应加注坡度符号，该符号为单面箭头，箭头应指向下坡方向，坡度也可用直角三角形形式标注，如图 1–39 所示。

（4）外形为非圆曲线的构件，可用坐标形式标注尺寸，如图 1–40 所示。

（5）复杂的图形，可用网络形式标注尺寸，如图 1–41 所示。

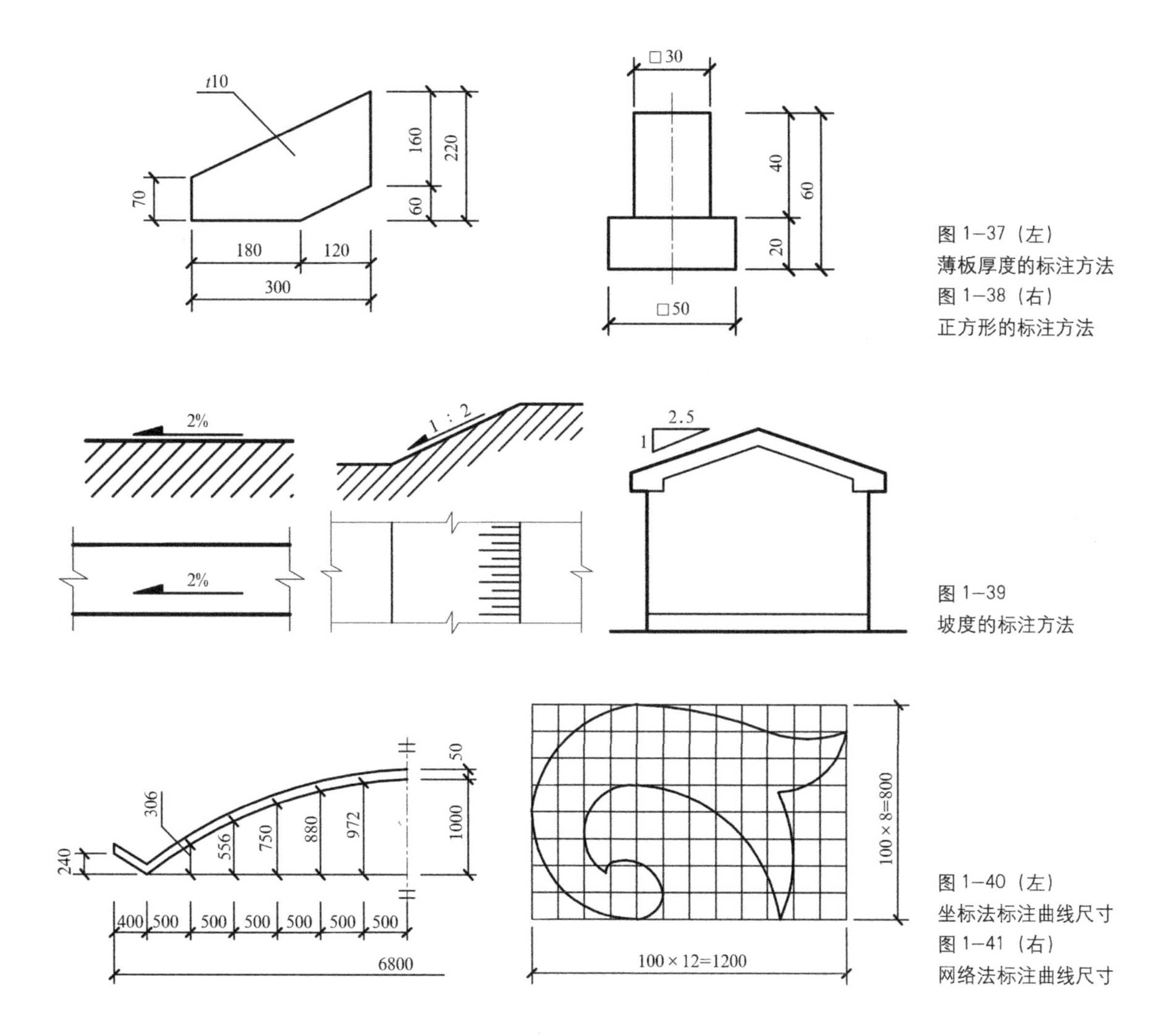

图 1–37（左）
薄板厚度的标注方法
图 1–38（右）
正方形的标注方法

图 1–39
坡度的标注方法

图 1–40（左）
坐标法标注曲线尺寸
图 1–41（右）
网络法标注曲线尺寸

■ 任务实施

1. 任务内容：临摹图 1–42。

2. 任务要求：

（1）图纸规格：A3 绘图纸（420mm × 297mm）。

（2）图样参考尺寸：见图 1–42。

（3）用铅笔起草底稿，根据图示线型要求分别采用细、中、粗三种针管笔完成最终效果。

（4）保持图面整洁、图线清晰，合理利用各种制图工具。

■ 思考与讨论

1. 图纸幅面有几种，不同幅面的图纸尺寸是多少？

2. 分别说明粗实线、中实线、细实线在工程制图中的用途？

3. 尺寸标注由哪几部分构成？

4. 一装饰构件的长度为 10m，如按 1 ∶ 50 制图，应在图纸上画多长的线？标注尺寸时，尺寸数字应为多少？

5. 半径用 R 表示，直径符号用什么？表示球的直径，应在数字前加什么符号？

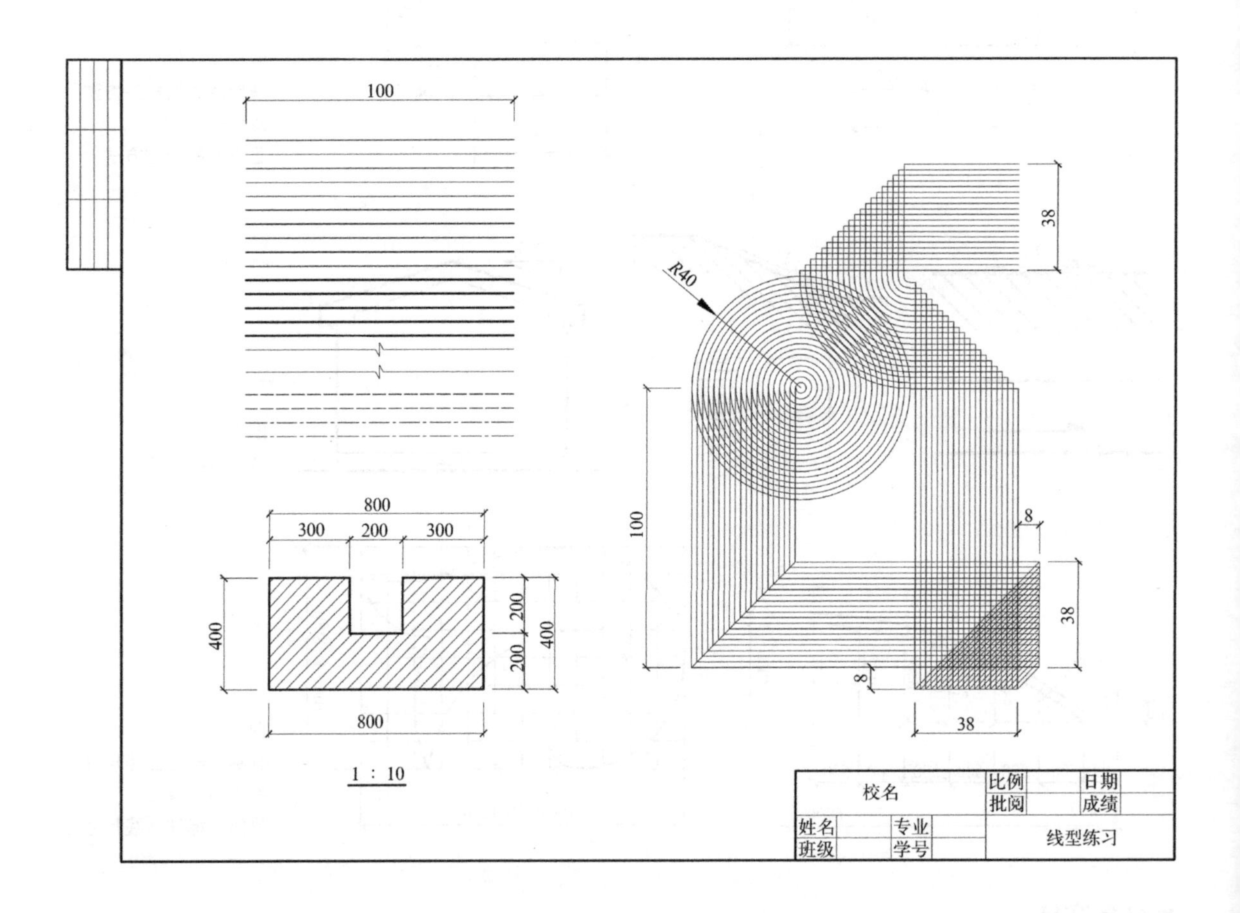

图 1–42
线型练习参考尺寸

任务 1.3　几何作图及平面图形画法

■ 任务引入

生活中很多装饰物都是以曲线状态呈现。如图 1–43 所示，楼梯扶手的截面图样，外轮廓线由几个不同半径的圆弧组成，对于这样的几何图形，应该如何绘制呢？

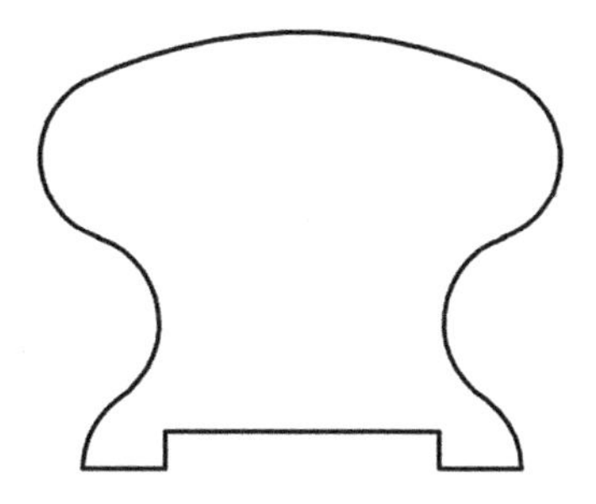

图 1–43
扶手截面图

本节我们的任务是掌握各类几何图形的作图方法，并且利用绘图工具和仪器完成图形绘制。

■ 知识链接

1.3.1 平行线和垂直线的画法

1. 绘制已知直线的平行线

过点 C 作直线 AB 的平行线。作图步骤如图 1–44 所示。

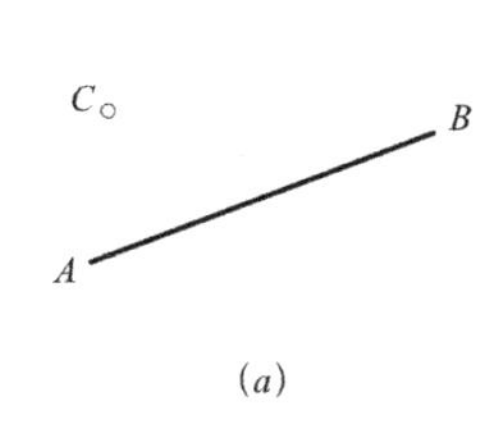

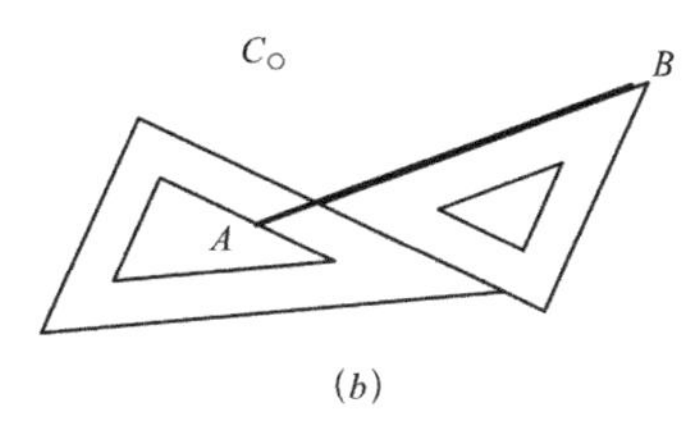

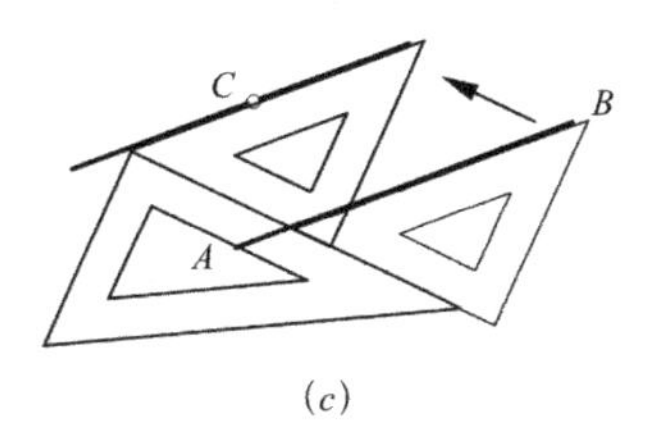

图 1–44
作直线的平行线

2. 绘制已知直线的垂直线

过 C 点作直线 AB 的垂直线。作图步骤如图 1–45 所示。

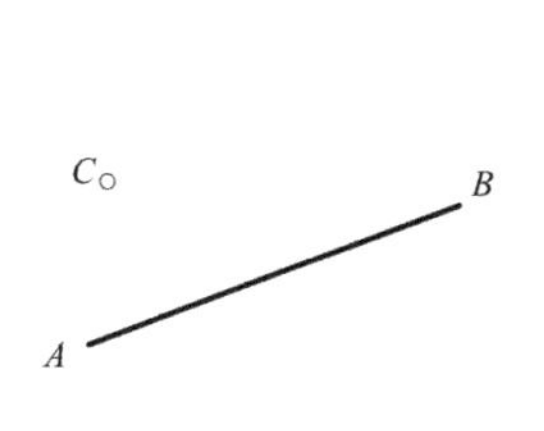

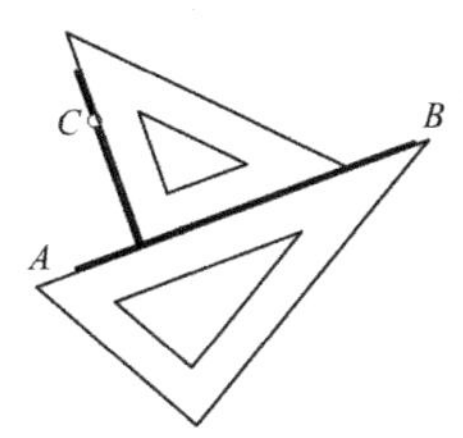

图 1–45
作直线的垂直线

1.3.2 直线的等分画法

1. 任意等分直线段

在制图过程中常会遇到线段不能被等分段数整除的情况，为此需要通过作辅助线来完成线段的等分。

已知直线 AB，对其进行五等分，如图 1–46（a）所示。

作图方法：过点 A 作辅助直线 AC，且该直线可以被 5 整除，并对其进行等分，分割点为 1、2、3、4，如图 1–46（b）所示。连接 BC，分别过点 1、2、3、4 作 BC 的平行线，交 AB 与 1′、2′、3′、4′，完成对 AB 的五等分，如图 1–46（c）所示。

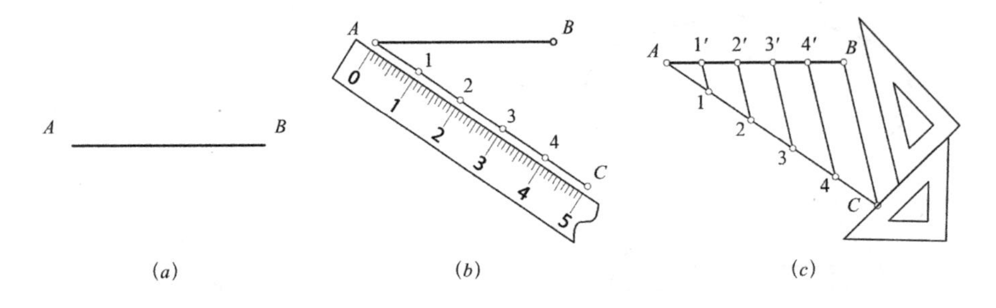

图 1–46
将直线 AB 五等分

2. 等分平行两直线之间距离

已知直线 AB 和 CD，对其之间的距离进行五等分，如图 1–47（a）所示。

作图方法：在直线 AB 和 CD 之间作一条辅助线，使该辅助线两端与已知两直线相交，且长度能被 5 整除，并将其进行五等分，如图 1–47（b）所示。过分割点作直线 AB 或 CD 的平行线，即完成直线 AB 与 CD 之间距离的五等分，如图 1–47（c）所示。

图 1–47
等分平行两直线之间的距离

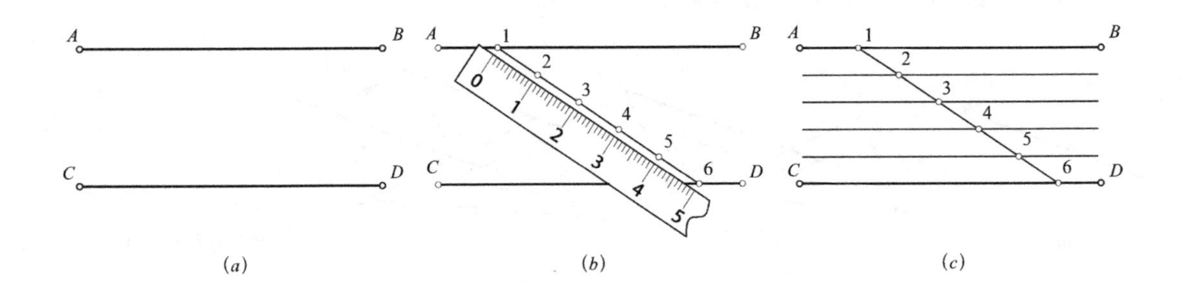

1.3.3 正多边形画法

1. 内接正六边形

已知半径为 R 的圆，作该圆的内接正六边形，如图 1–48（a）所示。

作图方法：如图 1–48（b）所示，以点 A 和点 D 为圆心，R 为半径作圆弧，分别与圆相交，交点为 B、C、E、F。依次将 A、B、C、D、E、F 各点连接，即为所求内接正六边形，如图 1–48（c）所示。

由于正六边形内角为 60°，因此可以利用三角板与丁字尺配合完成内接正六边形绘制，如图 1–48（c）所示。

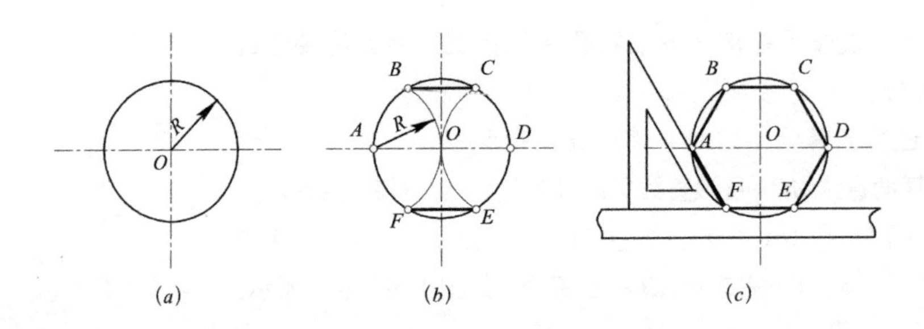

图 1–48
作圆的内接正六边形

2. 内接正五边形

已知半径为 R 的圆，作该圆的内接正五边形，如图 1—49（a）所示。

作图方法：如图 1—49（b）所示，作出半径 OM 的等分点 N，以 N 为圆心，NA 为半径作圆弧，交直径于 H。以 AH 为半径画弧，将圆周五等分。依次连接各等分点 A、B、C、D、E，即为所求内接正五边形，如图 1—49（c）所示。

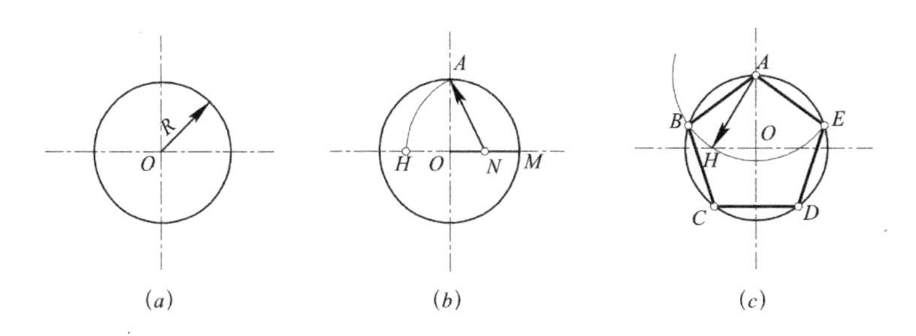

图 1—49
作圆的内接正五边形

1.3.4 特殊矩形画法（根号矩形、黄金比矩形）

1. 根号矩形

根号矩形的长与宽分别为$\sqrt{2}\times1$，$\sqrt{3}\times1$……或$1\times1/\sqrt{2}$，$1\times1/\sqrt{3}$……

作图方法：

（1）已知短边求长边。设短边为 1，画正方形。对角线长即为$\sqrt{2}$。$\sqrt{2}$的矩形对角线为$\sqrt{3}$，以此类推，即得到各种根号矩形，如图 1—50（a）所示。

（2）已知长边求短边。设长边为 1，画正方形。以一角为圆心，边长为半径画弧，弧线与对角线相交，过交点作水平线，此水平线的高即为 $1/\sqrt{2}$，再画对角线与圆弧相交又得 $1/\sqrt{3}$，依次类推，得到所需各种根号矩形，如图 1—50（b）所示。

2. 黄金比矩形

黄金比矩形的长与宽的关系为：

短边：长边 = 长边：（短边 + 长边）= 0.618。

（1）已知短边求长边。作边长为 1 的正方形 $ABCD$，MN 为正方形中线。以 M 为圆心、MD 为半径画弧，交 BC 延长线于 E，即 BE 为黄金比矩形边长，如图 1—51（a）所示。

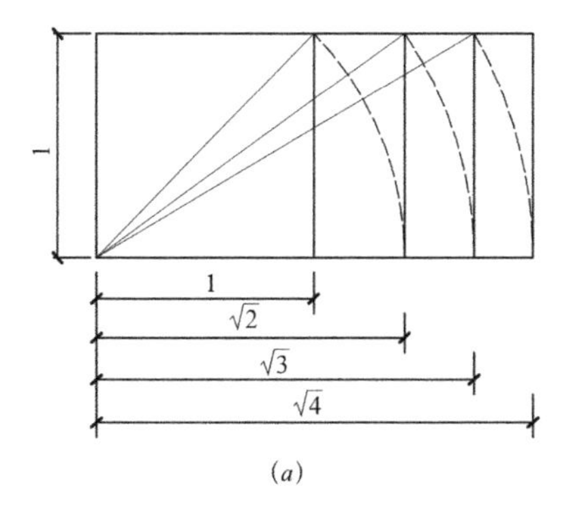

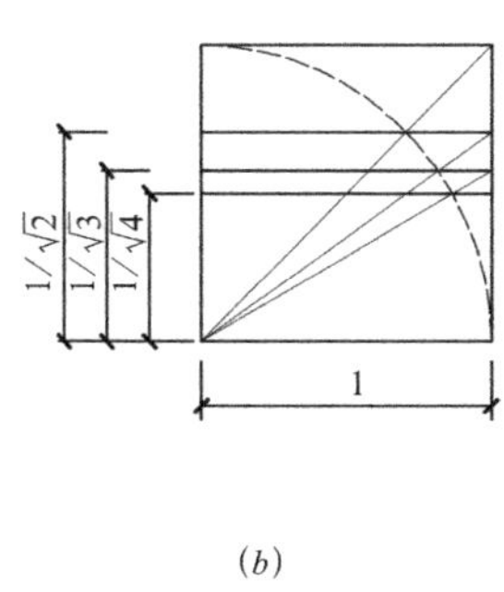

图 1—50
根号矩形的绘制方法
（a）已知短边求长边；
（b）已知长边求短边

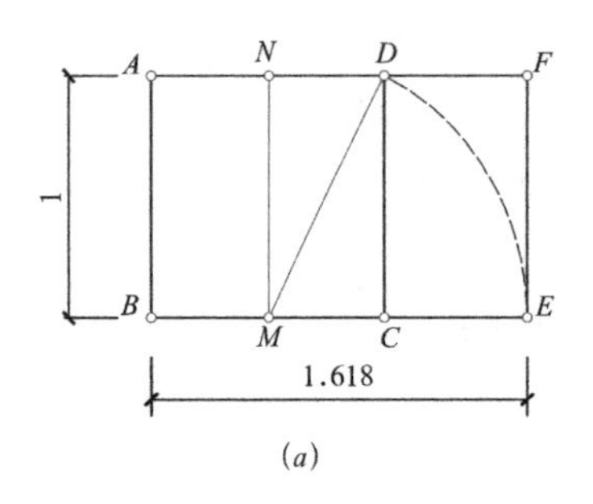

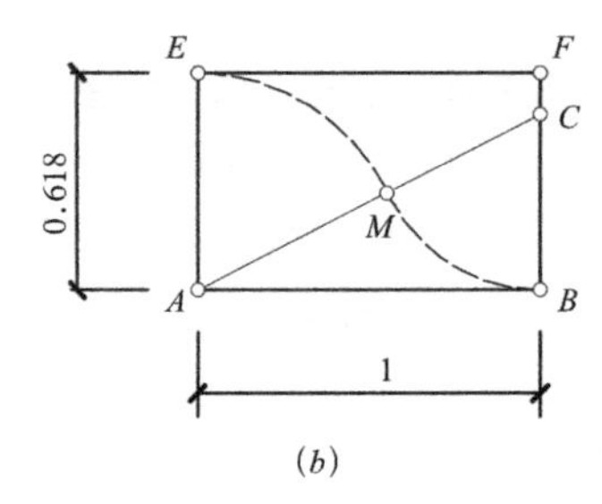

图 1—51
黄金比矩形的绘制方法
(a) 已知短边求长边；
(b) 已知长边求短边

(2) 已知长边求短边。设长边 AB 为 1，作垂线取 $BC=1/2AB$，连接 AC。以 C 为圆心 CB 为半径画弧，交 AC 于 M，即 AM 为黄金比矩形边长。过 A 点作 AB 垂线 $AE=AM$，如图 1—51（b）所示。

相关链接：黄金比例

黄金比例的由来。相传在古希腊时期，有一天毕达哥拉斯走在街上，在经过铁匠铺前时，他听到铁匠打铁的声音非常好听，于是驻足倾听。他发现铁匠打铁的节奏很有规律，这个声音的比例被毕达哥拉斯用数学的方式表达出来。

黄金比例具有严格的比例性、艺术性、和谐性，蕴含着丰富的美学价值，被认为是建筑和艺术中最理想的比例。达·芬奇的作品《维特鲁威人》(图 1—52)《蒙娜丽莎》《最后的晚餐》中都运用了黄金比例。

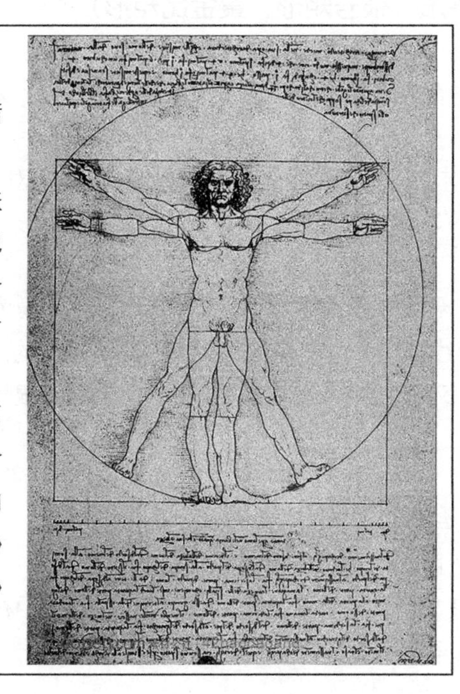

图 1—52
《维特鲁威人》

1.3.5 椭圆画法

常见的椭圆做法有两种，一种是同心法，一种是四心法。

1. 同心法

已知椭圆的长轴 AB 和短轴 CD，用同心法绘制椭圆，如图 1—53（a）所示。

作图方法：分别以 AB 和 CD 为直径画圆，形成同心圆，并且等分两圆周为若干份。从大圆各等分点作垂线，与过小圆各对应等分点水平线相交，即得到椭圆上各点，如图 1—53（b）所示。用曲线板依次连接各点，得到所求椭圆，如图 1—53（c）所示。

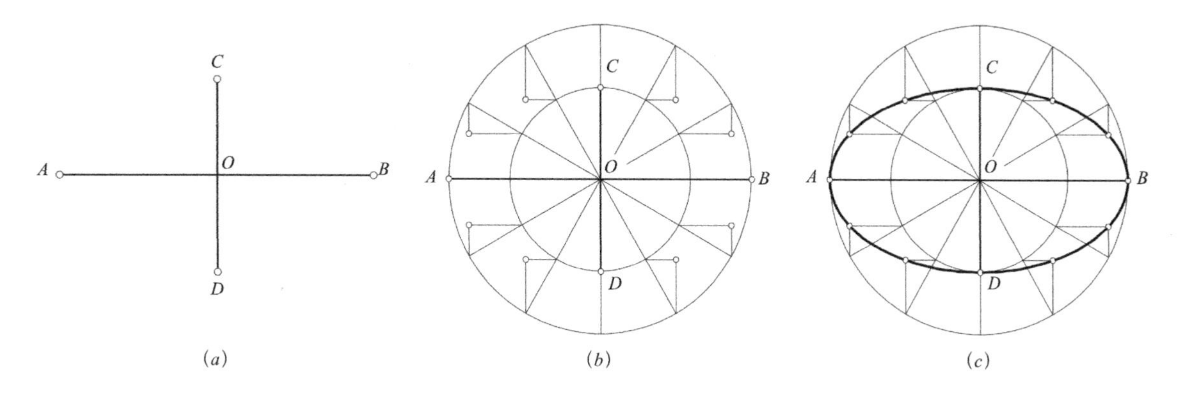

图 1-53
椭圆的绘制方法——同心法

2. 四心法

已知椭圆的长轴 AB 和短轴 CD，用四心法绘制椭圆，如图 1-54（a）所示。

作图方法：连接 AC，以 O 为圆心，OA 为半径作圆弧，交 CD 延长线于点 E。以 C 为圆心，CE 为半径作圆弧，交 AC 于点 F，如图 1-54（b）所示。

作 AF 的垂直平分线分别交长轴于 O_1、短轴于 O_2。并在长轴上量取 $OO_1=OO_3$，短轴上量取 $OO_2=OO_4$，即求出四段圆弧的圆心，如图 1-54（c）所示。

分别以 O_1、O_2、O_3、O_4 为圆心，O_1A、O_2C、O_3B、O_4D 为半径作弧，切于 G、K、H、J，即得到所求椭圆，如图 1-54（d）所示。

1.3.6 圆弧连接

1. 作圆弧通过一点并与一直线连接

已知圆弧半径 R、点 K 和直线 AB，如图 1-55（a）所示。

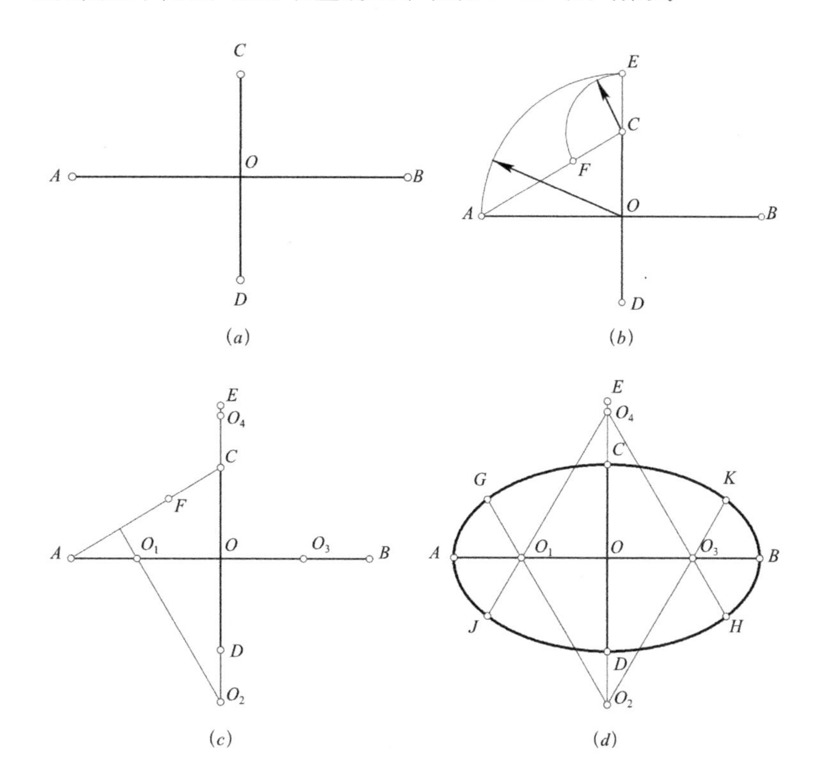

图 1-54
椭圆的绘制方法——四心法

作图方法：作直线 AB 的平行线 CD，两直线间距为 R。以 K 为圆心，R 为半径，作弧交 CD 于点 O，如图 1–55（b）所示。

过 O 点作直线 AB 的垂线，垂足为 T，即 T 是切点。以 O 为圆心，R 为半径，画圆弧 KT，即为所求，如图 1–55（c）所示。

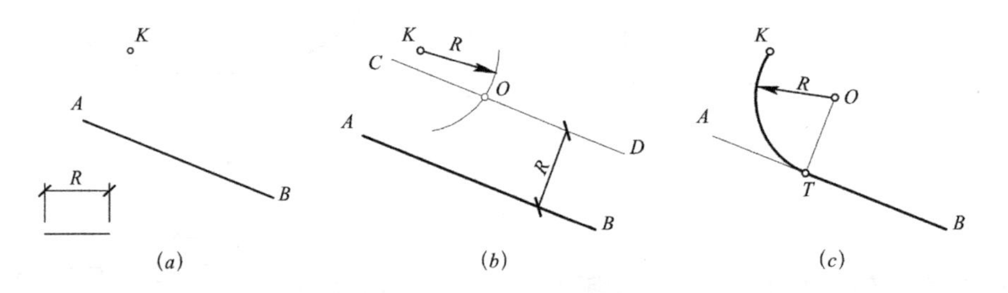

图 1–55
作半径为 R 的圆弧，通过点 K 并与直线 AB 相切

2. 作圆弧与斜交二直线连接

已知圆弧半径 R 和斜交二直线 AB、CD，如图 1–56（a）所示。

作图方法：分别作出与直线 AB、CD 平行且间距为 R 的两直线，它们的交点为 O，点 O 即所求圆弧的圆心，如图 1–56（b）所示。

过 O 点分别作直线 AB、CD 的垂线，垂足为 T_1、T_2，即所求圆弧与已知直线的切点。以 O 为圆心，R 为半径，作圆弧 T_1T_2，即为所求，如图 1–56（c）所示。

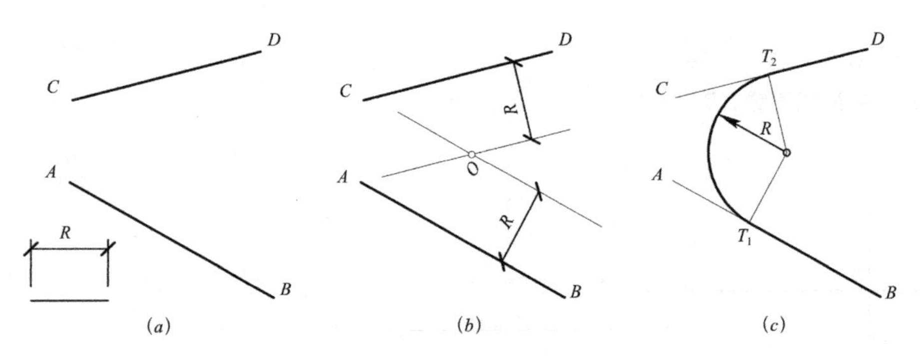

图 1–56
作半径为 R 的圆弧，连接斜交二直线 AB 和 CD

3. 作圆弧与一直线和一圆弧连接

已知半径为 R_1 的圆弧、直线 AB 及连接圆弧半径为 R，如图 1–57（a）所示。

作图方法：作一条与直线 AB 平行且间距为 R 的直线 CD；以 O_1 为圆心，R_1+R 为半径作圆弧，与直线 CD 相交于点 O，即为所求圆弧圆心，如图 1–57（b）所示。

图 1–57
作半径为 R 的圆弧，连接直线 AB 和半径为 R_1 的圆弧

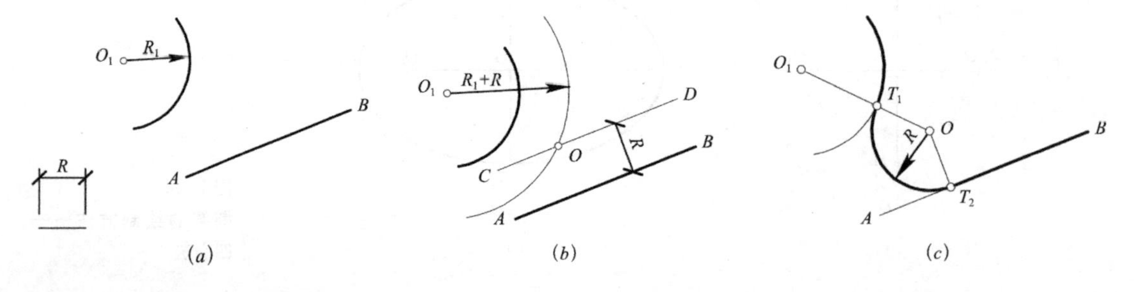

连接 OO_1 并交已知圆弧于 T_1，过 O 点作直线 AB 的垂线，垂足为 T_2。以点 O 为圆心，R 为半径作圆弧 T_1T_2，即为所求，如图 1—57（c）所示。

4. 作圆弧与两已知圆弧内切连接

已知内切圆弧的半径 R 和半径为 R_1、R_2 的两已知圆弧，如图 1—58（a）所示。

作图方法：分别以 O_1 和 O_2 为圆心，$R-R_1$ 和 $R-R_2$ 为半径作圆弧，两圆弧相交于点 O，如图 1—58（b）所示。

延长 OO_1，交半径为 R_1 的圆弧于切点 T_1；延长 OO_2，交半径为 R_2 的圆弧于切点 T_2。以 O 为圆心，R 为半径，作圆弧 T_1T_2，即为所求圆弧，如图 1—58（c）所示。

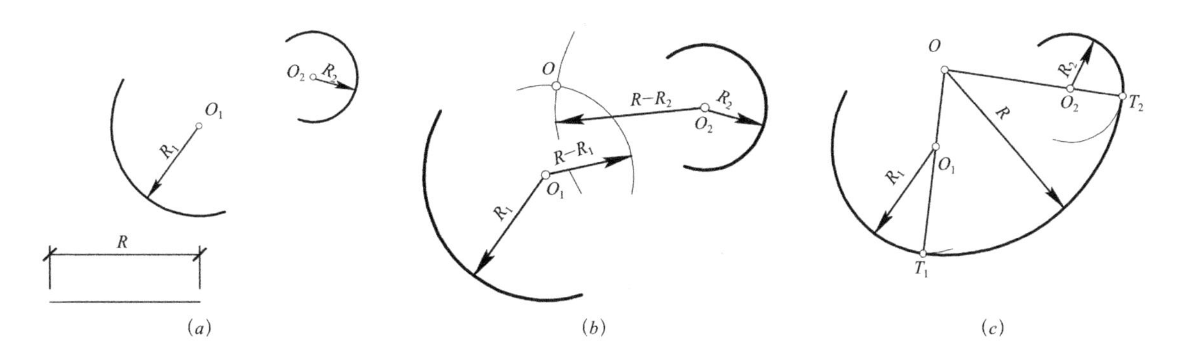

图 1—58
作圆弧与两已知圆弧内切连接

5. 作圆弧与两已知圆弧外切连接

已知外切圆弧的半径 R 和半径为 R_1、R_2 的两已知圆弧，如图 1—59（a）所示。

作图方法：分别以 O_1 和 O_2 为圆心，$R+R_1$ 和 $R+R_2$ 为半径作圆弧，两圆弧相交于点 O，如图 1—59（b）所示。

连接 OO_1，交半径为 R_1 的圆弧于切点 T_1；连接 OO_2，交半径为 R_2 的圆弧于切点 T_2。以 O 为圆心，R 为半径，作圆弧 T_1T_2，即为所求圆弧，如图 1—59（c）所示。

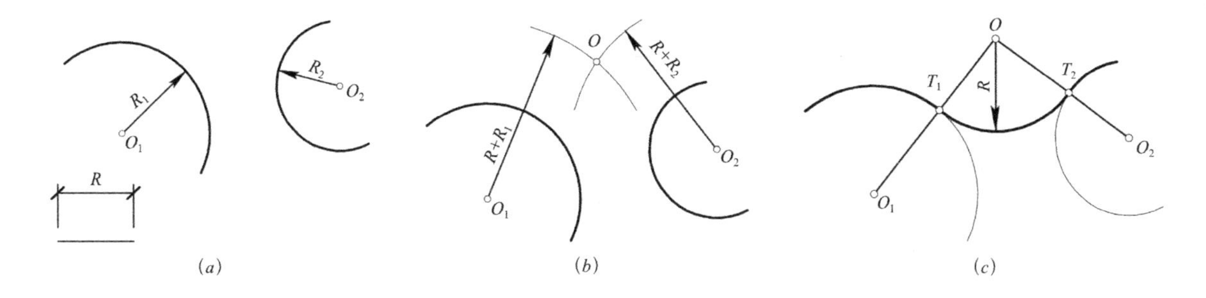

图 1—59
作圆弧与两已知圆弧外切连接

■ 任务实施

1. 任务内容：绘制楼梯扶手截面图形。

2. 任务要求：

（1）在练习本上完成图形绘制。

（2）图样尺寸：参考图 1—60，按照 1 ∶ 1 的比例进行绘制。

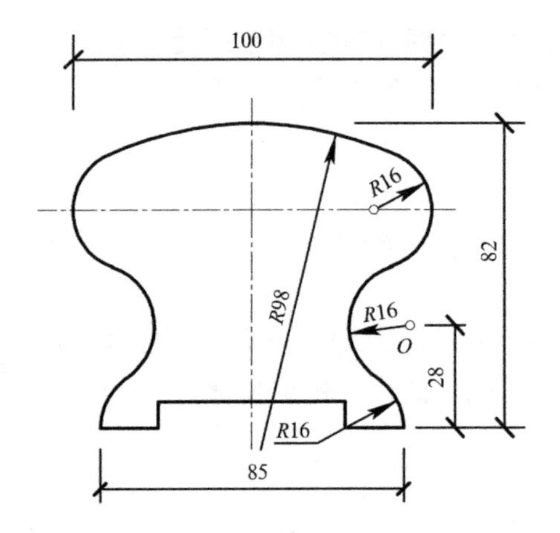

图 1—60
扶手截面图尺寸

(3) 用铅笔起草底稿，针管笔完成最终图形。

(4) 保持图面整洁、图线清晰，合理利用各种制图工具。

■ 思考与讨论

1. 当线段不能被等分段数整除时，那么如何对该线段进行等分操作？
2. 试想，如何作圆的内接正八边形？
3. 简述黄金比矩形的画法。
4. 椭圆的画法有几种？请简要说明作图过程。
5. 列举建筑或绘画中应用黄金比例的作品，并简要介绍作品。

拓展任务

1. 图线练习：

(1) 如图 1—61 所示，根据矩形已知线型，补画其余边长。

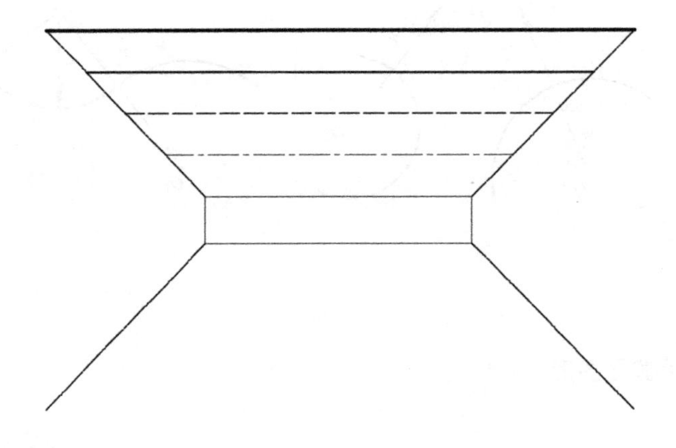

图 1—61
图线练习（一）

(2) 按照 1 ∶ 1 的比例抄绘图 1—62 图样，按实际测量尺寸画出。

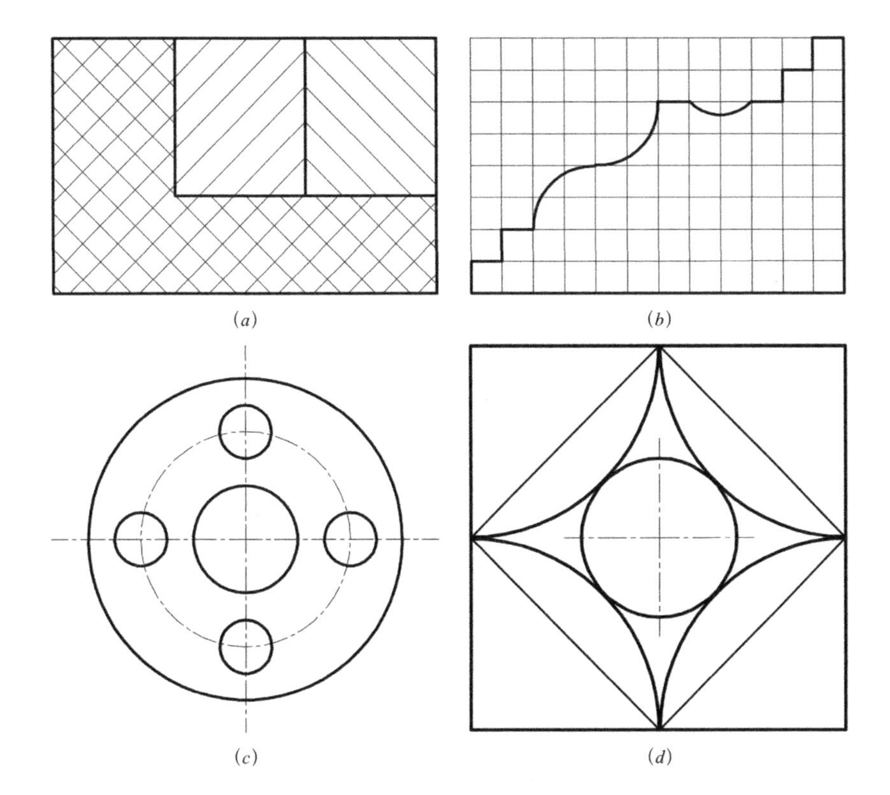

图 1—62
图线练习（二）

2. 如图 1—63 所示，按照 1 ∶ 1 的比例量取图形尺寸，并进行标注。

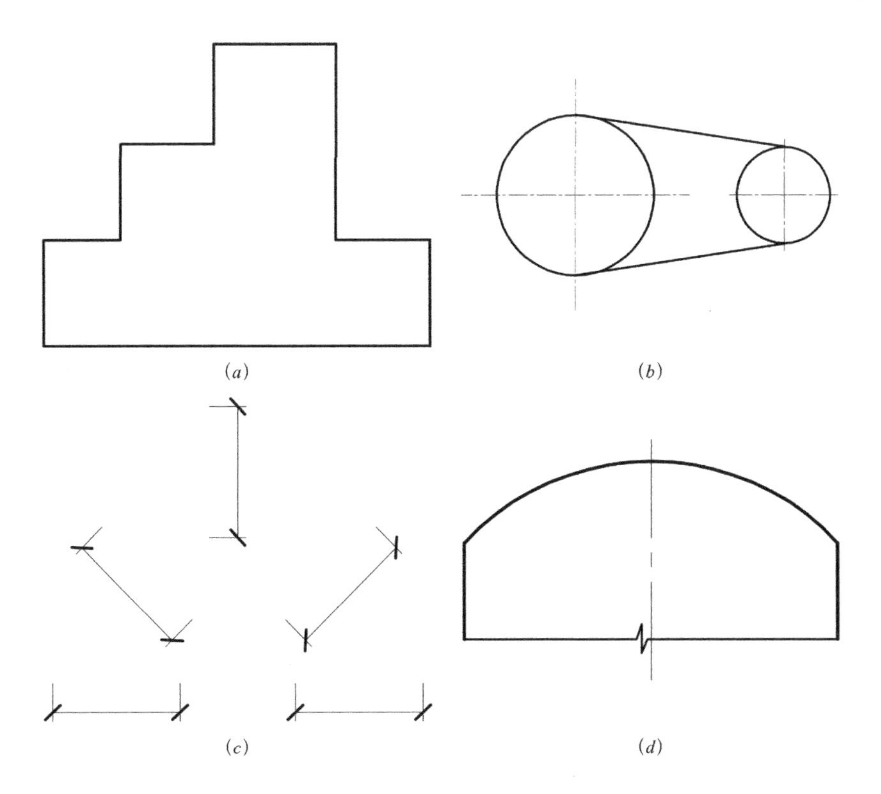

图 1—63
尺寸标注

3. 如图 1–64 所示，已知黄金比矩形的短边 AB，求作黄金比矩形。

图 1–64
作黄金比矩形

4. 如图 1–65 所示，已知椭圆的长轴和短轴，求作椭圆。

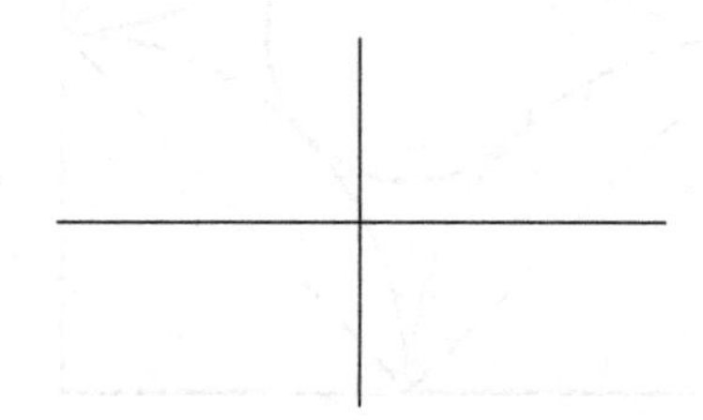

图 1–65
作椭圆

5. 如图 1–66 所示，按照 1 ： 2 的比例求作几何图形。

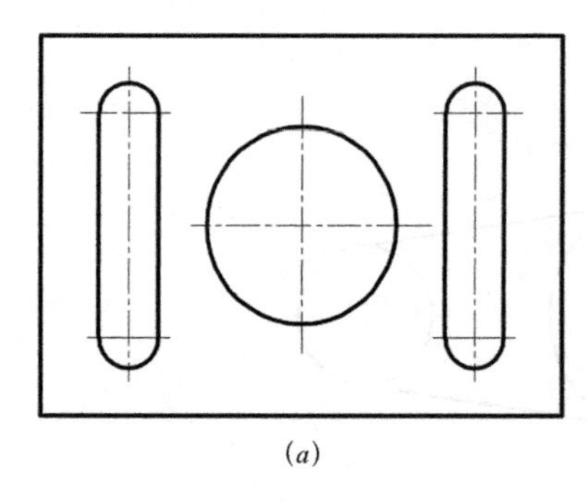

(a)

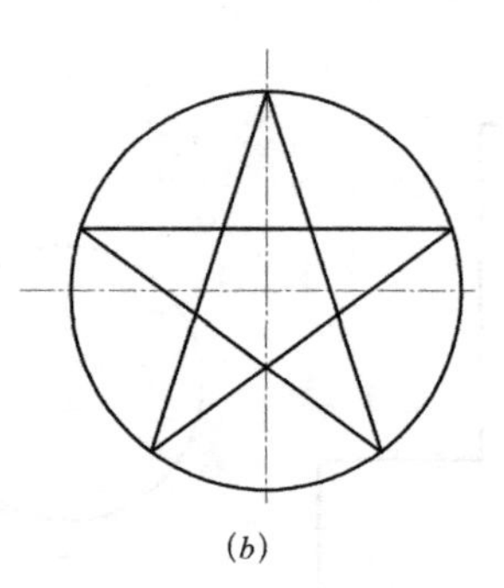

(b)

图 1–66
作几何图形

2

项目 2　投影基础的认知与实践

【项目描述】

投影和工程制图有着紧密，且不可分割的关系。在工程图纸中，图形是为了将物体结构形态最有效地表达，而图形的表达就是采用投影法完成的。投影作为一种光学现象，被广泛地应用在各类工程制图中。根据不同行业图样内容及要求的差异，投影的方法也有所不同。项目 2 的设立，意在通过学习投影的形成与分类，了解各类投影图在房屋建筑工程图、室内设计工程图及家具工程图的应用，并掌握正投影的特性及绘制方法。

【项目目标】

1. 掌握投影的概念、形成与分类。
2. 能够选择、应用不同的投影法表达物体。
3. 掌握正投影的基本特性。
4. 掌握三面投影图的形成、对应关系及其画法。

【项目要求】

1. 根据任务 2.1 的要求，学习投影的形成及分类，并判断投影类型。

2. 根据任务 2.2 的要求，学习各类投影图在房屋建筑工程中的应用，判断任务中指定图形所采用的投影形式。

3. 根据任务 2.3 的要求，学习正投影特性及绘制方法。按比例绘制形体三面投影。要求正确使用工具，保留作图痕迹，最终图线需加深。

4. 完成拓展任务，根据任务要求将图形绘制在指定位置。

【项目计划】

见表 2–1。

项目2计划 **表2–1**

项目内容	知识点	学时
任务 2.1　投影的形成及分类	投影线、形体、投影面、中心投影、平行投影、斜投影、正投影	1
任务 2.2　各类投影图在房屋建筑工程图中的应用	正投影图、标高投影图、轴测图、透视图	1
任务 2.3　正投影	三等关系、实形性、积聚性、类似性、正面投影、水平投影、侧面投影、三面投影	2
拓展任务	（此部分内容可单独使用，也可融入以上任务完成）	1

【项目评价】

见表 2–2。

项目2评价　　表2–2

项目评分	评价标准
5★	①按照任务书要求完成所有任务，准确率在 90%以上；②作图题可熟练使用工具；③图面整洁；④保留作图痕迹（辅助线），图线清晰
4★	①按照任务书要求完成所有任务，准确率在 75%～ 89%；②作图题较熟练使用工具；③图面较整洁或有≤ 2 处的刮痕；④保留作图痕迹，图线较为清晰
3★	①按照任务书要求完成所有任务，准确率在 60%～ 74%；②作图题未使用工具；③图面不整洁或有≤ 4 处的刮痕；④部分任务没有作图痕迹，图线不清晰
2★	①没有完成任务，准确率在 30%～ 59%；②作图题未使用工具；③图面不整洁或有≤ 6 处的刮痕；④没有作图痕迹，图线不清晰。建议重新完成任务
1★	没有完成任务，准确率在 30%以下。建议重新学习

注：如不满足评价标准中任意一项，便需要降低一个评分等级。

任务 2.1　投影的形成及分类

■ 任务引入

试想一下什么是从小到大、无时无刻都跟随着我们，不离不弃呢？想必，大家已经猜到了就是“影子”。在小说或是影视作品中，没有“影子”的是幽灵，也就是虚幻的事物。现实世界中，所有的物体都有自己的“影子”。那么“影子”是如何产生的呢？它是一成不变的吗？如果发生变化，是受什么因素影响的呢？“影子”与制图又有什么联系呢？这种影子的现象，在制图中是如何被解释的？带着这些疑问，开始本节的学习。

相关链接：影子

影子，一种光学现象，影子不是一个实体，只是一个投影。影子的产生是由于物体遮住了光线，光线在同种均匀介质中沿直线传播，不能穿过不透明物体而形成的较暗区域，形成的投影就是我们常说的影子。

影子分为本影和半影。单个灯光照射下的影子中间部分特别黑，四周稍浅，其中特别黑暗的部分叫本影，四周灰暗的部分叫半影；两个灯光照射下，就会形成两个相叠而不重合的影子。两影相叠部分完全没有光线射到，是全黑的，这就是本影；多个灯光照射下，本影部分就会逐渐缩小，半影部分会出现很多层次；在物体周围均匀布满灯光，本影消失，半影也变淡。科学家根据上述原理，制成了手术用的无影灯。无影灯是将发光强度很大的灯在灯盘上排列成圆形，合成一个大面积的光源。这样，就能从不同角度把光线照射到手术台上，既保证手术视野有足够的亮度，同时又不产生明显的本影（图2–1）。

图 2–1
影子的产生

本节我们的任务是通过学习投影的基本知识，了解投影的形成及分类。

■ 知识链接

2.1.1 投影的形成

日常生活中，物体在光的照射下，会在地面或墙面上产生影子，影子反映了被照物体的外轮廓特点，并且我们发现随着光角度、高度的变化，影子的形态也随之改变，这就是投影现象。

如图 2–2 所示，空间三角板 *ABC*，光源 *S* 和平面 *H*。由光源 *S* 通过三角板三个顶点发射的光线 *SA*、*SB*、*SC* 分别与平面 *H* 相交于 *a*、*b*、*c*，则△ *abc* 为空间三角板 *ABC* 在 *H* 面上的投影。这里的光线在投影中称为投影线，平面称为投影面。

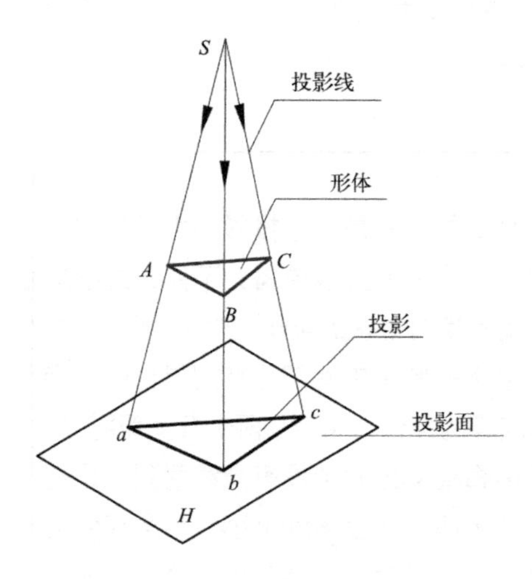

图 2–2
中心投影

由此可知，投影线、形体和投影面是构成投影的三要素，且缺一不可。其中，任何一要素发生变化，都会影响投影效果。

2.1.2 投影的分类

投影分为两大类：中心投影和平行投影，如图 2–3 所示。

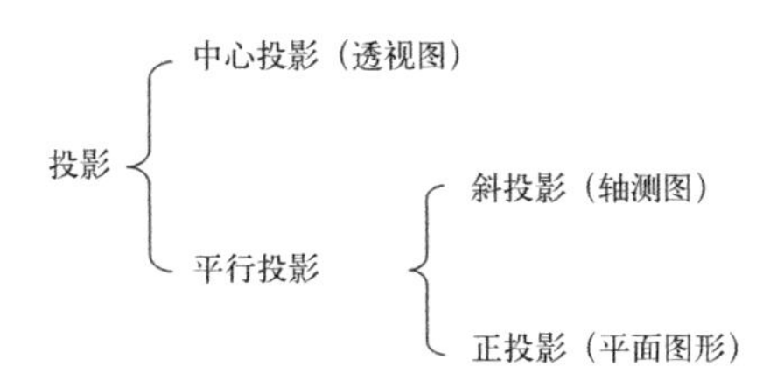

图 2–3
投影的分类

1. 中心投影

所有投影线相交于投影中心（即投影中心在有限远处）所得到的投影，称为中心投影。作出中心投影的方法称为中心投影法。

如图 2–2 所示，投射线 *SA*、*SB*、*SC* 相交于投影中心 *S*，空间三角板 *ABC* 的投影△ *abc* 不反映实形，且空间三角板 *ABC* 随着与投影面和投影中心距离的变化，投影也随之变化。

2. 平行投影

各投影线相互平行（即投影中心移至无限远处）所得到的投影，称为平行投影。作出平行投影的方法称为平行投影法。平行投影根据投射线是否垂直于投影面，分为斜投影和正投影两种情况。

1）斜投影

投影线倾斜于投影面的平行投影，称为斜投影。作出斜投影的方法称为斜投影法。

如图 2–4（*a*）所示，投射中心 *S* 移至无限远处，投射线 *SA*、*SB*、*SC* 按一定方向平行投射到三角板 *ABC*，在投影面 *H* 上形成投影△ *abc*，则△ *abc* 是空间三角板 *ABC* 的斜投影。

2）正投影

投影线垂直于投影面的平行投影，称为正投影。作出正投影的方法称为正投影法。

如图 2–4（*b*）所示，投射中心 *S* 移至无限远处，投射线 *SA*、*SB*、*SC* 垂直于投影面 *H*，形成投影△ *abc*，则△ *abc* 是空间三角板 *ABC* 的正投影。

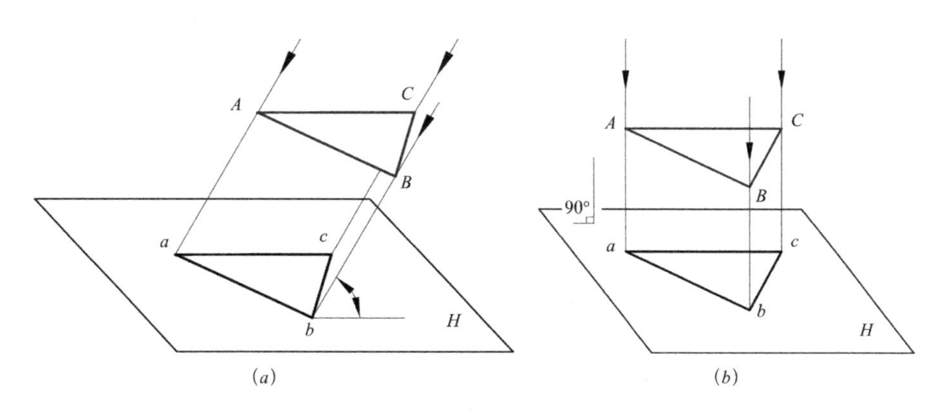

图 2–4
平行投影
（*a*）斜投影；（*b*）正投影

■ 任务实施

如图 2–5 所示，判断下面图片中的桌子，采用了哪一种投影法？

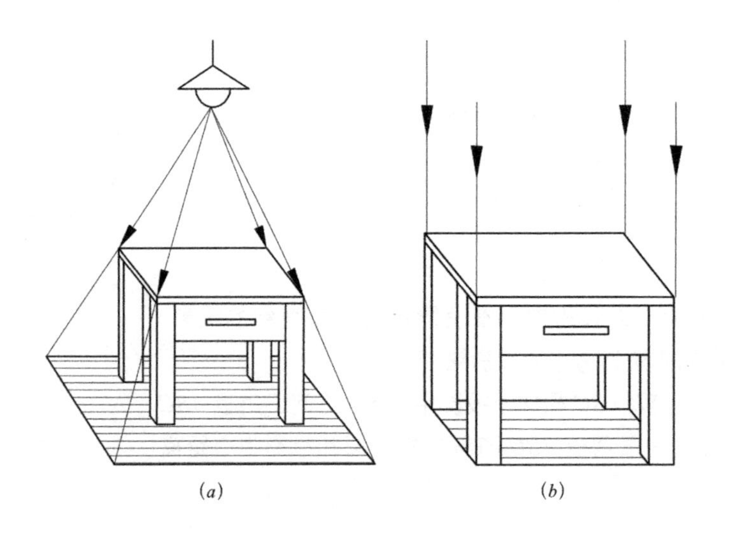

(*a*)　(*b*)

图 2–5
投影的分类判断

图 2–5（*a*）属于____________投影；图 2–5（*b*）属于____________投影。

■ 思考与讨论

1. 构成投影现象的要素有哪些？
2. 照相机原理属于哪种投影类型，为什么？

任务 2.2　各类投影图在房屋建筑工程中的应用

■ 任务引入

如图 2–6 所示，在这组图中既有三维立体图形，又有二维图形。它们表达的是同一形体吗？我们该如何判断它们属于哪一种投影图？不同投影法所表达的图形不同，那么这些不同形态的投影图适用于什么类型的工程图呢？

本节我们的任务是通过了解各种投影法在房屋建筑工程中的应用，来判断投影图的一般使用情况。

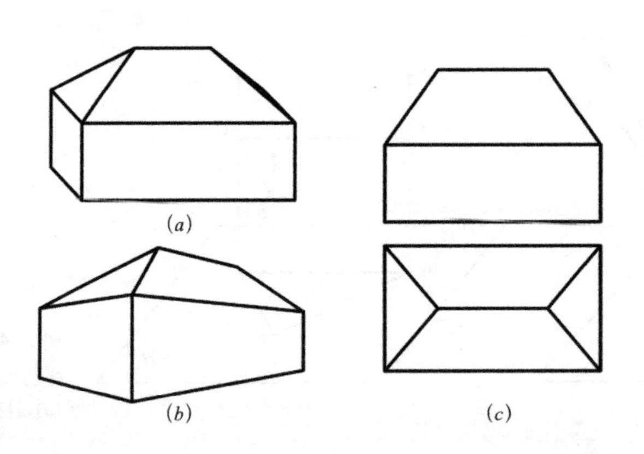

(*a*)　(*b*)　(*c*)

图 2–6
投影图的分类

■ 知识链接

常用的四种投影图包括：正投影图、标高投影图、轴测图和透视图。如图 2–7 所示，同一个柱基模型，因为采用了不同的投影法，所以产生的投影图效果也各有不同。

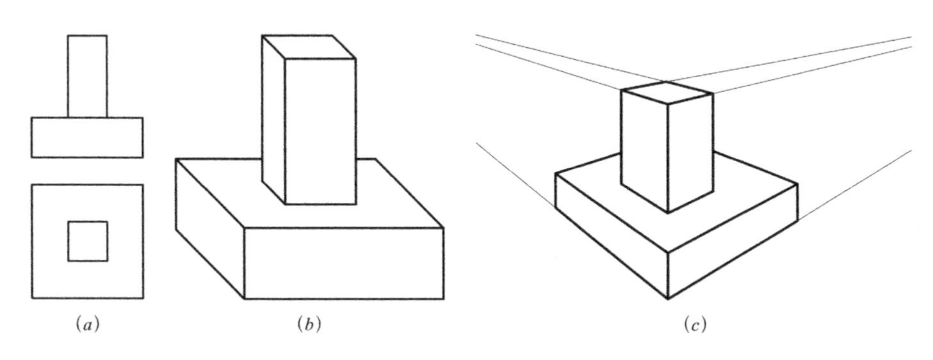

图 2–7
柱基模型的三种投影图表达方法
(a) 正投影图；(b) 轴测图；(c) 透视图

2.2.1 正投影图

如图 2–7 (*a*) 所示，用平行投影法中的正投影法在两个或两个以上相互垂直，并分别平行于柱基主要侧面的投影面上，作形体的正投影，把所得正投影按一定规则展开在一个平面上。这种由两个或两个以上正投影组合而成，用以确定空间唯一形体的一组投影，称为正投影图。正投影法绘制的图形，具有作图简单、反映空间物体真实大小、度量方便、直观性差等特点。广泛应用于建筑、室内、家具设计等工程图中。

2.2.2 标高投影图

正投影法还可以将一段地面的等高线投影在水平投影面上，并标注各等高线的高程，从而表达该地段的地形情况。这种带有标高用来表示地面形状的正投影图，称为标高投影图，图上需附上比例尺，如图 2–8 所示。广泛应用于城市规划、园林景观设计等工程图中。

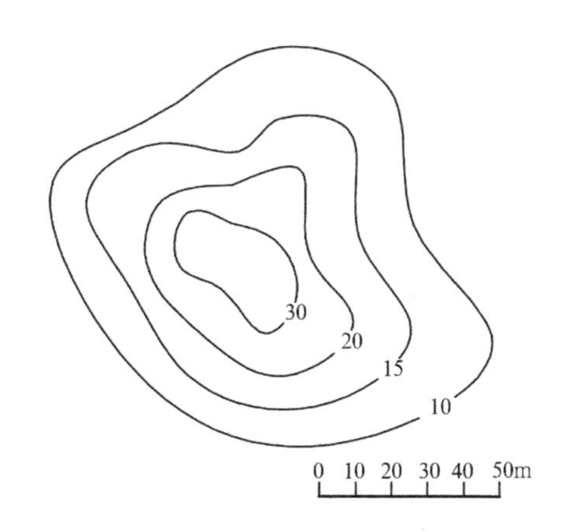

图 2–8
标高投影图

2.2.3 轴测图

如图 2–7（*b*）所示，用平行投影法中的斜投影法绘制的柱基图形为轴测图。斜投影可以在一个投影面上反映出形体的长、宽、高，具有一定的立体感。常作为工程辅助图样。

> **相关链接：**
>
> 斜投影根据投影线投射方向的不同，在投影面上反映的图形效果也不同。因此，用斜投影法绘制的轴测图有无数种情况，最为常用的为斜轴测图和正轴测图。其中，斜轴测图可以反映一个侧面的真实形状、大小；正轴测图三个方向均不反映实形。（详见项目 6）

2.2.4 透视图

如图 2–7（*c*）所示，用中心投影法可画出柱基的透视图。透视图如同人眼看到的空间柱基形象一样十分逼真、直观，但各部分的尺寸均不能直接在图中度量。常用于建筑、室内、家具设计等效果图绘制。

■ 任务实施

如图 2–9 所示，判断下列图形属于哪一种投影图？

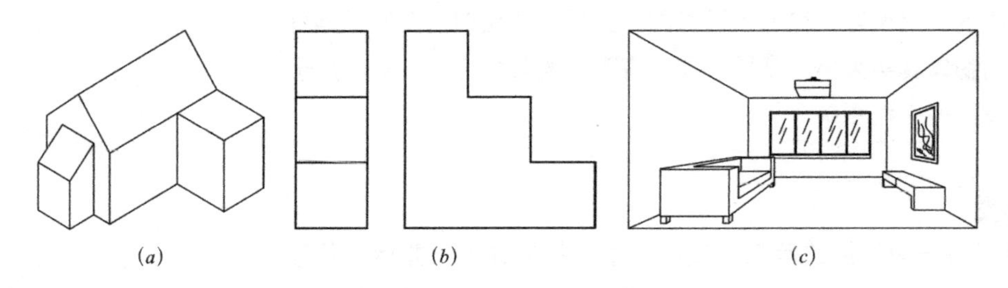

图 2–9 判断投影图类型

图 2–9（*a*）属于____________投影；

图 2–9（*b*）属于____________投影；

图 2–9（*c*）属于____________投影。

■ 思考与讨论

1. 平行投影法在房屋建筑工程中都有哪些应用？各自有哪些特点？
2. 可以在图中直接度量尺寸的投影图有哪些？

任务 2.3 正投影

■ 任务引入

在任务 2.2 中提到，正投影具有作图简单、反映空间物体真实大小、度量方便等特点，并广泛应用于多领域。那么，对于图 2–10 所示的房屋建筑模型，应该如何用正投影表达呢？二维图形如何能够体现三维形体呢？

本节我们的任务是通过学习正投影的基本特性、三面投影图的形成及其对应关系，熟练掌握简单形体的三面投影图的画法。

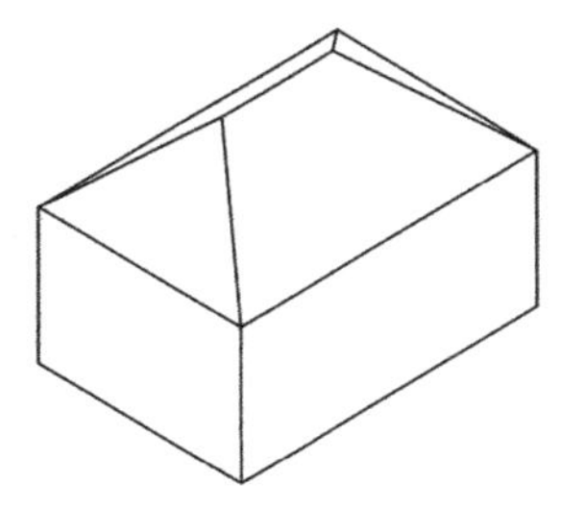

图 2–10
房屋建筑模型

■ 知识链接

2.3.1 正投影的特性

我们将所有的形体都看作是由最单纯的点、直线和平面构成。由此分析点、直线和平面的基本投影特征，从而发现投影的本质特性。

1. 点的投影特性

点的投影仍为点，如图 2–11 所示。

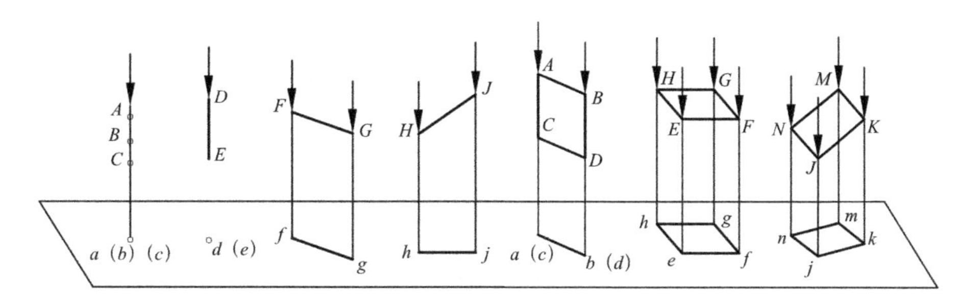

图 2–11
正投影的特性

2. 直线的投影特性

垂直于投影面的直线，其投影为一点，具有积聚性；平行于投影面的直线，其投影为直线，且与空间直线尺寸相等，具有实形性；倾斜于投影面的直线，其投影为直线，但尺寸小于空间直线，具有类似性，如图 2–11 所示。

3. 平面的投影特性

垂直于投影面的平面，其投影为一直线，具有积聚性；平行于投影面的平面，其投影与空间平面的形状、大小完全一样，具有实形性；倾斜于投影面的平面，其投影为小于空间平面的类似形，如图 2–11 所示。

通过对点、直线和平面投影特性的分析，得出正投影特性：实形性、积聚性和类似性。

2.3.2 三面投影图的形成及对应关系

如图 2–12 所示，三个形体的底面均平行于水平投影面 *H*，对其作正投影。结果显示，三体形体的水平投影（在水平投影面上的投影称为水平投影）

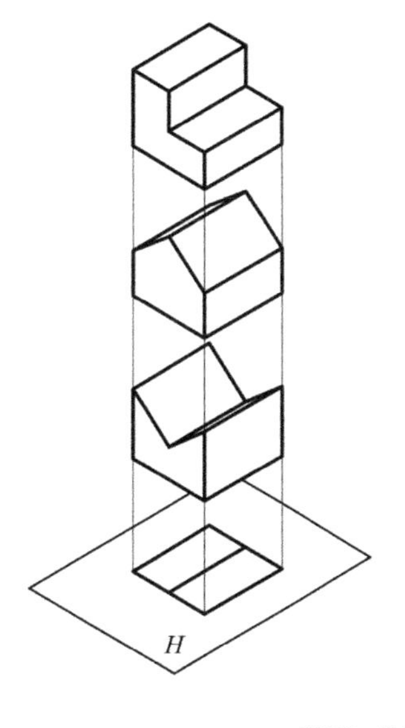

图 2–12
不同形体的正投影

图形一致，反映形体的长和宽，未能体现高度。因此，通过一个投影面得出的投影并不能完全地表现空间形体的形态，需要两个或两个以上的投影，才能准确而全面地表达空间形体的形状与大小。

1. 三面投影图的形成

1）三面投影体系

在原有水平投影面*H*的基础上，增加垂直于*H*面的两个投影面*V*面与*W*面。三个相互垂直相交的投影面，构成三面投影体系，如图 2–13（*a*）所示。

三个投影分别称为：

形体在 *V* 面上的投影，称为正面投影或 *V* 面投影；

形体在 *H* 面上的投影，称为水平投影或 *H* 面投影；

形体在 *W* 面上的投影，称为侧面投影或 *W* 面投影。

投影面的交线 *OX*、*OY*、*OZ* 称为投影轴，三个投影轴相互垂直相交于一点 *O*，称为原点。

2）三面投影图展开

为绘图方便，需要将三个投影面展开，如图 2–13（*b*）所示。规定 *V* 面固定不动，使 *H* 面绕 *OX* 轴向下旋转，*W* 面绕 *OZ* 轴向右旋转，直到都与 *V* 面

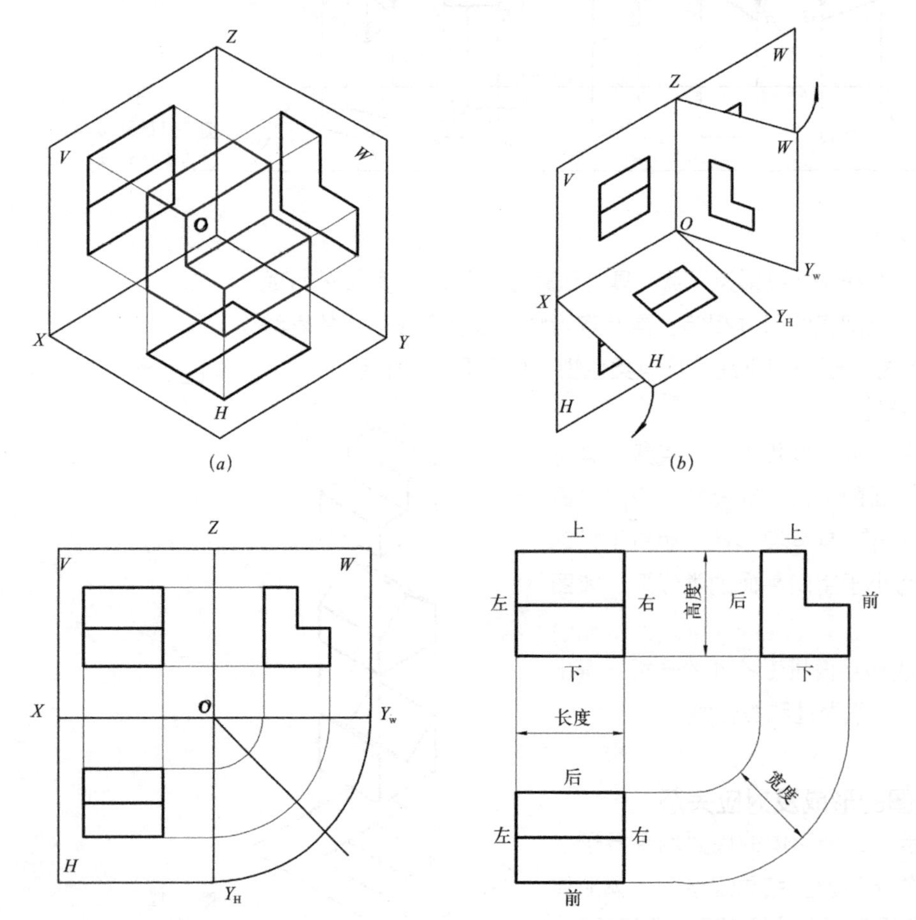

图 2–13
三面投影图的形成

同在一个平面上。这时 OY 轴分成两条，H 面上的 OY 轴称为 OY_H、W 面上的 OY 轴称为 OY_W，以示区别。

展开后将同一平面上的 V 面、H 面和 W 面投影组成的投影图，称为三面投影图，如图 2–13（c）所示。

2. 三面投影图的对应关系

1）位置关系

三面投影图之间有严格的位置要求。以 V 面投影（正面投影）为准，H 面投影（水平投影）在 V 面投影（正面投影）的正下方，W 面投影（侧面投影）在 V 面投影（正面投影）的正右方。按上述位置摆放，不需要标注三个投影的名称。

相关链接：

在室内工程图绘制中，由于图幅和比例的限制，常常在一张图纸中只展示一个方向的投影面。因此，在无法保证投影图之间的位置时，需要在图形下方标注投影名称，如图 8–5 所示。

2）投影关系

空间形体有长、宽、高三个方向的尺寸。从三面投影图的形成过程可以看出：OX 轴方向的尺寸代表长度；OY 轴方向的尺寸代表宽度；OZ 轴方向的尺寸代表高度。由此得出，每一个投影图都包含空间形体两个方向的尺寸，如图 2–13（d）所示。

V、H 面两个投影左右对齐，都反映形体的长度，这种关系称为“长对正”；

V、W 面两个投影上下对齐，都反映形体的高度，这种关系称为“高平齐”；

H、W 面两个投影都反映形体的宽度，这种关系称为“宽相等”。

一般把三面投影图间的这种对应关系简称“长对正、高平齐、宽相等”的“三等”关系。

相关链接：

我们可以利用投影图的“三等”关系检查三面投影图是否有遗漏的轮廓线等错误，这也是识读和绘制三面投影图的重要依据。

3）方位关系

V 面投影（正面投影）反映形体的上下和左右关系；H 面投影（水平投影）反映形体的前后和左右关系；W 面投影（侧面投影）反映形体的上下和前后关系，如图 2–13（d）所示。

一般用 V、H、W 面上的三个投影就可确定形体的空间形状。这三个投影称为基本投影，V、H、W 面称为基本投影面。

2.3.3 三面投影图的作图方法及步骤

如图 2–14 所示，已知空间形体，求作其三面投影图。

(1) 分析形体，选择投影方向。将形体置于三面投影体系中并放正，使形体上的大多数面和线与投影面平行或垂直。

(2) 根据图幅大小，合理安排绘图范围。

(3) 绘制水平和垂直十字相交线，作为投影轴，如图 2–15（*a*）所示。如对称图形，还应绘制对称轴线，对称轴线为细单点长画线。

(4) 绘制最能反映形体特征的投影，一般选择 *V* 面为形体主要展示面，如图 2–15（*b*）所示。

(5) 根据长对正、高平齐、宽相等的"三等"关系，完成其余两个投影的绘制，如图 2–15（*c*）、图 2–15（*d*）所示。

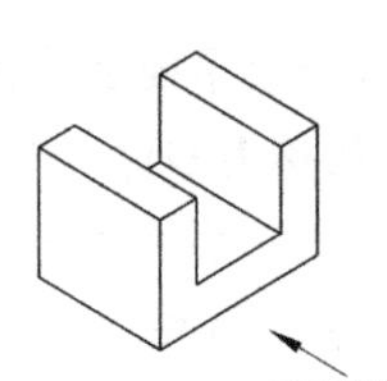

图 2–14
求作三面投影图的已知条件

小技巧：

在作图过程中，一般在 Y_H 和 Y_W 轴间画一条 45° 斜线，或以原点 *O* 为圆心作圆弧，以便等量截取 *OY* 轴坐标距离，达到"宽相等"的目的。

(6) 检查修改，保留作图痕迹，外轮廓线需要加粗加深，以区别辅助图线，完成作图。

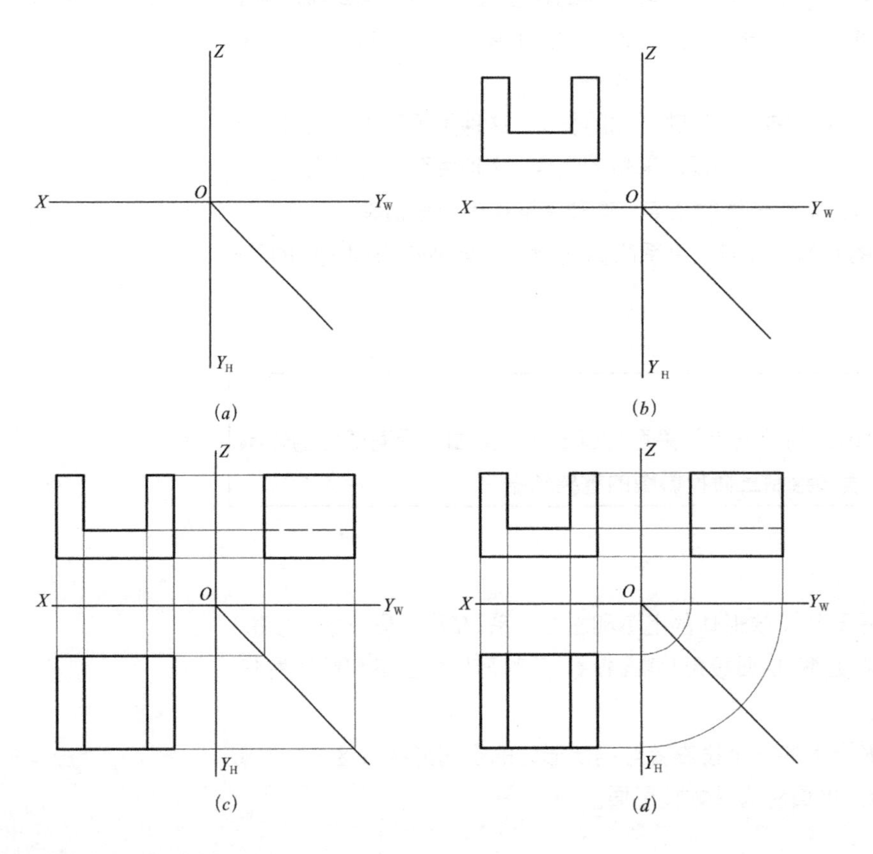

图 2–15
三面投影绘制方法及步骤
(*a*) 绘制投影轴；
(*b*) 绘制 V 面投影；
(*c*) 45° 斜线法；
(*d*) 圆弧法

> **相关链接：**
>
> 为了使投影能准确表达物体形状，人们经过长期实践，对投影现象进行抽象、分析研究和总结，提出了投影线穿透性假设，即假设投影线可以穿透物体，使物体各部分的棱线都能在影子中反映出来，画图时，可见棱线用实线画出，不可见棱线用虚线画出。

■ 任务实施

如图 2–16 所示，参照房屋建筑模型立体图，按 1 ：1 的比例绘制该模型的三面投影图。

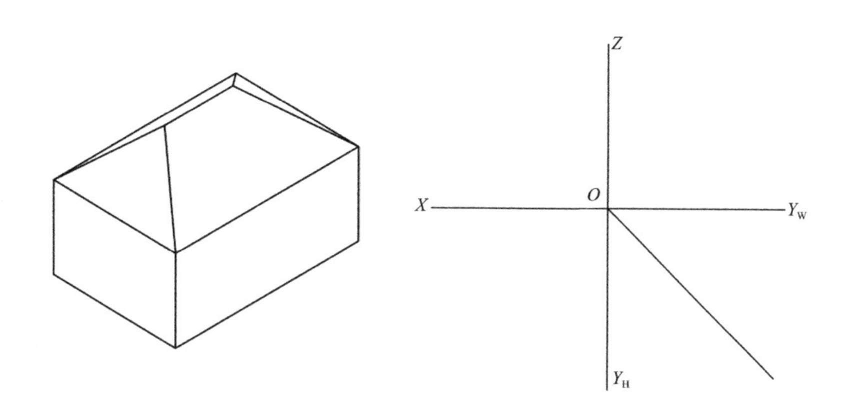

图 2–16
房屋建筑模型与三面投影图的绘制

■ 思考与讨论

1. 点、直线和平面的正投影特性有哪些？
2. 三面投影图的位置是否可以随意摆放？
3. 三等关系指的是什么？
4. 求作形体三面投影时，如何快速地截取宽度方向的尺寸？
5. 如何检查三面投影图绘制是否正确，无遗漏的轮廓线？

拓展任务

1. 如图 2–17 所示，根据立体图，找出相对应的三面投影图，并在括号内填写相应的数字。

2. 如图 2–18 所示，对应立体图检查三面投影图是否正确，如不正确请补画遗漏的图线，去掉多余的线。

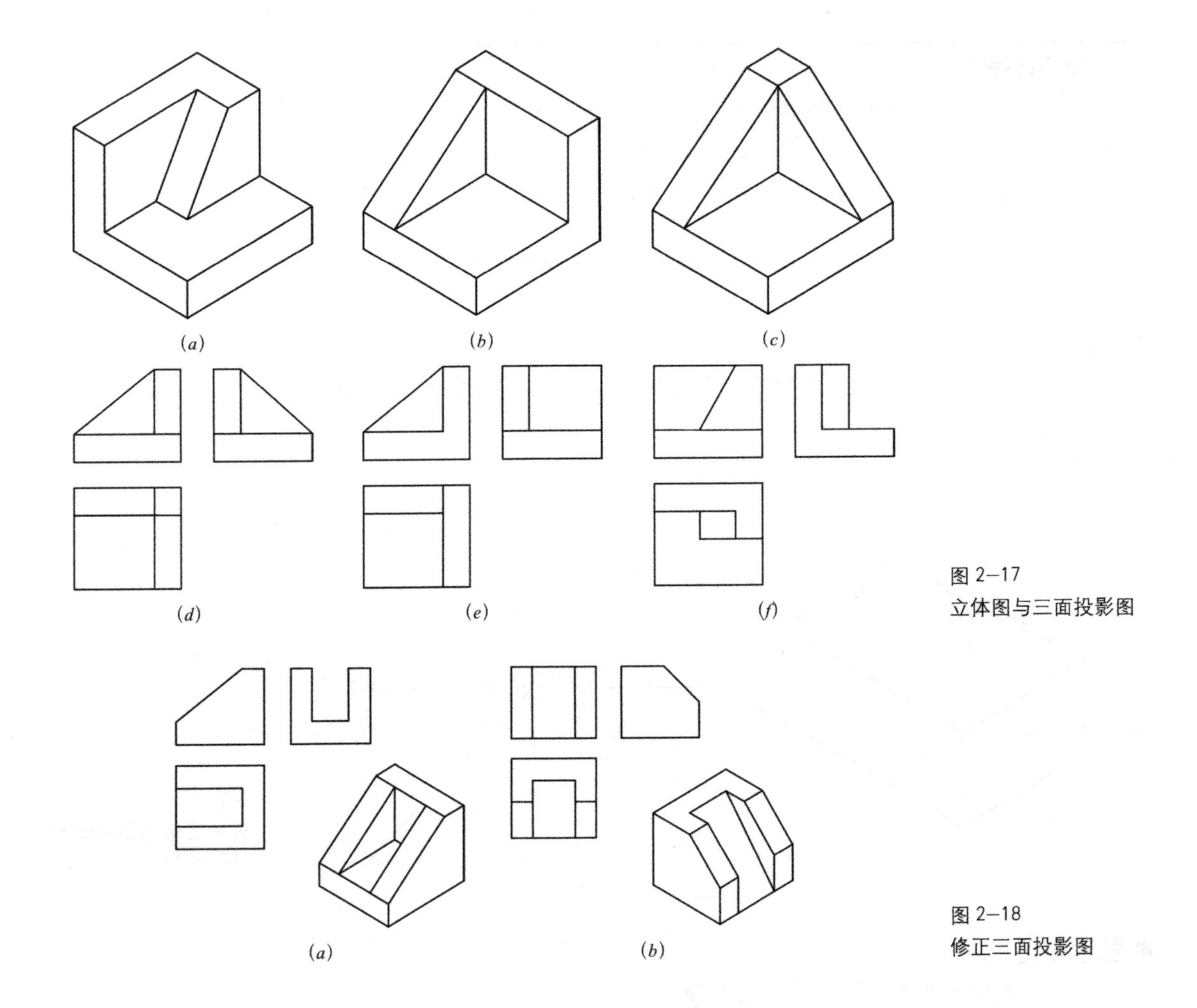

图 2–17
立体图与三面投影图

图 2–18
修正三面投影图

3

项目3　点、直线、平面的投影

【项目描述】

“点”是设计中最基础的单位，“点”动则成“线”，多“线”则成“面”，多个“面”则成为“体”。“点”“线”“面”“体”四者的递进关系，将成为我们学习、研究投影的过程，一步一步为后期复杂几何体、工程投影做好铺垫。

【项目目标】

1. 掌握点的投影规律、两点间的相对位置及重影点可见性判断。
2. 掌握直线的投影规律及直线上点的投影特性。
3. 掌握平面的投影规律及平面上直线和点的投影特性。
4. 熟练掌握点、直线、平面投影的作图方法。

【项目要求】

1. 根据任务 3.1 的要求，学习点的投影。完成点第三面投影的绘制，并判断空间两点相对位置。

2. 根据任务 3.2 的要求，学习直线的投影。完成直线第三面投影的绘制，并判断空间两直线相对位置。

3. 根据任务 3.3 的要求，学习平面的投影。完成平面第三面投影的绘制，将图形绘制在指定位置。

4. 完成拓展任务，根据任务要求将图形绘制在指定位置。

【项目计划】

见表 3–1。

项目3计划 **表3–1**

项目内容	知识点	学时
任务 3.1 点的投影	点的投影、相对位置、重影点	1
任务 3.2 直线的投影	投影面平行线、投影面垂直线、一般位置直线、直线上的点、平行线、相交线、交叉线	1
任务 3.3 平面的投影	投影面平行面、投影面垂直面、一般位置平面、平面上的点、平面上的线	1
拓展任务	（此部分内容可单独使用，也可融入以上任务完成）	1

【项目评价】

见表 3–2。

项目3评价 表3–2

项目评分	评价标准
5★	①按照任务书要求完成所有任务，准确率在 90%以上；②能够正确使用制图工具；③图面整洁；④作图痕迹与答案图线可分辨、可见
4★	①按照任务书要求完成所有任务，准确率在 75%～ 89%；②能够正确使用制图工具；③图面较整洁或有≤ 2 处的刮痕；④作图痕迹与答案图线可分辨、可见
3★	①按照任务书要求完成所有任务，准确率在 60%～ 74%；②基本不使用制图工具；③图面较整洁或有≤ 4 处的刮痕；④作图痕迹与答案图线不可分辨
2★	①没有完成任务，准确率在 30%～ 59%；②基本不使用制图工具；③图面不整洁，有≤ 6 处的刮痕；④作图痕迹与答案图线不可分辨或无作图痕迹。建议重新完成任务内容
1★	①没有完成任务，准确率在 30%以下；②不使用制图工具；③图面不整洁，有＞ 6 处的刮痕；④无作图痕迹。建议重新学习

注：如不满足评价标准中的任意一项，便需要降低一个评分等级。

任务 3.1 点的投影

■ 任务引入

在上一个项目中，我们根据正投影原理，试着完成了房屋模型的三面投影，如图 3–1 所示。若令屋顶脊背交点处为 A，能否在已有的三视图中找到点 A 的三面投影呢？通过找寻点 A 的投影，你能发现点的投影规律和特点吗？

本节我们的任务就是通过了解点的投影规律，来完成点投影的绘制、两点相对位置判断和重影点可见性判断。

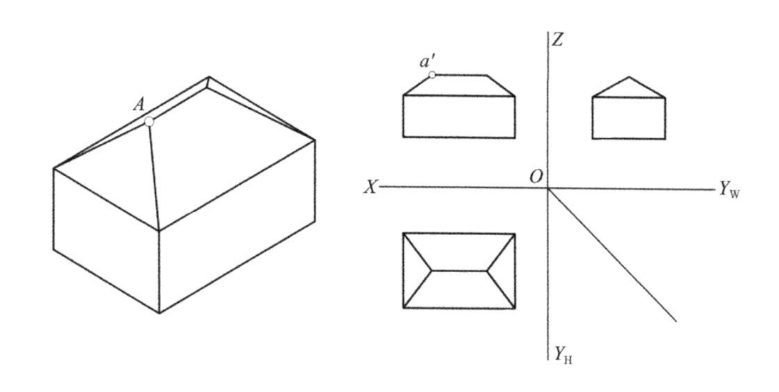

图 3–1
点 A 的投影

相关链接：吻兽

任务 3.1 的引入环节，屋顶脊背交点处 A 在中国古建筑中通常会用吻兽来装饰。

吻兽，传说可以驱逐来犯的厉鬼，守护家宅的平安，并可冀求丰衣足食、人丁兴旺。除了装饰作用外，吻兽还可以帮助榫卯结构木构架接合紧密，使脊垄稳固，不渗水。

任务 3.1 的引入环节，屋顶脊背交点处 A 在中国古建筑中通常会用吻兽来装饰。

吻兽，传说可以驱逐来犯的厉鬼，守护家宅的平安，并可冀求丰衣足食、人丁兴旺。除了装饰作用外，吻兽可以帮助榫卯结构木构架接合紧密，使脊垄稳固，不渗水。

在正脊两端的称为正吻，根据其形象的不同又可称为鸱尾、鸱吻或吻兽；在垂脊和戗脊端部的称为垂兽和戗兽；在转角部岔脊上的众多小兽称为仙人走兽（图 3–2）；仔角梁头上有 1 枚套兽；重檐屋顶的下檐正脊在转角有合角吻兽。

图 3–2
仙人走兽

■ 知识链接

一个物体由若干个面构成，各面相交形成多条棱线，各棱线又相交于多个顶点 A、B、C……，如图 3–3 所示。如果我们能够绘制点的投影，就可以连接各个顶点，形成一条条棱线投影，而棱线又可以围合成物体的各个侧面投影，最后完成整个物体的投影绘制。通过以上分析表明，掌握点的投影知识是学习线、面、体投影的基础。

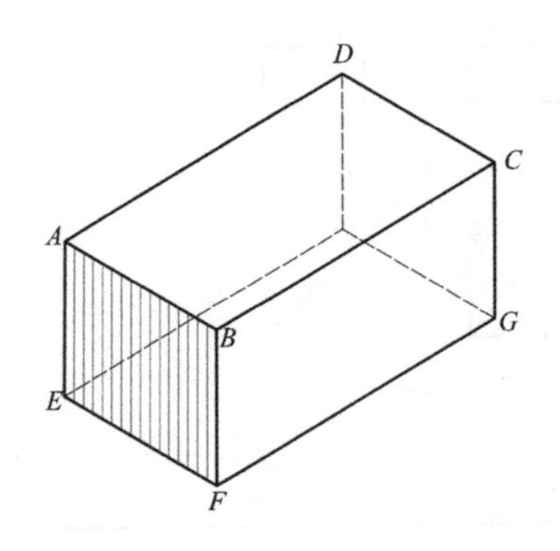

图 3–3
基本形体

3.1.1 点的投影及其规律

如图 3–4（a）所示，求长方体顶点 A 的三面投影。过点 A 分别向三个投影面 H、V、W 面作垂线，分别交于 a、a'、a''。

点 A 到 H 面上的投影，以 a 表示，称为点 A 的 H 面投影，即水平投影；

点 A 到 V 面上的投影，以 a' 表示，称为点 A 的 V 面投影，即正面投影；

点 A 到 W 面上的投影，以 a'' 表示，称为点 A 的 W 面投影，即侧面投影。

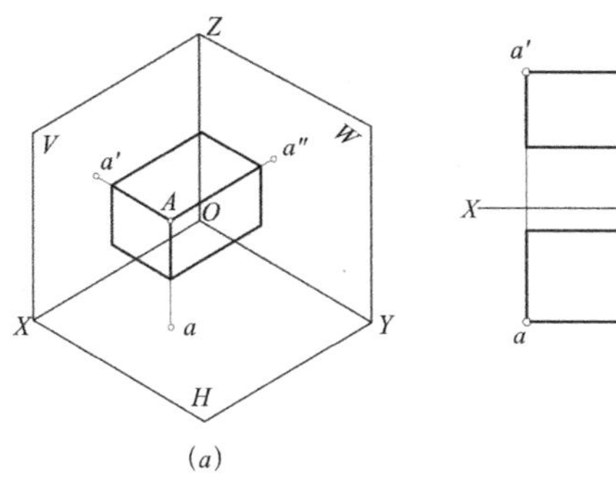

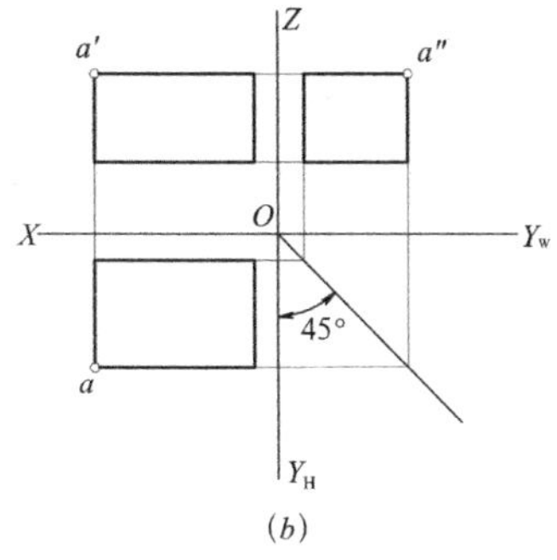

图 3–4
点的投影
(a) 顶点 A 的空间位置；
(b) 顶点 A 的三面投影

将三面投影体系展开，如图 3–4（b）所示，得到空间点 *A* 的三面投影图。通过展开图我们发现点投影的规律：

点 *A* 的水平投影 *a* 和正面投影 *a'* 的连线垂直于 *OX* 轴。

点 *A* 的正面投影 *a'* 和侧面投影 *a''* 的连线垂直于 *OZ* 轴。

点 *A* 的水平投影 *a* 到 *OX* 轴的距离等于其侧面投影 *a''* 到 *OZ* 轴的距离。

3.1.2 点的投影与直角坐标的关系

如图 3–5 所示，若把三个投影面看作是三个坐标面，则三个投影轴为坐标轴，*O* 为坐标原点。在这样一个直角坐标体系中，空间点 *A* 的位置可以由三个坐标来表示，由此可以推算，空间点 *A* 到三个投影面的距离。

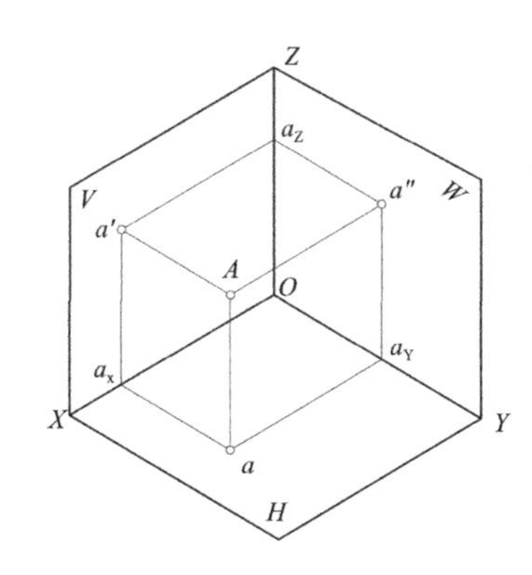

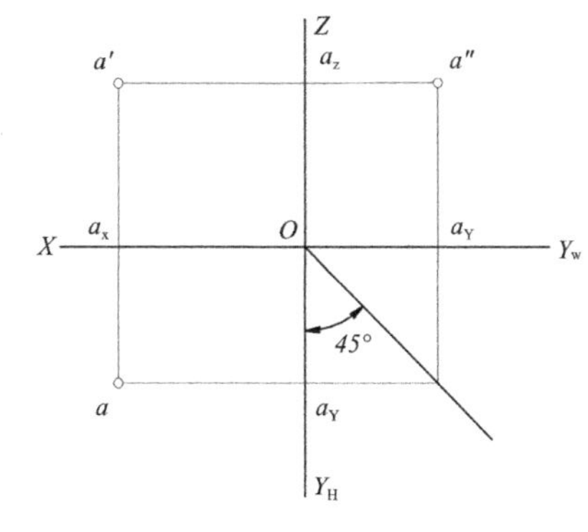

图 3–5
点的投影与直角坐标的关系

点 *A* 到 *H* 面的距离 $Aa=a'a_X=a''a_Y=a_Zo=Z$ 坐标

点 *A* 到 *V* 面的距离 $Aa'=aa_X=a''a_Z=a_Yo=Y$ 坐标

点 *A* 到 *W* 面的距离 $Aa''=aa_Y=a'a_Z=a_Xo=X$ 坐标

通过上述分析我们发现空间点 *A* 在一个投影面上的投影与两个坐标轴有关，而两个投影面上的投影就可涵盖三个坐标轴。因此，已知空间点 *A* 的两个投影面投影，便可得出第三面投影。反之，点的三个坐标值可以确定该点空间中的位置。

3.1.3 两点的相对位置

空间中两点相对位置的判断，以一个点为基础，利用两点坐标大小来比较它们的前后、上下和左右位置。

在三面投影中，水平投影（H）可判断两点前后和左右关系；

正面投影（V）可判断两点左右和上下关系；

侧面投影（W）可判断两点前后和上下关系。

如图 3–6 所示，空间点 A 在点 B 的左、下和前方。

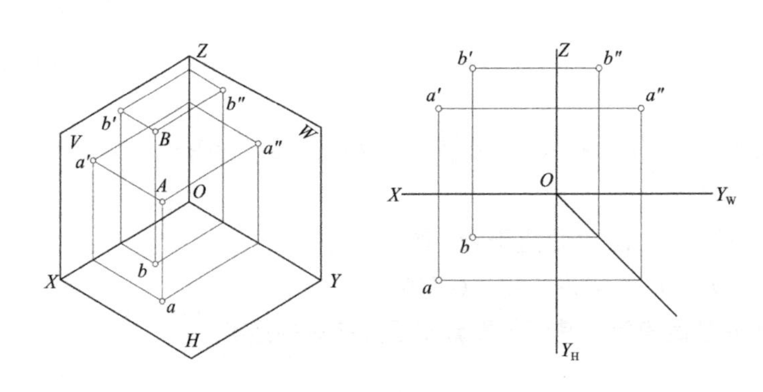

图 3–6
两点的相对位置

3.1.4 重影点

如图 3–7 所示，空间点 A、点 B 在水平投影面投影 a、b 为重影点，因此，需要判定 a、b 两点投影的可见性。

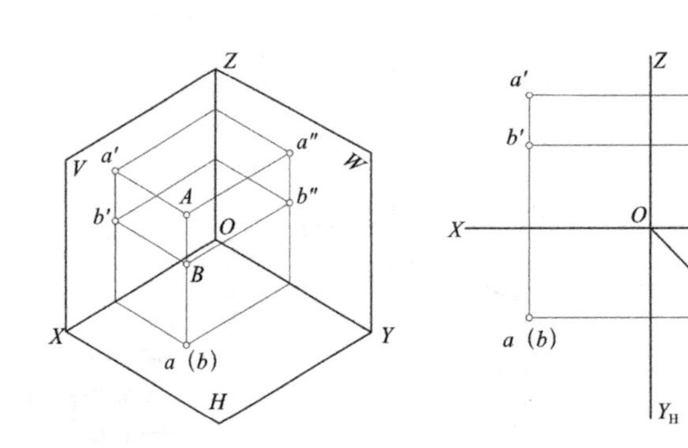

图 3–7
重影点

（1）按投影投射方向分析。点 A 在点 B 正上方，即点 A 为可见点，点 B 为不可见点，不可见点投影应加括号表示。

（2）按坐标值大小分析。坐标值较大者为可见点，坐标值较小者为不可见点。A、B 两点在 X、Y 轴上的坐标相同，Z 轴坐标不同，且 $Z_A>Z_B$，故点 A 为可见点，点 B 为不可见点。

■ 任务实施

如图 3–8 所示，已知点 A 和点 B 的两面投影，求第三面投影。并说明两点的空间位置。

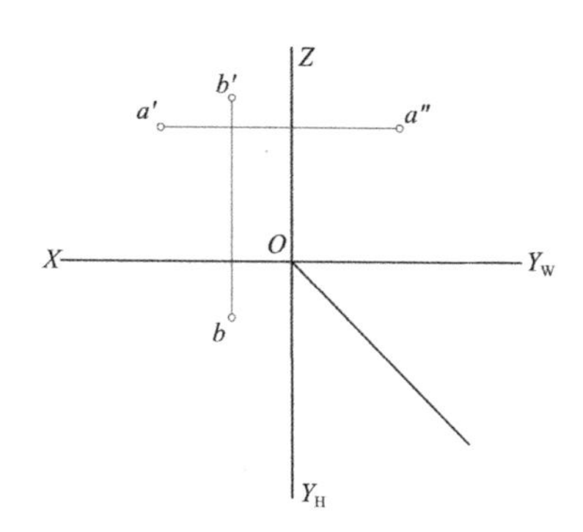

点 A 在点 B 的______面（上／下）；
点 A 在点 B 的______面（左／右）；
点 A 在点 B 的______面（前／后）。

图 3–8
求点的投影并判断两点位置关系

■ 思考与讨论

1. 空间两点的某一面投影为重影点，如何判断点的可见性？
2. 如何快速判断两点的相对位置？
3. 谈谈如何绘制线的投影。

任务 3.2　直线的投影

■ 任务引入

如图 3–9 所示，房屋模型正脊设为直线 AB，戗脊设为直线 AD。已知，直线 AB、AD 的两面投影，试求第三面投影？

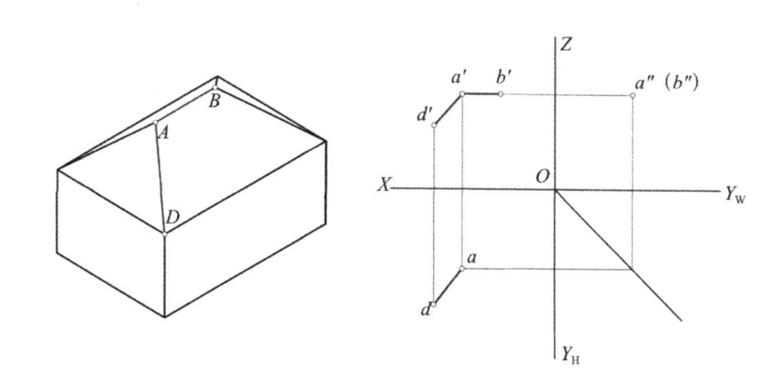

图 3–9
直线的投影

本节我们的任务是通过了解直线的投影规律，来完成直线投影的绘制、直线空间位置的判断和直线上点的投影特性。

> **相关链接**：正脊
>
> 正脊又叫大脊、平脊，位于屋顶前后两坡相交处，是屋顶最高处的水平屋脊，正脊两端有吻兽或望兽，中间可以有宝瓶等装饰物。戗脊又称岔脊，是中国古代歇山顶建筑自垂脊下端至屋檐部分的屋脊，和垂脊成 45°，对垂脊起支戗作用，如图 3–10 所示。

图 3–10
天安门

■ 知识链接

两点确定一条直线，当我们能够顺利地完成点的投影绘制后，直线的投影也将迎刃而解。

3.2.1　各种位置直线的投影及其特性

直线在三面投影体系中的投影决定于直线与三个投影面的相对位置。根据直线空间位置的不同，其类型可分为三种：投影面平行线、投影面垂直线、一般位置直线，如图 3–11 所示。其中，投影面平行线和投影面垂直线是较为特殊的两种情况。

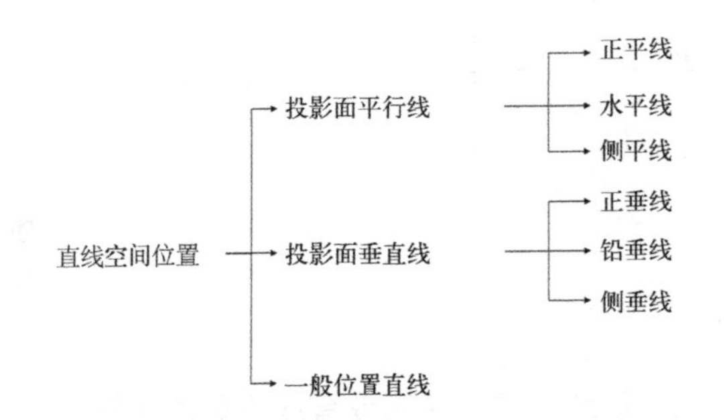

图 3–11
直线空间位置

1. 投影面平行线

平行于一个投影面，倾斜于另外两个投影面的直线，称为投影面平行线。根据平行投影面的不同，投影面平行线分为三种情况：

(1) 正平线，它与 V 面平行，倾斜于 H 面及 W 面；

(2) 水平线，它与 H 面平行，倾斜于 V 面及 W 面；

(3) 侧平线，它与 W 面平行，倾斜于 V 面及 H 面。

投影面平行线的图例及投影特性，如表 3–3 所示。

投影面平行线 **表3–3**

名称	立体图	投影图	投影特性
正平线	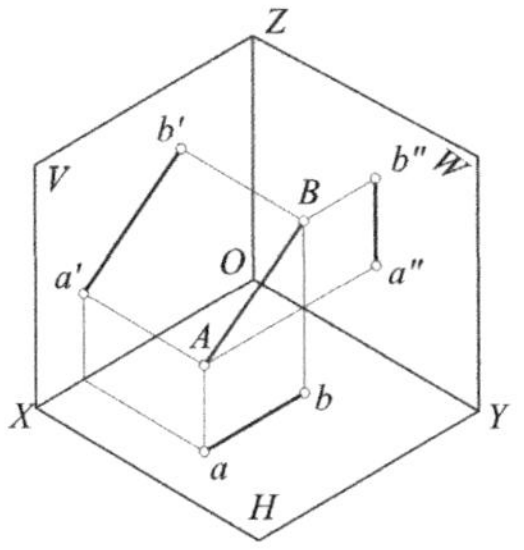	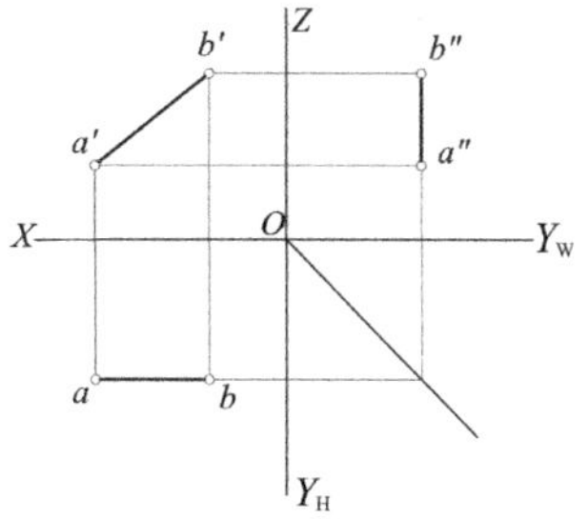	1.$AB//V$ 面，$a'b'=AB$ 2.$a''b''//OZ$，$a''b''< AB$ 3.$ab//OX$，$ab< AB$
水平线	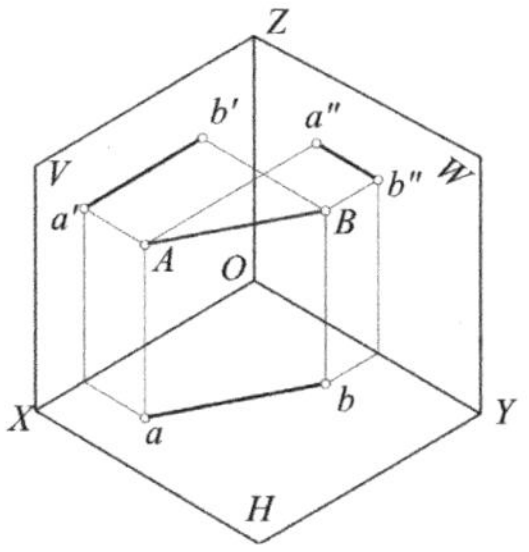	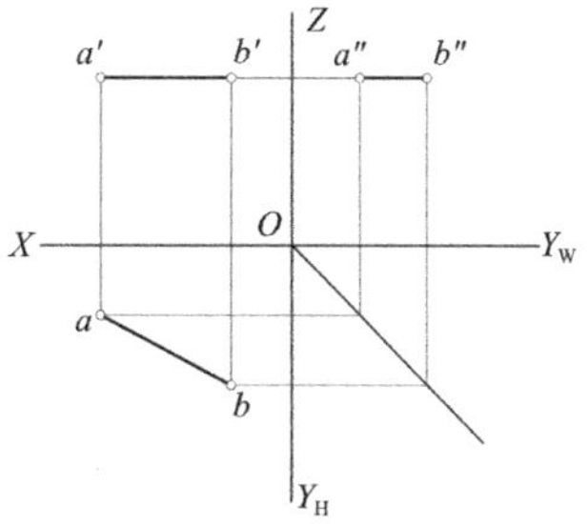	1.$AB//H$ 面，$ab=AB$ 2.$a''b''//OY$，$a''b''< AB$ 3.$a'b'//OX$，$a'b'< AB$
侧平线	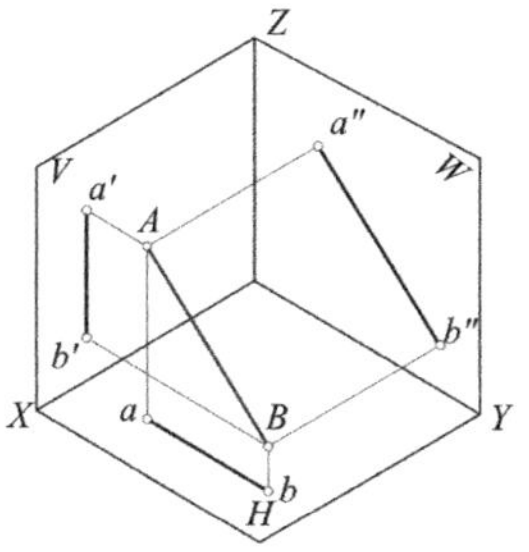	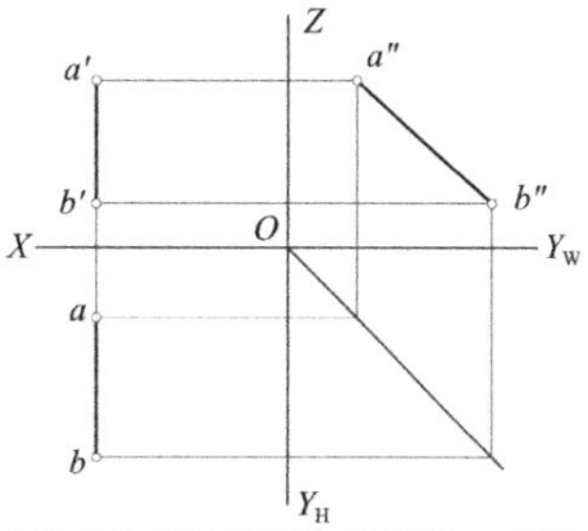	1.$AB//W$ 面，$a''b''=AB$ 2.$ab//OY$，$ab< AB$ 3.$a'b'//OZ$，$a'b'< AB$

通过图表及文字分析，总结投影面平行线特性如下：

(1) 空间直线平行于一投影面，在其投影面上产生的投影，反映该直线实际长度，具有实形性。

(2) 空间直线平行于一投影面，倾斜于其他两个投影面，且在另两个投影面上产生的投影小于该直线实际长度，不反映实形，具有类似性。

2. 投影面垂直线

垂直于一个投影面，必定平行于另外两个投影面的直线，称为投影面垂直线。

根据垂直投影面的不同，投影面垂直线分为三种情况：

(1) 正垂线，它垂直于 V 面，平行于 H 面及 W 面；

(2) 铅垂线，它垂直于 H 面，平行于 V 面及 W 面；

(3) 侧垂线，它垂直于 W 面，平行于 V 面及 H 面。

投影面垂直线的图例及投影特性，如表 3–4 所示。

投影面垂直线 表3–4

名称	立体图	投影图	投影特性
正垂线	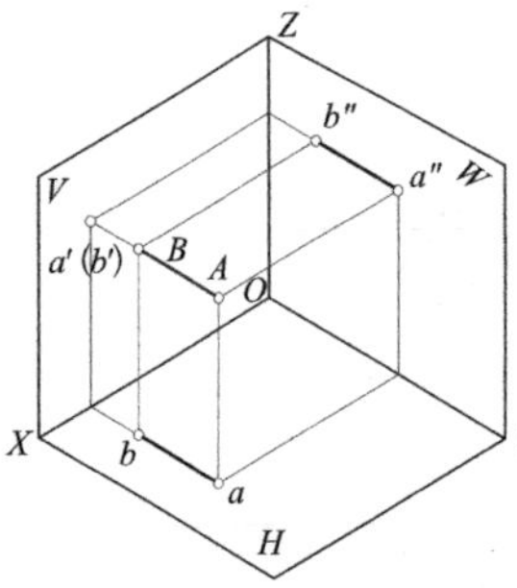	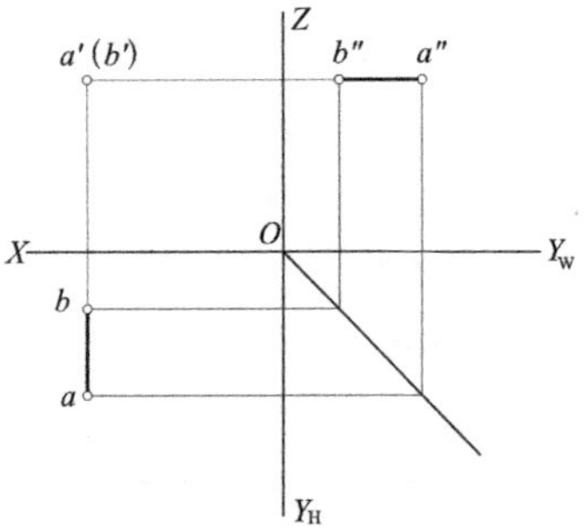	1.$AB \perp V$面， $a'b'$ 积聚成一点 2.$ab \perp OX$， $ab = AB$ 3.$a''b'' \perp OZ$， $a''b''=AB$
铅垂线	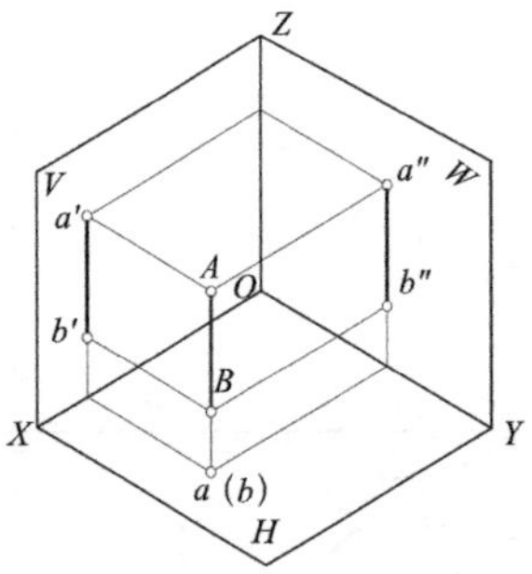	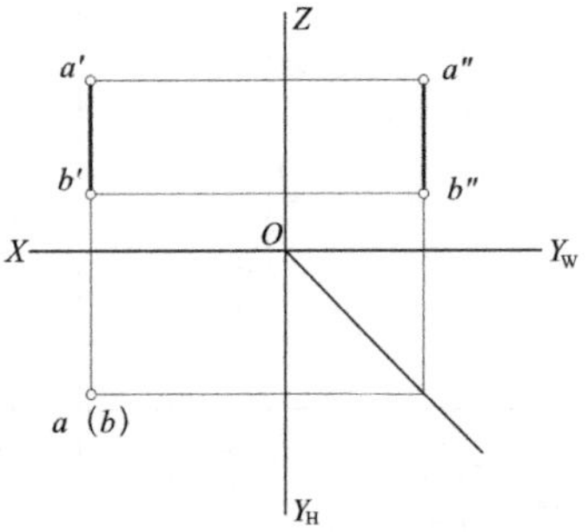	1.$AB \perp H$面， ab 积聚成一点 2.$a'b' \perp OX$， $a'b' = AB$ 3.$a''b'' \perp OY$， $a''b''=AB$
侧垂线	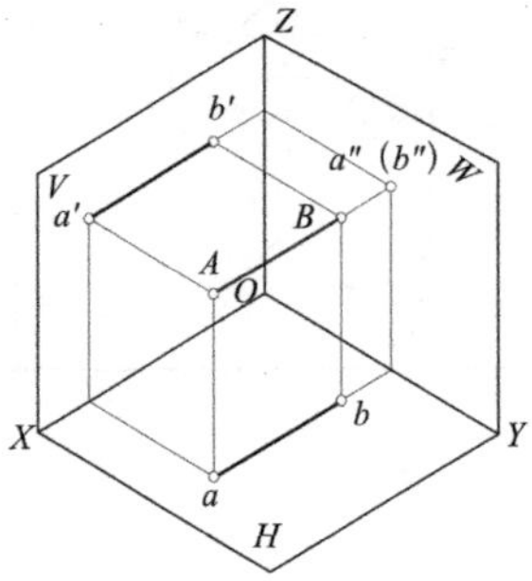	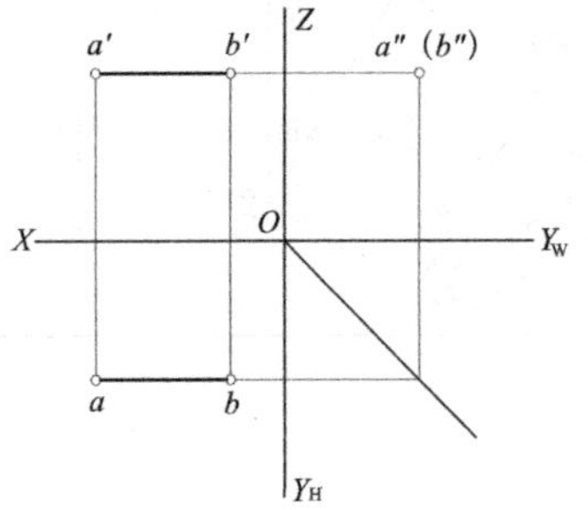	1.$AB \perp W$面， $a''b''$ 积聚成一点 2.$a'b' \perp OZ$， $a'b' = AB$ 3.$ab \perp OY$， $ab=AB$

通过图表及文字分析，总结投影面垂直线特性如下：

（1）空间直线垂直于一投影面，在其投影面上产生的投影聚集为一点，具有积聚性。

（2）空间直线垂直于一投影面，必定平行于另外两个投影面。因此，直线在另两个投影面上的投影反映直线实际长度，具有实形性。

3. 一般位置直线

与三个投影面都倾斜的直线，称为一般位置直线。

如图 3–12 所示，直线 AB 与三个投影面都倾斜，因此，在三个投影面上的投影都是小于直线实际长度的类似形。

3.2.2 直线上的点

直线上点的投影具有从属性和定比性两大特性。

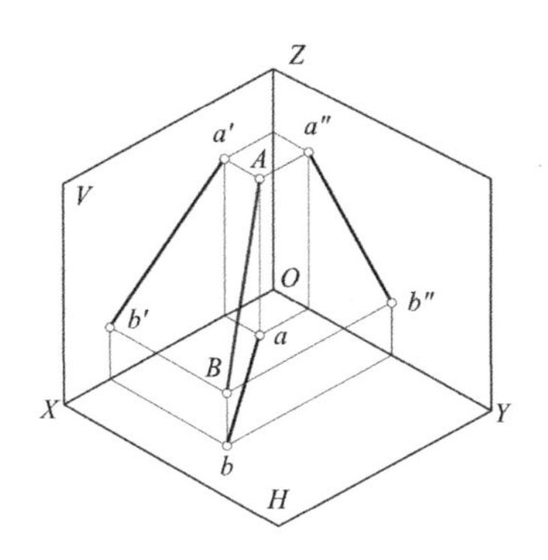

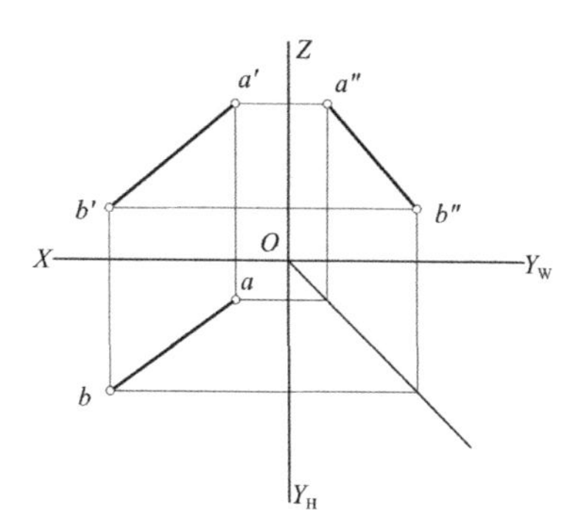

图 3–12
一般位置直线

1. 从属性

直线上点的投影，一定落在该直线的同面投影上。如图 3–13 所示，直线 *AB* 上一点 *S*，作直线 *AB* 和点 *S* 的三面投影，结果发现点 *S* 的三面投影均落在直线 *AB* 的投影上。

2. 定比性

直线上的点将直线分割成两个线段，两线段长度之比，等于它们的投影长度之比。如图 3–13 所示，点 *S* 将直线 *AB* 分割成两条线段 *AS* 和 *SB*，作两条线段的投影，结果发现 $AS : SB = as : sb = a's' : s'b' = a''s'' : s''b''$。

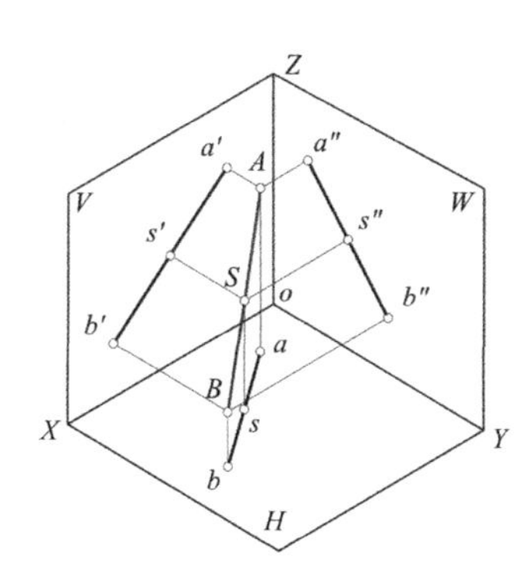

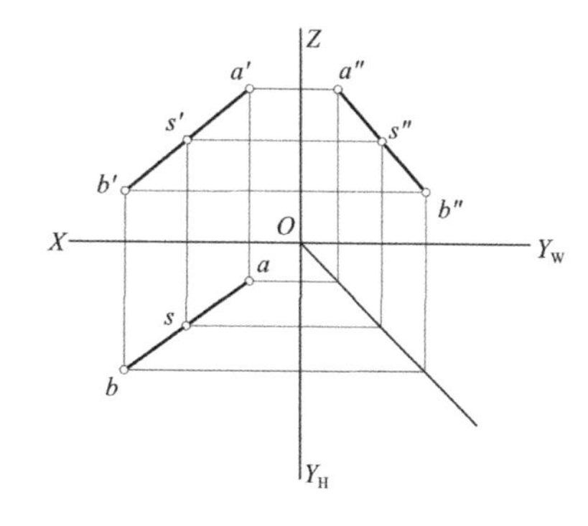

图 3–13
直线上的点

3.2.3 两直线的相对位置

空间两直线的相对位置有三种情况：平行、相交、交叉（交叉指空间两直线既不平行也不相交）。

如图 3–14 所示，立体图形中 *AB* 与 *CD* 平行；*AB* 与 *AF* 相交；*AB* 与 *CG* 交叉。因平行两直线与相交两直线在同一平面内，所以称为共面线。而交叉两直线不在同一平面内，故称为异面线。

1. 平行两直线

空间两直线平行，通过两直线投向同一投影面的投影，也相互平行。反之，两直线各投影面同面投影相互平行，该两直线空间中位置必将平行。

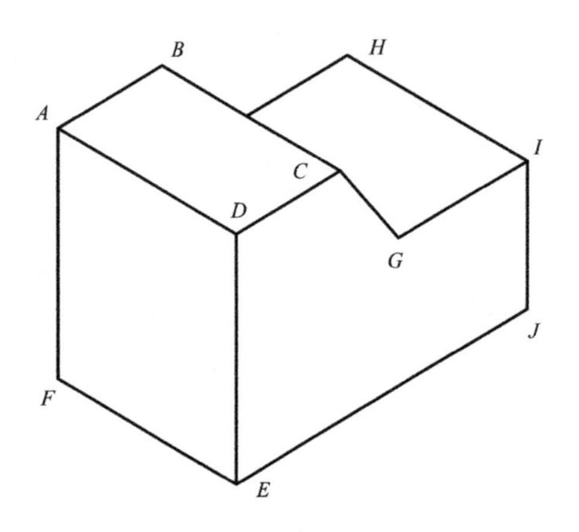

图 3–14
两直线的相对位置

> **请注意：**
> 若空间两一般位置直线，任意两投影面投影平行，即可判断空间两直线平行。

如图 3–15 所示，空间直线 $AB//MN$，其投影 $ab//mn$、$a'b'//m'n'$、$a''b''//m''n''$。

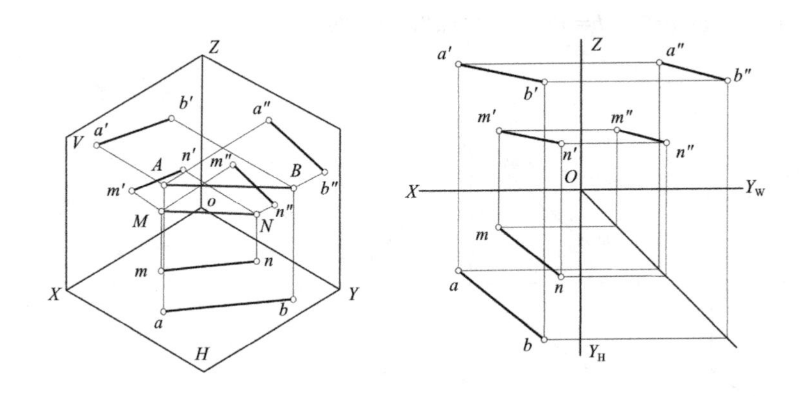

图 3–15
平行两直线的相对位置

> **请注意：**
> 若空间两直线为投影面平行线，例如两直线均为侧平线，虽然它们在 V 面投影和 H 面投影都相互平行，但还要看是否在 W 面平行，以此确定空间两直线相对位置。

如图 3–16 所示，直线 CD 与直线 EF 为侧平线，判断两直线空间位置。两直线 V 面投影 $c'd'//e'f'$，H 面投影 $cd//ef$，W 面投影 $c''d''$ 与 $e''f''$ 不平行。由此判断直线 CD 与直线 EF 空间位置既不平行也不相交，属于交叉。

2. 相交两直线

空间两直线相交，其各同面投影也必相交，且交点符合点的投影规律。反之，两直线各同面投影相交，且交点符合投影规律，则空间两直线必相交。

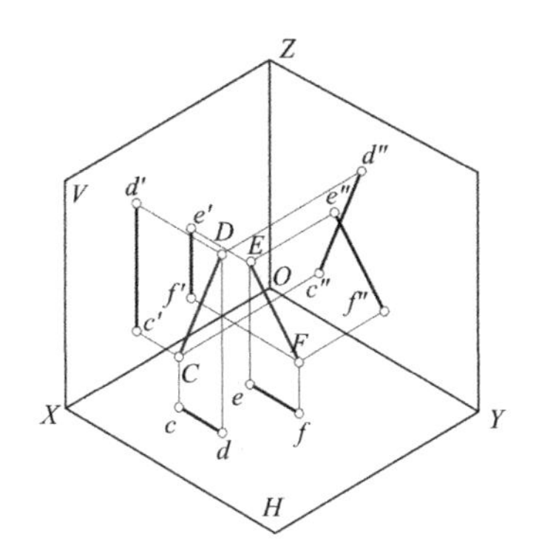

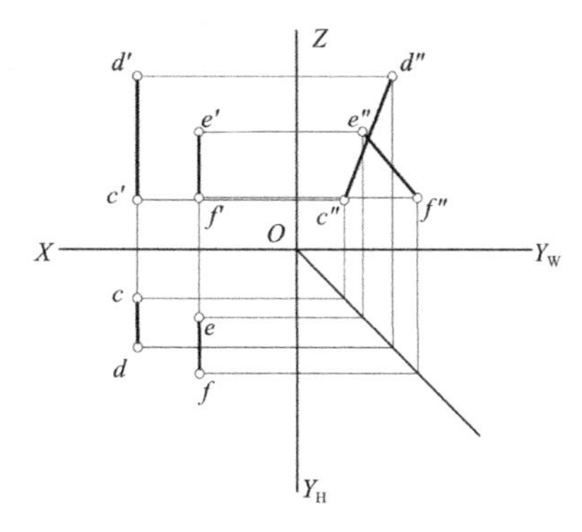

图 3–16
两投影面平行线的相对位置

如图 3–17 所示，直线 AB 与 CD 相交，交点为 S，其投影 ab 与 cd 相交于 s、$a'b'$ 与 $c'd'$ 相交于 s'、$a''b''$ 与 $c''d''$ 相交于 s''。

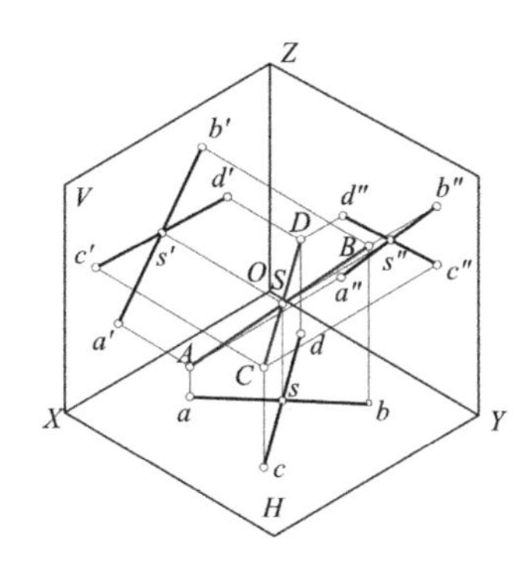

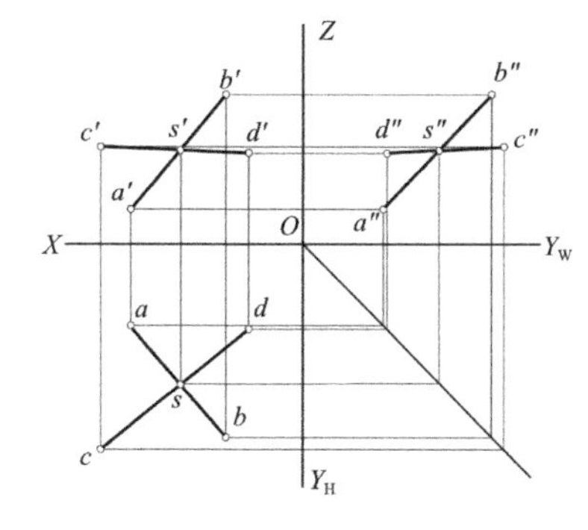

图 3–17
相交两直线的相对位置

请注意：

1. 若空间两一般位置直线，任意两投影面投影相交，且交点符合投影规律，即可判断该两直线相交。

2. 若空间两直线其中一条为投影面平行线，用两个投影判断两直线是否相交，至少有一个投影是平行投影面上的投影，且两直线在该投影面上的投影相交，交点符合点的投影规律，才能确定空间两直线是相交直线。

3. 交叉两直线

交叉两直线既不平行也不相交。投影有两种情况：

（1）交叉两直线的同面投影有时可能平行，但所有投影不可能同时相互平行。

如图 3–18 所示，AB 和 CD 是交叉两直线，且都为侧平线，两直线 W 面投影相交，交点是直线 AB 和 CD 的重影点，V、H 面投影平行。

（2）交叉两直线的同面投影都相交，但交点不符合投影规律。

如图 3–19 所示，EF 和 MN 是交叉两直线，水平投影 ef 和 mn 的交点 3（4）是空间 Ⅲ、Ⅳ 点的重影点，正面投影 $e'f'$ 和 $m'n'$ 的交点 1′（2′）是 Ⅰ、Ⅱ 点的重影点。

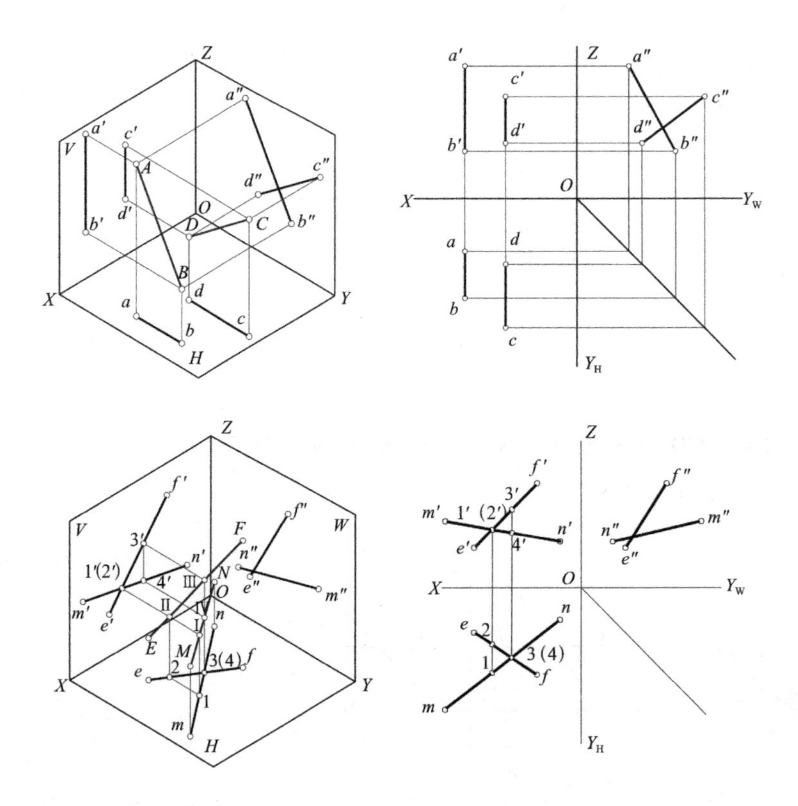

图 3–18
交叉两直线的相对位置

图 3–19
交叉两直线的相对位置

■ 任务实施

如图 3–20 所示，已知直线 *AB*、*AD* 的两面投影，求第三面投影。并说明两直线的空间位置及两直线的相对位置。

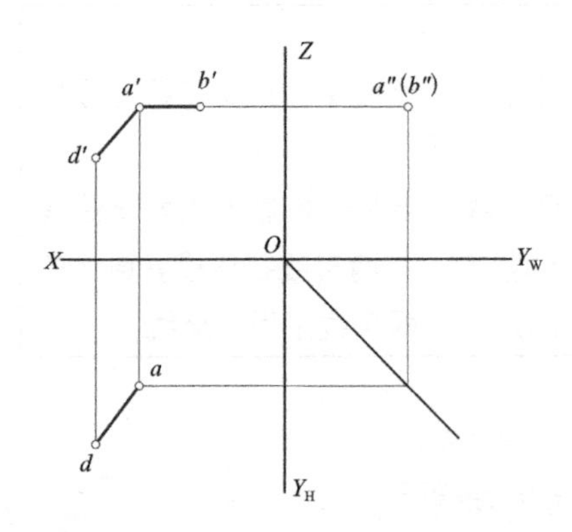

图 3–20
求直线 *AB*、*AD* 的投影

■ 思考与讨论

1. 投影面平行线有哪些投影特性？

2. 投影面垂直线有哪些投影特性？

3. 一般位置直线的投影特性有哪些？

4. 点 *S* 的投影落在直线 *AB* 的投影上，我们能判断出点 *S* 就是直线 *AB* 上的一点吗？直线上点的特性有哪些？

5. 如何判断两直线的相对位置？

6. 谈谈如何绘制面的投影。

任务 3.3 平面的投影

■ 任务引入

如图 3–21 所示，房屋模型为四面坡屋顶，令一坡面为平面 *ABCD*，绘制平面 *ABCD* 的三面投影。并判断其空间位置。

本节我们的任务是通过了解平面的投影规律，来完成平面投影的绘制、平面空间位置的判断和平面上直线和点的投影特性的掌握。

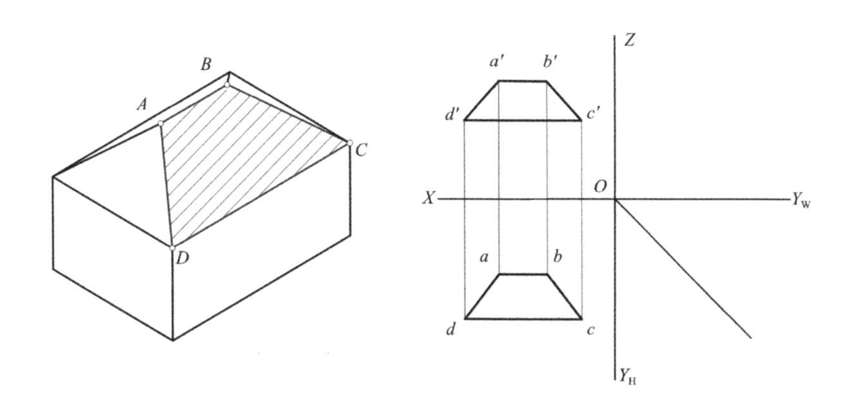

图 3–21
求作平面 *ABCD* 的第三面投影

相关链接：中国传统屋顶

中国古代建筑的屋顶对建筑立面起着特别重要的作用。它那远远伸出的屋檐、富有弹性的屋檐曲线、由举架形成的稍有反曲的屋面、微微起翘的屋角（仰视屋角，角椽展开犹如鸟翅，故称"翼角"）以及硬山、悬山、歇山、庑殿、攒尖、十字脊、盝顶、重檐等众多屋顶形式的变化，加上灿烂夺目的琉璃瓦，使建筑物产生独特而强烈的视觉效果和艺术感染力。如图 3–22 所示（图片来源于网络）。

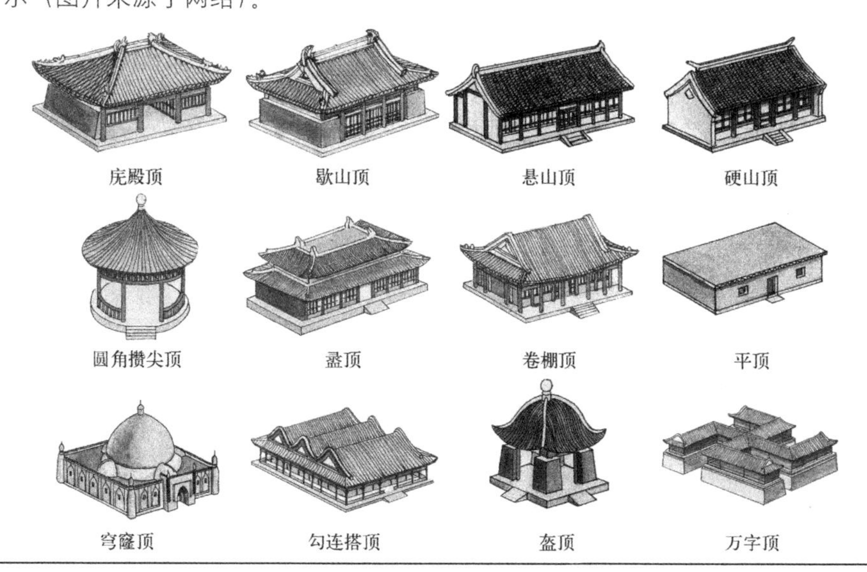

图 3–22
中国传统屋顶常见形式

■ 知识链接

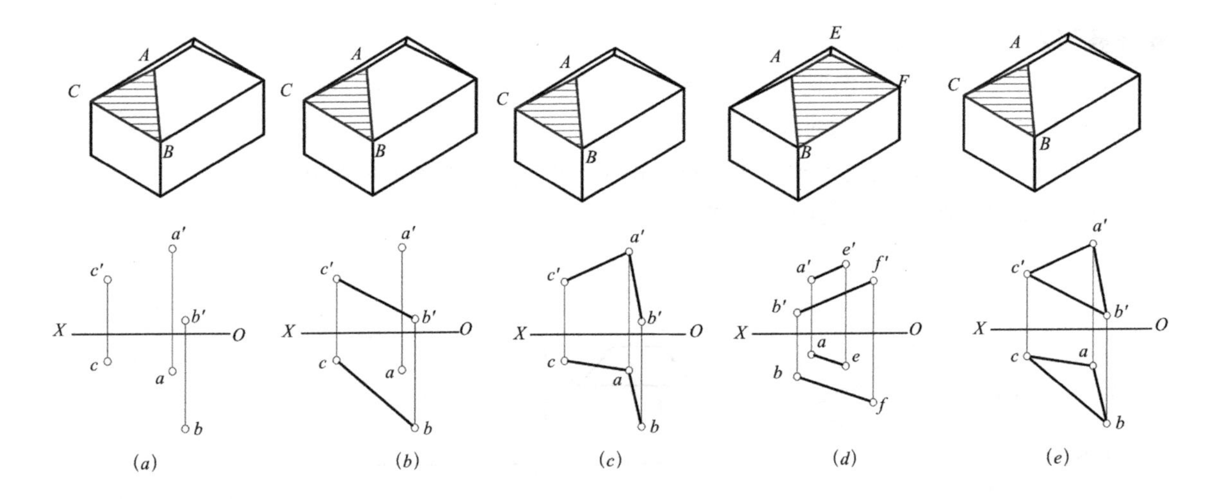

图 3–23
平面在空间中的位置

平面在空间中的位置可以由下列几何元素来确定和表示：

(1) 不在同一直线上的三点（图 3–23*a*）；

(2) 线段及线外的一点（图 3–23*b*）；

(3) 相交的两直线（图 3–23*c*）；

(4) 平行的两直线（图 3–23*d*）；

(5) 平面图形（图 3–23*e*）。

3.3.1 各种位置平面的投影及其特性

平面在三面投影体系中的投影决定于平面与三个投影面的相对位置。根据平面空间位置的不同，其类型可分为三种：投影面平行面、投影面垂直面、一般位置平面，如图 3–24 所示。其中，投影面平行面和投影面垂直面是较为特殊的两种情况。

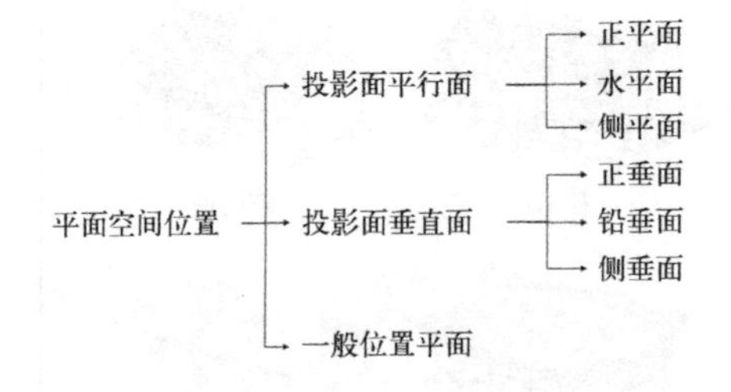

图 3–24
平面空间位置

1. 投影面平行面

平行于一个投影面，同时垂直于另两个投影面的平面称为投影面平行面。有三种情况：

(1) 正平面，它平行于 V 面，垂直于 H 面及 W 面；

(2) 水平面，它平行于 H 面，垂直于 V 面及 W 面；

(3) 侧平面，它平行于 W 面，垂直于 V 面及 H 面。

投影面平行面的图例及投影特性，如表 3–5 所示。

投影面平行面 **表3–5**

名称	立体图	投影图	投影特性
正平面	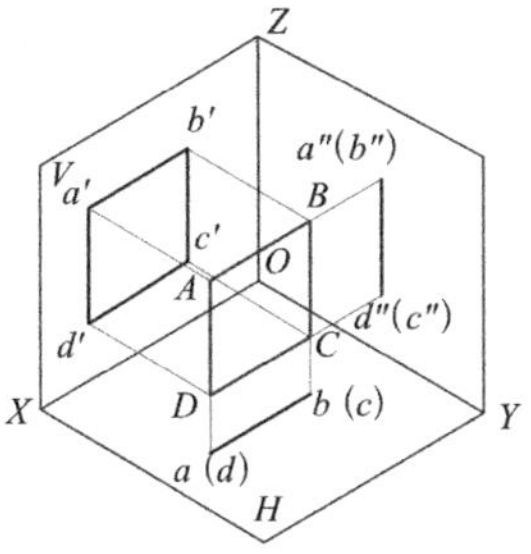	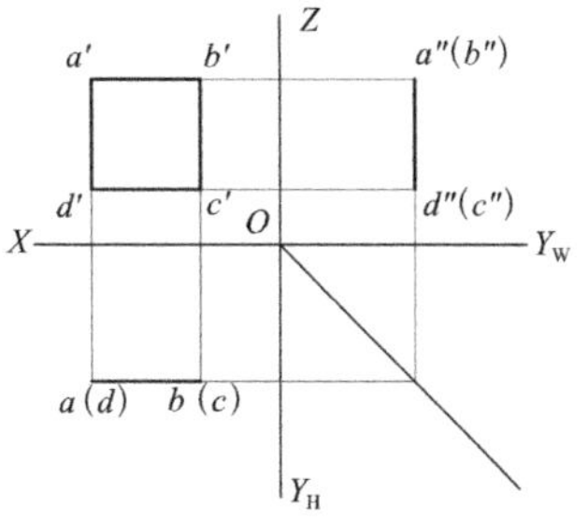	1.$ABCD//V$ 面，$a'b'c'd'=ABCD$ 2.$abcd$ 积聚成一条直线 3.$a''b''c''d''$ 积聚成一条直线
水平面	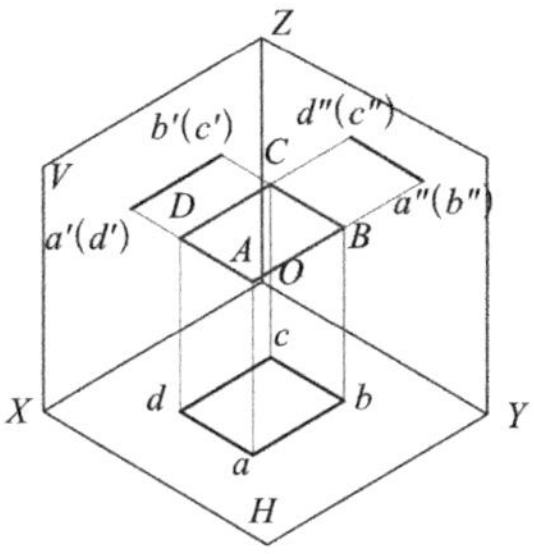	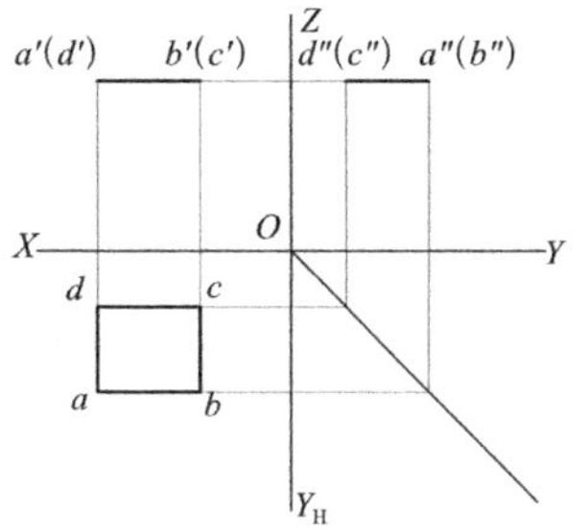	1.$ABCD//H$ 面，$abcd=ABCD$ 2.$a'b'c'd'$ 积聚成一条直线 3.$a''b''c''d''$ 积聚成一条直线
侧平面	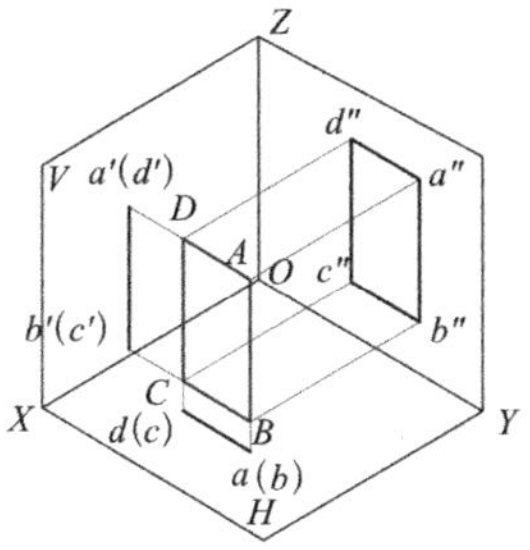	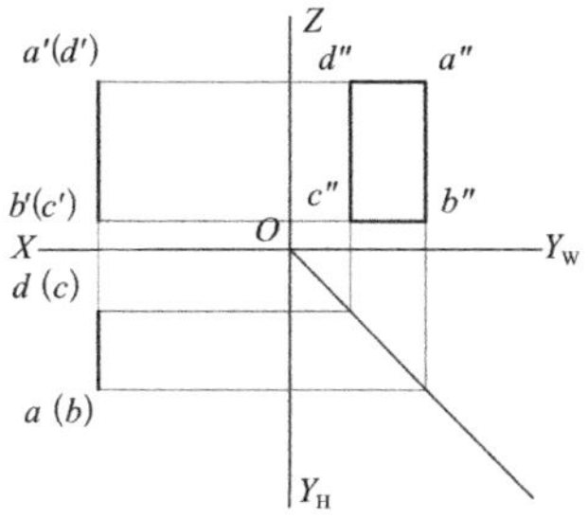	1.$ABCD//W$ 面，$a''b''c''d''=ABCD$ 2.$abcd$ 积聚成一条直线 3.$a'b'c'd'$ 积聚成一条直线

通过图表及文字分析，总结投影面平行面特性如下：

（1）空间平面在它所平行的投影面上的投影，反映平面的实际形状，具有实形性。

（2）若空间平面平行于一个投影面，必然垂直于其他两个投影面，所以另外两个投影都积聚成一条直线，并且分别平行于相应的投影轴，具有积聚性。

2. 投影面垂直面

垂直于一个投影面，与另两个投影面倾斜的平面称为投影面垂直面。有三种情况：

（1）正垂面，它垂直于 V 面，倾斜于 H 面及 W 面；

（2）铅垂面，它垂直于 H 面，倾斜于 V 面及 W 面；

（3）侧垂面，它垂直于 W 面，倾斜于 V 面及 H 面。

投影面垂直面的图例及投影特性，如表 3–6 所示。

投影面垂直面 **表3–6**

名称	立体图	投影图	投影特性
正垂面	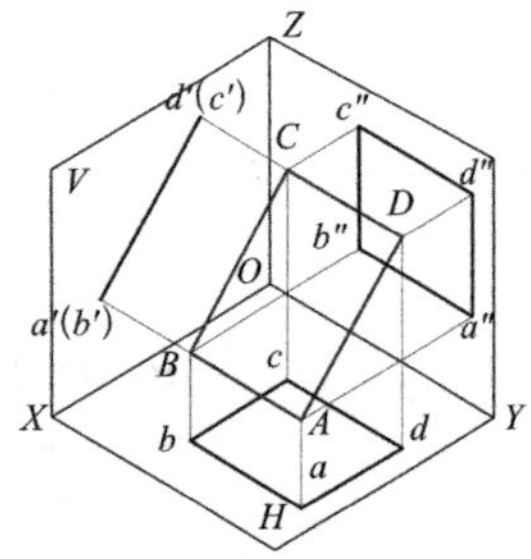	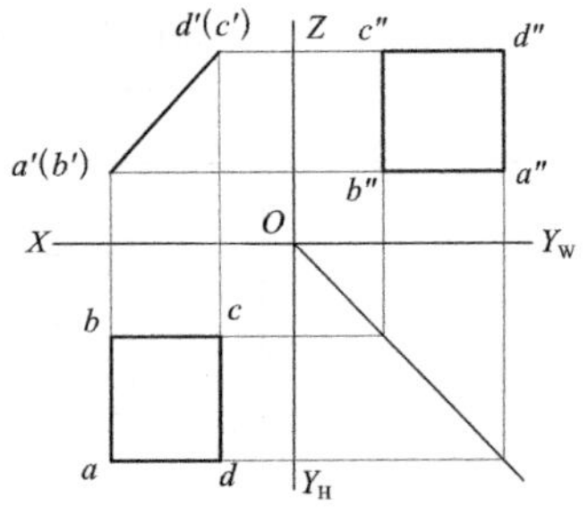	1. $ABCD \perp V$ 面， $a'b'c'd'$ 积聚成一条直线 2. $abcd < ABCD$ 3. $a''b''c''d'' < ABCD$
铅垂面	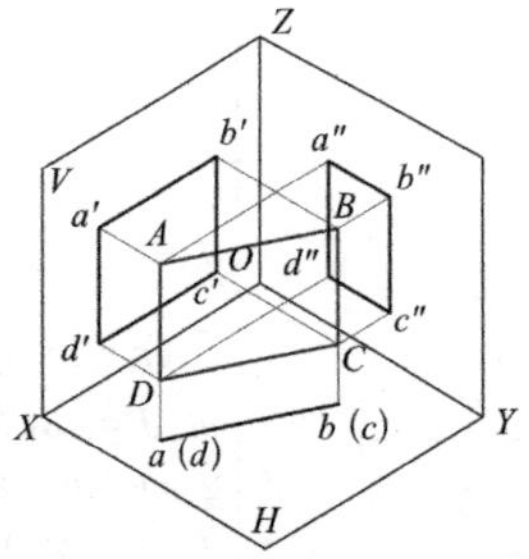	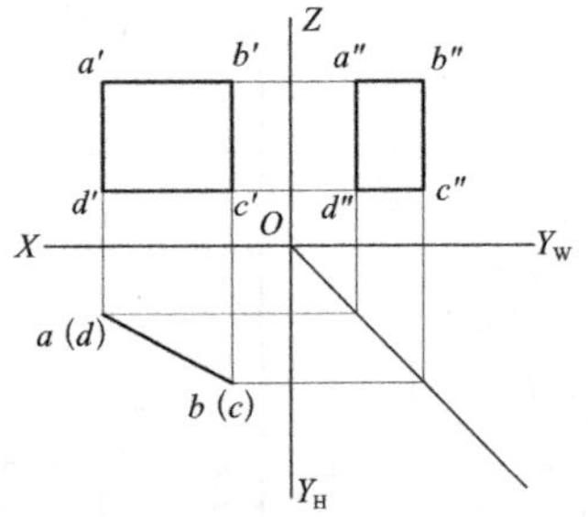	1. $ABCD \perp H$ 面， $abcd$ 积聚成一条直线 2. $a'b'c'd' < ABCD$ 3. $a''b''c''d'' < ABCD$
侧垂面	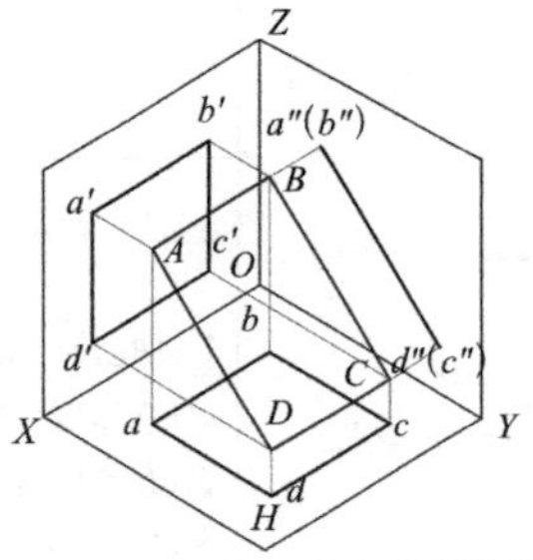	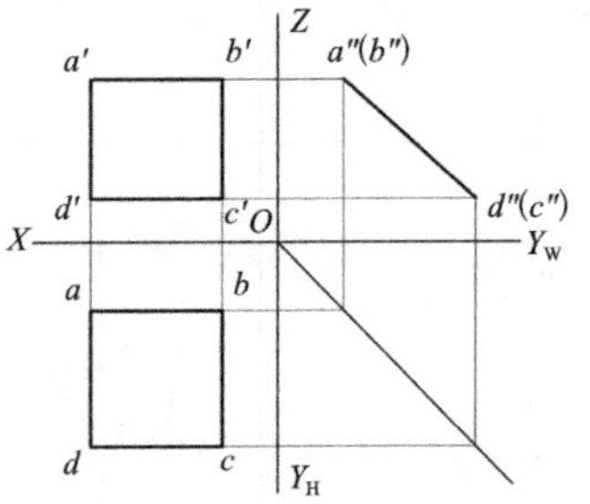	1. $ABCD \perp W$ 面， $a''b''c''d''$ 积聚成一条直线 2. $abcd < ABCD$ 3. $a'b'c'd' < ABCD$

通过图表及文字分析，总结投影面垂直面特性如下：

（1）投影面垂直面在它所垂直的投影面上的投影，积聚为一倾斜线，具有积聚性。直线与投影轴的夹角，反映该平面与另外两个投影面的倾角。

（2）投影面垂直面的另外两个投影面上的投影不反映实形，是小于实形的类似形，具有相似性。

3. 一般位置平面

与三个投影面都倾斜的平面，称为一般位置平面。

图 3–25 所示，$\triangle ABC$ 与三个投影面都倾斜，因此，在三个投影面上的投影都是小于实际平面大小的类似形。

3.3.2 平面上的点和线

1. 平面上的点

若平面上有一点，则该点必须在平面内的一直线上。

如图 3–26（*a*）所示，*AE* 是平面 *ABCD* 上的直线，点 *S* 在直线 *AE* 上，

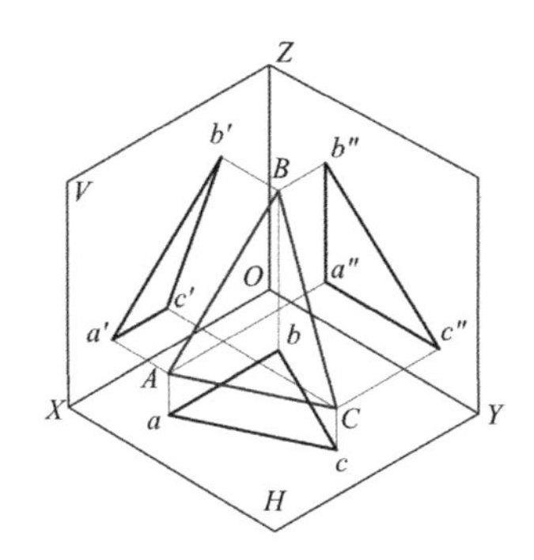

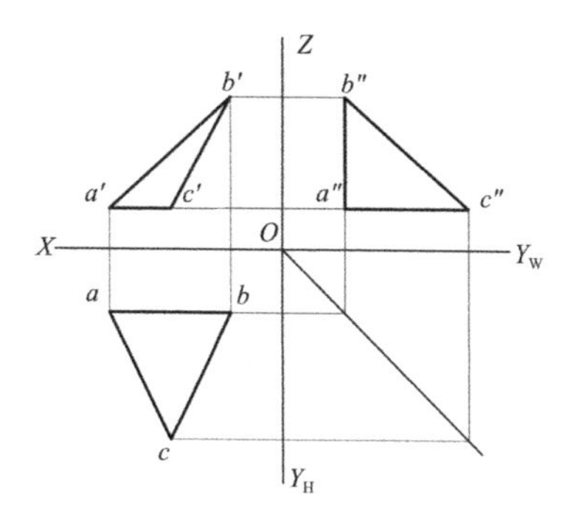

图 3–25
一般位置平面

> **小技巧：**
>
> 在作平面取点训练时，必须先在平面上取经过该点的直线，然后再在该直线上取点。这是确定平面上点位置的依据。

因此点 *S* 在平面 *ABCD* 上。

2. 平面上的直线

（1）一直线如果通过平面上的两个点，则该直线在这个平面上。

如图 3–26（*b*）所示，直线 *AC* 通过了平面 *ABCD* 上的点 *A* 和点 *C*，因此，断定直线 *AC* 在该平面上。

（2）一直线通过平面上一个点而且同时平行于该平面上另一条直线，则该直线在这个平面上。

如图 3–26（*c*）所示，直线 *MN* 通过平面 *ABCD* 上一点 *S*，且直线 *MN* ∥ *AB* ∥ *CD*，因此，断定直线 *MN* 在该平面上。

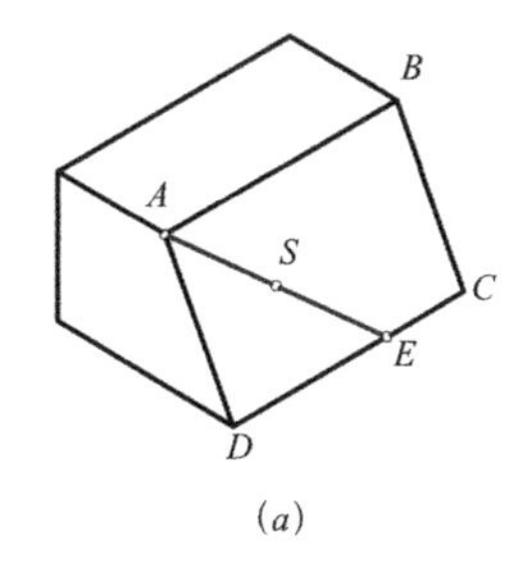

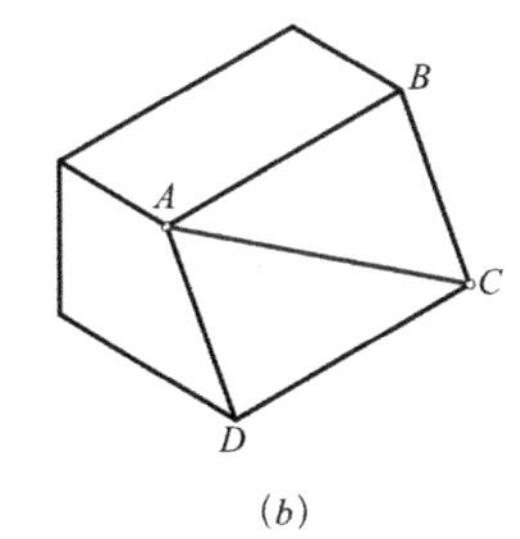

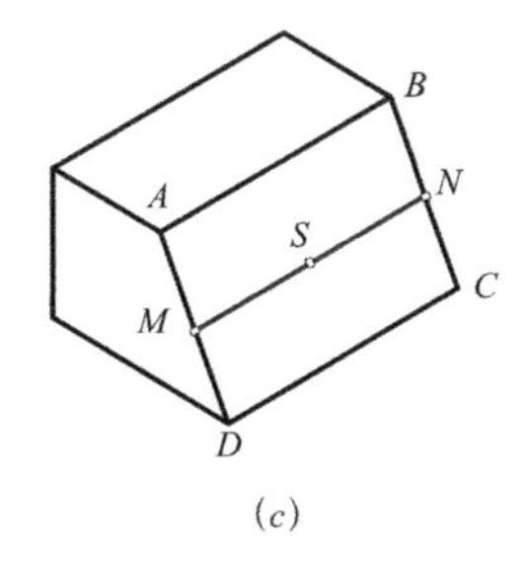

图 3–26
平面上的点和线

■ 任务实施

如图 3–27 所示，已知平面 *ABCD* 两面投影，求第三面投影。

■ 思考与讨论

1. 投影面平行面有哪些投影特性？
2. 投影面垂直面有哪些投影特性？
3. 一般位置平面的投影特性有哪些？
4. 如何准确快速地完成表面取点训练，有什么方法吗？
5. 点、线、面的投影都能够绘制了，试想一下体的投影该如何绘制呢？

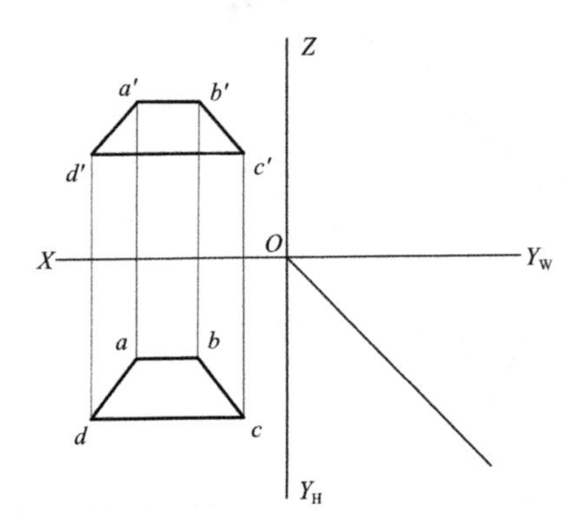

图 3–27
求作平面 *ABCD* 的投影

拓展任务

1. 如图 3–28 所示，已知点 *A* 距 *H* 面 15mm，距 *V* 面 25mm；点 *B* 在 *H* 面内，距 *V* 面 20mm；点 *C* 在 *V* 面内，距 *H* 面 30mm。画出它们的投影。

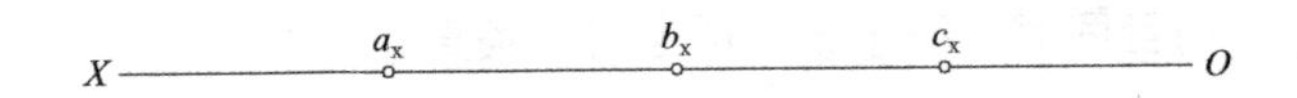

图 3–28
点的投影训练（一）

2. 如图 3–29 所示，作点 *A*（15，20，25）、点 *B*（10，20，0）、点 *C*（20，0，15）三点的投影图。

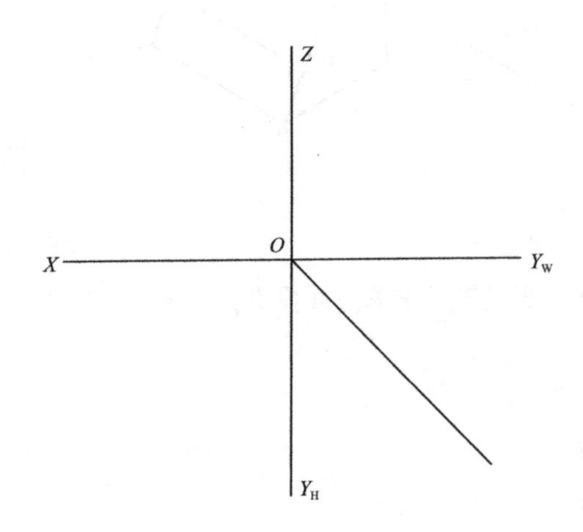

图 3–29
点的投影训练（二）

3. 如图 3–30 所示，求直线 *AB*、*EF* 的第三面投影，并说明直线的空间位置。

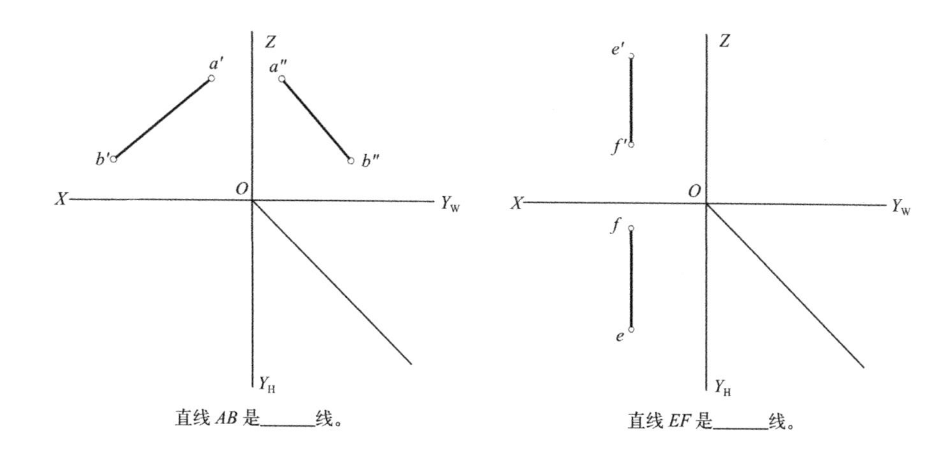

图 3–30
直线的投影训练

4. 如图 3–31 所示，已知点 M 在△ ABC 平面内，完成平面及点 M 的三面投影。

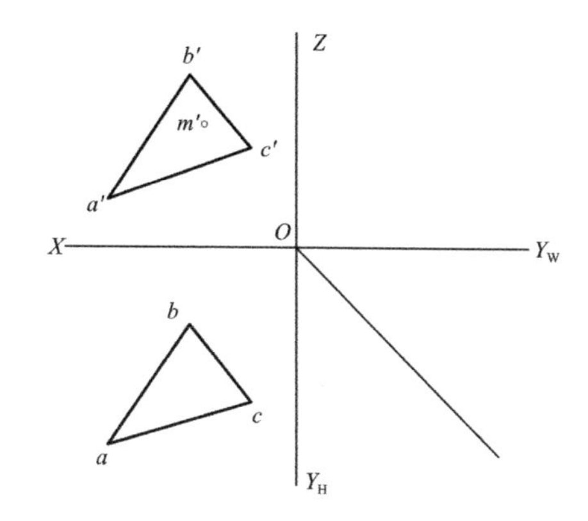

图 3–31
平面的投影训练

4

项目 4　基本体的投影

【项目描述】

常见的基本体有圆柱体、长方体、球体、三棱柱……这些基本体均可以看作是由点、线、面组合而成。换言之，项目 4 的学习是对项目 3 所涉及内容的综合应用。在日常生活中，以基本形体为原型的物体很多，如埃及金字塔、原美国世贸中心、球形灯具、方形凳……即便很多物体不是单纯的基本体，也可看作是由若干个基本体组合而形成的。基本体投影的学习为之后复杂形体投影的绘制作铺垫。

【项目目标】

1. 了解基本体的分类。
2. 掌握各类基本体的识读。
3. 掌握各类基本体投影图的画法。
4. 掌握各类基本体表面上点投影的作图方法。
5. 掌握立体截交线的投影分析及作图方法。
6. 掌握立体相贯线的投影分析及作图方法。

【项目要求】

1. 根据任务 4.1 的要求，学习平面体的投影分析及作图方法。完成四棱锥的第三面投影及体表面点的投影的绘制。

2. 根据任务 4.2 的要求，学习曲面体的投影分析及作图方法。完成圆台的第三面投影及体表面点的投影的绘制。

3. 根据任务 4.3 的要求，学习平面体和曲面体立体截交线的投影分析及作图方法。完成截断体投影的绘制。

4. 根据任务 4.4 的要求，学习平面体和曲面体立体相贯线的投影分析及作图方法。完成相贯体投影的绘制。

5. 结合项目内容，完成拓展任务，根据任务要求将图形绘制在指定位置。

【项目计划】

见表 4–1。

【项目评价】

见表 4–2。

项目4计划　　　　　　表4–1

项目内容	知识点	学时
任务 4.1　平面体的投影	棱柱、棱锥、投影分析、作图方法	1
任务 4.2　曲面体的投影	圆柱、圆锥、球、投影分析、作图方法	1
任务 4.3　立体的截交线	截交线、截断体、投影分析、作图方法	1
任务 4.4　立体的相贯线	相贯线、相贯体、投影分析、作图方法	1
拓展任务	（此部分内容可单独使用，也可融入以上任务完成）	1

项目4评价　　　　　　表4–2

项目评分	评价标准
5★	①按照任务书要求完成所有任务，准确率在 90%以上；②能够正确使用制图工具；③图面整洁；④作图痕迹与答案图线可分辨、可见
4★	①按照任务书要求完成所有任务，准确率在 75%～ 89%；②能够正确使用制图工具；③图面较整洁或有≤ 2 处的刮痕；④作图痕迹与答案图线可分辨、可见
3★	①按照任务书要求完成所有任务，准确率在 60%～ 74%；②基本不使用制图工具；③图面较整洁或有≤ 4 处的刮痕；④作图痕迹与答案图线不可分辨
2★	①没有完成任务，准确率在 30%～ 59%；②基本不使用制图工具；③图面不整洁，有≤ 6 处的刮痕；④作图痕迹与答案图线不可分辨或无作图痕迹。建议重新完成任务内容
1★	①没有完成任务，准确率在 30%以下；②不使用制图工具；③图面不整洁，有＞ 6 处的刮痕；④无作图痕迹。建议重新学习

注：如不满足评价标准中的任意一项，便需要降低一个评分等级。

任务 4.1　平面体的投影

■ 任务引入

无论是室内装饰物还是建筑形体，常常会以基本的平面体作为装饰或构筑的主体。如图 4–1（*a*）所示的吉萨金字塔群，它们外观形体都是正四棱锥体。若绘制某一金字塔的三面投影，只需掌握棱锥的投影便可完成金字塔投影的绘制，如图 4–1（*b*）所示。

（*a*）

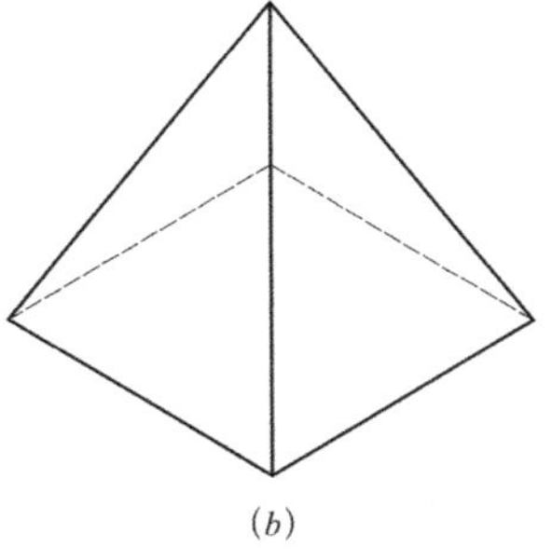
（*b*）

图 4–1
吉萨金字塔群及四棱锥
（*a*）吉萨金字塔群；
（*b*）正四棱锥

相关链接：金字塔

金字塔相传是古埃及法老的陵墓，反映着纯农耕时代人们从季节的循环和作物的生死循环中获得的意识，古埃及人迷信人死之后，灵魂不灭，只要保护住尸体，三千年后会在极乐世界里复活永生，因此他们特别重视建造陵墓。

公元前 3 世纪中叶，在吉萨（Giza）造了第四王朝三位皇帝的三座相邻的大金字塔，形成一个完整的群体，即吉萨金字塔群（见图 4–1*a*）。它们都是正四棱锥体，形式极其单纯。三个金字塔分别是：库富（Khufu）金字塔，高 146.6m，底边长 230.35m；哈弗拉（Khafra）金字塔，高 143.5m，底边长 215.25m；门卡乌拉（Menkaura）金字塔，高 66.4m，底边长 108.04m。

本节我们的任务是通过对平面体投影的分析，完成平面体投影的绘制及求作平面体表面点的投影。

■ 知识链接

空间中无论多复杂的形体都是由多个基本体构成。按形体表面性质不同，可分为平面体和曲面体。

由多个平面围合而成的立体称为平面体。常见的平面体有棱柱、棱锥等。

4.1.1 棱柱

棱柱是由一对形状大小相同、相互平行的多边形底面（端面）和若干个平行四边形棱面（或侧面）围合而成，棱面与棱面的交线称为棱线，棱柱的所有棱线相互平行。根据棱柱底面形状不同，可分为三棱柱、四棱柱、六棱柱等，如图 4–2 所示。

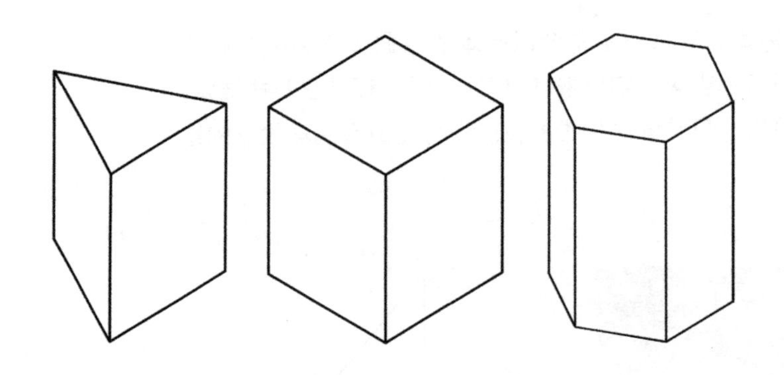

图 4–2
棱柱体

下面以六棱柱为例，分析棱柱投影及其作图方法。

1. 六棱柱投影分析

如图 4–3 所示，将六棱柱置于三面投影体系内，使上、下底面平行于水平面（H 面），两个棱面平行于正面（V 面）。

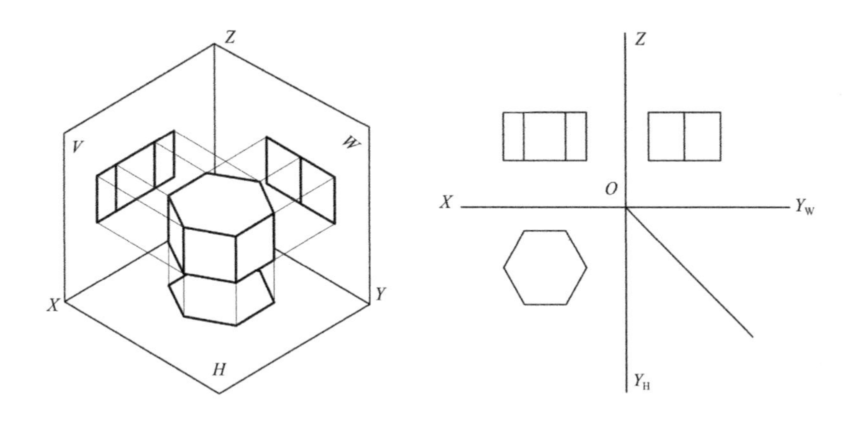

图 4-3
六棱柱

在水平投影中，六棱柱的投影为六边形。此六边形是上、下两个底面的水平投影，顶面可见，底面不可见；六边形的六个边是六个棱面的积聚投影；六边形的六个角点是六条棱线的积聚投影。

在正面投影中，六棱柱的投影是三个相连的矩形。中间较大的矩形是六棱柱前、后两个棱面的投影，反映实形，前棱面可见，后棱面不可见；左、右两个较小的矩形是六棱柱其余四个棱面的投影，由于四个棱面均倾斜于正面（*V* 面），因此投影为小于实形的类似形；上、下两条直线则是上、下两个底面的积聚投影。

在侧面投影中，六棱柱的投影是两个相连且等大的矩形。两个矩形是左、右四个棱面投影的重合，由于四个棱面均倾斜于侧面（*W* 面），因此投影为小于实形的类似形，其中左侧两个棱面可见，右侧两个棱面不可见；两个相连矩形的上、下两条直线是六棱柱上、下两底面的积聚投影。

2. 六棱柱作图方法

如图 4-4 所示，六棱柱的作图步骤如下：

(1) 先画出反映实形的水平投影，即六边形，如图 4-4（*a*）所示。

(2) 根据“长对正”的投影关系及六棱柱高度尺寸，画出其正面投影图，即三个连续矩形。其中，中间较大矩形反映实形，如图 4-4（*b*）所示。

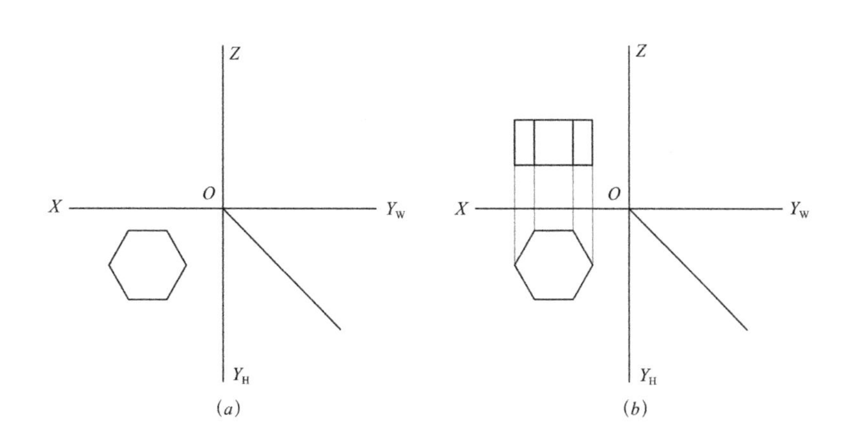

图 4-4
六棱柱作图步骤（一）

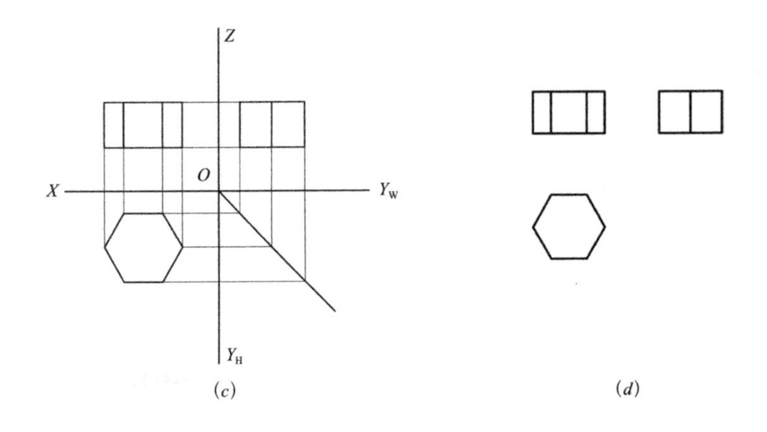

图 4–4
六棱柱作图步骤（二）

(3) 根据“高平齐”“宽相等”的投影关系，画出其侧面投影图，即两个连续矩形，均不反映实形，如图 4–4（*c*）所示。

(4) 检查清理底稿，按规定线型加深，如图 4–4（*d*）所示。

3. 六棱柱表面上点的投影作图方法

如图 4–5（*a*）所示，求六棱柱表面点 *A* 的投影。

根据已知正面投影 *a′* 可以判断出点 *A* 在六棱柱左前侧棱面上，利用投影积聚性可直接求出点 *A* 的水平投影 *a*。利用点的投影规律可求出点 *A* 的侧面投影 *a″*，如图 4–5（*b*）所示。三个投影均可见。

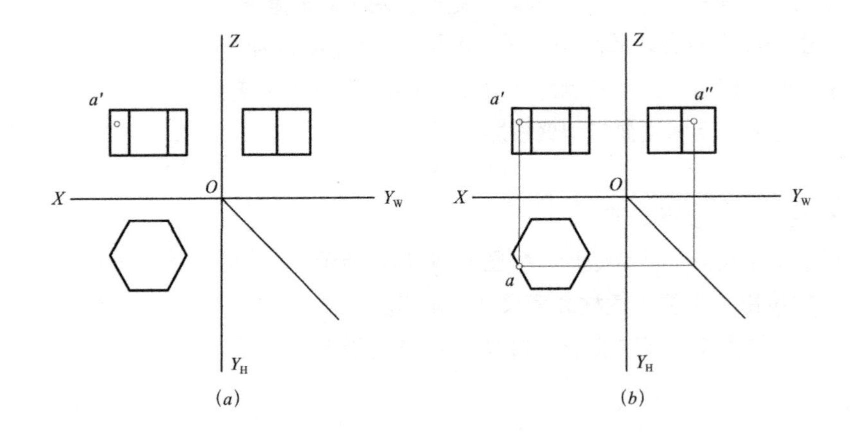

图 4–5
六棱柱表面点的投影

> **小技巧：**如何判断点是否可见？
> 点所在表面的投影可见，点的投影也可见；若点所在表面的投影不可见，点的投影也不可见；若点所在表面的投影积聚成直线，点的投影认为可见。

4.1.2 棱锥

棱锥由一个底面和若干个三角形棱面组成，各棱面相交于一点，称为锥顶。棱面与棱面的交线称为棱线，所有棱线交汇于锥顶。工程中常见的棱锥体有正三棱锥、正四棱锥等。下面以正三棱锥为例，分析棱锥投影及其作图方法。

1. 正三棱锥投影分析

如图 4–6 所示，将正三棱锥置于三面投影体系内，使其底面平行于水平面（*H* 面）。

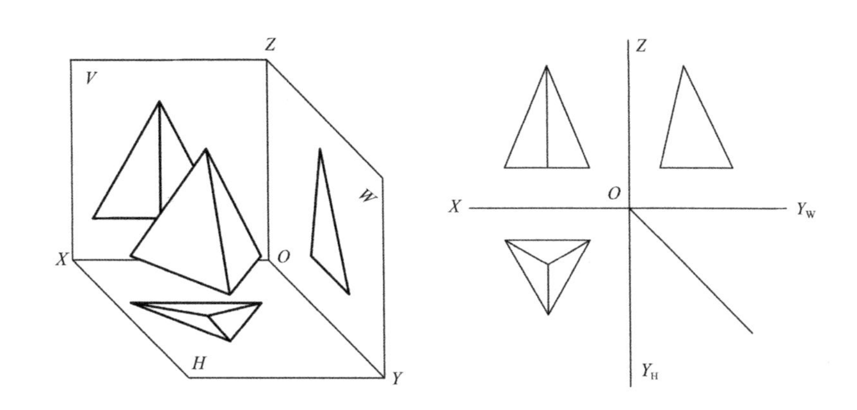

图 4–6
正三棱锥及其投影

在水平投影中，正三棱锥的投影为等边三角形。此三角形是底面的水平投影，反映实形；三个小三角形分别是棱锥的三个棱面投影，也可视为三条棱线的投影并交于一点。

在正面投影中，正三棱锥的投影为两个相连的直角三角形。两个直角三角形是三棱锥左前、右前两个棱面的投影，由于两个棱面均倾斜于正面（*V* 面），因此不反映实形；两个三角形拼合后的大三角形是正三棱锥后侧棱面的投影；三棱锥的底面积聚为三角形的底边直线。

在侧面投影中，正三棱锥投影为三角形，是左前和右前两个棱面投影的重合，由于两个棱面均倾斜于侧面（*W* 面），因此投影为小于实形的类似形，其中左侧棱面可见，右侧棱面不可见；后侧棱面积聚为一条直线；正三棱锥底面积聚为三角形的底边直线。

2. 正三棱锥作图方法

如图 4–7 所示，正三棱锥的作图步骤如下：

（1）先画出反映实形的水平投影，即等边三角形，如图 4–7（*a*）所示。

（2）根据“长对正”的投影关系及正三棱锥高度尺寸，画出其正面投影图，即两个相连的直角三角形，如图 4–7（*b*）所示。

（3）根据“高平齐”“宽相等”的投影关系，画出其侧面投影图，即三角形，如图 4–7（*c*）所示。

（4）检查清理底稿，按规定线型加深，如图 4–7（*d*）所示。

3. 正三棱锥表面上点的投影作图方法

如图 4–8（*a*）所示，求正三棱锥表面点 *B* 的投影。

已知侧面投影 b'' 可以判断点 *B* 在正三棱锥左前侧棱面上，但是该棱面的三个投影都没有积聚性，需要作辅助线。如图 4–8（*b*）所示，连接 b'' 和锥顶 s'' 并延长，其延长线与三角形底边相交于一点，其投影设置为 c''；利用点在直

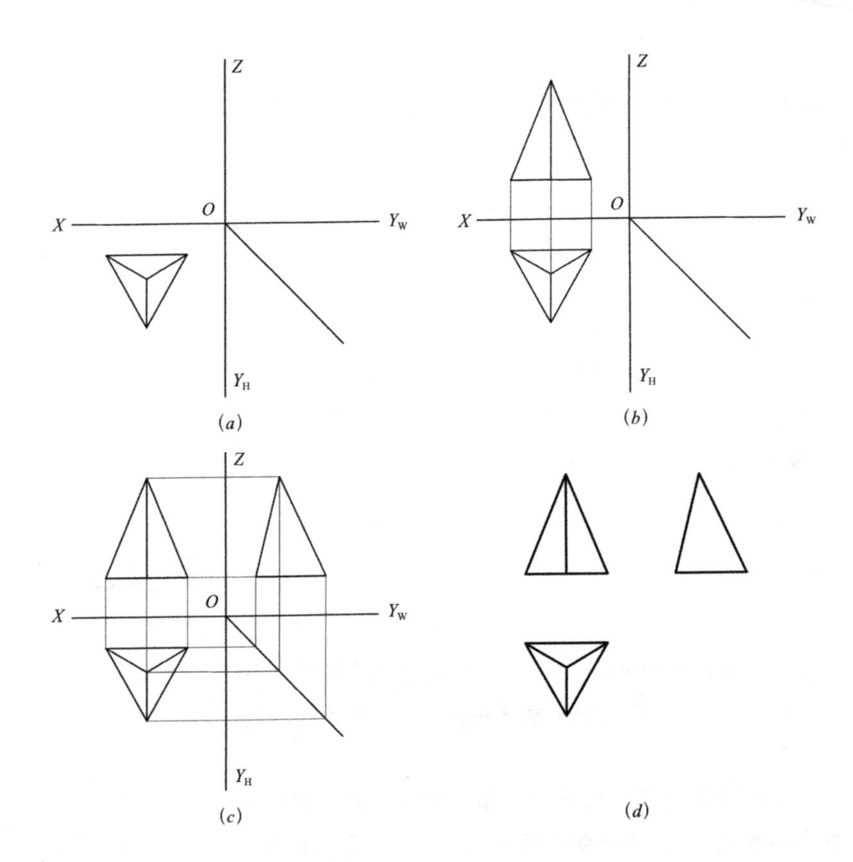

图 4–7
三棱锥作图步骤

线上的投影规律可求出该交点的水平投影 c，连接 sc 即辅助线 SC 的水平投影；点 B 是辅助线 SC 上的一点，由此求出点 B 的水平投影 b；根据已有的两面投影，利用点的投影规律求出正面投影 b'，如图 4–8（b）所示。三个投影均可见。

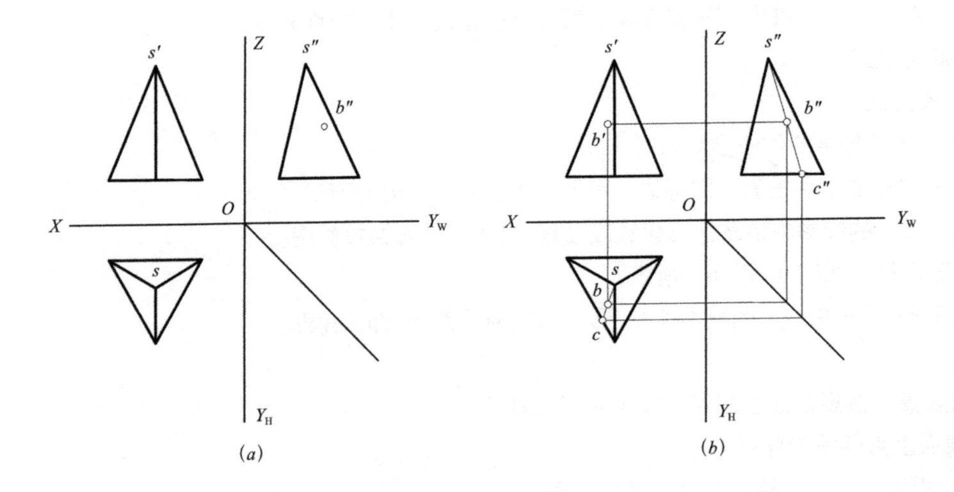

图 4–8
正三棱锥表面点的投影

■ 任务实施

如图 4–9 所示，已知正四棱锥的两面投影，求作第三面投影，并求出棱面上点 A 的其余两面投影。

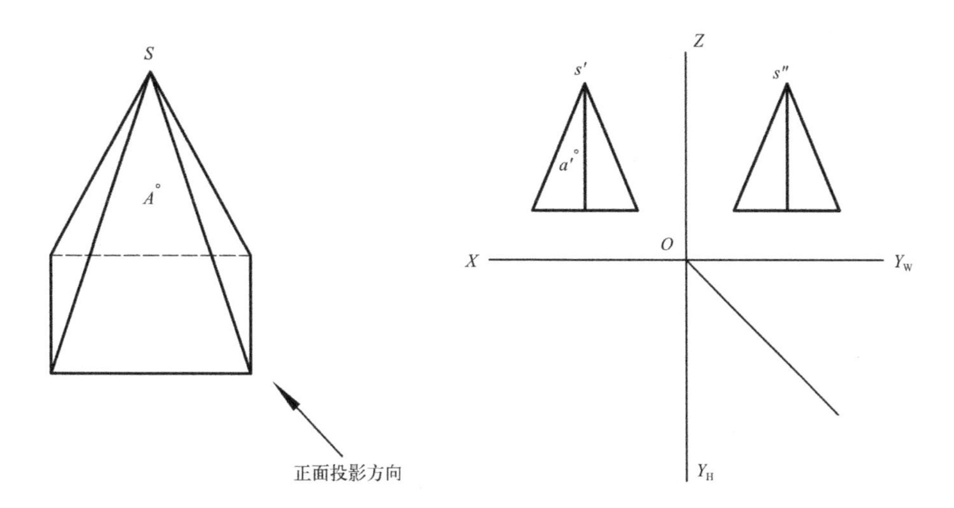

图 4–9
正四棱锥的三面投影
及表面点的投影

■ 思考与讨论

如图 4–10 所示，如果两个基本体组合在一起，其三面投影如何绘制呢？两者相对位置又该如何判断呢？

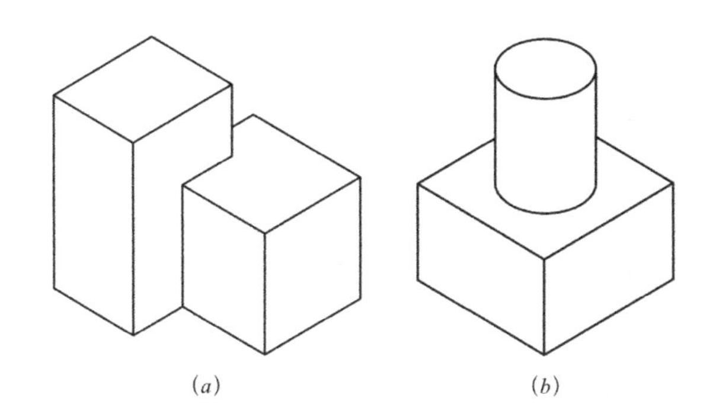

(a) (b)

图 4–10
两个基本体的组合

任务 4.2 曲面体的投影

■ 任务引入

曲面体在建筑设计、室内设计及家具设计中的应用十分广泛，弯曲的造型往往可以增添空间或物体的灵动感，极具装饰性。如图 4–11 所示，曲面的

(a)

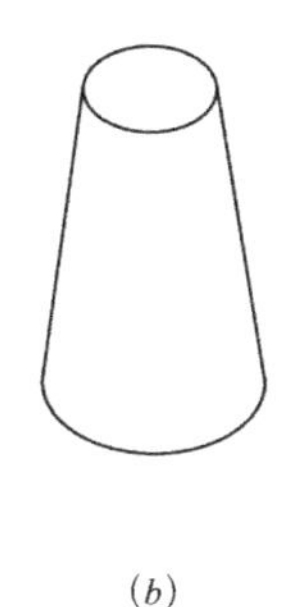

(b)

图 4–11
帕提农神庙及圆台体
(a) 帕提农神庙；
(b) 圆台体

连排柱子是帕提农神庙的标志，柱体上窄下宽似圆台，体现了男性健硕的体态。对较为复杂柱体的投影绘制，可以从简单的基本曲面体开始入手。

相关链接：希腊古典柱式

1. 帕提农神庙原意为"圣女宫"，是守护神雅典娜的庙，卫城的主体建筑物。始建于公元前447年，公元前438年完工并完成圣堂中的雅典娜像。主要设计人是伊克底努（Iktinus）。帕提农神庙是希腊本土最大的多立克式庙宇，8柱×17柱，台基面30.89m×69.54m，柱高10.43m，底径1.90m。

2. 希腊古典建筑的三种柱式：多立克柱式、爱奥尼柱式和科林斯柱式，如图4–12所示。

（1）多立克柱式：比例粗壮，浑厚，被称为男性柱，柱头为倒圆锥台，没有柱础。应用在雅典卫城的帕提农神庙等。

（2）爱奥尼柱式：比例修长，秀美，被称为女性柱，柱头有一对向下的涡卷装饰。应用在雅典卫城的胜利神庙和伊瑞克提翁神庙等。

（3）科林斯柱式：比例比爱奥尼更为纤细，柱头以毛茛叶纹装饰，更显华贵，但在古希腊应用并不广泛。应用在雅典宙斯神庙。

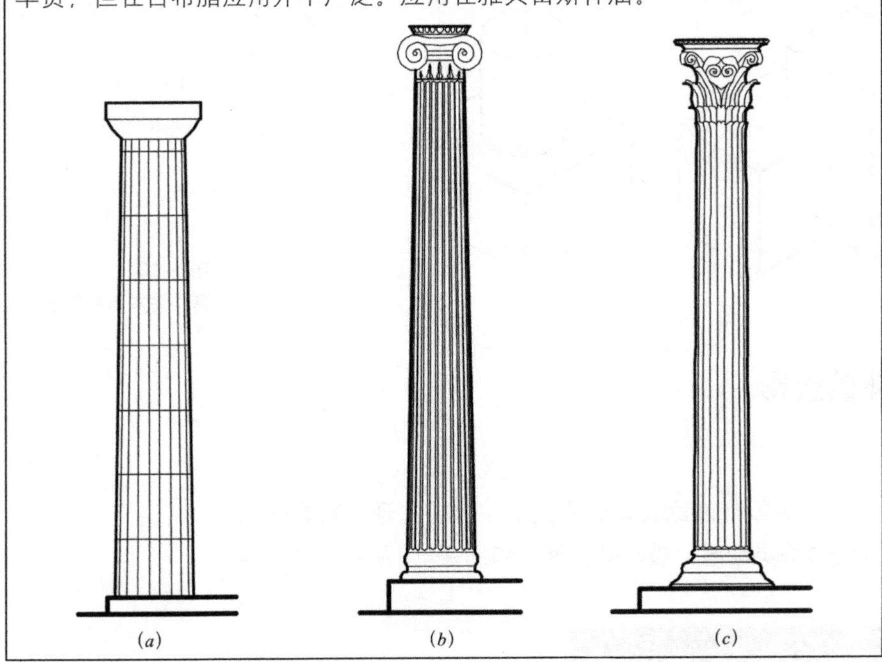

图4–12
希腊古典柱式
(a) 多立克柱式；
(b) 爱奥尼柱式；
(c) 科林斯柱式

本节我们的任务就是通过对曲面体投影的分析，完成曲面体投影的绘制及求作曲面体表面点的投影。

■ 知识链接

表面由曲面或曲面与平面围成的立体称为曲面体。常见的曲面体有圆柱、圆锥、球等。

4.2.1 圆柱

圆柱是由圆柱面和上、下两个底面组成，如图 4–13 所示。圆柱面由一条母线 AA_1 绕着与之平行的固定轴 OO_1 旋转一周而成，圆柱面上任意一条平行于固定轴 OO_1 的母线都称为圆柱的素线，如 BB_1、CC_1 等。

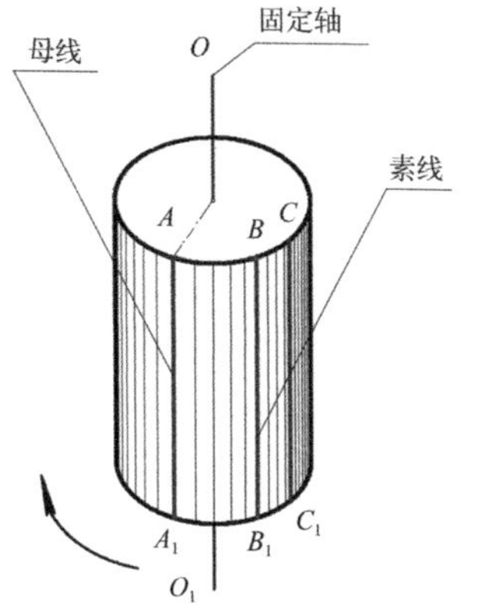

图 4–13
圆柱的形成

1. 圆柱投影分析

如图 4–14 所示，将圆柱置于三面投影体系内，使其上、下底面平行于水平面（H 面）。

在水平投影中，圆柱的投影为一个圆，反映了上、下底面的实形。该圆也是圆柱面的积聚投影，且圆柱面上的所有点和直线的投影都积聚在圆上。

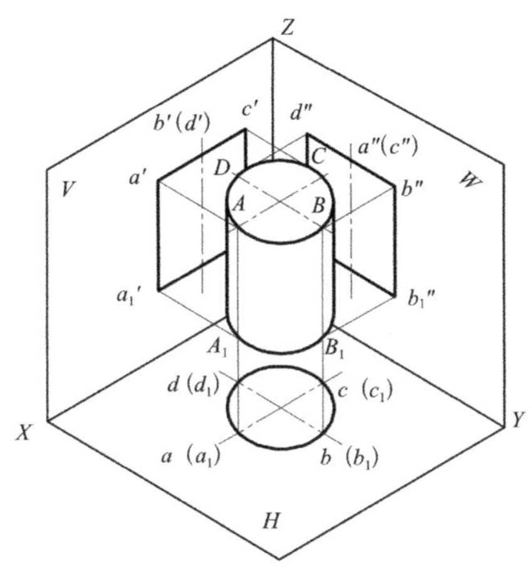

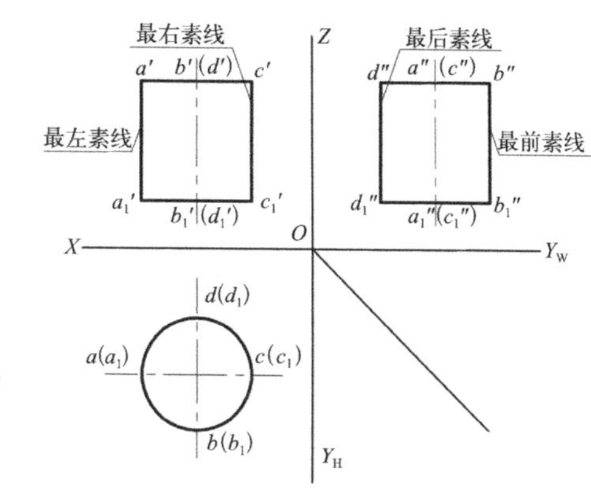

图 4–14
圆柱的投影

圆柱的正面投影与侧面投影均为大小相等的矩形。矩形的上、下边是圆柱上、下底面的投影，同时也反映了圆柱的直径。正面投影的两边 $a'a_1'$ 和 $c'c_1'$ 是圆柱最左素线 $A'A_1'$ 和最右素线 $C'C_1'$ 的投影，称为对正面的转向轮廓线。侧面投影的两边 $b'b_1'$ 和 $d'd_1'$ 是圆柱最前素线 $B'B_1'$ 和最后素线 $D'D_1'$ 的投影，称为对侧面的转向轮廓线。转向轮廓线是判断可见与不可见的分界线，转向轮廓线的高度为圆柱的高。

2. 圆柱作图方法

如图 4–15 所示，圆柱的作图步骤如下：

（1）绘制投影轴，定位中心线和轴线位置，用细单点长画线表示，如图 4–15（a）所示。

（2）画出反映实形的水平投影，即圆形，如图 4–15（b）所示。

（3）根据投影规律及圆柱高度，绘制正面投影及侧面投影，如图 4–15（c）所示。

(4) 检查清理底稿，按规定线型加深，如图 4–15（*d*）所示。

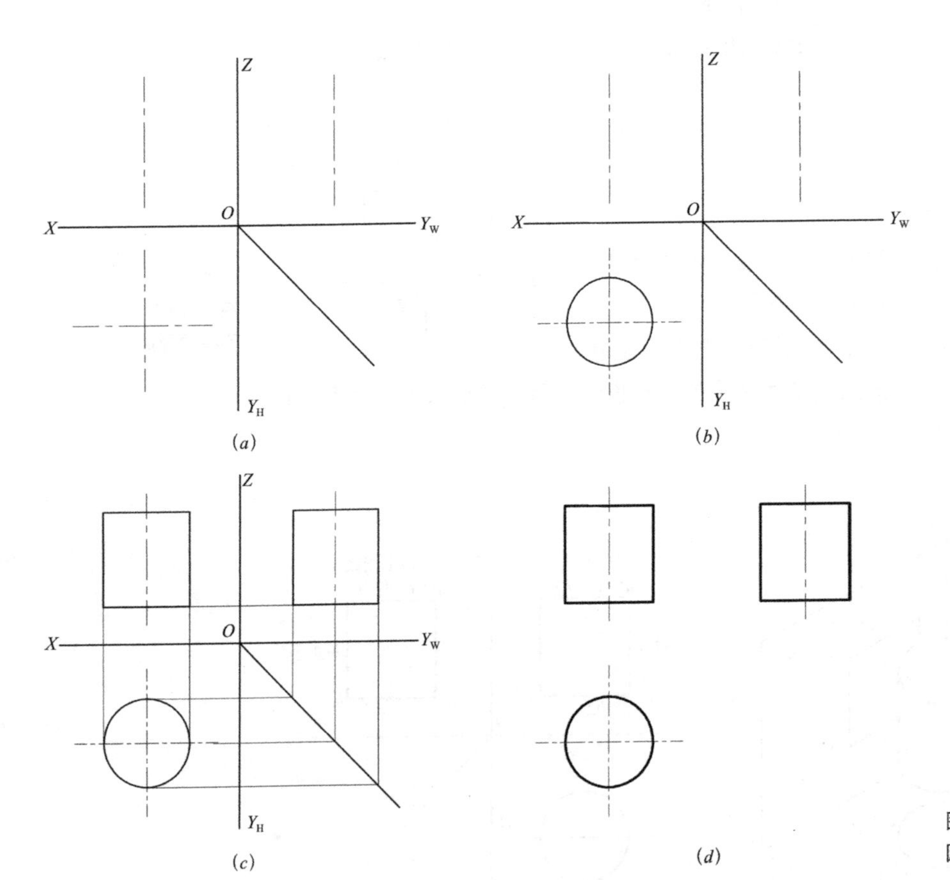

图 4–15
圆柱的作图步骤

3. 圆柱表面上点的投影作图方法

如图 4–16（*a*）所示，求圆柱表面点 *A* 的投影。

已知正面投影 *a′*，利用投影积聚性可直接求出点 *A* 的水平投影 *a*。利用点的投影规律可求出侧面投影 *a″*，点 *A* 的侧面投影不可见，如图 4–16（*b*）所示。

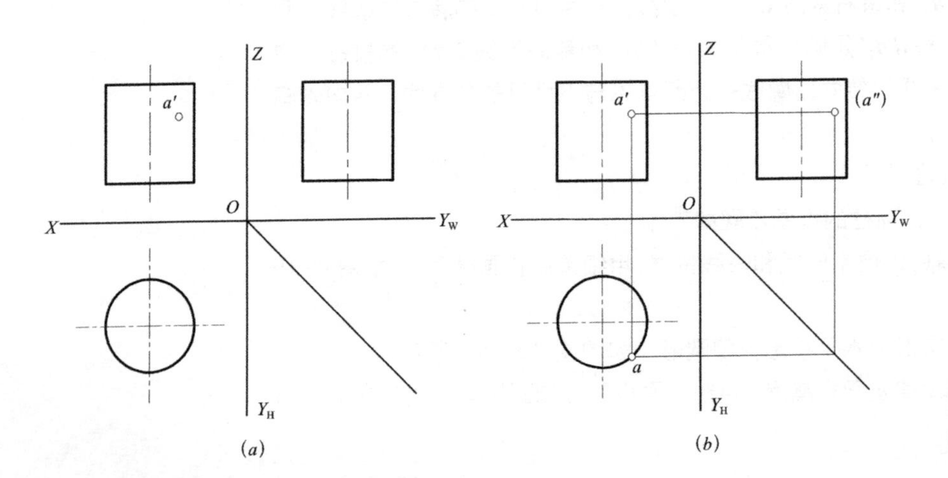

图 4–16
圆柱表面点的投影

4.2.2 圆锥

圆锥是由圆锥面及一个圆形的底面组成，如图4–17 所示。圆锥面由一条母线 SA 与固定轴相交成一定角度并保持不变旋转一周而成。圆锥面上的素线都通过锥顶。母线上任意点在圆锥面形成过程中的轨迹叫纬圆。

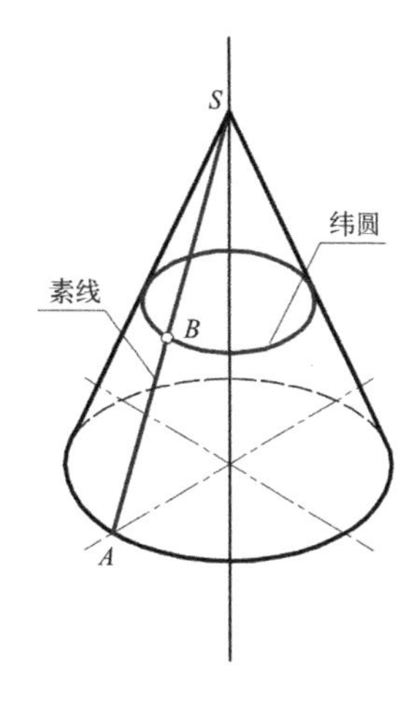

图 4–17
圆锥的形成

1. 圆锥投影分析

如图 4–18 所示，将圆锥置于三面投影体系内，使底面平行于水平面（H 面）。

在水平投影中，圆锥的投影为一个圆，反映了底面的实形。

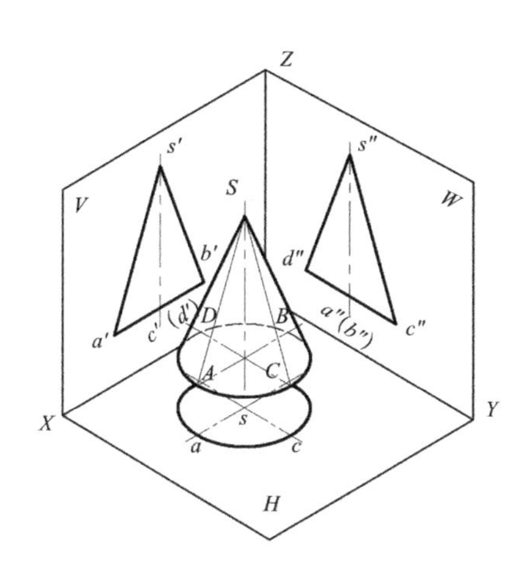

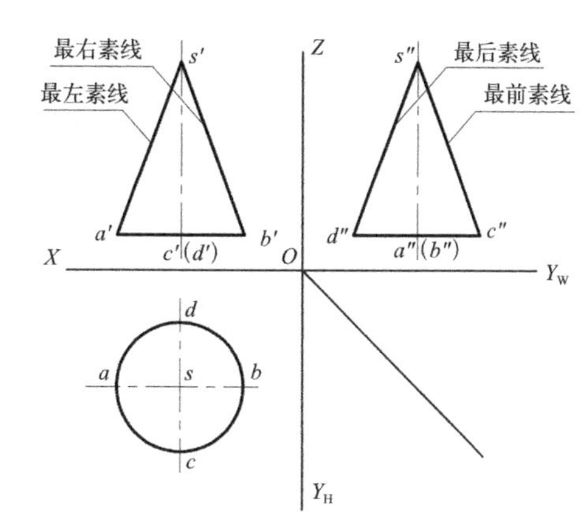

图 4–18
圆锥的投影

圆锥的正面投影与侧面投影均为大小相等的等腰三角形。三角形底边是圆锥底面的积聚投影。三角形的两个腰 $s'a'$、$s'b'$ 和 $s''c''$、$s''d''$ 分别是圆锥正面（V 面）和侧面（W 面）转向轮廓线投影。其中，SA 和 SB 为最左和最右素线，SC 和 SD 为最前和最后素线。

2. 圆锥作图方法

如图 4–19 所示，圆锥的作图步骤如下：

（1）绘制投影轴，定位中心线和轴线位置，用细单点长画线表示，如图 4–19（a）所示。

（2）画出反映实形的水平投影，即圆形，如图 4–19（b）所示。

（3）根据投影规律及圆锥高度，绘制正面投影及侧面投影，如图 4–19（c）所示。

（4）检查清理底稿，按规定线型加深，如图 4–19（d）所示。

3. 圆锥表面上点的投影作图方法

如图 4–20（a）所示，求圆锥表面点 E 的投影。

由于圆锥表面的各投影不具有积聚性，因此圆锥表面上一般位置点的投影，需采用作辅助线的方法完成。通常采用素线法和纬圆法。

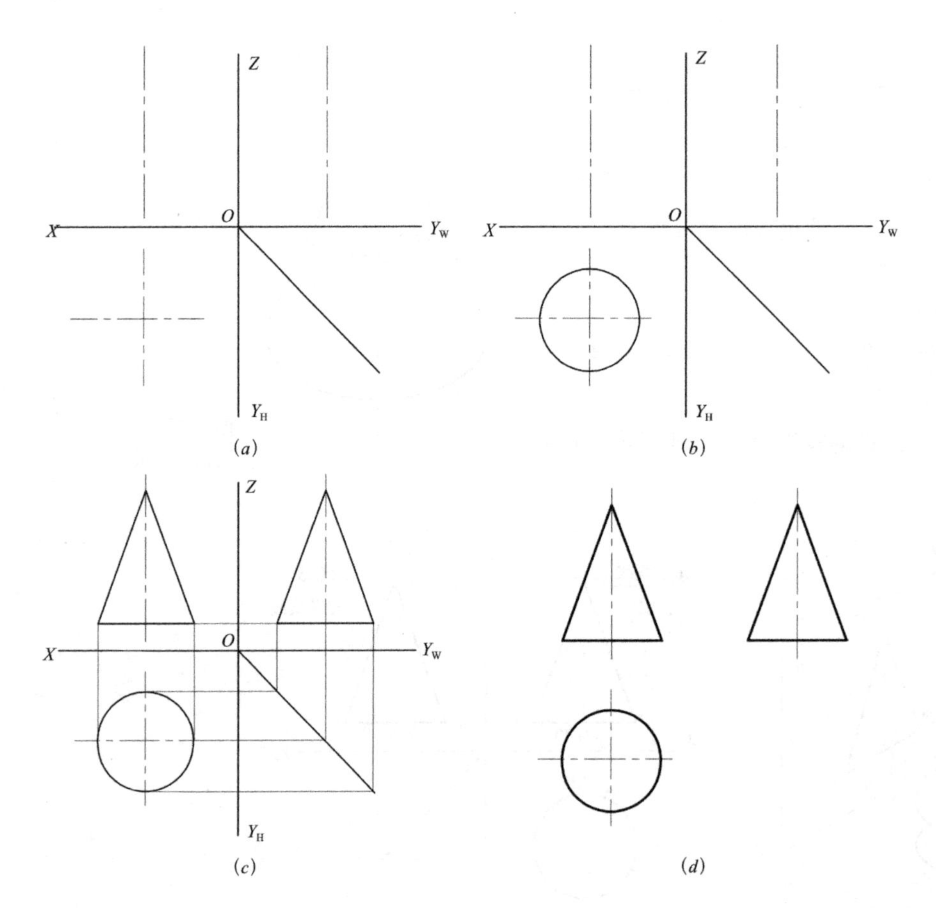

图 4–19
圆锥的作图步骤

1）素线法

过点 E 作素线 SG，即连接 $s'e'$ 延长至 g'。完成素线 SG 的水平面投影和侧面投影，由于点 E 是素线 SG 上的一点，根据投影规律便可确定圆锥表面点 E 的投影，如图 4–20（*b*）所示。

2）纬圆法

过点 E 作纬圆，即过 e' 作水平线与圆锥最右素线相交，交点为 f'。圆锥面上点 E 落在圆锥面上的某一纬圆上，作出该纬圆的投影，便可确定点 E 投影，如图 4–20（*c*）所示。

图 4–20
圆锥表面点的投影
（*a*）已知条件；
（*b*）素线法；
（*c*）纬圆法

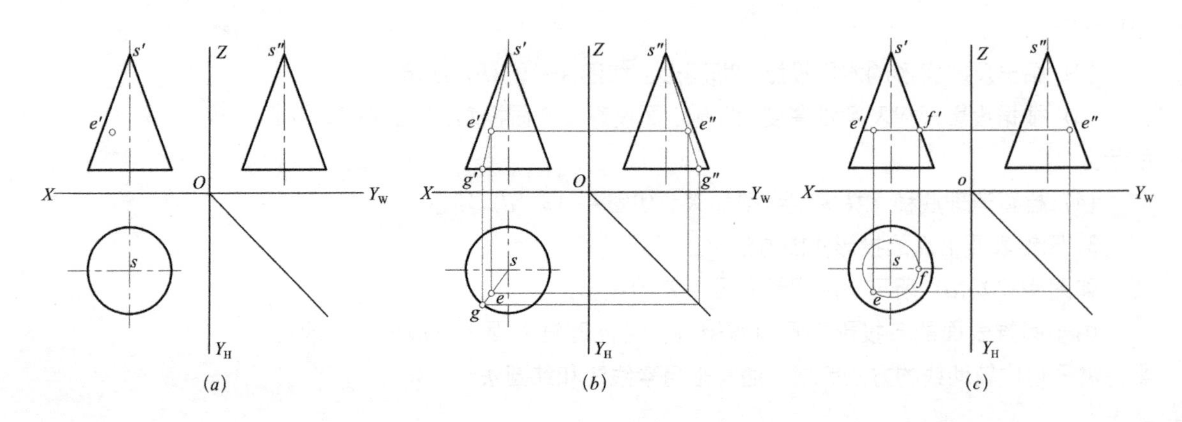

4.2.3 球

圆以自身一中心线为固定轴，旋转一周形成球面，如图 4–21 所示。

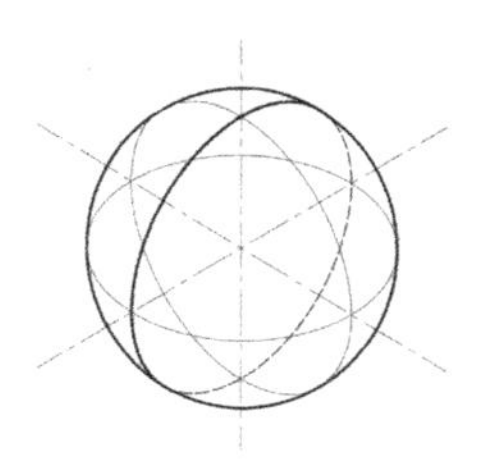

图 4–21
球的形成

1. 球投影分析

由于球母线本身为圆，所以球的三个投影均为圆。三个圆代表球面的三个不同位置。

水平投影是上、下半球的分界圆；正面投影是前、后半球的分界圆；侧面投影是左、右半球的分界圆，如图 4–22 所示。

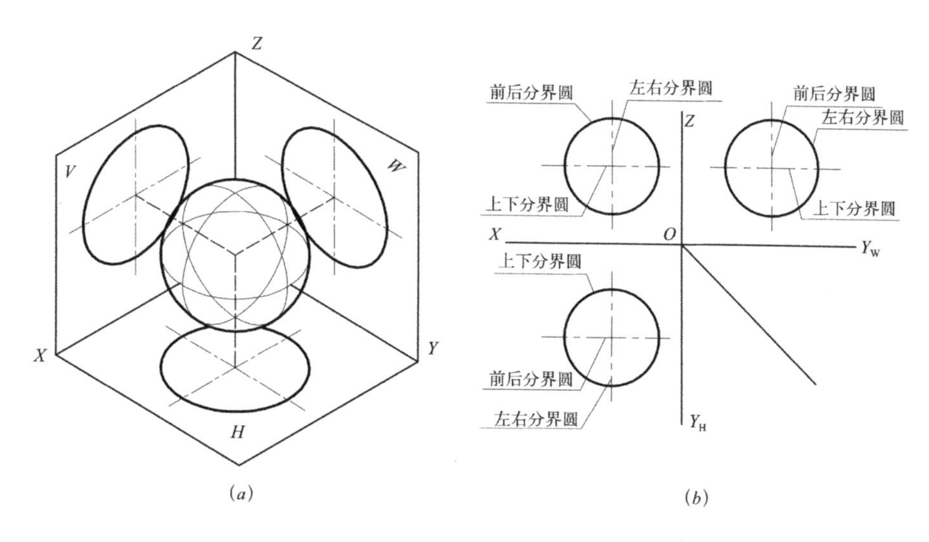

图 4–22
球的投影及作图步骤

2. 球作图方法

如图 4–22（b）所示，球的作图步骤如下：

（1）绘制投影轴，定位中心线和轴线位置，用细单点长画线表示。

（2）绘制三面投影即三个大小相同的圆。

3. 球表面上点的投影作图方法

如图 4–23（a）所示，求球表面点 K 的投影。

一般采用纬圆法。球面上的点必须落在该球面上的某一纬圆上，并判断其可见性，如图 4–23（b）所示。

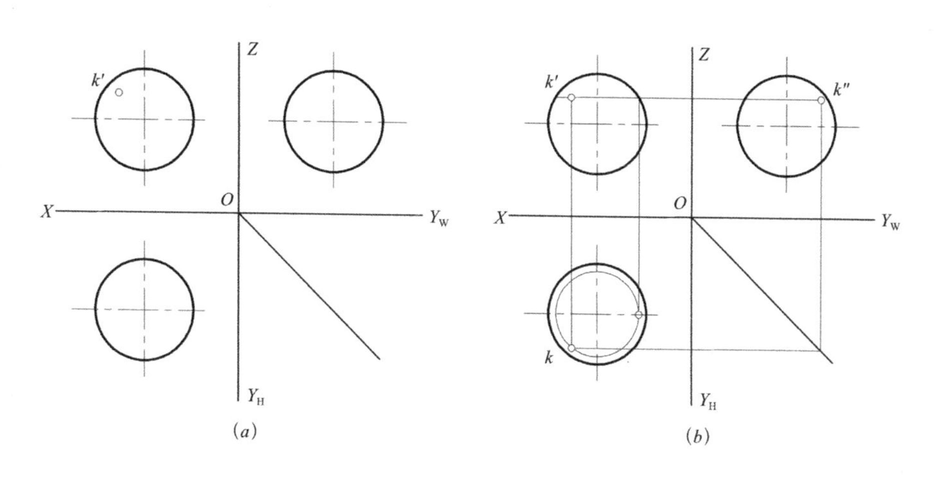

图 4–23
球表面上点的投影

■ 任务实施

如图 4—24 所示，求圆台的其余两面投影，并作出其表面上点 A 的其余两面投影。

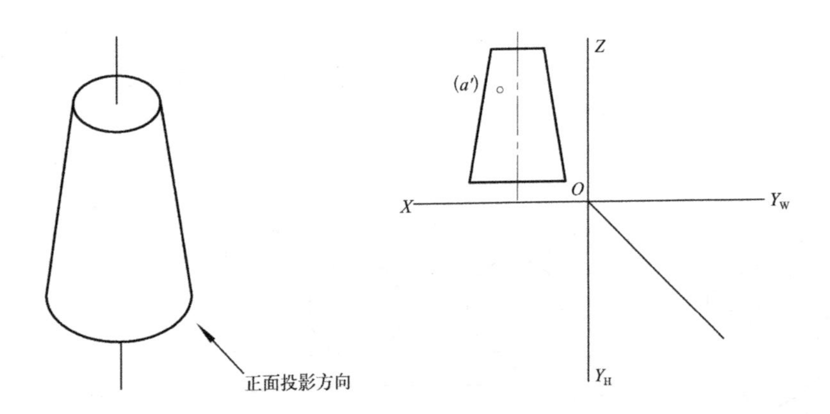

图 4—24
圆台的三面投影及表面点的投影

■ 思考与讨论

1. 常见曲面体的投影特征是什么？
2. 圆锥、球表面点的投影的方法有哪些？

任务 4.3 立体的截交线

■ 任务引入

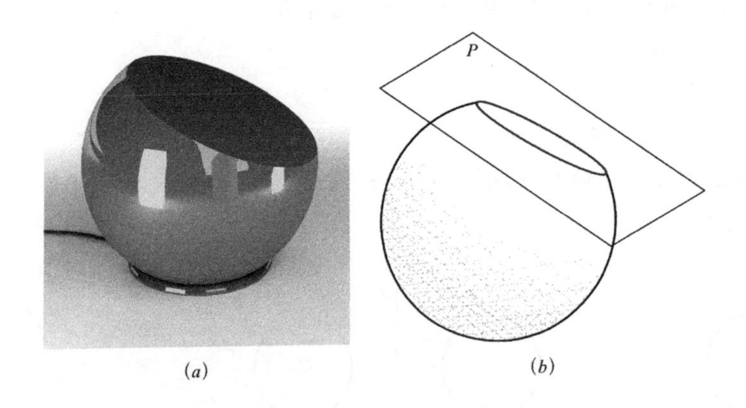

图 4—25
灯具及其立体图
(a) 灯具；(b) 立体图

在室内装饰构件、建筑外观或产品设计中，常常会发现一些不规则的形体，这些形体是由一个基本体被切割而形成的。如图 4—25 所示，灯具的主体外观是球，被一截面切掉了一部分。对于这个灯具的三面投影的绘制，我们除了要掌握球的投影画法外，还应了解被切掉部分截面投影的绘制方法。

本节我们的任务是通过对立体截交线投影的分析，掌握作立体截交线投影的方法，最终完成截断体投影绘制。

■ 知识链接

平面与立体相交称为截切，平面为截切立体的截切面，截切面与立体表面产生的交线称为截交线，如图 4–26 所示。当空间立体是平面体时，截交线围合成多边形；当空间立体是曲面体时，截交线一般为一条曲线。

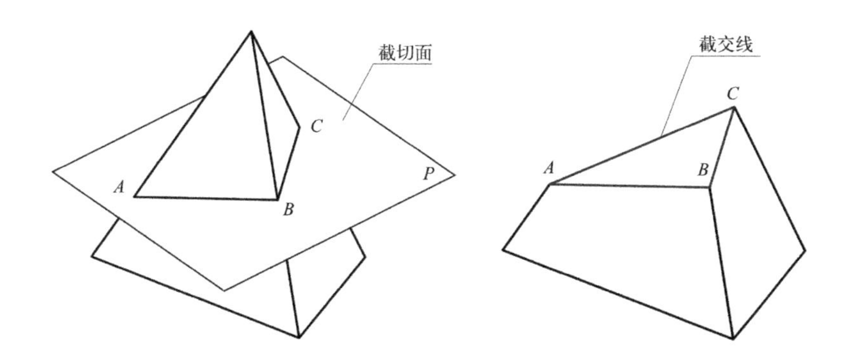

图 4–26
截切三棱锥

截交线具有共有性与封闭性两大性质：

(1) 共有性：截交线既属于截切平面，也属于空间立体，是平面与立体共有的线。截交线上的点是它们的共有点。

(2) 封闭性：由于立体表面是有范围的，所以截交线一般是封闭的平面图形。

根据截交线的性质，求截交线，就是求出截切面与立体表面的所有共有点，然后连接各点，便可得到截交线。

截交线的投影分析及作图方法，按照立体表面性质不同分为：平面体截交线和曲面体截交线。

4.3.1 平面体截交线

求平面体截交线投影时，应先分析平面体在未切割前的形状是怎样的，它是怎样被切割的，切割线的形状如何等，然后再作图。

1. 平面体截交线投影分析

如图 4–26 所示，平面 P 为正垂面与正三棱锥相交，截交线为△ ABC。截交线所形成的多边形的各顶点就是正三棱锥棱线与截切面的交点。因此，求平面体上截交线的投影，只要求出棱线与截切面交点的投影（即点 A、B、C 投影），并将各投影面交点投影相连接，即得到截交线投影。

2. 平面体截交线作图方法

(1) 首先应绘制正三棱锥的三面投影图。

(2) 作出截交线的正面投影 a'、b'、c'。由于截切面是正垂面，故截交线的正面投影积聚为一条倾斜的直线，且三个交点投影 a'、b'、c' 也在该积聚直线上。如图 4–27 (a) 所示。

（3）作出交点的侧面投影 a''、b''、c''。由于点 A、B、C 既是截交线多边形的三个顶点，同时也是正三棱锥三条棱线上的点，根据投影规律即可求出相应点的侧面投影，如图 4–27（a）所示。

（4）作出交点的水平投影 a、b、c。已知点的两面投影便可求出第三面投影，如图 4–27（a）所示。

（5）判断可见性，依次连接各顶点的同面投影，即为所求截交线的三面投影，如图 4–27（b）所示。

（6）整理，完成作图。

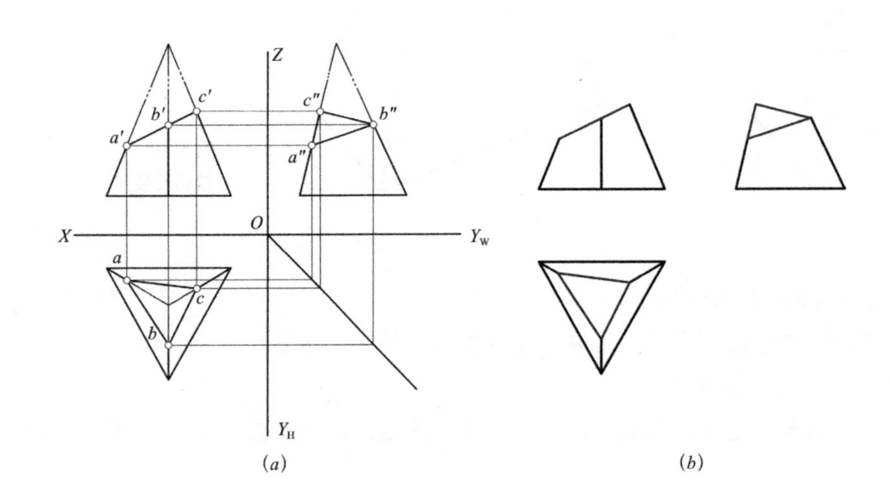

图 4–27
三棱锥截交线投影分析与作图

4.3.2 曲面体截交线

曲面体截交线有三种情况：封闭的平面曲线；曲线与直线围合成的平面图形；直线组成的平面多边形。截交线的形状取决于曲面体的形状及截切面与曲面体的相对位置。

1. 曲面体截交线投影分析

曲面体截交线上的每一点，都是截切面与曲面体表面的共有点。因此，求曲面体截交线就是求出足够的共有点，然后将各点依次连接，即得截交线。以曲面体中的圆柱和圆锥为例，对其进行截交线投影分析。

1）圆柱

由于截切面与圆柱轴线的相对位置不同，截交线的形状也不相同，如表 4–3 所示。

（1）当截切面垂直于圆柱轴线时，截交线为圆。

（2）当截切面倾斜于圆柱轴线时，截交线为椭圆。

（3）当截切面平行于圆柱轴线时，截交线为矩形。

2）圆锥

当平面与圆锥相交，根据截切面与圆锥轴线相对位置的不同，可产生五种情况，如表 4–4 所示。

圆柱的截交线 **表4-3**

截切面位置	垂直于圆柱的轴线	倾斜于圆柱的轴线	平行于圆柱的轴线
立体图			
投影图			
截交线投影形状	圆	椭圆	矩形

圆锥的截交线 **表4-4**

截切面位置	垂直于圆锥轴线	倾斜于圆锥轴线	平行于圆锥面上的一条素线	平行于圆锥面上的两条素线	通过锥顶
立体图					
投影图					
截交线投影形状	圆	椭圆	抛物线	双曲线	两条素线

(1) 当截切面垂直于圆锥轴线时，截交线为圆。

(2) 当截切面倾斜于圆锥轴线，并与所有素线都相交时，截交线为椭圆。

(3) 当截切面平行于圆锥面上的一条素线时，截交线为抛物线。

(4) 当截切面平行于圆锥面上的两条素线时，截交线为双曲线。

(5) 当截切面通过锥顶时，截交线为两条素线。

2. 圆柱截交线作图方法

如图 4-28 所示，平面 P 为正垂面，与圆柱相交，求作截交线。

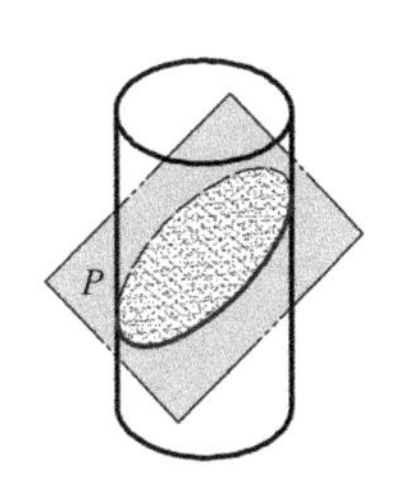

图 4-28
圆柱截交线立体图

(1) 首先绘制圆柱的三面投影图，如图 4–29（*a*）所示。

(2) 作出截交线的水平投影。由于圆柱的水平投影具有积聚性，所以截交线水平投影为圆，与圆柱面的水平投影圆重合，如图 4–29（*a*）所示。

(3) 作出截交线的正面投影。截切面 *P* 为正垂面，因此截切线的正面投影积聚为一条直线，如图 4–29（*a*）所示。

(4) 作出截交线的侧面投影。由于截切面 *P* 斜交于圆柱轴线，因此截交线为椭圆。作特殊位置点Ⅰ、Ⅱ、Ⅲ、Ⅳ，其中Ⅰ（1，1′）、Ⅱ（2，2′）分别为圆柱最左和最右素线上的点，Ⅲ（3，3′）、Ⅳ（4，4′）分别为圆柱最前和最后素线上的点。作一般位置点Ⅴ、Ⅵ、Ⅶ、Ⅷ，分别作出Ⅴ（5，5′）、Ⅵ（6，6′）、Ⅶ（7，7′）、Ⅷ（8，8′）的水平投影和正面投影。已知点的两面投影便可求出第三面投影，连接 1″、2″、3″、4″、5″、6″、7″、8″，即可求出截交线的侧面投影，如图 4–29（*b*）所示。

(5) 判断点的可见性，整理，完成作图。

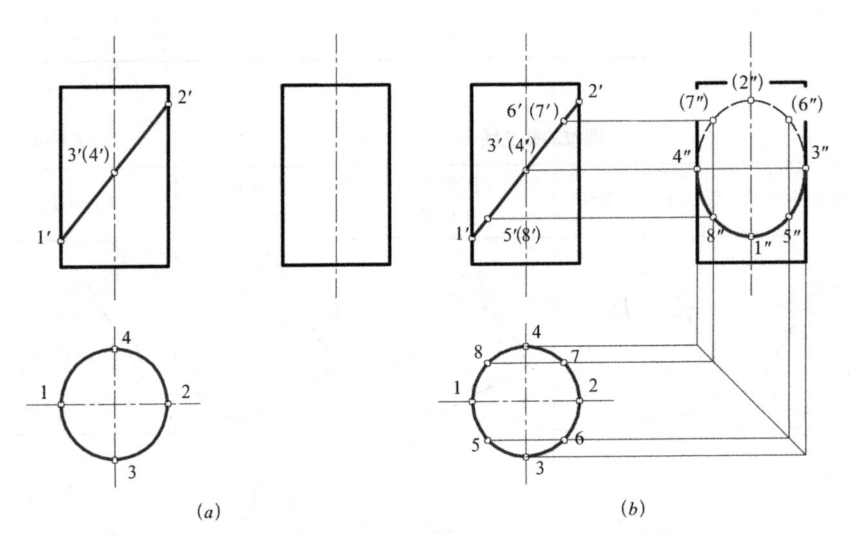

图 4–29
圆柱截交线分析与做法

3. 圆锥截交线作图方法

如图 4–30 所示，正垂面 *P* 将圆锥截切，已知正面投影，求作截断体的水平投影和侧面投影。

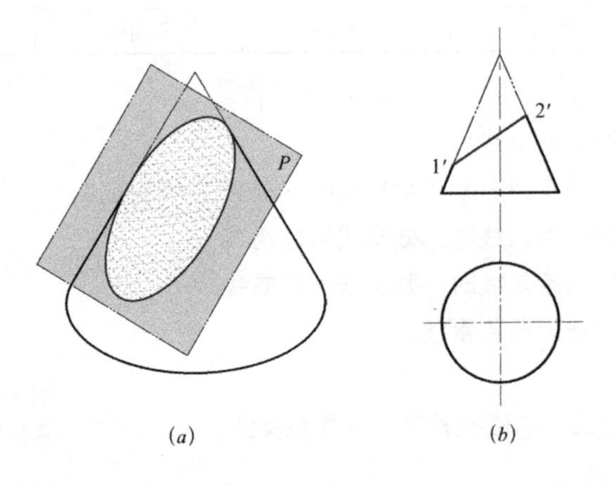

图 4–30
求作圆锥截交线投影
(*a*) 立体图；
(*b*) 已知条件

（1）首先绘制圆锥的三面投影图。

（2）作截交线上的特殊点。截切面倾斜于圆锥轴线，因此截交线投影形状为椭圆。

截切面与圆锥最左、最右素线相交点为Ⅰ、Ⅱ，根据已知条件可绘制两交点的水平投影，点Ⅰ、Ⅱ的水平投影连线为椭圆的长轴。由于椭圆长短轴相互垂直且均分，长轴Ⅰ、Ⅱ为正平线，则短轴Ⅲ、Ⅳ为过长轴中点的正垂线，它的正面投影3′4′就积聚在1′2′的中点。通过纬圆法作出Ⅲ、Ⅳ的水平投影3、4，如图4—31（*a*）所示。已知点的两面投影便可求出第三面投影，因此求出特殊点Ⅰ、Ⅱ、Ⅲ、Ⅳ的侧面投影1″、2″、3″、4″。即求出椭圆长轴和短轴投影，如图4—31（*b*）所示。

（3）作截交线上的一般位置点。用纬圆法作出最前、最后素线与截切面的交点Ⅴ、Ⅵ和一般位置点Ⅶ、Ⅷ的水平投影5、6、7、8和侧面投影5″、6″、7″、8″，如图4—31（*b*）所示。如有需要，可以根据以上方法作出截交线上的其他一般位置点。

（4）连点。依次连接水平投影和侧面投影各点，即得到截交线水平投影椭圆和侧面投影椭圆。

（5）判断点的可见性，整理完成作图，如图4—31（*c*）所示。

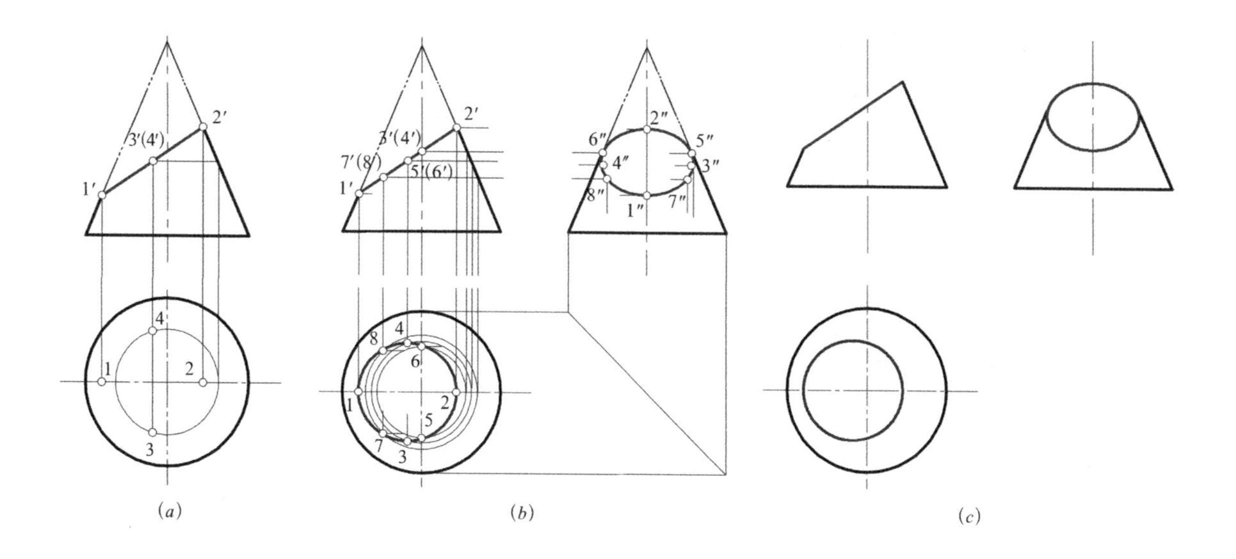

图4—31
圆锥截交线投影绘制方法
（*a*）截交线特殊位置点投影；（*b*）截交线一般位置点投影；（*c*）截断体三面投影

■ 任务实施

如图4—32所示，正垂面*P*将球体截断，已知截断体的正面投影，求作其余两投影。

■ 思考与讨论

1. 什么是截交线？它具有哪些特点？

2. 平面与曲面体相交，截交线的特点是什么？

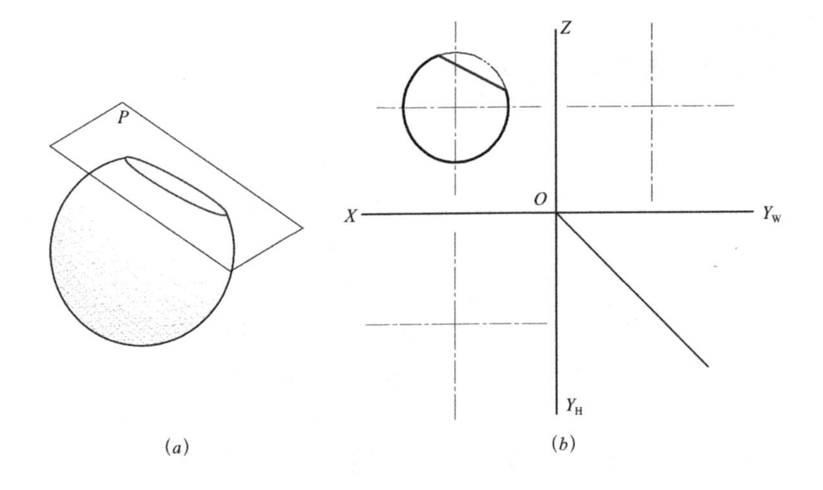

图 4–32
求作球截断体投影
(a) 立体图；(b) 投影图

3. 圆柱截交线有几种情况？分别是什么？

4. 圆锥截交线有几种情况？分别是什么？

任务 4.4　立体的相贯线

■ 任务引入

在生活中我们常常会发现一些装饰构件是由两个或两个以上基本体相交后产生的。如图 4–33 所示，鲁班锁由几个外观为长方体的基本形体通过榫卯结合方式固定在一起。对于多个基本体交线投影的绘制，可以先从两个基本体相交展开，如图 4–34 所示。

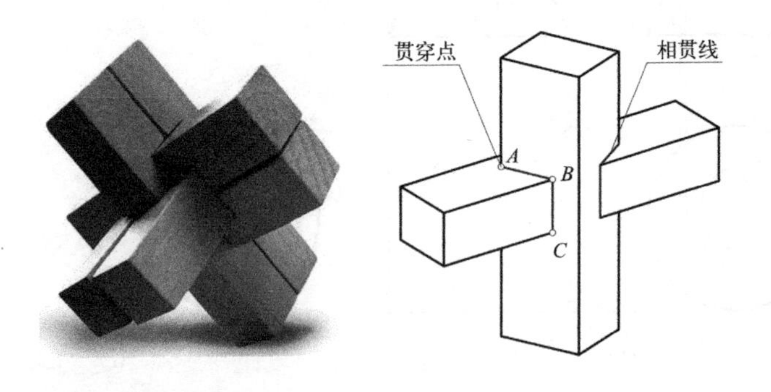

图 4–33（左）
鲁班锁
图 4–34（右）
两四棱柱相交

相关链接：鲁班锁

鲁班锁，又称孔明锁、八卦锁，相传由春秋末期到战国初期的鲁班发明。结构形式来源于中国古建筑中的榫卯结构。不用钉、胶、绳子，完全靠自身结构连接支撑，看似简单却凝结着智慧。它易拆不易装，安装时需要仔细思考其内部结构，利于开发大脑，是很好玩的智力玩具。除了结构精细缜密外，其外观也很具观赏性，常作为装饰构件、礼品出现在我们的生活中，如图 4–35 所示。

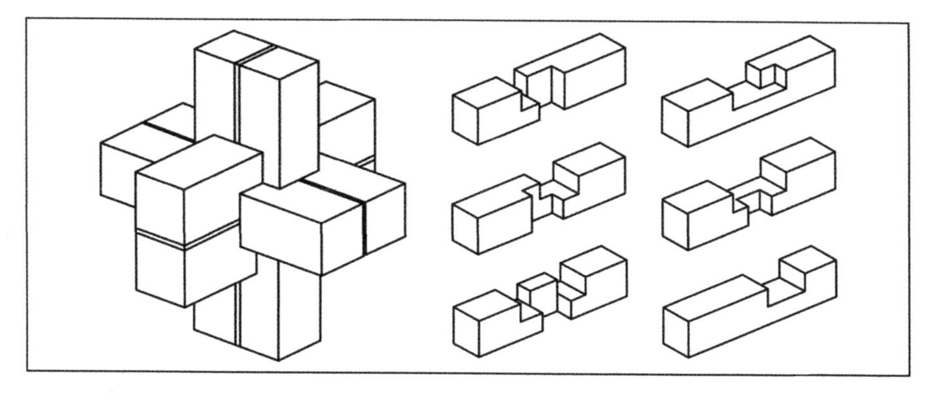

图 4–35
鲁班锁装配图

本节我们的任务是通过对立体相贯线投影的分析，了解作立体相贯线投影的方法，以达到清楚表达物体真实形状的目的。

■ 知识链接

两立体相交称为两立体相贯，交点称为贯穿点，相贯体表面的交线称为相贯线，如图 4–34 所示。

相贯线具有共有性与封闭性两大性质：

(1) 共有性：相贯线是两立体表面的共有线，也是两立体的分界线，相贯线上的点是两立体表面的共有点。

(2) 封闭性：两立体的相贯线一般是封闭的空间折线。

根据相贯线的性质，求相贯线，就是求出相交两立体表面的所有共有点，然后连接各点，并判断其可见性。

相贯线的投影分析及作图方法，按照立体表面性质不同分为：平面体相贯线和曲面体相贯线。

4.4.1 平面体相贯线

求两平面体相贯线的方法通常有两种：

一种是求贯穿点法。当平面体中的棱面投影具有积聚性时，可直接求出贯穿点，即一平面体棱线与另一立体表面的交点。将所有的贯穿点依次连接，便可求出相贯线。

另一种是辅助平面法。当平面体中的棱面投影无积聚性时，利用辅助平面求出贯穿点，然后利用第一种方法求出相贯线。

相贯线可见性判断：只有位于两立体可见棱面上的交线，才是可见。只要有一个棱面不可见，面上的交线就不可见。

1. 平面体相贯线投影分析

如图 4–36 所示，三棱锥与三棱柱相交，求相贯线。采用辅助平面法。

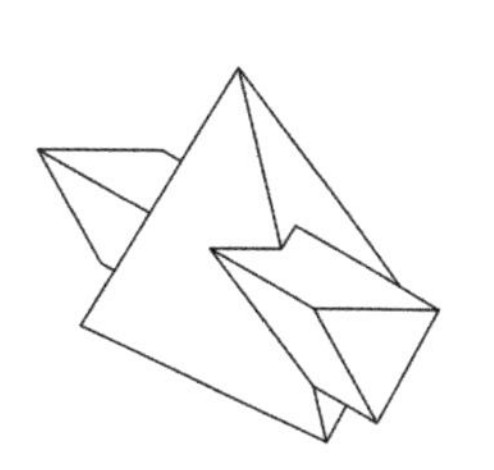

图 4–36
平面体相贯线投影

三棱柱完全穿过三棱锥，形成前后两条相贯线。前面的相贯线是由三棱柱的三个棱面与三棱锥的前两个棱面相交，贯穿点有四个，相贯线为空间封闭折线。后面的相贯线是由三棱柱的三个棱面与三棱锥的后棱面相交，贯穿点有三个，形成三角形的相贯线。

由于三棱柱的正面投影具有积聚性，所以相贯线的投影都重合在三棱柱各棱面的正面投影上。可根据已知的相贯线正面投影求作侧面和水平投影。

2. 平面体相贯线作图方法

(1) 首先绘制两个平面体外轮廓的三面投影图，如图 4—37 (*a*) 所示。

(2) 作贯穿点的正面投影。由于三棱柱正面投影具有积聚性，相贯线投影与三棱柱正面投影重合，可将贯穿点的正面投影 1′、(2′)、3′、(4′)、5′、6′、(7′) 直接求出，如图 4—37 (*a*) 所示。

(3) 作贯穿点的水平投影。由于贯穿点Ⅰ、Ⅱ、Ⅲ、Ⅳ所在三棱锥棱面不具有积聚性，因此需要采用辅助平面的方法求出贯穿点的水平投影。

沿三棱柱最上棱面（即过贯穿点Ⅰ、Ⅱ、Ⅲ、Ⅳ、Ⅴ）作一水平辅助平面 P，沿三棱柱最下棱线（即过贯穿点Ⅵ、Ⅶ）作一水平辅助平面 Q，如图 4—37 (*b*) 所示。两辅助平面（P 面和 Q 面）与三棱锥相交所形成的截交线的水平投影

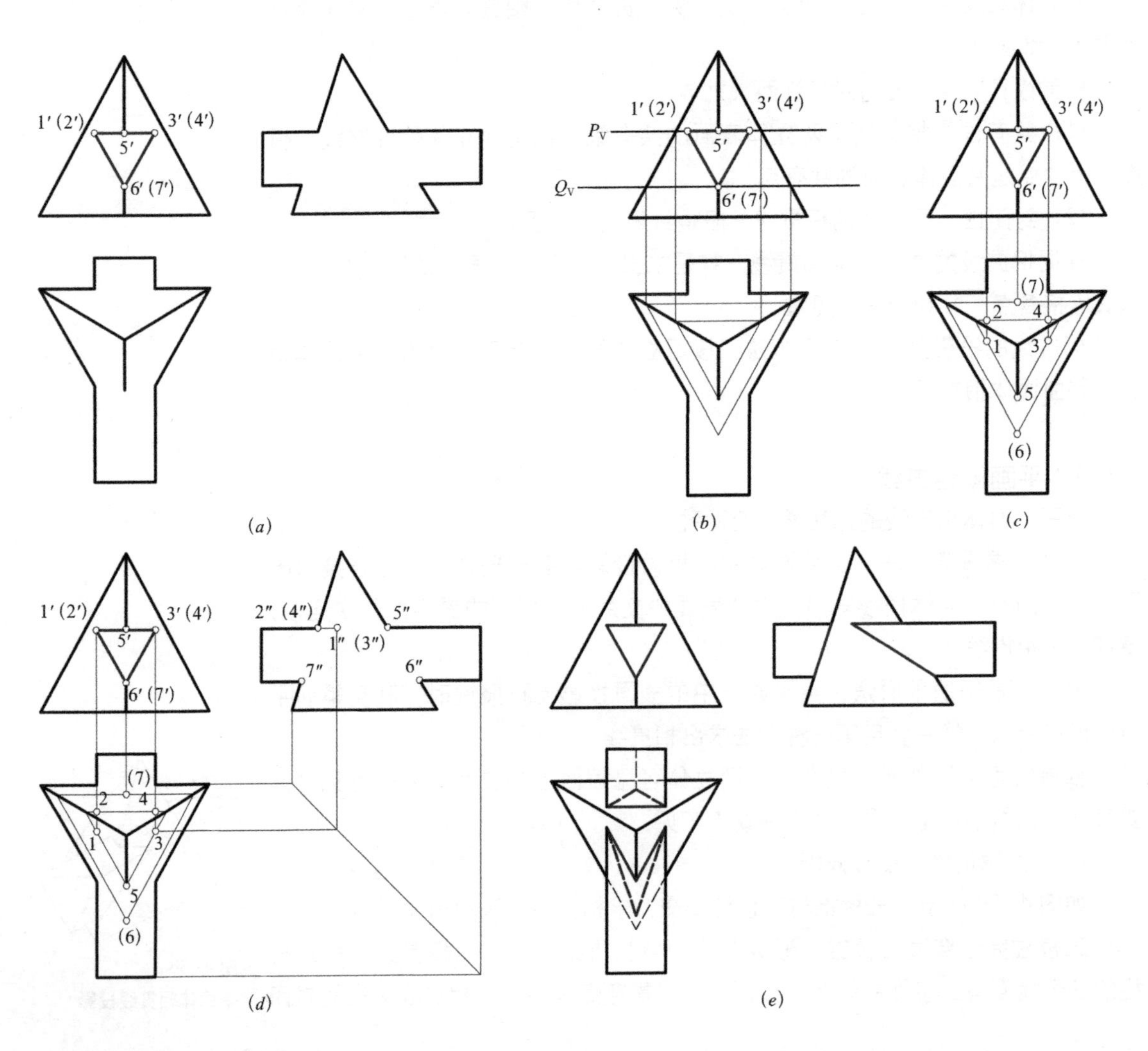

图 4—37
平面体相贯线作图方法
(*a*) 贯穿点正面投影；
(*b*) 辅助截切面 P_V 和 Q_V；
(*c*) 贯穿点水平投影；
(*d*) 贯穿点侧面投影；
(*e*) 相贯线投影

是两个三角形，贯穿点的水平投影就在这两个三角形上，根据点在直线上的投影规律，求出相应点的投影 1、2、3、4、5、(6)、(7)，如图 4-37（*c*）所示。

（4）作贯穿点的侧面投影。已知贯穿点的两面投影，根据点的投影关系求出第三面投影 1″、2″、(3″)、(4″)、5″、6″、7″，如图 4-37（*d*）所示。

（5）连接贯穿点，判断可见性，求得相贯线。不可见相贯线和棱线用虚线表示。

（6）整理，完成作图，如图 4-37（*e*）所示。

4.4.2 曲面体相贯线

两曲面体的相贯线一般为封闭的空间曲线。组成相贯线的所有点，均为两曲面体共有点。因此，求相贯线，就是求它们的共有点，然后用曲线板将各点依次连接。求共有点时，应先求出相贯线上的特殊点，即最高、最低、最左、最右、最前、最后及轮廓线上的点。

求两曲面体相贯线的方法通常有两种：

一种是利用曲面体的某一积聚投影，直接求出相贯线。

另一种是借助辅助平面，来求得相贯线。

1. 曲面体相贯线投影分析

如图 4-38 所示，已知两拱形屋面相交，求相贯线。

两拱形屋面均为半圆柱面。大拱素线垂直于侧面，小拱素线垂直于正面。两拱面轴线相交，且平行于水平面。相贯线为一段空间曲线，其正面投影与小拱面投影重合，侧面投影与大拱面投影重合，水平投影为一条曲线。

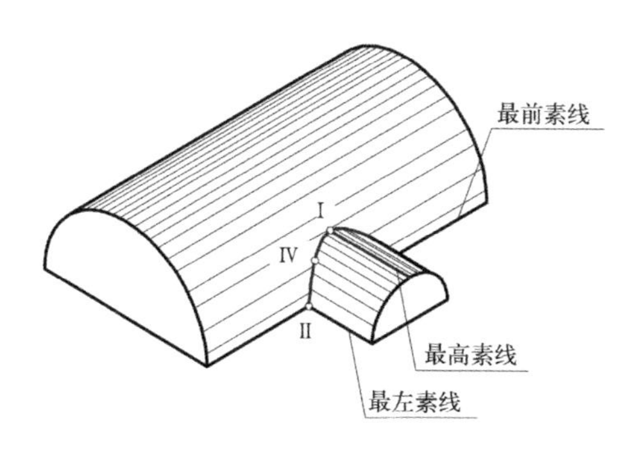

图 4-38
拱形屋面模型

2. 曲面体相贯线作图方法

（1）首先绘制两个曲面体外轮廓的三面投影图，如图 4-39（*a*）所示。

（2）求特殊点。点Ⅰ是小拱面最高素线与大拱面的交点，点Ⅱ和点Ⅲ是大拱面最前素线与小拱面最左和最右素线的交点。点Ⅰ、Ⅱ、Ⅲ的投影均可直接作出，如图 4-39（*a*）所示。

（3）求一般点。在相贯线正面投影的半圆周上任意取点 4′、5′。4″、5″在大拱的侧面积聚投影上。据此可求出 4、5，如图 4-39（*b*）所示。

（4）连接贯穿点，判断可见性，求得相贯线。不可见相贯线和棱线用虚线表示。

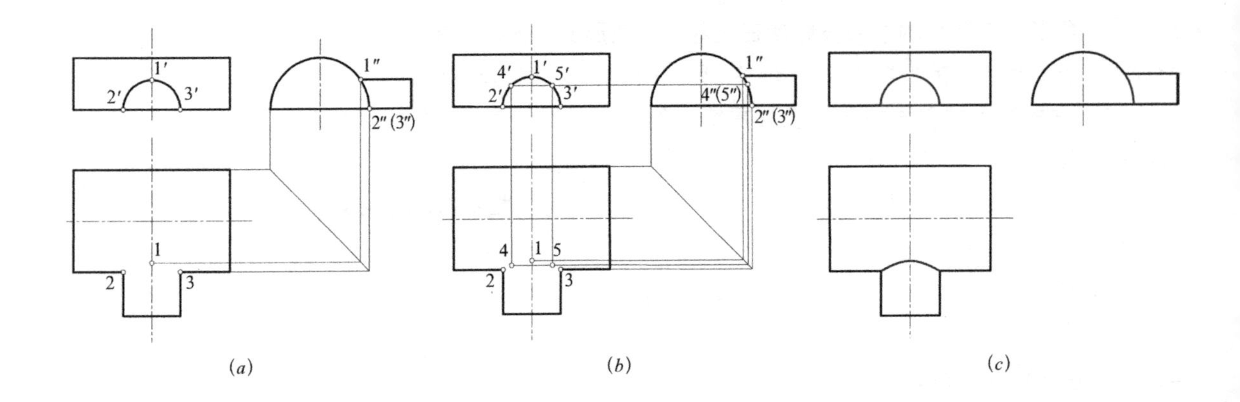

（5）整理，完成作图，如图 4–39（*c*）所示。

图 4–39
两拱形屋面相贯线投影
（*a*）特殊贯穿点投影；
（*b*）一般贯穿点投影；
（*c*）相贯线投影

■ 任务实施

如图 4–40 所示，两四棱柱相交，已知相贯体外轮廓的正面投影和水平投影，求作相贯体的三面投影？

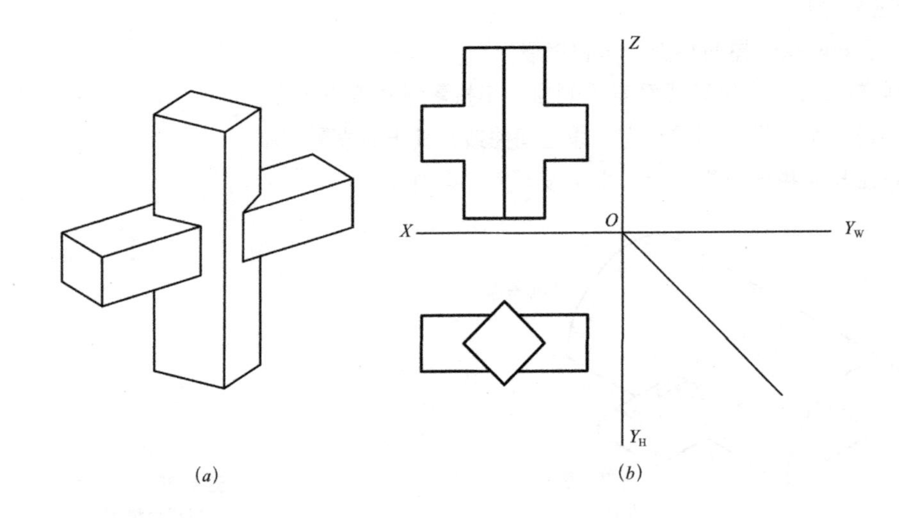

图 4–40
求作两个四棱柱相贯体投影
（*a*）立体图；（*b*）投影图

■ 思考与讨论

1. 什么是相贯线？它具有哪些特点？
2. 平面体相贯线的作图方法有哪些？
3. 曲面体相贯线的作图方法有哪些？
4. 如何判断相贯线是否可见？

拓展任务

1. 完成平面体的第三面投影及其表面上各点的三面投影，如图 4–41 所示。

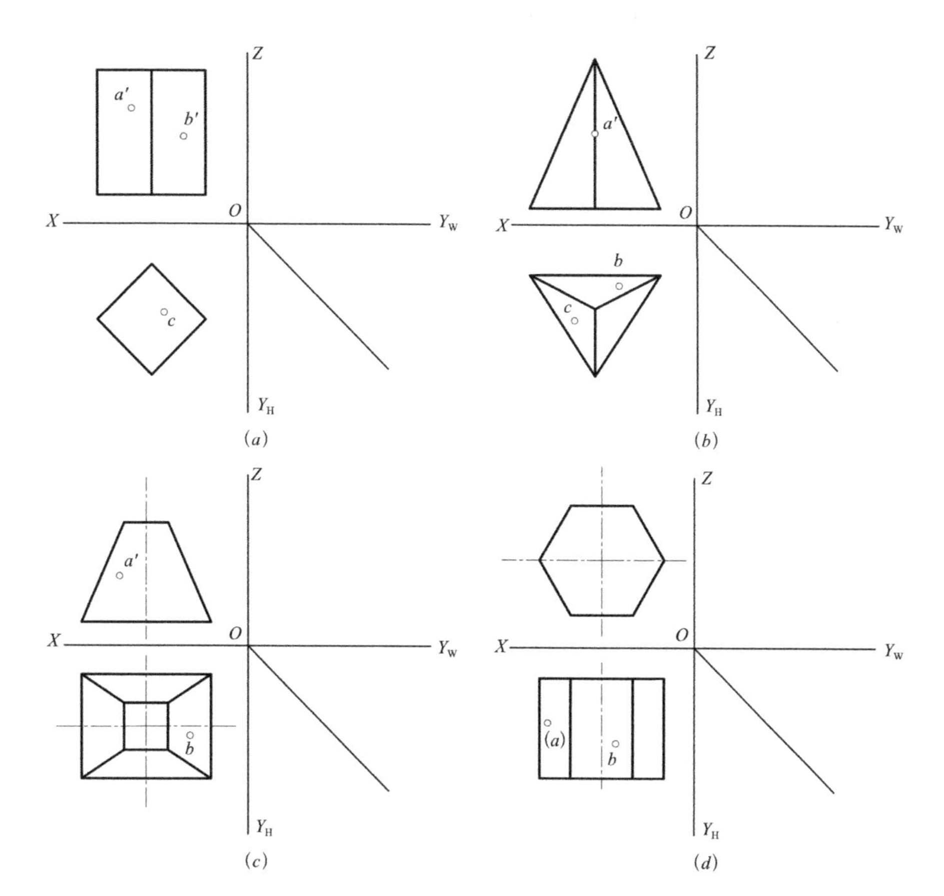

图 4–41
求平面体第三面投影及表面点的投影

2. 完成曲面体表面点的投影，如图 4–42 所示。

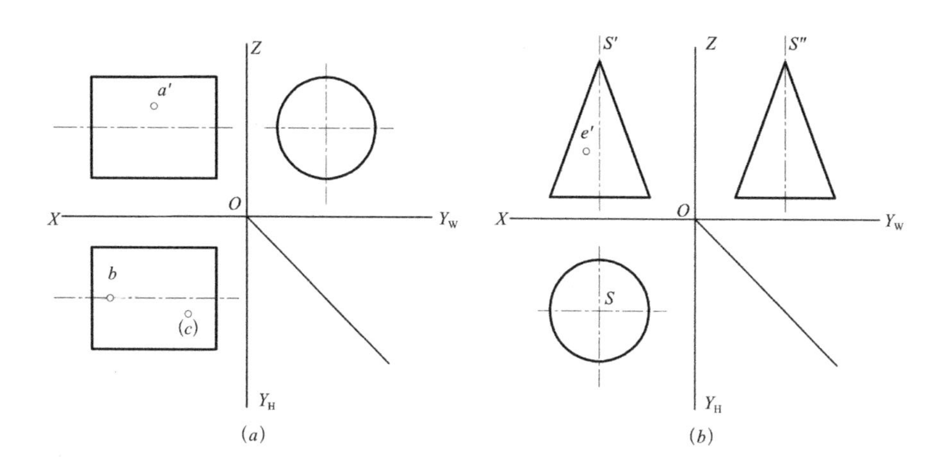

图 4–42
求曲面体表面点的投影

3. 补全第三面投影，并完成立体的截交线投影，如图 4–43 所示。

4. 完成相贯体的正面投影，如图 4–44 所示。

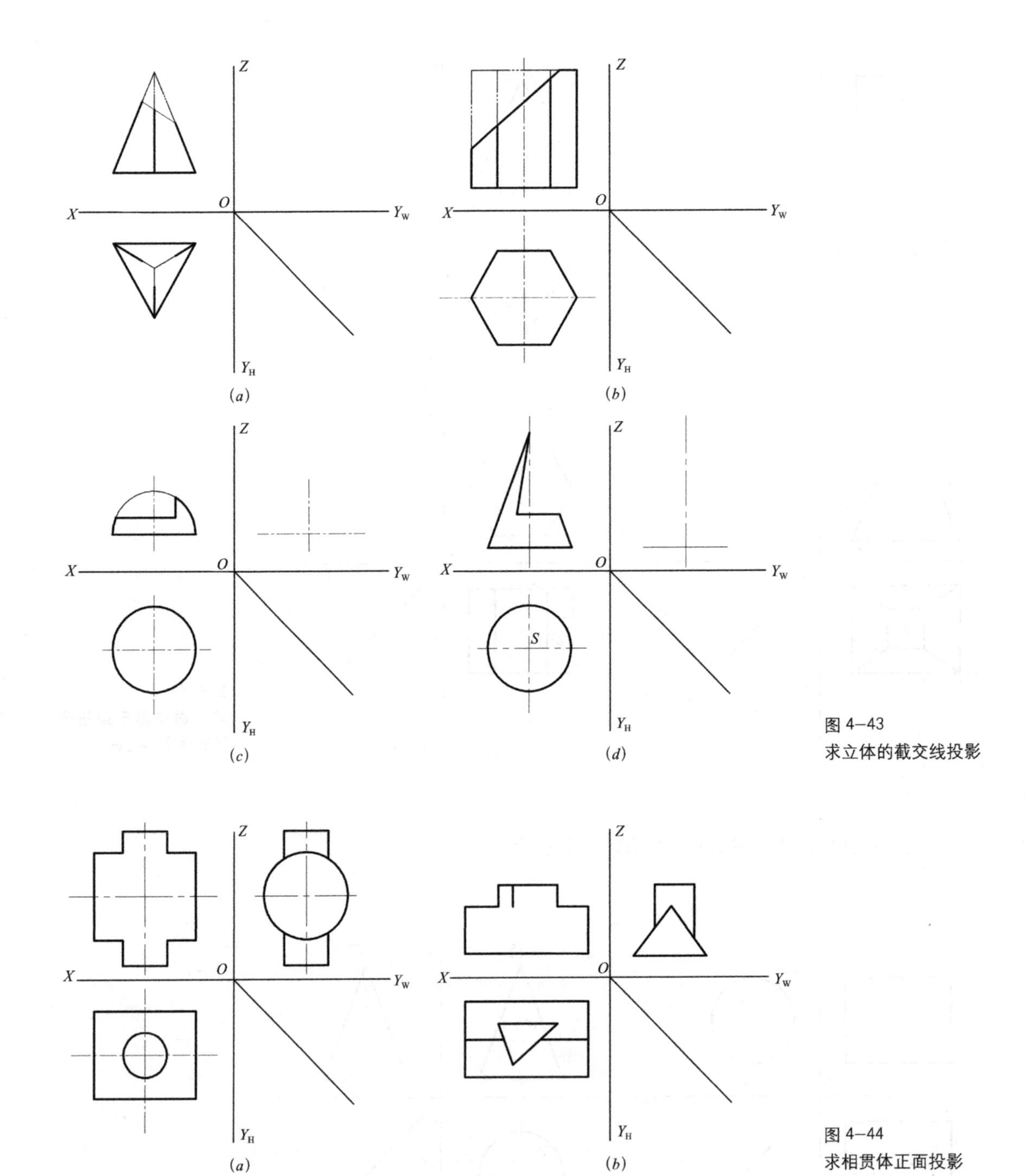

图 4-43
求立体的截交线投影

图 4-44
求相贯体正面投影

5

项目 5　组合体的投影

【项目描述】

建筑施工图、室内设计施工图、家具工程图均可看做是组合“体”的投影。所谓组合体，可以理解为多个基本体拼凑在一起，它们可以是交集、可以是并集，千奇百怪的组合成为生活中各式各样的物品。项目 5 意在通过前期点、线、面、基本体投影相关知识的学习，完成对组合体的投影分析，并绘制较为复杂形体的三面投影。

【项目目标】

1. 了解组合体的形成方式。
2. 掌握组合体投影的分析方法。
3. 掌握组合体三面投影的绘制方法。
4. 掌握组合体的尺寸标注。

【项目要求】

1. 根据任务 5.1 的要求，学习组合体的投影分析。判断任务中指定形体各面的相对位置及投影特性。

2. 根据任务 5.2 的要求，学习组合体投影的绘制方法。完成任务中指定形体三面投影的绘制。

3. 根据任务 5.3 的要求，学习组合体的尺寸标注及应遵循的原则。完成任务中指定形体的第三面投影，并进行尺寸标注。

4. 结合项目内容，完成拓展任务，根据任务要求将图形绘制在指定位置。

【项目计划】

见表 5–1。

项目5计划 **表5–1**

项目内容	知识点	学时
任务 5.1　组合体的投影分析	形体分析、线面分析、结合方式	1
任务 5.2　组合体投影的画法	正面投影、投影数量、画法	1
任务 5.3　组合体的尺寸标注	尺寸标注、细部尺寸、定位尺寸、总尺寸	2
拓展任务	（此部分内容可单独使用，也可融入以上任务完成）	1

【项目评价】

见表 5–2。

项目5评价 **表5-2**

项目评分	评价标准
5★	①按照任务书要求完成所有任务，准确率在 90%以上；②能够正确使用制图工具；③图面整洁；④作图痕迹与答案图线可分辨、可见；⑤尺寸标注准确、规范
4★	①按照任务书要求完成所有任务，准确率在 75%～89%；②能够正确使用制图工具；③图面较整洁或有≤2处的刮痕；④作图痕迹与答案图线可分辨、可见；⑤尺寸标注出现≤1部分的错误（尺寸标注包含4部分：尺寸线、尺寸界线、尺寸起止符号、尺寸数字），并能够及时纠正
3★	①按照任务书要求完成所有任务，准确率在 60%～74%；②基本不使用制图工具；③图面较整洁或有≤4处的刮痕；④作图痕迹与答案图线不可分辨；⑤尺寸标注出现≤2部分的错误，并能够及时纠正
2★	①没有完成任务，准确率在 30%～59%；②基本不使用制图工具；③图面不整洁，有≤6处的刮痕；④作图痕迹与答案图线不可分辨或无作图痕迹；⑤尺寸标注出现＞2部分的错误，不能够及时改正。建议重新完成任务内容
1★	①没有完成任务，准确率在 30%以下；②不使用制图工具；③图面不整洁，有＞6处的刮痕；④无作图痕迹；⑤无尺寸标注或出现＞3部分的错误。建议重新学习

注：如不满足评价标准中的任意一项，便需要降低一个评分等级。

任务 5.1 组合体的投影分析

■ 任务引入

如图 5-1 所示，初学者对于空间中较为复杂物体的三面投影往往束手无策。其实，我们只需要化繁为简，将复杂的物体拆分成若干个基本体。通过分析体与体之间点、直线和平面的投影关系，来完成组合体的投影绘制。

本节我们的任务是掌握组合体投影的分析方法，为之后绘制组合体投影做好铺垫。

■ 知识链接

在掌握了点、线、面、基本体投影以及投影规律的基础上，我们就可以对组合体进行分析并绘制其三面投影。同时，也可以根据三面投影图想象空间立体形状，从而做到对二维图形与三维形体的思维转换。

(a)

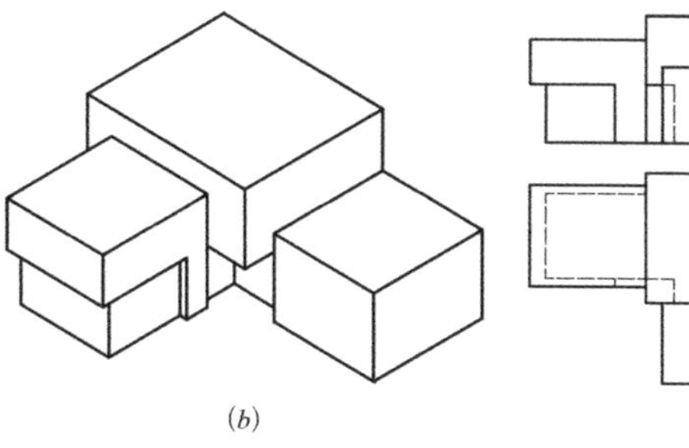

(b)

(c)

图 5-1 组合体投影

(a) 效果图（图片来源于网络）；(b) 立体图；(c) 投影图

5.1.1 形体分析

无论多复杂的形体都可以看作是由简单的基本体堆叠或挖切组成的。逐一弄清这些基本体的形状及连接方式，就可以阅读和绘制组合体的投影。

组合体的组成方式分为三种情况：叠加型、切割型和混合型。

1. 叠加型

是由若干个基本体通过叠加而形成的组合体。如图 5–2（*a*）所示，Ⅰ号形体为长方体、Ⅱ号形体为四棱台、Ⅲ号形体为长方体、Ⅳ号形体为正方体。

2. 切割型

是将基本体进行切割后形成的组合体。如图 5–2（*b*）所示，图中装饰构件可视为一个较大长方体Ⅰ，减去长方体Ⅱ和长方体Ⅲ。

3. 混合型

若干基本体的组合方式既有叠加又有切割所形成的组合体。如图 5–2（*c*）所示，对该组合体投影的分析可综合叠加型和切割型组合体投影分析方法。

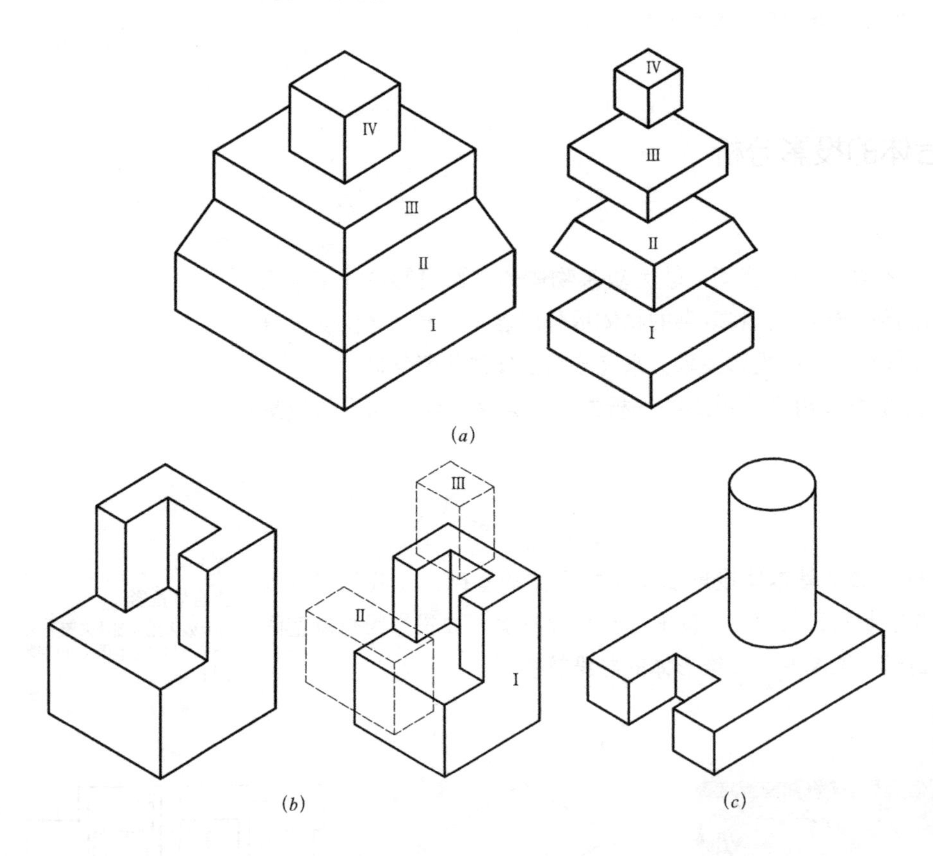

图 5–2
组合体的组成方式
(*a*) 叠加型；(*b*) 切割型；(*c*) 混合型

> **请注意：**
>
> 形体分析是识读和绘制组合体三面投影一种行之有效的基本方法。绘图时，一定要在形体分析的基础上，分块逐一绘制，并注意各形体间的组合方式及表面过渡关系，以免多线、漏线或线型错误。

5.1.2 线面分析

利用点、线、面的投影规律，分析组合体中点、线、面的相对位置，从而掌握组合体投影，这种方法称为线面分析法。

1. 线的意义

运用线面分析法首先要熟悉各投影中线段和线框可能表示的几种含义，以及与投影面的相对位置。

1）线段的意义

如图 5–3 所示，空间中四组不同形态组合体的两面投影，它们的正面投影完全相同，为一大一小两个矩形。由此可知，一面投影是不能够确定组合体的形状，一定要联系其他投影面投影。通过已知的两面投影共同分析四组正面投影图中间相同位置的一条垂直线在不同图形中的意义。

图线 1 表示一个平面的积聚投影；图线 2 表示两个平面的交线；图线 3 表示曲面和平面的交线；图线 4 表示两个曲面的交线；图线 5 表示一个曲面的轮廓线。

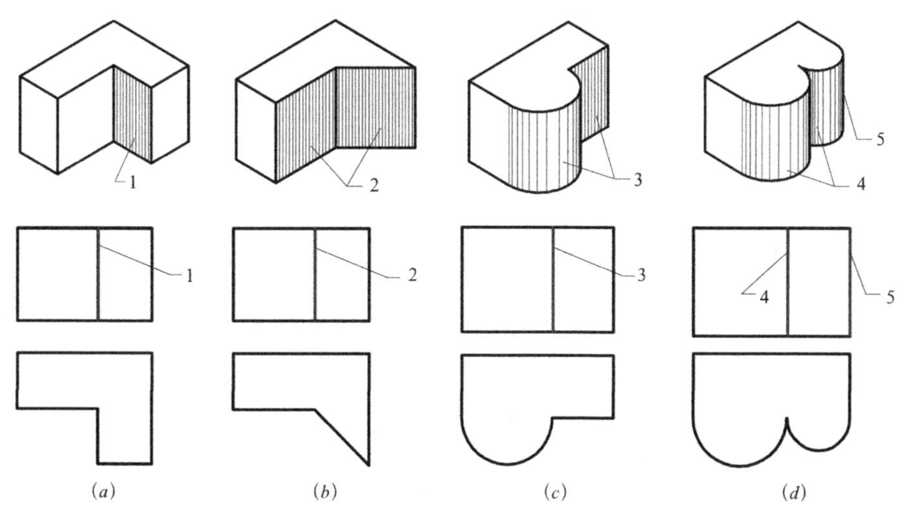

图 5–3
线段的意义

2）线框的意义

如图 5–4（*a*）～图 5–4（*c*）所示，三组图形中正面投影和水平投影完全相同，但表达的形体完全不同，以正面投影为例说明线框的意义。图 5–4（*a*）表示一个平面的投影；图 5–4（*b*）表示一个斜面的投影；图 5–4（*c*）表示一个曲面的投影；图 5–4（*d*）中的线框表示一个孔洞的投影。

相邻两线框表示两个面相交，或是两个面前后、上下位置不同。如图 5–5 所示，面Ⅰ与面Ⅱ相交，面Ⅲ与面Ⅳ处于前后位置。由此可知，一个线框仅代表一个面，一个面表示为一个线框。

2. 面的意义

可将空间组合体看做是由若干个面围合而成，根据面的投影规律，找到

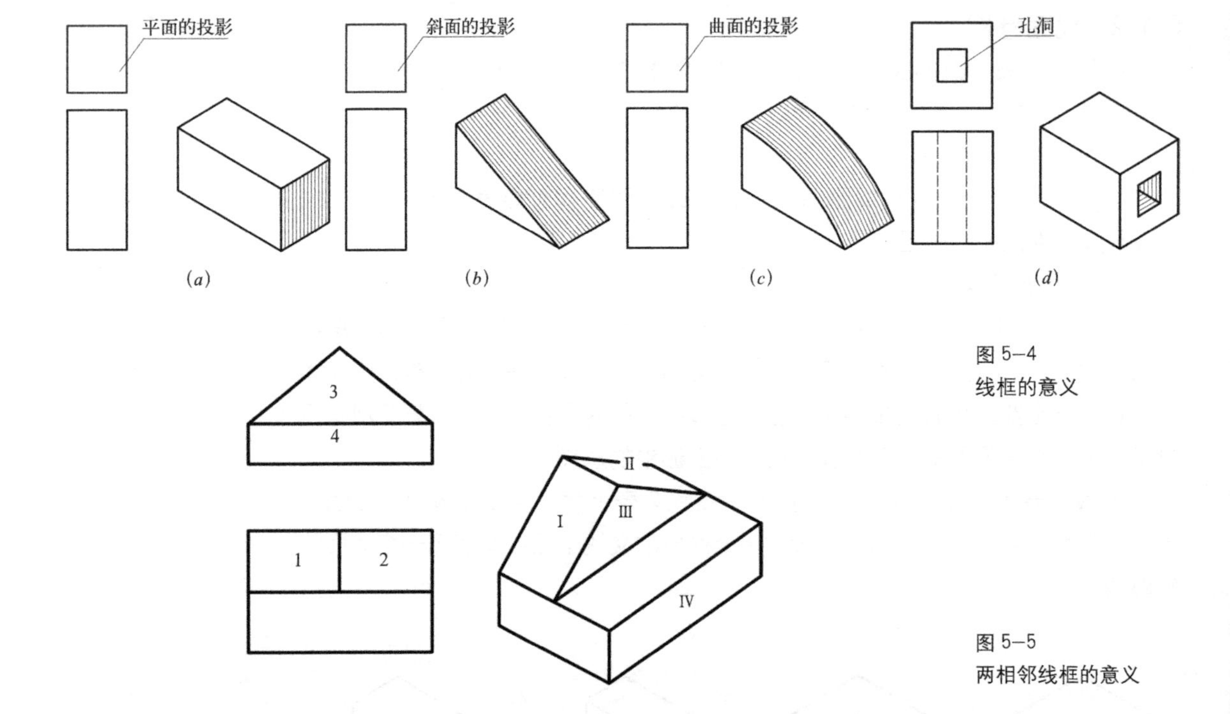

图 5-4
线框的意义

图 5-5
两相邻线框的意义

各面在组合体中的位置及投影的相对位置，即可完成该形体的投影分析。

如图 5-6 所示，是将一个长方体进行数次切割后形成的组合体。正面投影图中的斜线（标记为 1′），按平面的投影原理分析，此线段为面的积聚投影，是垂直于正面倾斜于其他两个投影面的正垂面。因此，水平面和侧面投影为均不反映实形。依据三等关系，相应找到侧面投影 1″ 及水平投影 1。

正面投影图中的水平线（标记为 2′），按平面投影原理分析，此线段为面的积聚投影，是垂直于正面和侧面的水平面。依据三等关系，相应找到侧面投影 2″ 及水平面投影 2。

综上所述，可将形体各面进行拆解，利用平面投影特性及各面相交线投影分析，得到复杂组合体投影。

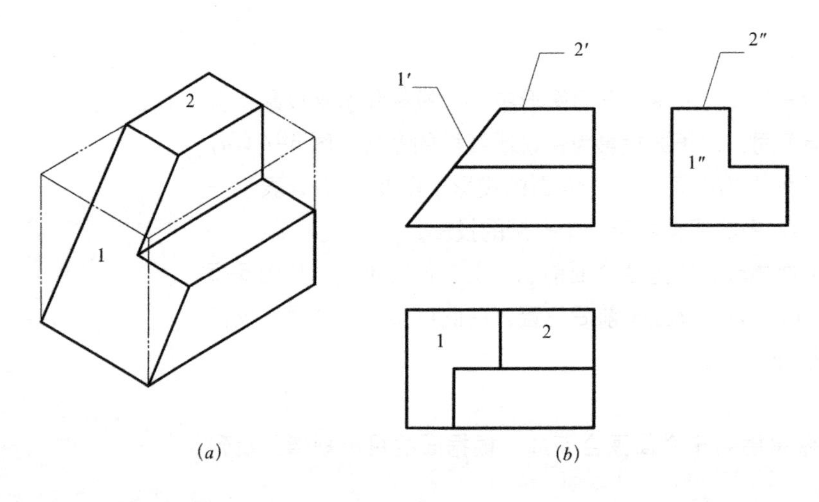

图 5-6
面的意义
(a) 立体图；(b) 投影图

5.1.3 组合体表面结合方式

组合体表面结合方式有四种：平齐、不平齐、相交和相切。

1. 平齐和不平齐

两个形体相连，且前、后表面对齐，位于一个平面上。其正面投影不应画出形体连接的位置线，如图 5–7（*a*）所示。

两个形体相连，形体前表面对齐，后表面不对齐，其正面投影需要虚线画出不可见连接位置线，如图 5–7（*b*）所示。如形体表面前后均不平齐，其正面投影用实线画出连接位置线，如图 5–7（*c*）所示。

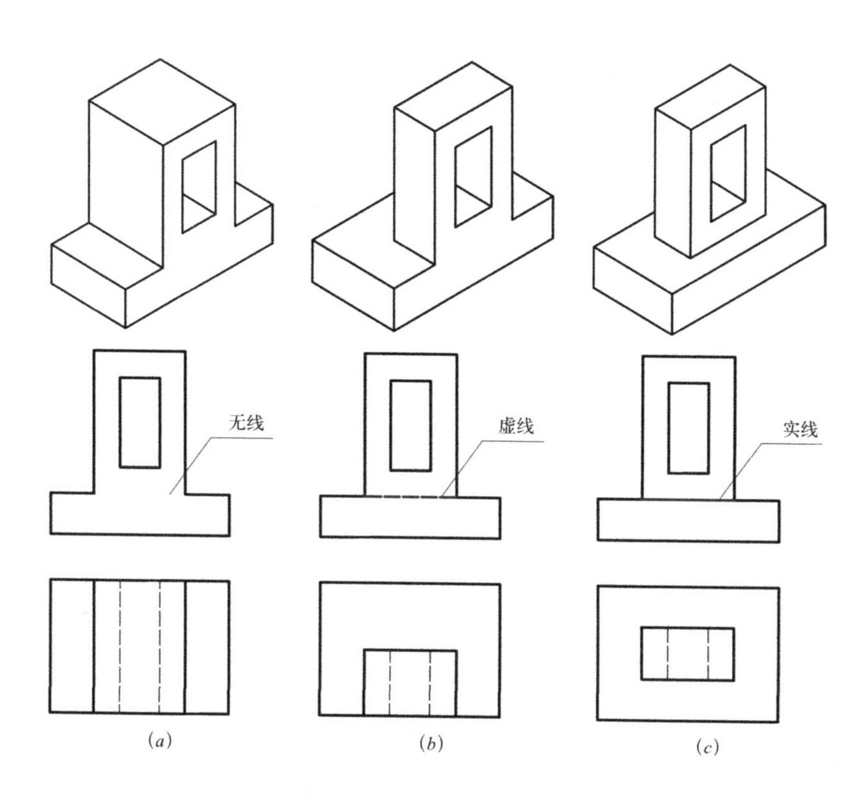

图 5–7
平齐和不平齐

2. 相交

两形体表面相交时，在相交处应画出交线投影，如图 5–8 所示。

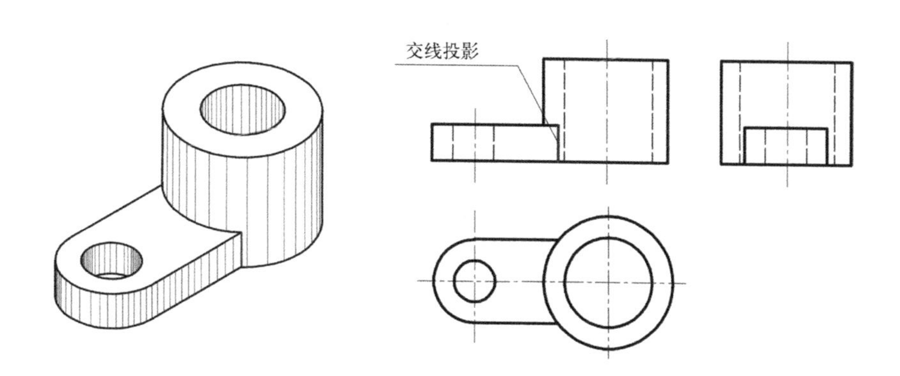

图 5–8
相交

3. 相切

形体和形体相切时，面的交接处是光滑的，没有明显的棱线，画图时不应画出切线，只画到切点。如图 5-9 所示，顶板的侧面和圆柱面相切，在正面和侧面投影图上均需画到切点，切点位置的确定根据水平投影作出。

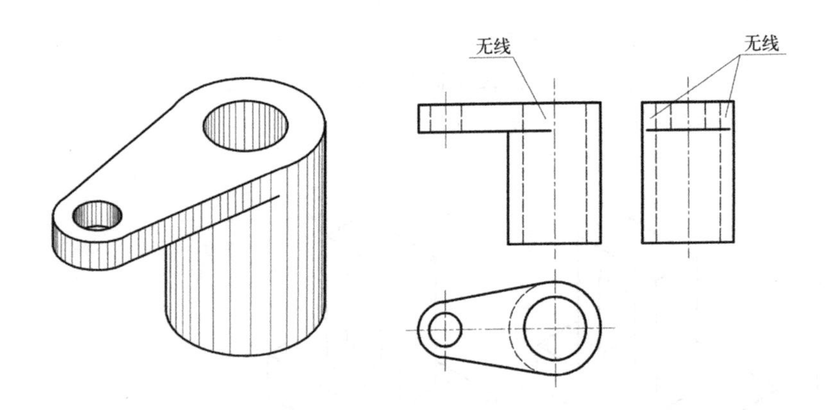

图 5-9
相切

如果切线与转向轮廓线重合，则需要画线；切线与转向轮廓线不重合，则不需要画线，如图 5-10 所示。

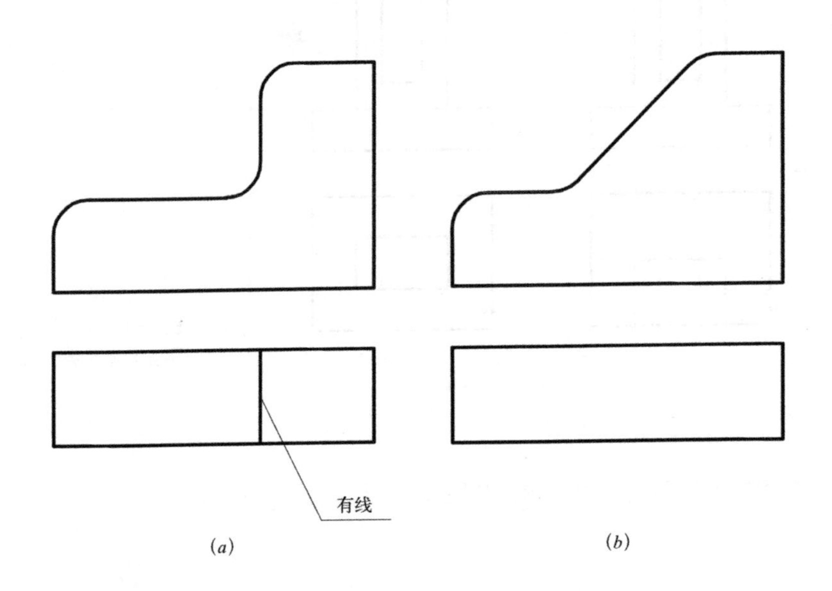

图 5-10
切线与转向轮廓线
(a) 重合；(b) 不重合

■ 任务实施

参照三面投影图 5-11 (a)，在立体图中标出平面 A、B、C、D 的位置，并判断其投影特性。

■ 思考与讨论

1. 形体的分析方法有哪些，各自具有什么特点？
2. 组合体表面的结合方式有哪些？

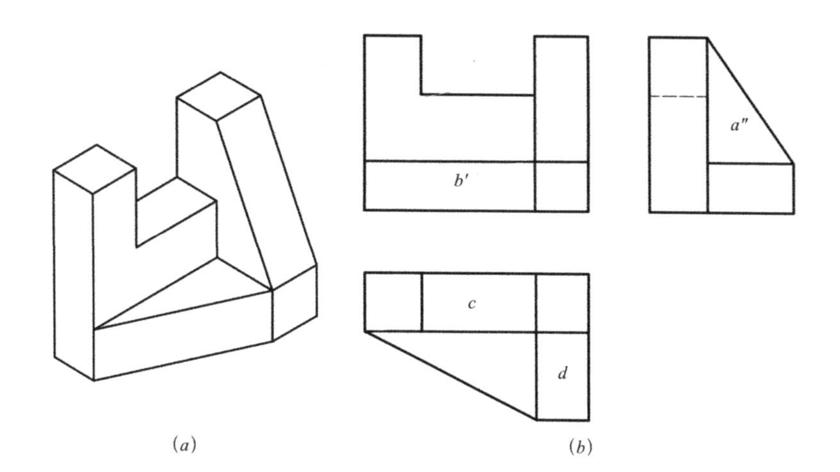

图 5–11
形体投影图与立体图
(a) 立体图；(b) 投影图

任务 5.2　组合体投影的画法

■ 任务引入

如图 5–12 所示，房屋建筑模型是由若干基本体通过叠加和切割混合而形成的，试作其三面投影。

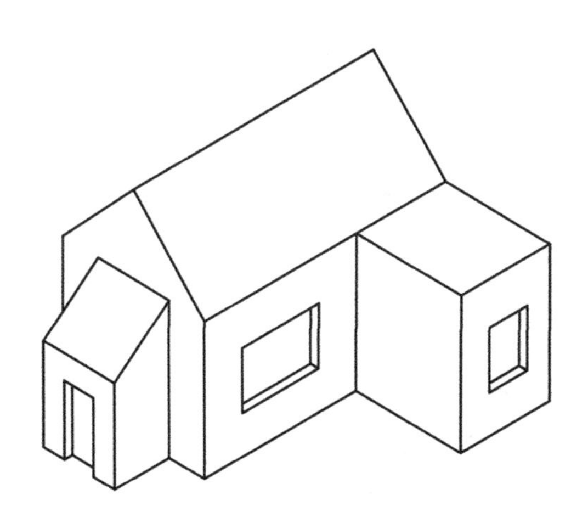

图 5–12
房屋建筑模型

本节我们的任务是掌握组合体投影的绘制方法，完成组合体投影绘制。

■ 知识链接

对于组合体投影的画法，首先要分析形体的构成；然后选择正面投影，并确定投影图数量；最终完成组合体投影的绘制。

5.2.1　正面投影的选择

正面投影是三个投影中较为重要的投影，是体现空间形体主要特征的一面。对正面投影的选择应注意以下四个方面。

1. 考虑空间形体工作位置

如图 5–13 所示，同一建筑形体摆放的位置不同，投影效果也不同，但图 5–13（*a*）表达得更为合适。因为，建筑的工作位置是屋顶在上、楼体在下，三面投影也应该遵循它的基本状态，以满足人们观察建筑的视觉、心理感受。

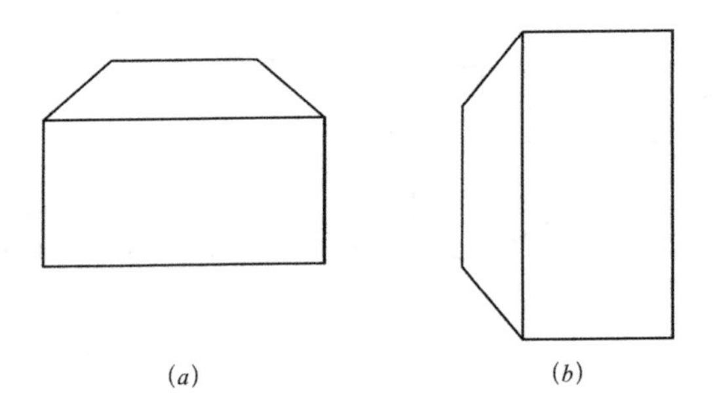

图 5–13
空间形体工作位置
（*a*）正确；（*b*）不正确

2. 体现空间形体主要特征

一般将空间形体最为精彩、最能体现形体特征的一面作为正面投影。如图 5–14 所示，能够体现衣柜主要特征的是柜门处，因此作为正投影；而椅子的主要特征是在侧面，因此椅子的侧面被作为正投影。由此可知，形体的正投影选择并不是绝对的，要根据形体的自身特点来决定。

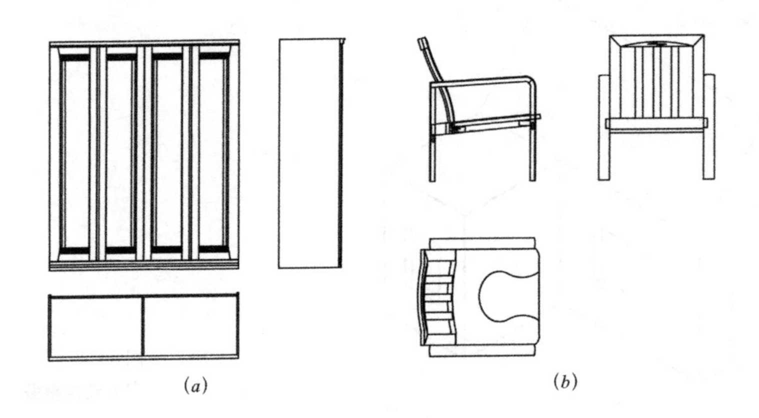

图 5–14
空间形体主要特征
（*a*）衣柜三视图；
（*b*）椅子三视图

3. 形体各面尽量反映实形

如图 5–15 所示，两组三面投影图均表示正方体。其中，图 5–15（*b*）的三面投影只有水平投影反映空间形体的真实大小，另外两个投影面投影为不反映实形的类似形，无法进行尺寸标注。而图 5–15（*a*）所示的三面投影全部反映实形，观察者一目了然，同时方便标注。

4. 尽量避免虚线产生

在投影图中不可见线用虚线表示，虚线往往缺乏层次感，让人产生多种联想。如图 5–16（*a*）所示，台阶的两面投影图，全部实线表达，层次清晰，方便阅读。图 5–16（*b*），由于正面投影图出现两条虚线，很难想象虚线的具体位置，因此会造成多种情况的假设，同时虚线所在位置一般不标注尺寸。

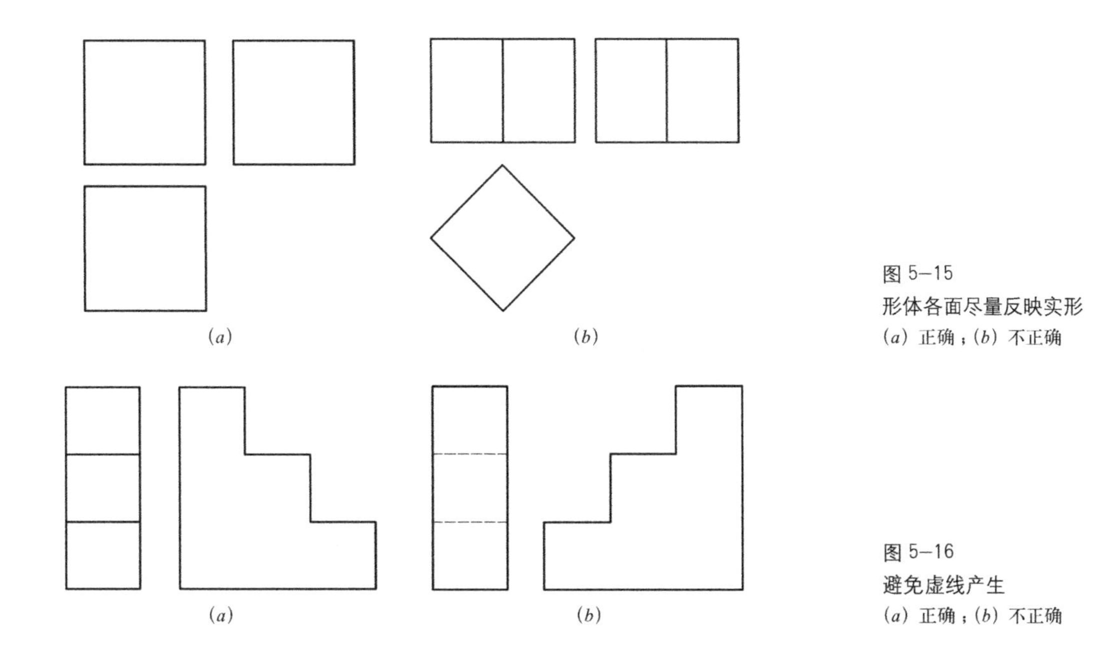

图 5–15
形体各面尽量反映实形
(*a*) 正确；(*b*) 不正确

图 5–16
避免虚线产生
(*a*) 正确；(*b*) 不正确

5.2.2 投影图数量的选择

完整表达空间形体，往往需要用三面投影来表现，但对于一些特殊形体，可以简化为两面甚至一面投影。

投影图数量的选择 **表5–3**

形体名称	圆柱	圆台	圆锥	球
立体图	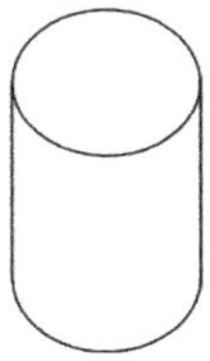	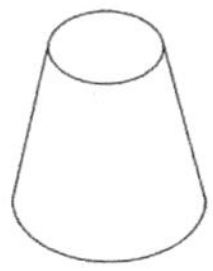		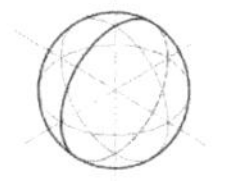
三个投影	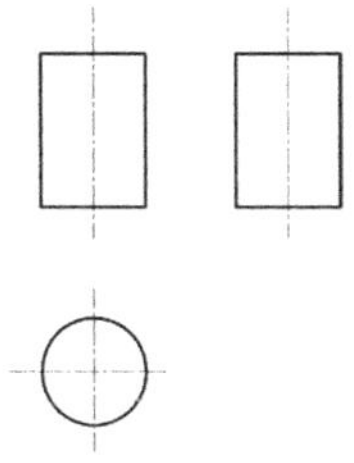	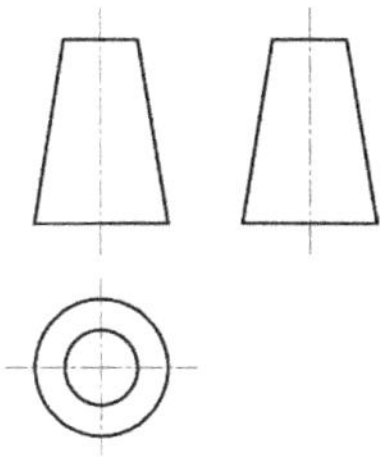	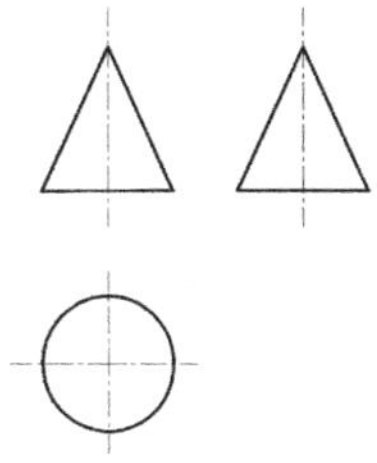	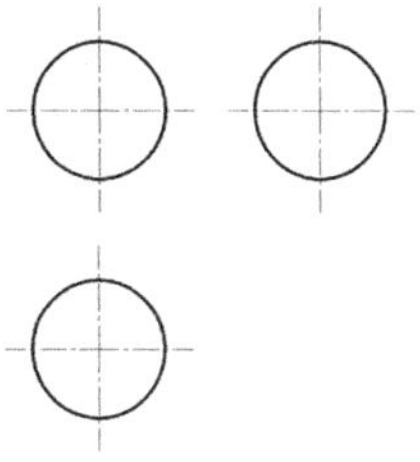
两个投影	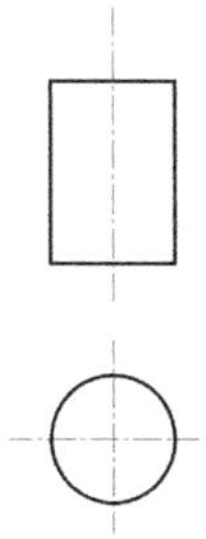	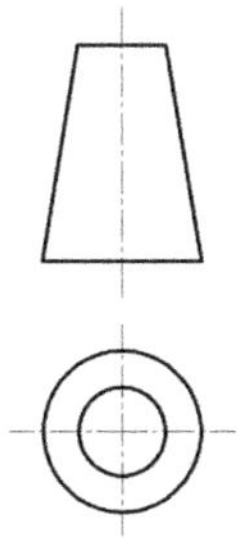	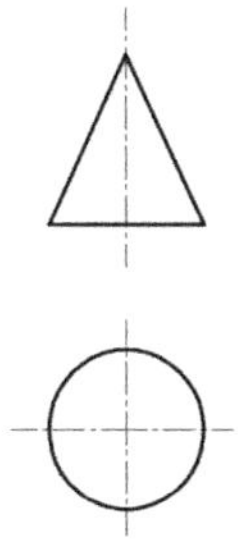	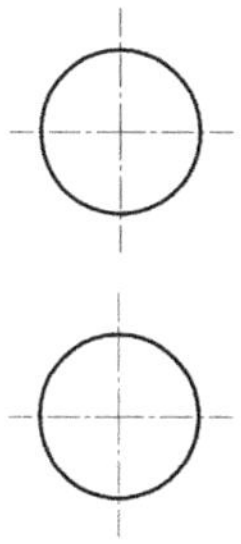

续表

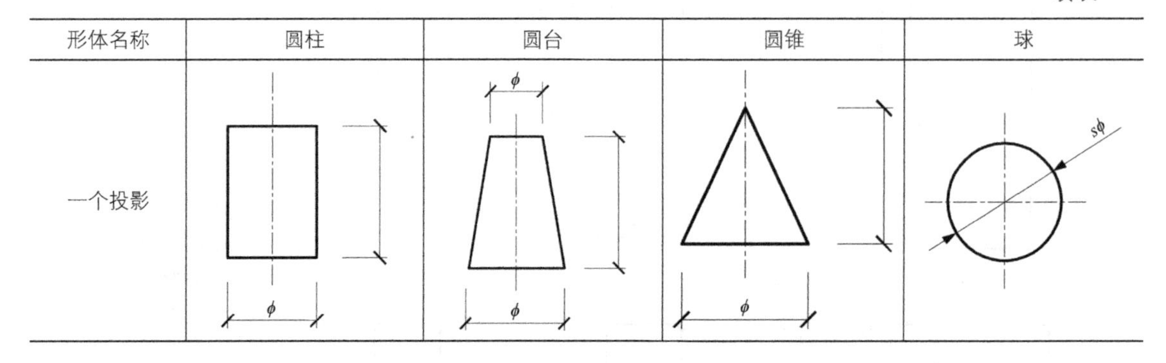

形体名称	圆柱	圆台	圆锥	球
一个投影				

如表 5–3 所示，四组形体分别为圆柱、圆台、圆锥和球，它们均为基本曲面体，且侧面投影与正面投影图形一致，可省略侧面投影；水平投影均为圆形，可以利用圆的直径或半径标注方法在正面图中进行标注，可省略水平投影。因此，以上四种形体均可用一个投影面的投影表达，且不影响观察者对形体的理解。

通过上述分析，基本曲面体中的回转体（即素线绕固定轴旋转一周）都可以减少投影图的数量，且不影响表达形体的完整性。

5.2.3 组合体投影的画法

绘制复杂组合体的三面投影图，首先需要对形体进行分析，将它拼合或拆解为若干基本体；然后结合各基本体之间的连接方式和相对位置依次绘制各基本体投影图；最后检查清理底稿，按规定线型加深。

已知空间组合体如图 5–17（*a*）所示，按照 1 ∶ 1 的比例绘制三面投影，保留作图痕迹。

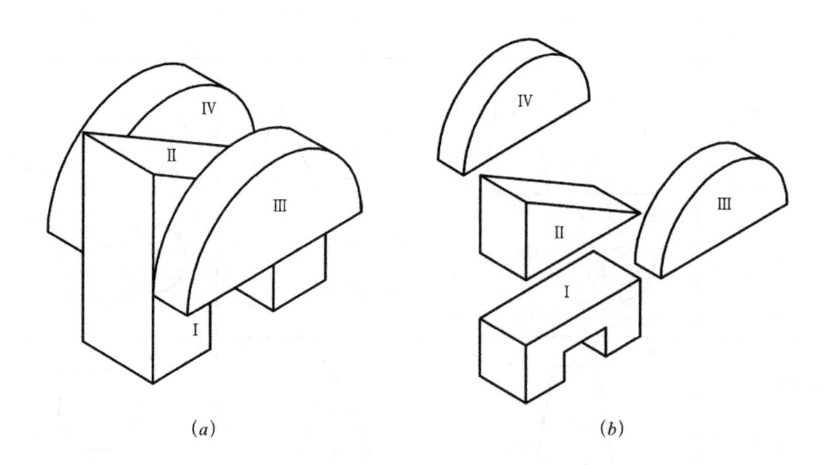

图 5–17
组合体形体分析

1. 形体分析

如图 5–17（*b*）所示，将组合体拆解为四个基本体及较为简单的组合体。其中，Ⅲ、Ⅳ号形体完全相同，分布在Ⅰ、Ⅱ号形体的前后两侧。Ⅰ号与Ⅱ号形体存在共有面的情况。

2. 绘图步骤

(1) 选定比例，确定图幅。根据形体的大小选定作图比例，并在视图之间留出尺寸标注的位置和适当间距。

(2) 确定投影方向及投影图数量。

(3) 绘制简单组合体Ⅰ的三面投影图，不可见线用虚线表示，如图 5–18 (*a*) 所示。

(4) 画出基本体Ⅱ的三面投影图，由于Ⅰ、Ⅱ号形体存在共有面，所以面与面平齐处不应画线，不可见线用虚线表示，如图 5–18 (*b*) 所示。

(5) 绘制Ⅲ、Ⅳ号基本体的三面投影图，由于两基本体完全一致所以正面投影重合，Ⅱ号形体被Ⅲ号形体遮住的部分不可见，应用虚线表示，如图 5–18 (*c*) 所示。

(6) 检查各形体相对位置、表面连接关系，无误后，按线型要求加深图线，完成全图，如图 5–18 (*d*) 所示。

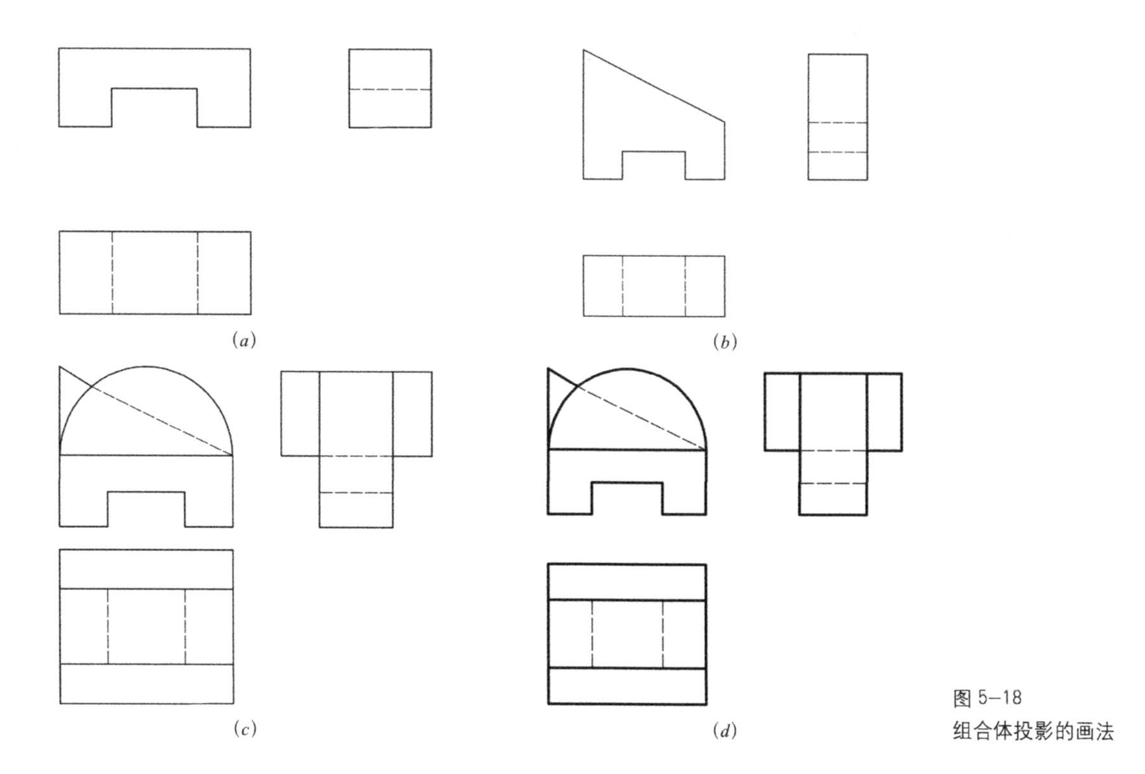

图 5–18
组合体投影的画法

■ 任务实施

如图 5–19 所示，根据立体图绘制其三面投影。

■ 思考与讨论

1. 正面投影的选择应注意哪些问题？

2. 看一看我们身边的某件家具或物品，它们的正面投影应该是哪一面呢？我们能绘制出来吗？

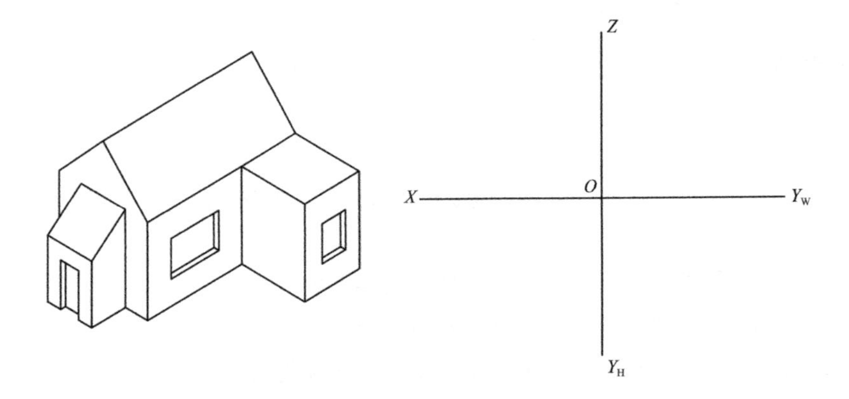

图 5–19
求组合体三面投影

3. 哪些形体可以省略投影图数量？这些形体具有什么特点？

任务 5.3 组合体的尺寸标注

■ 任务引入

三面投影图可以清晰地展示各个部件的位置关系及尺度。但在现实的工程中，光有图形是不足以指导施工的，还应标注图形尺寸。根据图形的内容，结合尺寸标注就可以将二维图形制作成三维立体模型或实物。

本节我们的任务是掌握组合体尺寸标注的种类、原则和方法，完成组合体投影的尺寸标注。

■ 知识链接

三面投影图只能表达空间组合体的形状，而组合体各部分的真实大小及相对位置，则要通过尺寸标注来确定。由于组合体是由基本几何体通过叠加或切割等方式形成的，因此，标注尺寸必须标注各几何体的尺寸和各几何体之间相对位置的尺寸，还要考虑组合体的总尺寸。

5.3.1 基本几何体的尺寸标注

常见的基本几何体包括棱柱体、棱锥体、圆柱体、圆锥和球等。基本几何体的尺寸一般只需要标注出长、宽、高三个方向的定形尺寸。

1. 基本平面体尺寸标注

其长度和宽度方向尺寸宜标注在反映底面实际形状的水平投影图上，而高度方向尺寸宜标注在反映真实高度的正立面投影图上，如图 5–20 所示。

2. 基本曲面体尺寸标注

由于基本曲面体多为回转体，可简化投影图数量，因此，尺寸标注往往可以在正面投影图上完成。如表 5–3 所示，圆柱、圆锥、圆台均可在正面投影图中标注直径和高度方向尺寸。需要注意，在直径数字前需加注直径符号 ϕ。

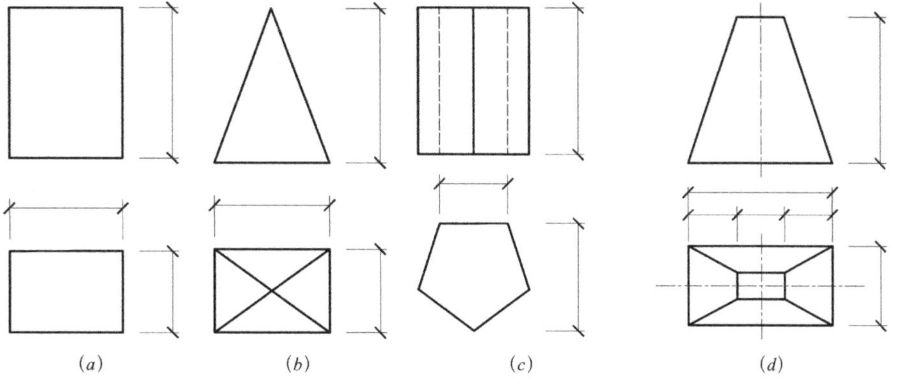

图 5-20
基本平面体尺寸标注
(a) 四棱柱；(b) 四棱锥；
(c) 五棱柱；(d) 四棱台

5.3.2 组合体尺寸分类

组合体的尺寸分为细部尺寸、定位尺寸和总尺寸。以图 5-21 为例加以说明。

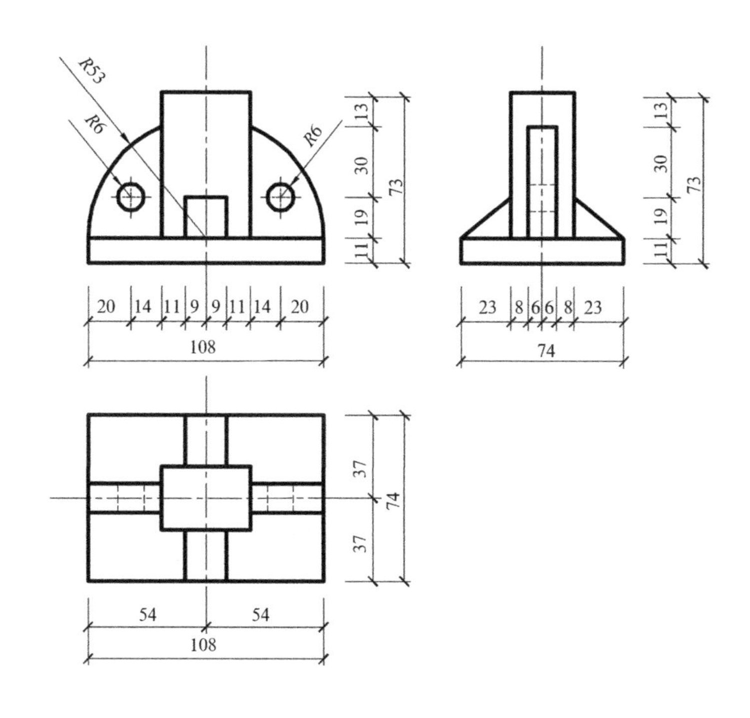

图 5-21
组合体的尺寸标注

(1) 细部尺寸，表示各几何形状大小的尺寸。

如组合体中圆洞的半径尺寸为 6，二分之一圆弧的半径尺寸为 53。各形体间的尺寸，如底座高度为 11 等。

(2) 定位尺寸，确定各几何体之间相对位置的尺寸。

定位尺寸一般标注在定位轴线间，如四棱柱的定位尺寸为 37，圆洞的定位尺寸为 19 和 20 等。

(3) 总尺寸，表示组合体总长、总宽、总高的尺寸。

如组合体的总尺寸为：长 108，宽 74，高 73。

5.3.3 尺寸标注应遵循的原则

(1) 尺寸应尽量标注在最能反映形体特征的视图上，尽量避免在虚线上标注尺寸。

(2) 与两视图有关的尺寸，应尽量标注在两视图之间。

(3) 尺寸最好标注在图形之外。但有一些小尺寸，为了避免引出标注的距离太远，也可以标注在图形之内。

(4) 相互平行的尺寸应将小尺寸标注在最靠近图形处。

(5) 同一图上的尺寸单位应一致。

■ 任务实施

如图 5–22 所示，已知门洞与台阶的正面投影和水平投影，完成侧面投影，并对三面投影进行尺寸标注。尺寸在图中量取。

图 5–22
门洞与台阶投影图

■ 思考与讨论

1. 基本几何体需要标注几道尺寸线？

2. 组合体尺寸标注包括哪几种？

3. 尺寸标注应遵循的原则有哪些？

拓展任务

如图 5–23 所示，根据立体图，完成三面投影图的绘制，并标注尺寸，尺寸在图中进行量取。

1. 图名：组合体的三面投影。

2. 图纸：A3 幅面制图纸。

3. 比例：2 ∶ 1。

4. 要求：仪器绘制，图形轮廓线用粗实线绘制，尺寸标注用细实线绘制。

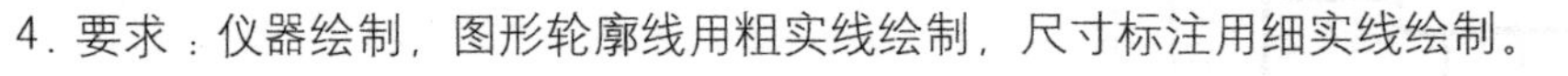

图 5–23
组合体投影图的绘制

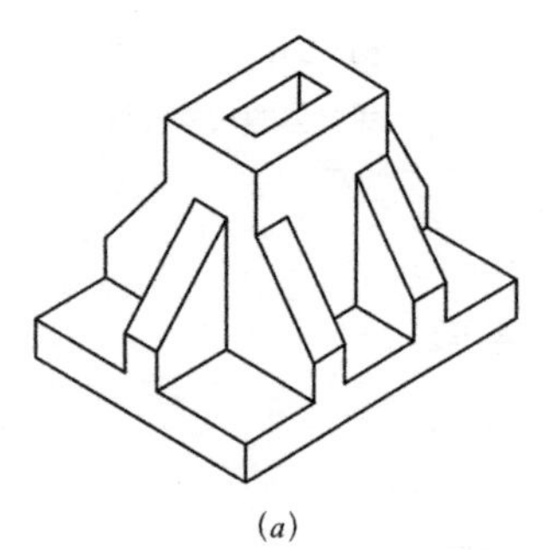

(a)

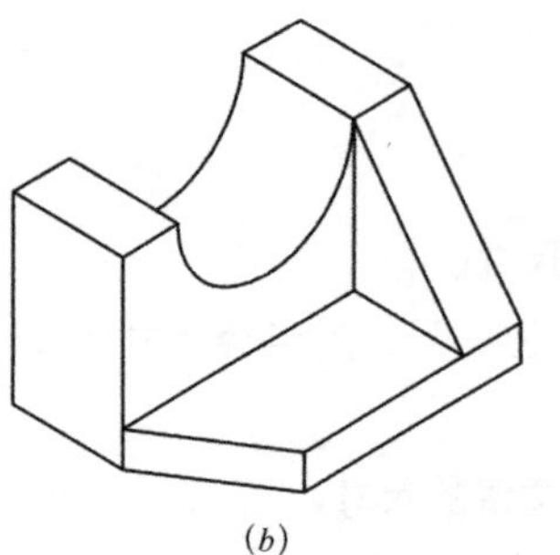

(b)

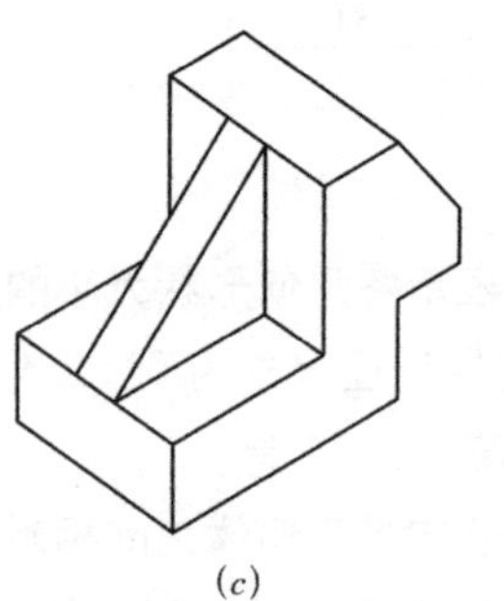

(c)

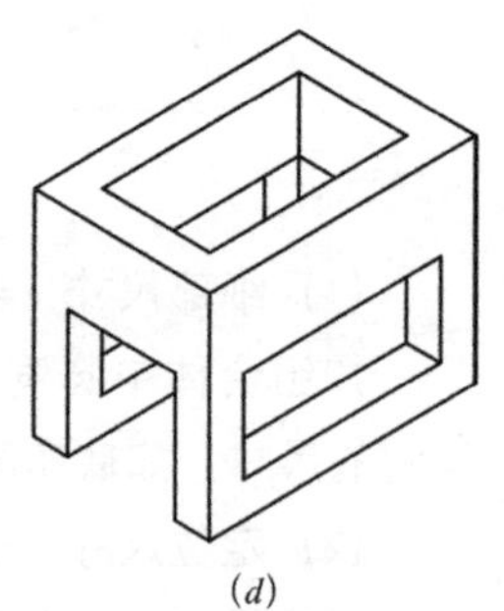

(d)

6

项目 6　轴测投影

【项目描述】

轴测投影辨识度高，可直观体现物体长、宽、高三个向度尺寸，被广泛地应用于各类工程图纸中，家具工程图尤为常见。家具效果展示图和拆装图都是运用轴测投影法绘制的。轴测图根据投影线的角度、物体和投影面的摆放位置，有无数种投影效果，在无数中找到规律，并根据工程实际需要选择和绘制适当的轴测投影图来指导施工，将是本项目设置的初衷。

【项目目标】

1. 掌握轴测投影的分类及特性。
2. 掌握正轴测投影图的画法。
3. 掌握斜轴测投影图的画法。
4. 掌握轴测投影的实际应用。

【项目要求】

1. 根据任务 6.1 的要求，学习轴测投影的形成、分类及特性，并根据形体正投影图完成其正等测投影图。

2. 根据任务 6.2 的要求，学习正等测投影的形成和绘制方法。完成教室课桌的测量以及三面投影图和正等测图的绘制工作。所用图纸规格为 A3 绘图纸（420mm × 297mm），比例自定，需标注尺寸及绘制图框。

3. 根据任务 6.3 的要求，学习正面斜轴测投影和水平面斜轴测投影的形成和画法。根据任务指定总平面图，完成水平面斜轴测图。所用图纸规格为 A4 绘图纸（297mm × 210mm），比例 1：1，需自行指定楼体高度，绘制图框。

4. 结合项目内容，完成拓展任务，根据任务要求将图形绘制在指定位置。

【项目计划】

见表 6–1。

项目6计划 **表6–1**

项目内容	知识点	学时
任务 6.1　轴测投影的基础知识	轴间角、轴伸缩系数、正轴测投影、斜轴测投影、同素性、从属性、平行性、实形性	1
任务 6.2　正轴测投影	平面体正轴侧投影、坐标法、叠砌法、切割法、曲面体正轴测投影	1
任务 6.3　斜轴测投影	正面斜轴测投影、水平面斜轴测投影	1
拓展任务	（此部分内容可单独使用，也可融入以上任务完成）	1

【项目评价】

见表 6–2。

项目6评价　　表6–2

项目评分	评价标准
5★	①按照任务书要求完成所有任务，准确率在 90%以上；②能够正确使用制图工具；③图面整洁；④作图痕迹与答案图线可分辨、可见
4★	①按照任务书要求完成所有任务，准确率在 75%～89%；②能够正确使用制图工具；③图面较整洁或有≤ 2 处的刮痕；④作图痕迹与答案图线可分辨、可见
3★	①按照任务书要求完成所有任务，准确率在 60%～74%；②基本不使用制图工具；③图面较整洁或有≤ 4 处的刮痕；④作图痕迹与答案图线不可分辨
2★	①没有完成任务，准确率在 30%～59%；②基本不使用制图工具；③图面不整洁，有≤ 6 处的刮痕；④作图痕迹与答案图线不可分辨或无作图痕迹。建议重新完成任务内容
1★	①没有完成任务，准确率在 30%以下；②不使用制图工具；③图面不整洁，有> 6 处的刮痕；④无作图痕迹。建议重新学习

注：如不满足评价标准中的任意一项，便需要降低一个评分等级。

任务 6.1　轴测投影的基础知识

■ 任务引入

轴测投影看似是中心投影，其实是平行投影的一种情况。与正投影图相比轴测图更直观，比透视图更能准确体现形体长、宽、高三个向度尺寸。但由于绘制较麻烦、对形体表达不全面且不能反映形体各个侧面实形等劣势，只能作为工程的辅助图样。

轴测图的种类很多，如图 6–1 所示，四组图形均为轴测图，由于投影角度的不同，产生的效果也有差异。那么这些轴测图是如何绘制的？可以利用这些图形帮助我们在哪些领域解决什么问题呢？

本节我们的任务是通过了解轴测投影的形成，掌握轴测投影的分类，并根据其特性，完成简单形体的轴测图绘制。

■ 知识链接

轴测图是一种单面投影图，能够同时反映形体的长、宽、高三个向度，

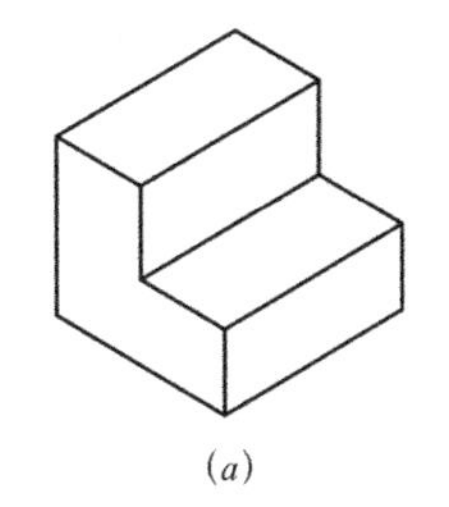
(*a*)

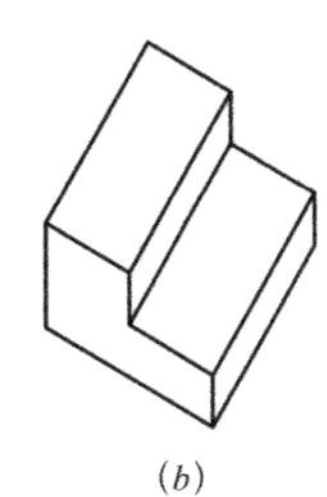
(*b*)

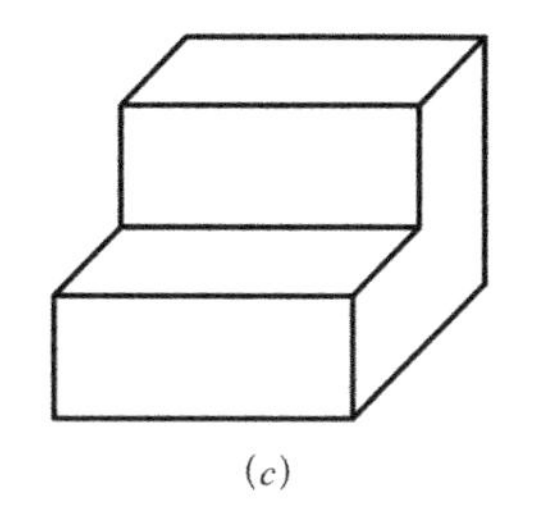
(*c*)

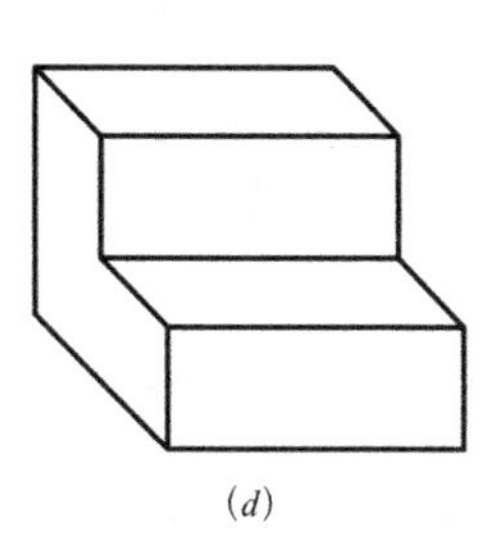
(*d*)

图 6–1
轴测投影图

具有很强的立体感，可以弥补正投影的不足。

在工程中轴测投影图常用作辅助图样帮助识图、指导施工和安装。主要表达某些建筑构件或局部构造、房屋建筑格局、纵横交错的管道或电路、家具设计图、家具装配图、场地规划鸟瞰图或应用于平面传媒等各个设计领域。

6.1.1　轴测投影的形成

根据平行投影中斜投影的原理，将投影线倾斜于投影面进行投影。

如图 6–2 所示，展示了轴测投影的形成过程。将形体连同确定其空间位置的直角坐标系（即 OX 轴、OY 轴和 OZ 轴），用平行投影法沿不平行于任一坐标平面的投射方向 S，投射到新增投影面 P 上，所得到的投影称为轴测投影。用这种方法画出的图，称为轴测投影图，简称轴测图。

投影面 P 称为轴测投影面。

三条坐标轴 OX、OY、OZ 的轴测投影 O_1X_1、O_1Y_1、O_1Z_1 称为轴测轴。

轴测轴之间的夹角称为轴间角。

由于空间形体的坐标轴是倾斜于投影面 P 进行的投影，因此轴测轴上的单位长度要比实际的长度短，在绘制轴测图时需要乘以相应的轴伸缩系数。O_1X_1、O_1Y_1、O_1Z_1 轴上的轴伸缩系数分别用 p、q、r 表示。

轴伸缩系数 = 轴测轴上的单位长度：相应投影轴上的单位长度

即 $p=O_1X_1/OX$，$q=O_1Y_1/OY$，$r=O_1Z_1/OZ$。

6.1.2　轴测投影的分类

按照投射方向是否垂直于投影面，轴测投影可分为正轴测投影和斜轴测投影两类。

1. 正轴测投影

当轴测投影的投射方向 S 与轴测投影面 P 垂直时所形成的轴测投影称为正轴测投影，如图 6–3 所示。常见的正轴测投影有正等测投影、正二测投影和正三测投影，见表 6–3。

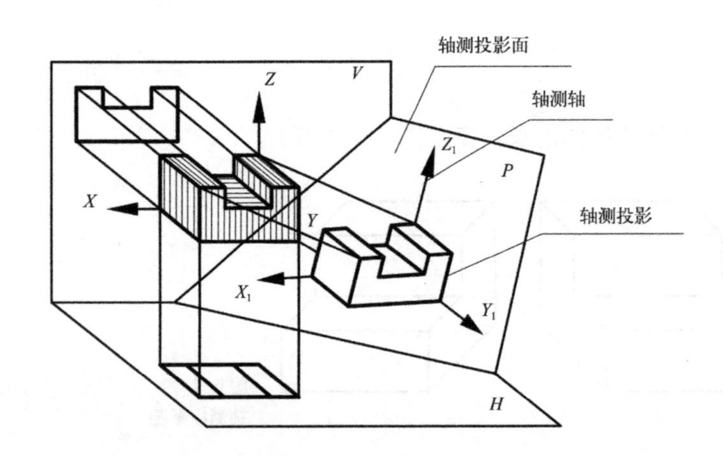

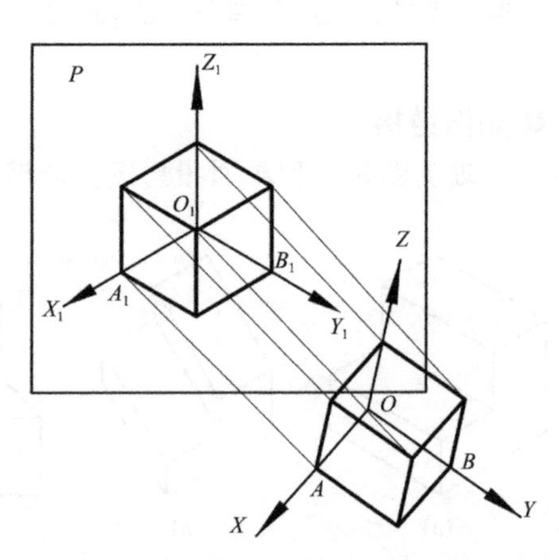

图 6–2（左）
轴测投影的形成
图 6–3（右）
正轴测投影的形成

轴测投影的分类 **表6–3**

轴测投影分类		轴测轴与轴间角	轴伸缩系数	图例
正轴测投影	正等测	Z_1、O_1、X_1、Y_1；120°、120°、120°	简化系数：$p=q=r=1$	Z_1、O_1、X_1、Y_1
	正二测	Z_1、O_1、X_1、Y_1；7°10′、41°25′	简化系数：$p=r=1$，$q=0.5$	Z_1、O_1、X_1、Y_1
	正三测	Z_1、O_1、X_1、Y_1；55°15′、25°14′	简化系数：$p=0.9$，$q=1$，$r=0.6$	Z_1、O_1、X_1、Y_1
斜轴测投影	正面斜轴测	Z_1、O_1、X_1、Y_1；135°、135°	简化系数：$p=r=1$，$q=0.5$	Z_1、O_1、X_1、Y_1
		Z_1、O_1、X_1、Y_1；45°	简化系数：$p=r=1$，$q=0.5$	Z_1、O_1、X_1、Y_1
	水平斜轴测	Z_1、O_1、X_1、Y_1；30°(45°、60°)	简化系数：$p=q=r=1$	Z_1、O_1、X_1、Y_1

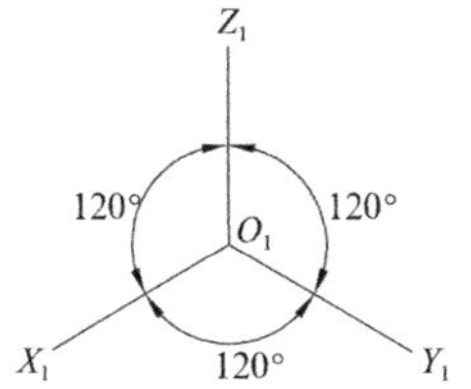

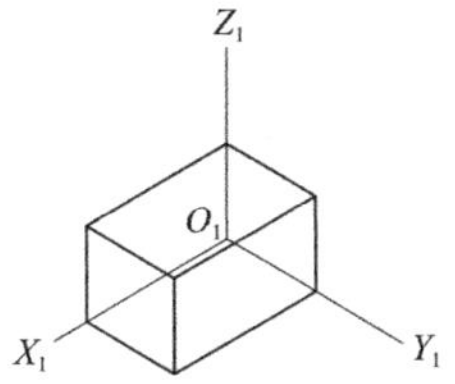

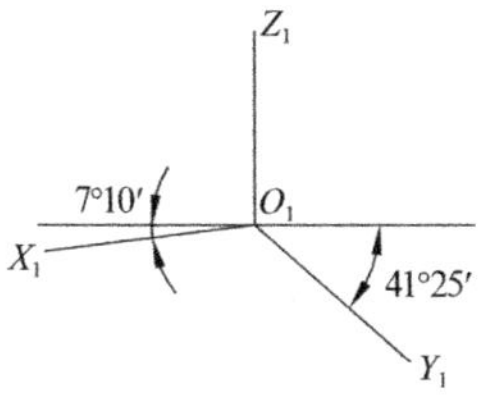

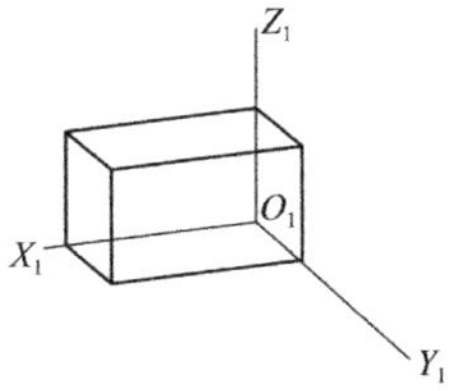

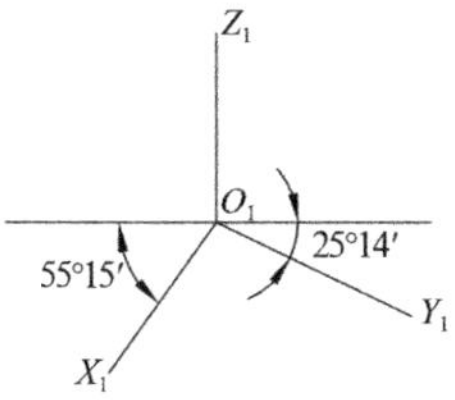

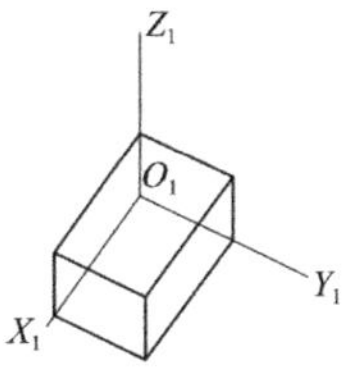

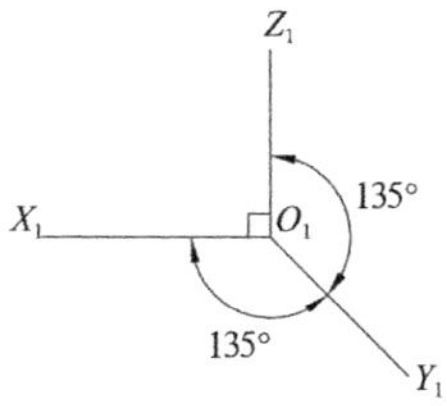

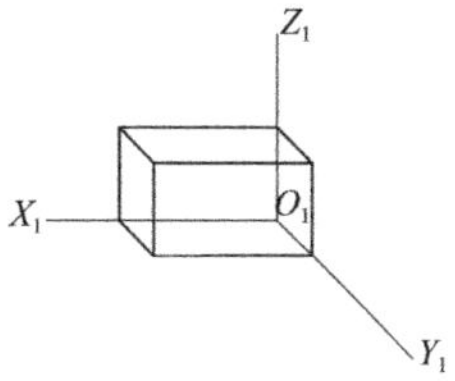

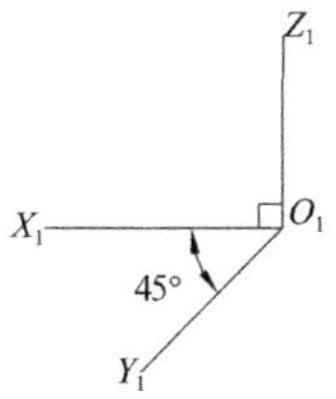

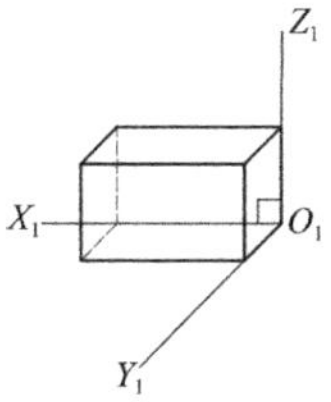

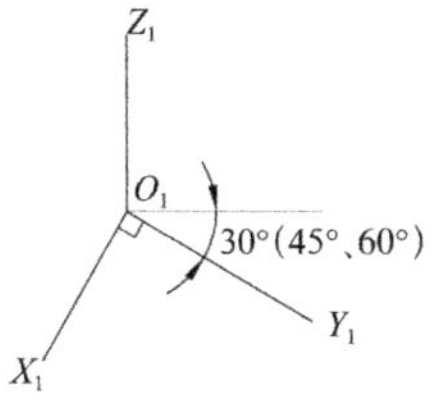

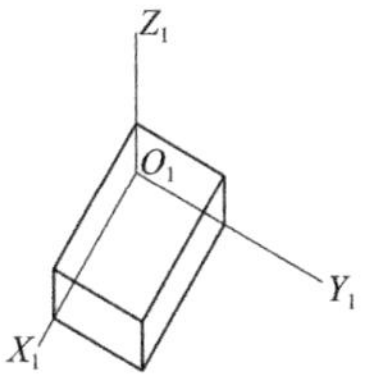

2. 斜轴测投影

当投影方向 S 与轴测投影面 P 倾斜时所形成的轴测投影称为斜轴测投影，如图 6–4 所示。常见的斜轴测投影有正面斜轴测投影和水平斜轴测投影，见表 6–3。

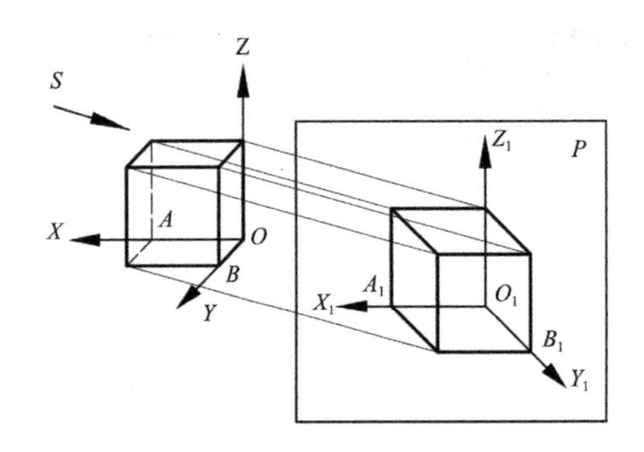

图 6–4
斜轴测投影的形成

6.1.3 轴测投影的特性

（1）平行性：凡空间平行直线段其轴测投影仍平行，且伸长缩短程度相同；若直线段与空间直角坐标系中的某一轴平行，则其轴测投影也与该轴的轴测投影平行，且伸缩变化程度也与该轴伸缩系数相同。

（2）同素性：点的轴测投影仍是点，直线的轴测投影还是直线。

（3）从属性：若空间一点属于某一直线，则点的轴测投影也必在该直线的轴测投影上。

（4）实形性：当空间平面图形与轴测投影面平行时，其轴测投影反映实形。

请注意：

1. 轴测图的可见轮廓线用中实线绘制，断面轮廓线用粗实线绘制。

2. 轴测图的断面上应绘制材料图例线，图例线根据断面所在坐标面的轴测方向绘制，如图 6–5 所示。

3. 轴测图的角度尺寸，应标注在该角所在的坐标面内，尺寸线应画成相应的椭圆弧或圆弧，尺寸数字应水平方向注写，如图 6–6 所示。

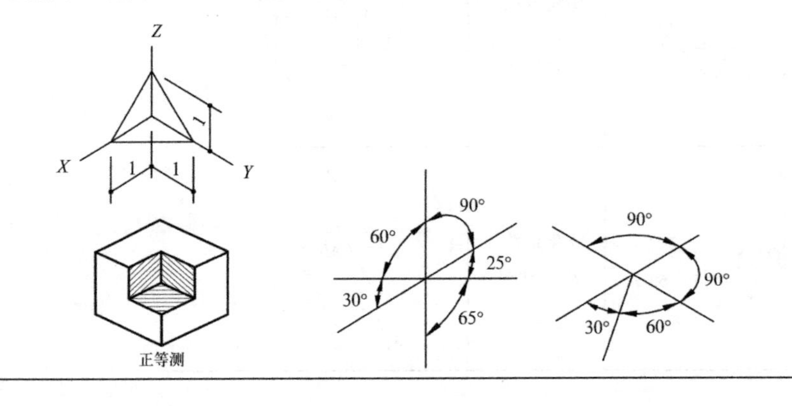

图 6–5（左）
轴测图断面图例线画法
图 6–6（右）
轴测图角度的标注方法

■ 任务实施

如图 6–7（*a*）所示，已知柱基的正投影图，在图 6–7（*b*）的轴测轴上完成柱基的正等测投影图。

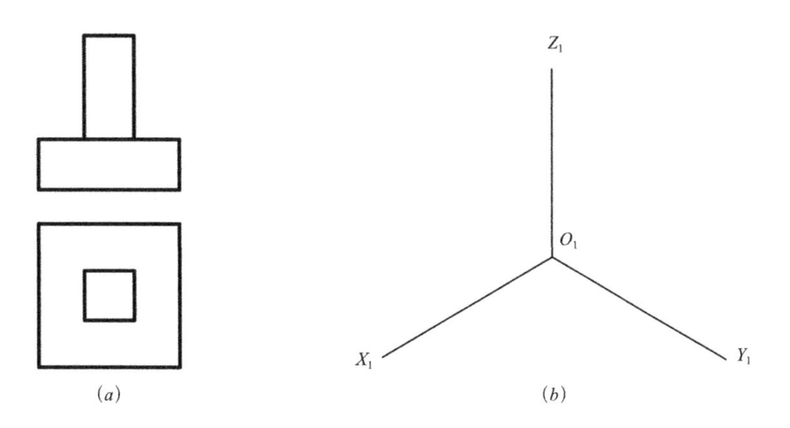

图 6–7
作柱基的轴测图
(a) 已知条件；
(b) 作正等侧投影图

■ 思考与讨论

1. 什么是轴测投影？什么是轴间角？什么是轴伸缩系数？
2. 轴测投影分为几类？
3. 轴测图与透视图的区别是什么？

任务 6.2　正轴测投影

■ 任务引入

如图 6–8 所示，为床头柜的三面投影图及其正轴测投影图。那么，是如何将二维的正投影图转变为具有立体感的正轴测投影图的呢？有什么好的方法可以辅助我们完成较为复杂形体的正轴测图的绘制呢？

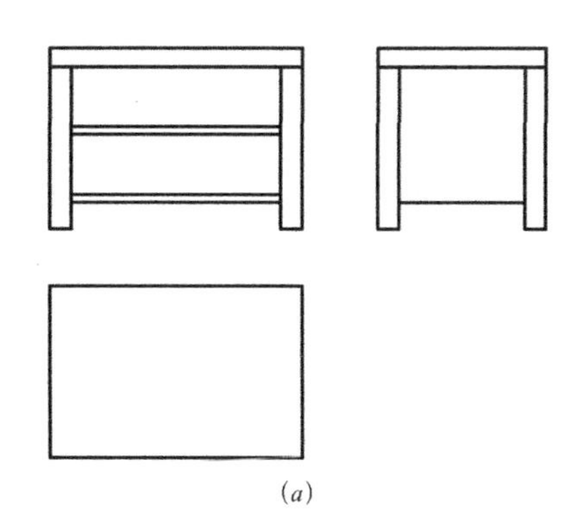

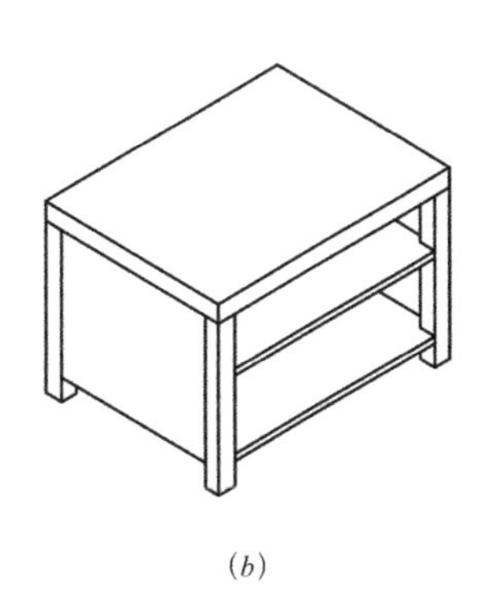

图 6–8
床头柜投影图和正轴测投影图
(a) 投影图；
(b) 正轴测投影图

本节我们的任务是学习正轴测投影，并以正等测投影为例，掌握正等测投影的形成及绘制方法，完成一件家具的正等测图绘制。

■ 知识链接

正轴测投影分为正等测投影、正二测投影和正三测投影。其中，正等测投影最为常见，绘制也相对容易。

6.2.1 正等测投影的形成

投射方向 S 垂直于轴测投影面 P，且形体上三个坐标轴的轴伸缩系数相等，和轴间角均相等。此时在 P 面上所得到的投影称为正等轴测投影，简称正等测，如图 6–3 所示。

正等测的轴伸缩系数 $p=q=r=0.82$，为方便作图习惯上把轴伸缩系数简化为 1，即 $p=q=r=1$。这样可按实际尺寸测量并制图，但绘制出的图形比实际轴测投影大，各轴向长度均放大 1/0.82 ≈ 1.22 倍。如图 6–9 所示，左侧图形按照轴伸缩系数为 0.82 绘制，右侧图形按照简化系数 1 绘制，很明显右侧图形大于左侧图形。

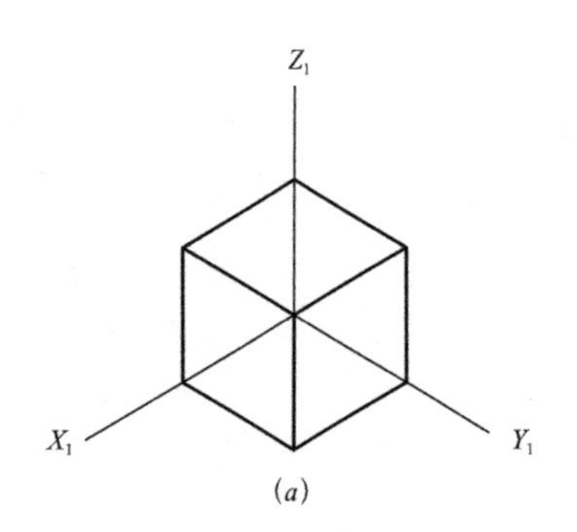

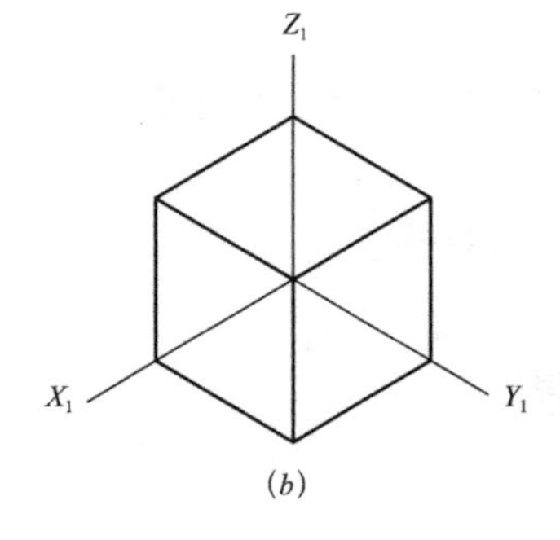

图 6–9
轴伸缩系数为 0.82 和 1 的区别
(*a*) 轴伸缩系数为 0.82；
(*b*) 轴伸缩系数为 1

轴间角 $\angle X_1O_1Z_1=\angle X_1O_1Y_1=\angle Y_1O_1Z_1=120°$，如图 6–10（*a*）所示。画图时，规定把 O_1Z_1 轴画成铅垂位置，而 O_1X_1 轴和 O_1Y_1 轴与水平线均成 30° 角，故可直接用 30° 三角板作图，如图 6–10（*b*）所示。

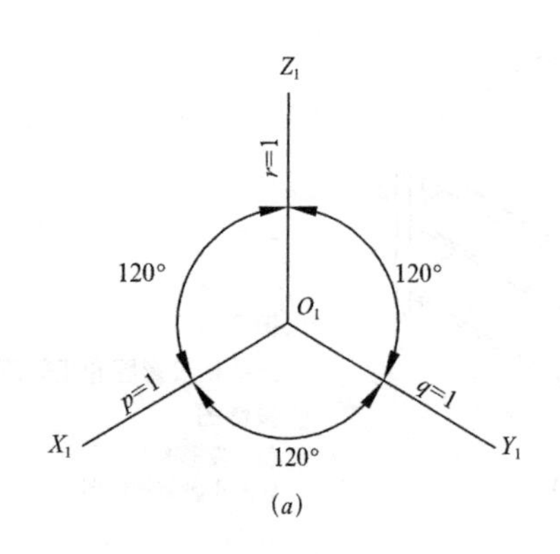

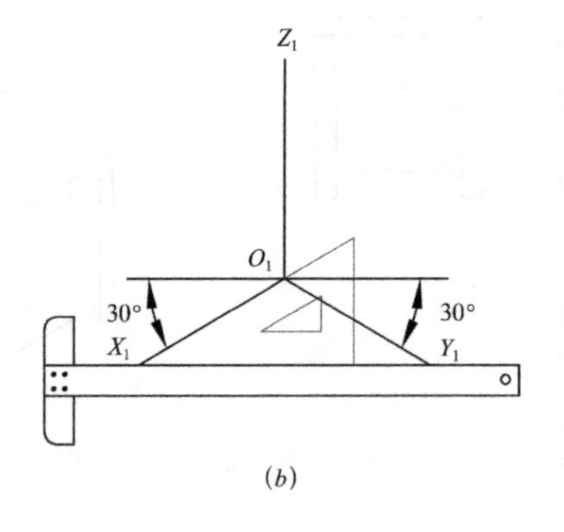

图 6–10
正等测投影轴间角、轴测轴的画法
(*a*) 轴间角；
(*b*) 轴测轴的画法

6.2.2 平面体正等测图的画法

根据形体的特点，绘制轴测图一般采用坐标法、切割法、叠砌法和端面法等。下面分别结合几种绘制方法，完成平面体正等测图的绘制。

1. 坐标法

根据坐标关系，画出形体各顶点的轴测图，然后将各顶点连接，得到形体轴测图。

如图 6–11（a）所示，已知形体的正投影，求作正等测图。

（1）形体分析。由长方体和四棱锥组成。可先绘制长方体，再完成四棱锥。

（2）绘制轴测轴。轴间角均为 120°，其中 O_1Z_1 轴按铅垂线位置绘制。

（3）绘制长方体底面。沿 O_1X_1 轴方向量取长度 a，沿 O_1Y_1 轴方向量取宽度 b，如图 6–11（b）所示。

（4）完成长方体正等测图。从底面各顶点引铅垂线（即各铅垂线均平行于 O_1Z_1 轴），并在铅垂线上量取高度尺寸 h_1，连接各点，即得到长方体正等测图。在一般情况下，不可见棱线不用画出，如图 6–11（c）所示。

（5）完成四棱锥正等测图。四棱锥底面与长方体顶面重合。棱锥侧棱线为空间一般位置直线，其投影方向及伸缩系数未知。因此，只能先绘制棱锥顶

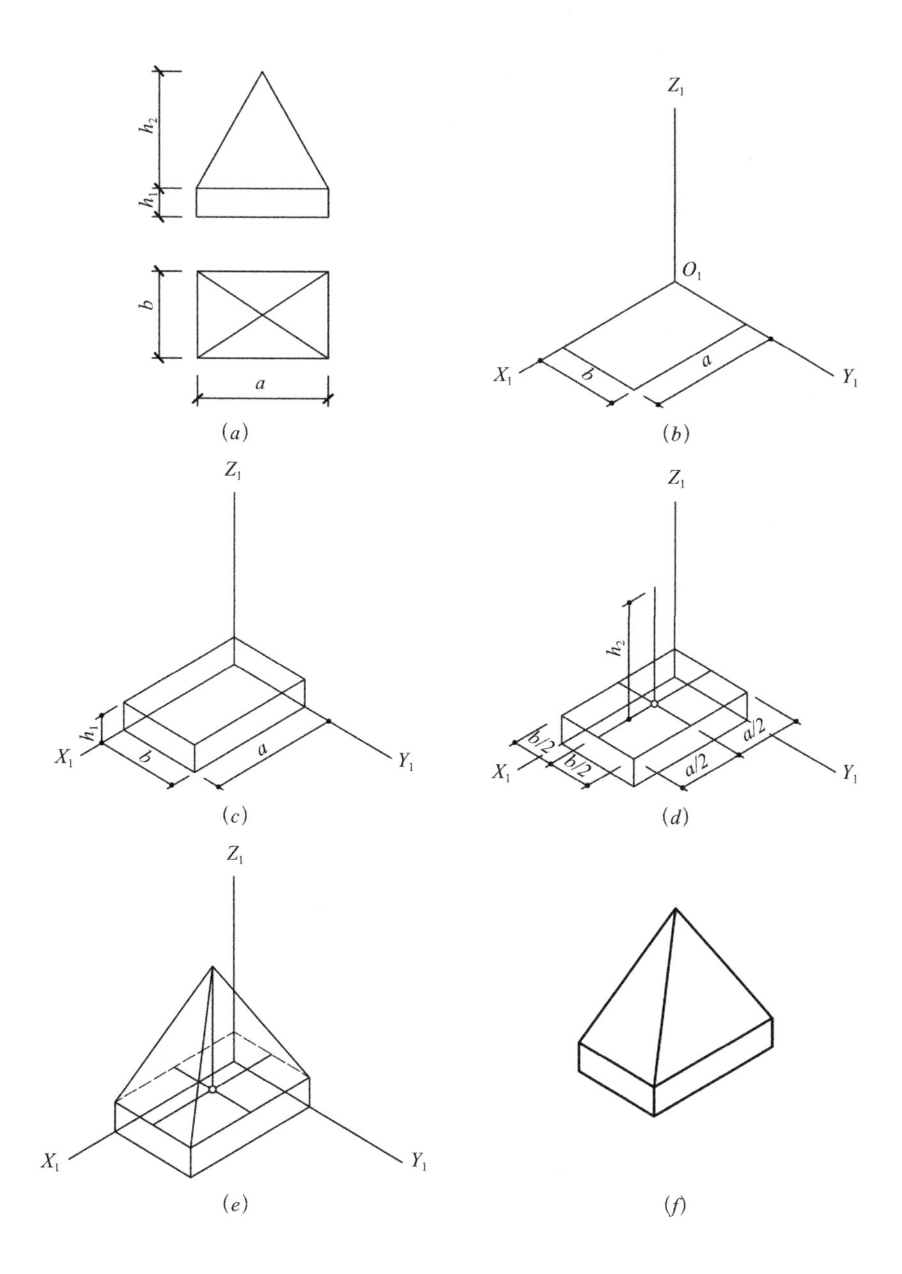

图 6–11
坐标法作形体的正等测图
（a）已知条件；
（b）作长方体底面；
（c）作长方体；
（d）四棱锥顶点在长方体顶面上的水平投影；
（e）作四棱锥；
（f）形体的正等测图

点的正等测图，然后连成斜线。找到顶点在长方体顶面上的投影，然后画铅垂线截取高度 h_2，如图 6–11（*d*）所示。将顶点与长方体顶面的四个顶点相连，即得到四棱锥正等测图，如图 6–11（*e*）所示。

（6）清理底稿，按要求加深线型，完成形体正等测图，如图 6–11（*f*）所示。

2. 叠砌法和切割法

绘制组合体的正等测图，首先可以将组合体看作是由若干基本几何体通过叠砌或切割后而形成的；然后绘制基本几何体的正等测图；再按照形体的形成过程进行叠砌或切割，最终完成组合体的轴测图。

如图 6–12（*a*）所示，已知形体的正投影图，求作正等测图。

（1）形体分析。由两个长方体叠砌和切割组成。

（2）绘制轴测轴。轴间角均为 120°，其中 O_1Z_1 轴按铅垂线位置绘制。

（3）绘制未切割前长方体的正等测图，如图 6–12（*b*）所示。

（4）完成切割后形体的正等测图。在已画完的长方体上切去一角，画出斜面。作图时，在长方体顶面沿 O_1X_1 轴方向量取 a，分别连接对应点，即得到组合体的正等测图，如图 6–12（*c*）所示。

（5）清理底稿，按要求加深线型，完成形体的正等测图，如图 6–12（*d*）所示。

3. 端面法

凡是底面比较复杂的形体，都可以先画出端面，然后过端面上的各可见点，

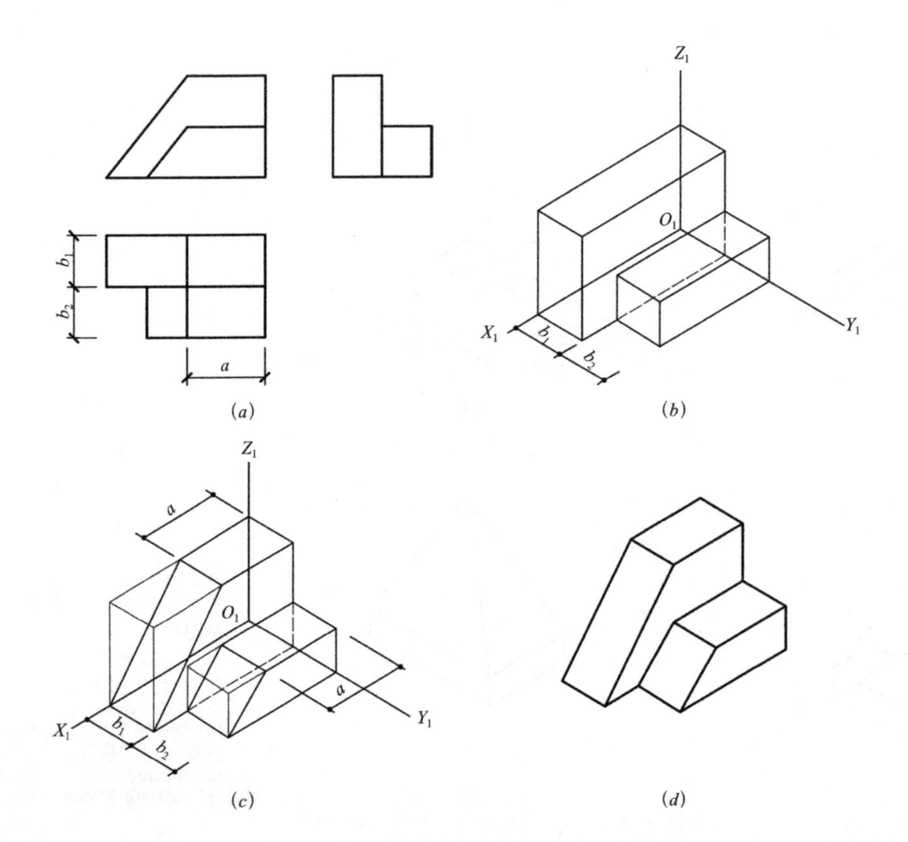

图 6–12
叠砌法和切割法作形体的正等测图
（*a*）已知条件；
（*b*）作长方体；
（*c*）作切割体；
（*d*）形体的正等测图

依据各点在 OZ 轴上的投影高度，得到另一端面各顶点，连接各顶点即可得到轴测图。

如图 6–13（a）所示，已知台阶的正投影图，求作正等测图。

（1）形体分析。台阶由两侧栏板和两级台阶组成。一般先绘制两侧栏板，再绘制踏步。

（2）绘制轴测轴。轴间角均为 120°，其中 O_1Z_1 轴按铅垂线位置绘制。

（3）绘制栏板。根据栏板的长、宽、高画出长方体，如图 6–13（b）所示。

由于栏板被切去一角，斜边的投影方向和伸缩系数未知，因此，先画出两条与 OX 轴平行的边，然后连接对应点，画出斜边，即得到栏板斜面，如图 6–13（c）所示。

按照同样的方法绘制另一侧栏板，如图 6–13（d）所示。

（4）绘制踏步。在右侧栏板内侧（平行于 W 面），先画出踏步的侧面形状，

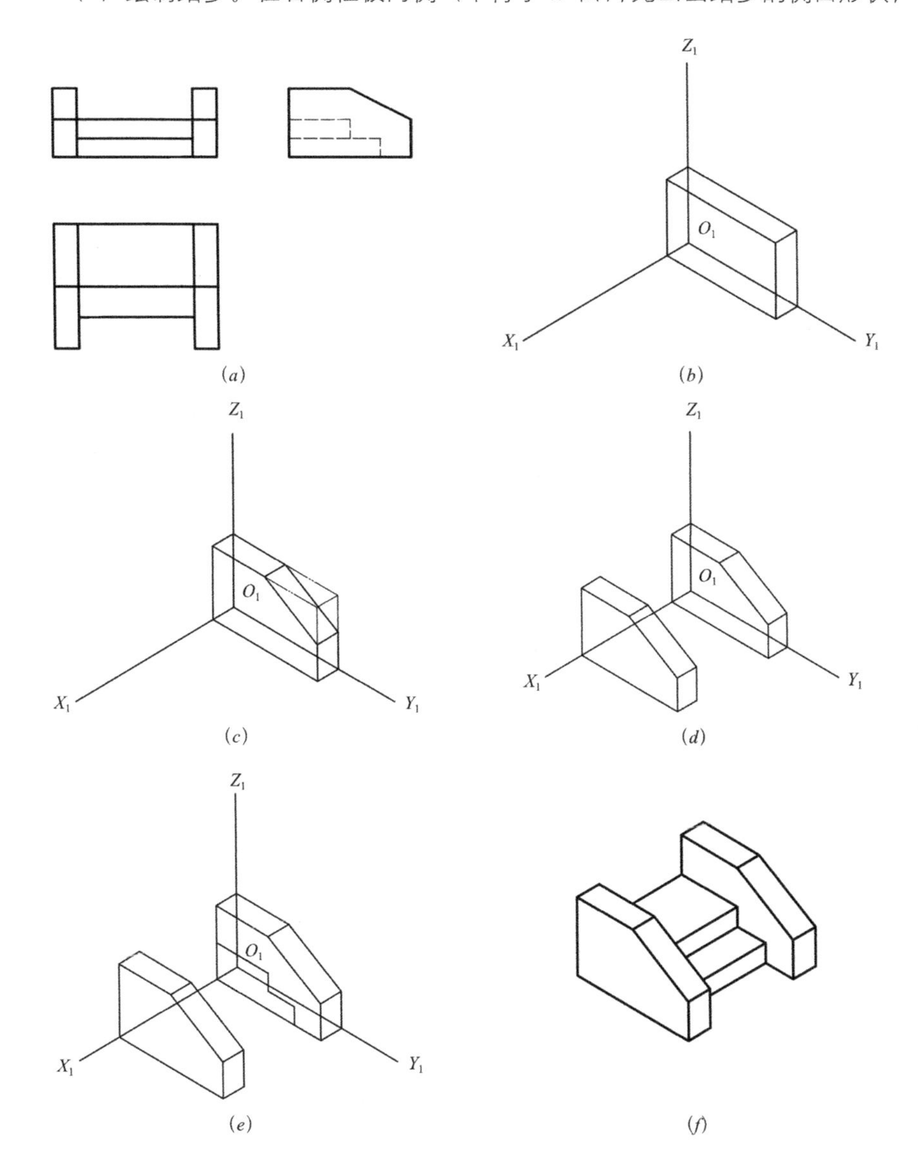

图 6–13
端面法作台阶的正等测图
（a）已知条件；
（b）作长方体；
（c）作右侧栏板；
（d）作左侧栏板；
（e）作踏步；
（f）台阶的正等测图

如图 6–13（*e*）所示，然后过每个顶点作平行于 O_1X_1 轴的平行线，即得到踏步正等测图。

(5) 清理底稿，按要求加深线型，完成台阶的正等测图，如图 6–13（*f*）所示。

6.2.3 曲面体正等测图的画法

曲面体正等测图的绘制方法可以参考平面体的正等测图画法，在此基础上增加了网格法。

1. 水平圆的正等测图画法

水平圆的水平投影为圆，而正等测投影为椭圆。

如图 6–14（*a*）所示，已知圆的水平投影，求作正等测图。

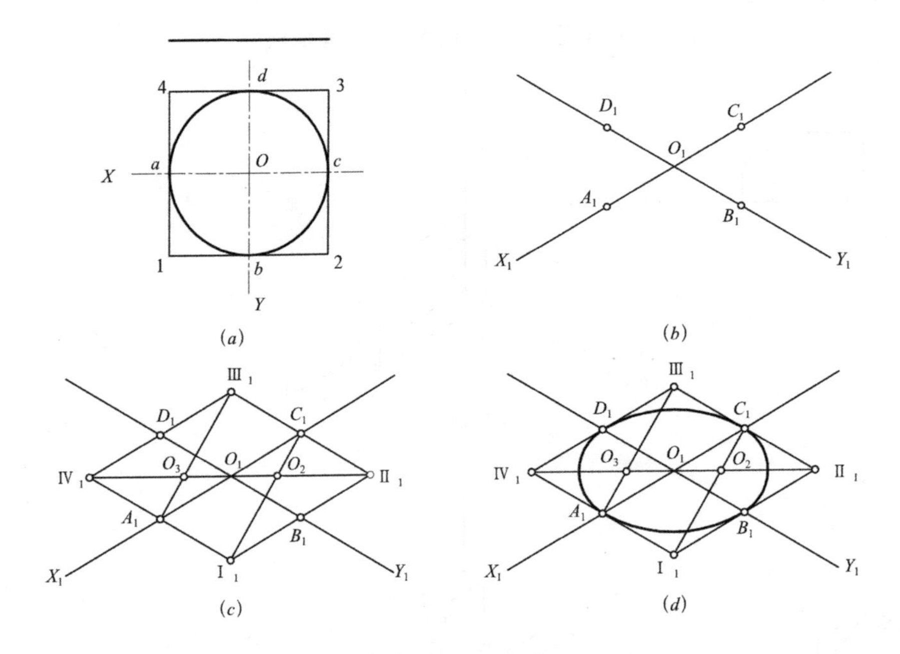

图 6–14
水平圆的正等测图画法
(*a*) 已知条件；(*b*) 作切点正等测投影；(*c*) 作外切棱形和四个弧心；(*d*) 水平圆的正等测图

(1) 形体分析。圆的正等测图为椭圆，椭圆由四段圆弧构成，分别求出四段圆弧的弧心和半径，即可完成椭圆的绘制。

(2) 画圆的外切正方形 1234 与圆相切于 *a*、*b*、*c*、*d*，如图 6–14（*a*）所示。

(3) 绘制轴测轴。轴间角均为 120°，由于水平圆为二维图形所以不涉及高度问题，因此 O_1Z_1 轴不在图中出现。另外，圆为轴对称图形，可将 O_1X_1 轴和 O_1Y_1 轴延长，使原点作为水平圆圆心点的正等测投影。

(4) 作外切正方形正等测投影图。在 O_1X_1、O_1Y_1 轴上截取 $O_1A_1 = O_1C_1 = O_1B_1 = O_1D_1 = R$，得 A_1、B_1、C_1、D_1 四点，如图 6–14（*b*）所示。

过 A_1、B_1、C_1、D_1 四点分别作 O_1X_1、O_1Y_1 轴的平行线，得棱形 $\mathrm{I}_1\mathrm{II}_1\mathrm{III}_1\mathrm{IV}_1$。连 I_1C_1、III_1A_1 分别交 $\mathrm{II}_1\mathrm{IV}_1$ 于 O_2 和 O_3，如图 6–14（*c*）所示。

(5) 作圆的正等测投影图。分别以 I_1、III_1 为圆心，I_1C_1、III_1A_1 为半径画圆弧 C_1D_1、A_1B_1，以 O_2、O_3 为圆心，O_2C_1、O_3A_1 为半径画圆弧 B_1C_1、

A_1D_1。四段圆弧光滑相连即为近似椭圆，如图 6-14（*d*）所示。

2. 圆角的正等测图画法

如图 6-15（*a*）所示，已知平板的正投影图，求作正等测图。

（1）形体分析。可视作将一个长方体的前左侧和前右侧两棱边进行倒角后而形成的。

（2）绘制轴测轴。轴间角均为 120°。

（3）作长方体正等测图，按圆角半径 *R* 确定切点 $Ⅰ_1$、$Ⅱ_1$、$Ⅲ_1$、$Ⅳ_1$，如图 6-15b 所示。

（4）作平板顶面圆角正等测图。过切点 $Ⅰ_1$、$Ⅱ_1$、$Ⅲ_1$、$Ⅳ_1$ 分别作相应棱

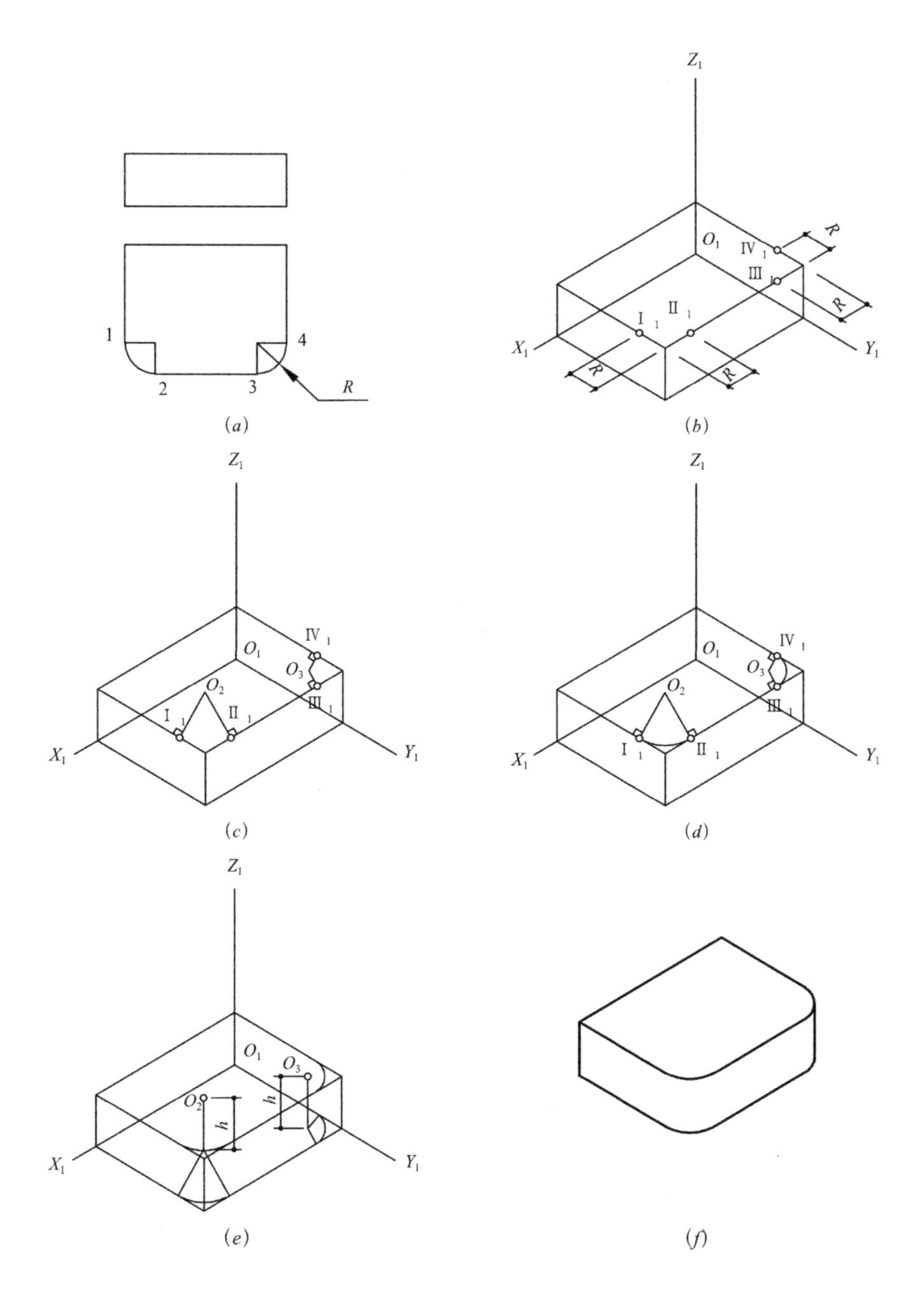

图 6-15

圆角的正等测图画法

（*a*）已知条件；（*b*）作长方体和确定切点位置；（*c*）作圆角圆心；（*d*）作顶面圆角；（*e*）作底面圆角；（*f*）平板的正等测图

线的垂线，得交点 O_2、O_3，如图 6–15（c）所示。

以 O_2 为圆心，O_2 Ⅰ$_1$ 为半径作圆弧 Ⅰ$_1$ Ⅱ$_1$。以 O_3 为圆心，O_3 Ⅲ$_1$ 为半径作圆弧 Ⅲ$_1$ Ⅳ$_1$，得平板顶面圆角的正等测图，如图 6–15（d）所示。

（5）作平板底面圆角正等测图。将圆心 O_2、O_3 下移至平板厚度 h，用同样方法得平板底面圆角的正等测图，如图 6–15（e）所示。

（6）画出切线，用曲线板和直尺按要求加深线型，完成平板的正等测图，如图 6–15（f）所示。

3．曲线的正等测图画法

绘制不规则曲面体时，可用辅助网格对曲线定位。然后在网格的正等测投影图上画出曲线，如图 6–16 所示。

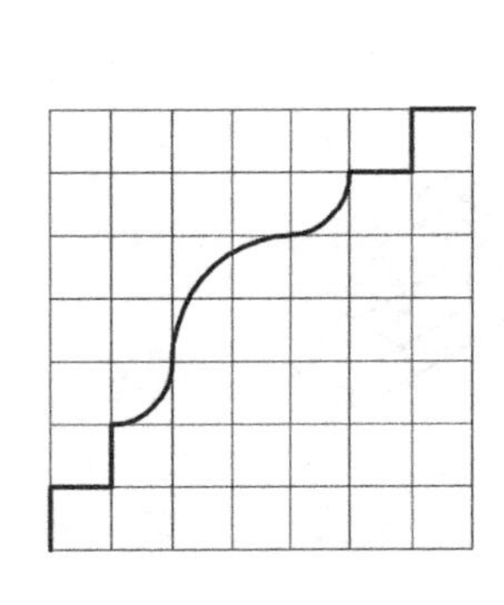

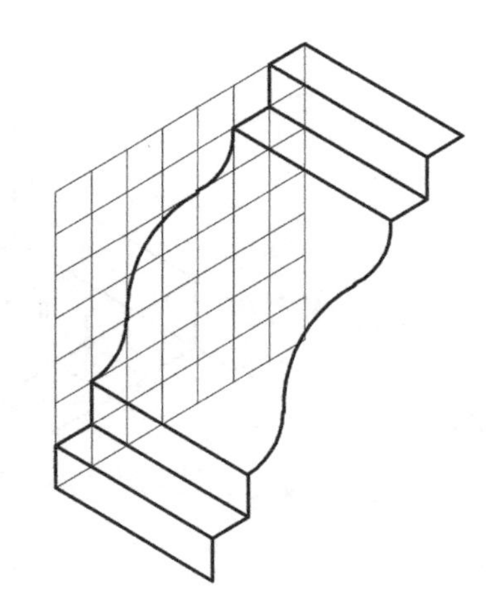

图 6–16
曲线的正等测图画法

■ 任务实施

1．任务内容：测量并绘制教室课桌的三面投影图及正等测图。

2．任务要求：

（1）图纸规格：A3 绘图纸（420mm × 297mm）。

（2）比例自定。

（3）三面投影图需要标注尺寸，正等测图不需要标注尺寸。

（4）每张图纸需要标题栏、会签栏。其中，标题栏包括图名、姓名、班级、指导教师等。

（5）采用绘图仪器和工具绘制。

（6）保持图面整洁、图线清晰，充分，合理利用各种制图工具。

■ 思考与讨论

1．轴测图的画法有几种？各自具有哪些特点？

2．正等测图的轴间角、轴伸缩系数是多少？

3．如果想量取高度方向的尺寸必须在 O_1Z_1 轴上量取吗？是否可以在与 O_1Z_1 平行的其他铅垂线上量取？

任务 6.3　斜轴测投影

■ 任务引入

在一些楼盘广告或是景区规划介绍中，我们常常会看到这样的鸟瞰图，如图 6–17 所示。这些图形均为斜轴测投影图，它们是如何绘制的呢？

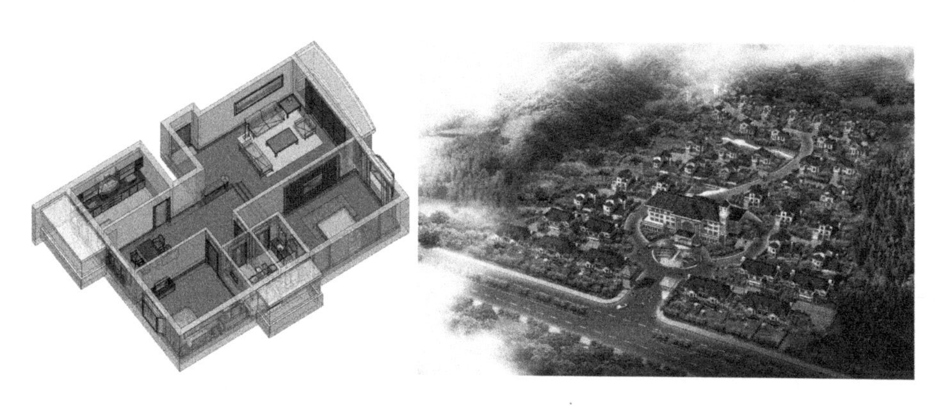

图 6–17
鸟瞰图

本节我们的任务是通过学习斜轴测投影中的正面斜投影和水平斜投影的形成及画法，完成空间斜轴测投影图的绘制。

■ 知识链接

应用较为广泛的斜轴测投影有正面斜轴测投影和水平面斜轴测投影。

6.3.1　正面斜轴测投影

1. 正面斜轴测投影的形成

以 V 面或 V 面平行面作为轴测投影面，所得的斜轴测投影，称为正面斜轴测投影。

正面斜轴测投影的特征是：正面反映实际形状，即 O_1X_1 轴和 O_1Z_1 轴的轴伸缩系数为 $p=r=1$，轴间角 $\angle X_1O_1Z_1=90°$。而 O_1Y_1 轴将随着投影方向 S 的变化，使其伸缩系数和轴间角发生变化。一般将 O_1Y_1 轴的轴伸缩系数定为 $q=0.5$，$\angle X_1O_1Y_1=\angle Y_1O_1Z_1=135°$，如图 6–18（$a$）所示。

画图时，规定把 O_1Z_1 轴画成铅垂位置，O_1X_1 轴垂直于 O_1Z_1，O_1Y_1 轴与水平线均成 45° 角，故可直接用 45° 三角板作图。

2. 正面斜轴测投影图画法

如图 6–19（a）所示，已知形体的正投影，绘制其正面斜轴测图。

> **相关链接：**
> 正面斜轴测投影的轴测轴也可绘制为图 6–18（b）的形式。
> 其轴伸缩系数为 $p=r=1$、$q=0.5$。
> 轴间角 $\angle X_1O_1Z_1=90°$、$\angle X_1O_1Y_1=45°$、$\angle Y_1O_1Z_1=225°$。

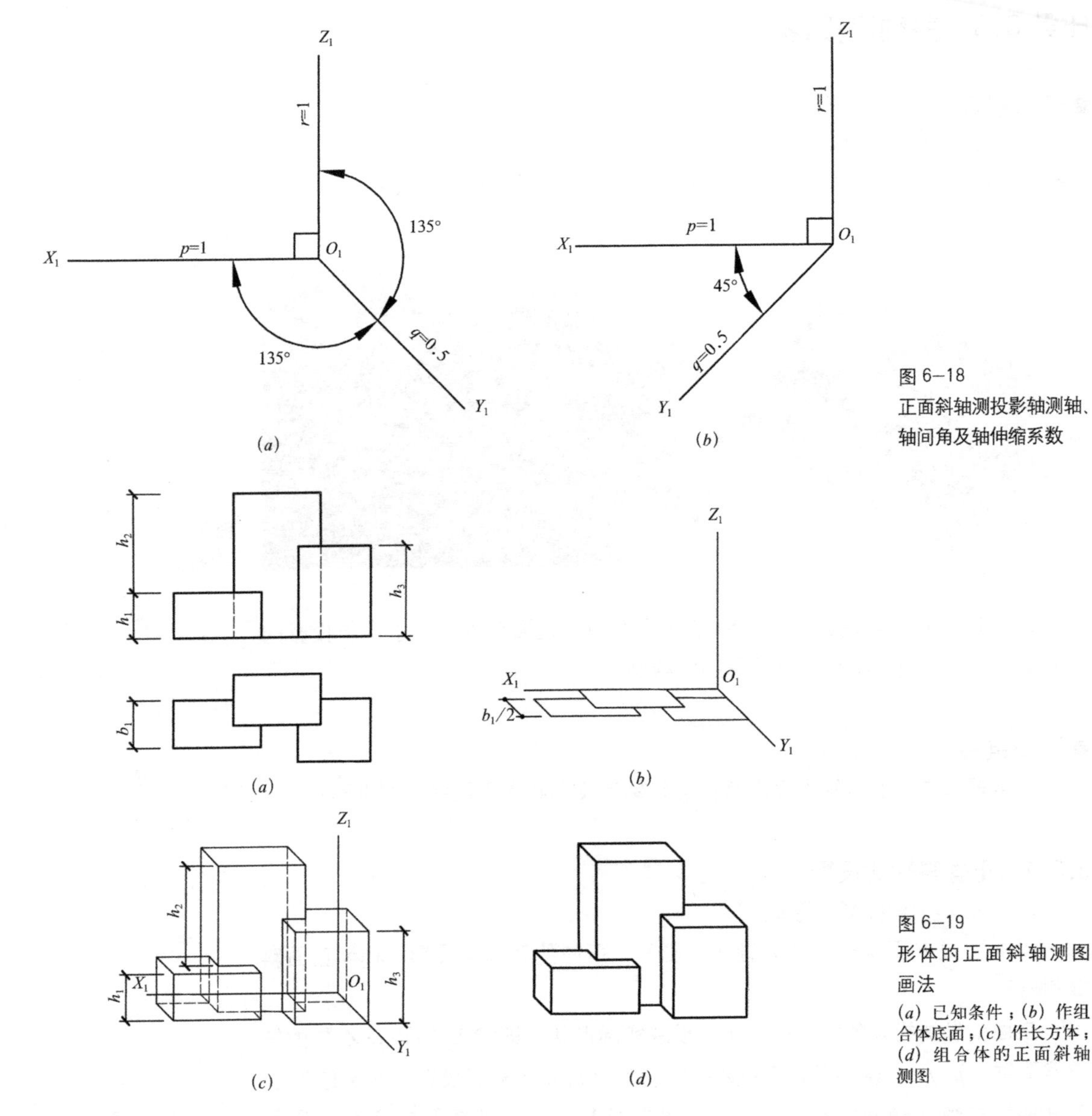

图 6–18
正面斜轴测投影轴测轴、轴间角及轴伸缩系数

图 6–19
形体的正面斜轴测图画法
(a) 已知条件；(b) 作组合体底面；(c) 作长方体；(d) 组合体的正面斜轴测图

(1) 形体分析。由三个长方体组合而成。

(2) 绘制轴测轴，见图 6–18 (a)。

(3) 作组合体底面的正面斜轴测图。从右侧长方体开始依次绘制，宽度方向 (O_1Y_1 轴) 尺寸需要乘以轴伸缩系数 0.5，如图 6–19 (b) 所示。

(4) 作长方体正面斜轴测图。从底面各顶点引铅垂线，并在铅垂线上量取高度尺寸 h_1、h_2、h_3，连接各点，即得到组合体正面斜轴测投影图，如图 6–19 (c) 所示。

(5) 清理底稿，按要求加深线型，完成绘制，如图 6–19 (d) 所示。

6.3.2 水平面斜轴测投影

1. 水平面斜轴测投影的形成

若以 H 面或 H 面平行面作为轴测投影面，则得水平面斜轴测投影。

水平面斜轴测投影的特征是：水平面反映实际形状，即 O_1X_1 轴和 O_1Y_1 轴的轴向伸缩系数为 $p=q=1$，轴间角∠ $X_1O_1Y_1$=90°。而 O_1Z_1 轴将随着投影方向 S 的变化，使其伸缩系数和轴间角发生变化。而一般将 O_1Z_1 轴的轴伸缩系数定为 $r=1$，轴间角∠ $X_1O_1Z_1$=150° 或 135° 或 120°，如图 6–20 所示。

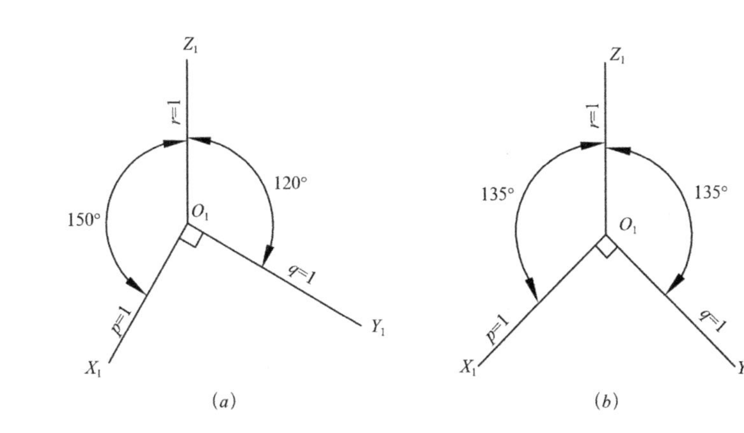

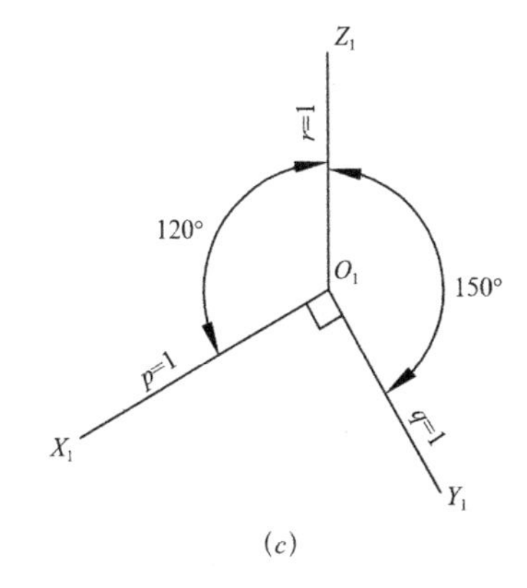

图 6–20
水平面斜轴测投影轴测轴、轴间角及轴伸缩系数
(*a*) 轴间角∠ $X_1O_1Z_1$=150°；(*b*) 轴间角∠ $X_1O_1Z_1$=135°；(*c*) 轴间角∠ $X_1O_1Z_1$=120°

2. 水平面斜轴测投影图画法

如图 6–21（*a*）所示，根据房屋的立面图和平面图，作带水平截面的水平面斜轴测图。

（1）形体分析。假设用水平剖切平面将房屋剖开，然后对下半截房屋进行水平面斜轴测投影。

（2）绘制轴测轴，见图 6–20（*b*）。

（3）绘制墙体和地面。首先画出断面，然后过各个角点往下画高度线，画出屋内外的墙角线。这里需要注意，室内与室外的高差，如图 6–21（*b*）所示。

（4）绘制门、窗，清理底稿，按要求加深线型，完成水平面斜轴测图，如图 6–21（*c*）所示。

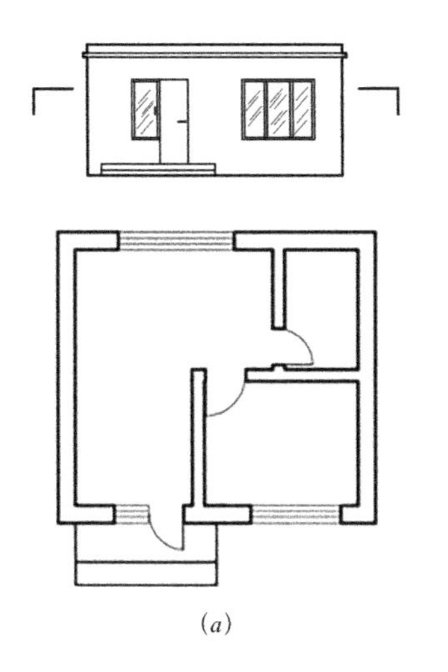

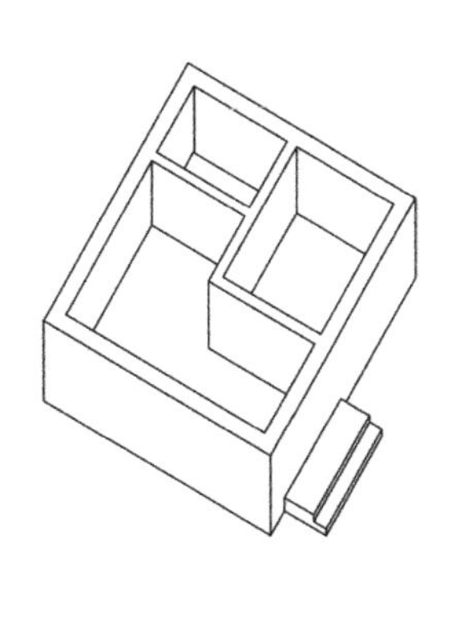

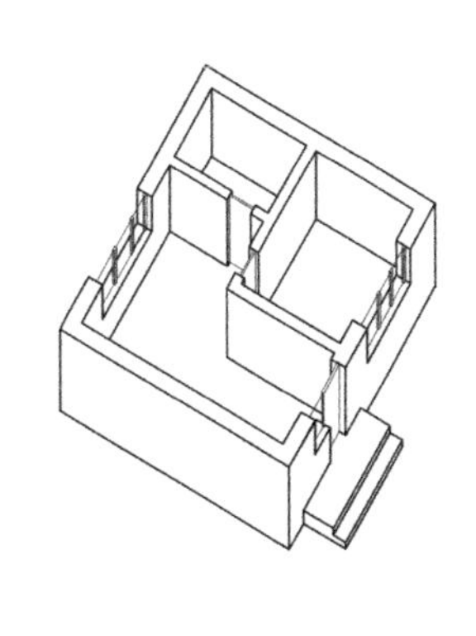

图 6–21
带水平截面的房屋水平面斜轴测图
(*a*) 房屋的立面图和平面图；(*b*) 画内外墙体和台阶；(*c*) 画门、窗

■ 任务实施

1. 任务内容：如图 6–22 所示，根据总平面图，作总平面的水平面斜轴测图。

2. 任务要求：

(1) 图纸规格：A4 绘图纸（210mm × 297mm）。

(2) 比例：1 ∶ 1。

(3) 房屋高度自行确定，但应有高低起伏变化。

(4) 最终成图可以隐去轴测轴，但需要在轴测图的旁边将所用的轴测轴、轴间角的情况加以说明。

(5) 每张图纸需要标题栏、会签栏。其中，标题栏包括图名、姓名、班级、指导教师等。

(6) 采用绘图仪器和工具绘制。

(7) 保持图面整洁、图线清晰，充分、合理利用各种制图工具。

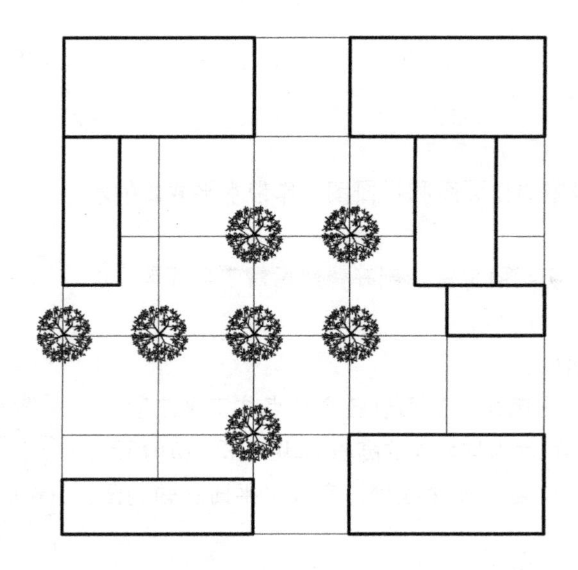

图 6–22
总平面图

■ 思考与讨论

1. 斜轴测投影的分类及其应用？
2. 常用正面斜轴测图的轴间角、轴伸缩系数是多少？
3. 常用水平面斜轴测图的轴间角、轴伸缩系数是多少？

拓展任务

1. 根据正投影图绘制形体的正等测图（图 6–23）。
2. 根据正投影图绘制形体的正面斜轴测图（图 6–24）。
3. 根据正投影图绘制形体的水平面斜轴测图（图 6–25）。

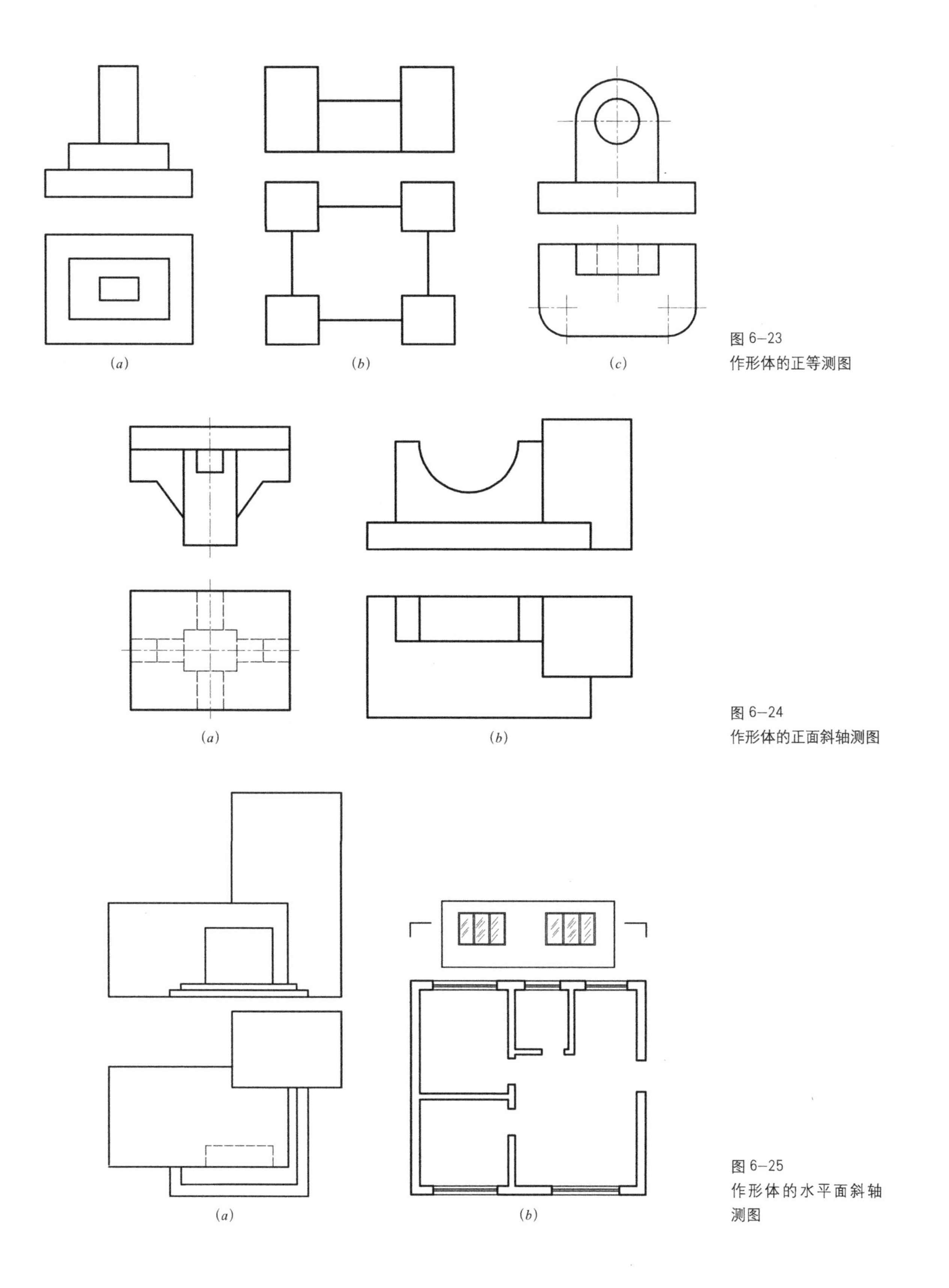

图 6—23 作形体的正等测图

图 6—24 作形体的正面斜轴测图

图 6—25 作形体的水平面斜轴测图

7

项目 7　房屋建筑图的图示原理

【项目描述】

房屋建筑图的图示原理是建筑工程制图、室内设计施工图以及家具工程图识读与制造的基础。当中所学内容将成为之后项目教学以及综合项目实施的重要理论依据。建议在本项目学习前，先要了解房屋的基本构造，然后结合教学内容，完成建筑工程图纸识读与绘制。

【项目目标】

1. 了解视图的内容、应用及绘制方法。
2. 掌握剖面图和断面图的形成、标注方法、种类及画法。
3. 了解各种视图的简化画法。
4. 了解房屋建筑施工图中常用的符号和图例。
5. 掌握房屋建筑施工图识图方法。

【项目要求】

1. 根据任务 7.1 的要求，学习基本视图和镜像视图的形成与应用，并根据任务提供的三面投影完成该图形所有基本视图的绘制工作。

2. 根据任务 7.2 的要求，学习剖面图的形成、表达方法、种类及绘制方法等。完成双柱杯形基础的全剖面图和半剖面图。

3. 根据任务 7.3 的要求，学习断面图的形成、表达方法、种类及绘制方法等。完成柜门把手的重合断面图和中断断面图。

4. 根据任务 7.4 的要求，学习各种简化画法。完成任务指定装饰背景墙的简化绘制。

5. 根据任务 7.5 的要求，学习房屋建筑施工图常用符号和图例，识读建筑总平面图、建筑平面图、建筑立面图、建筑剖面图和建筑详图。完成一套别墅施工图的识读工作。

6. 结合项目内容，完成拓展任务，根据任务要求将图形绘制在指定位置。

【项目计划】

见表 7–1。

【项目评价】

见表 7–2。

项目7计划 **表7–1**

项目内容	知识点	学时
任务 7.1 视图	基本视图、镜像视图、视图布置	1
任务 7.2 剖面图	剖面图、剖切符号、编号、命名、剖面图例、全剖面图、半剖面图、阶梯剖面图、局部剖面图、旋转剖面图	2
任务 7.3 断面图	断面图、断面符号、编号、命名、移除断面图、重合断面图、中断断面图	1
任务 7.4 简化画法	对称图形简化、相同要素简化、折断简化、局部简化	1
任务 7.5 房屋建筑施工图	定位轴线、标高、详图符号、索引符号、指北针、风向频率玫瑰图、总平面图、建筑平面图、建筑立面图、建筑剖面图、建筑详图	2
拓展任务	（此部分内容可单独使用，也可融入以上任务完成）	1

项目7评价 **表7–2**

项目评分	评价标准
5★	①按照任务书要求完成所有任务，准确率在 90%以上；②能够正确使用制图工具；③图面整洁；④作图痕迹与答案图线可分辨、可见
4★	①按照任务书要求完成所有任务，准确率在 75%～ 89%；②能够正确使用制图工具；③图面较整洁或有≤ 2 处的刮痕；④作图痕迹与答案图线可分辨、可见
3★	①按照任务书要求完成所有任务，准确率在 60%～ 74%；②基本不使用制图工具；③图面较整洁或有≤ 4 处的刮痕；④作图痕迹与答案图线不可分辨
2★	①没有完成任务，准确率在 30%～ 59%；②基本不使用制图工具；③图面不整洁，有≤ 6 处的刮痕；④作图痕迹与答案图线不可分辨或无作图痕迹。建议重新完成任务内容
1★	①没有完成任务，准确率在 30%以下；②不使用制图工具；③图面不整洁，有＞ 6 处的刮痕；④无作图痕迹。建议重新学习

注：如不满足评价标准中的任意一项，便需要降低一个评分等级。

任务 7.1 视图

■ 任务引入

如果想清晰表达一个室内空间，三面投影是不够的。如图 7–1 所示，空间由六个面构成，各面展示的内容均不同，因此需要向每个面进行投影，即产生六个投影面。六个投影面与之前学习的三面投影有什么关系呢？它们在绘制时应该注意哪些问题？

本节我们的任务是学习除三面投影外的其余投影，为建筑施工图、室内设计施工图和家具设计图纸的识读与绘制做好铺垫。

■ 知识链接

将物体各面按正投影法向投影面投射所得到的投影称为视图。视图是采用第一角画法并按正投影法绘制的多面投影图。所谓第一角画法，就是将形体置于观察者与投影面之间进行投射，如图 7–2 所示。

图 7–1
室内效果图

7.1.1 基本视图

1. 基本视图的形成

一个空间形体应有六个基本的投射面，即上、下、左、右、前、后六面。如想准确表达形体，就应分别向六个面进行投影。也就是，在原有三个投影面的相反方向再设一个投影面，将形体按反方向投影，形成六面投影体系，如图 7–3 所示。

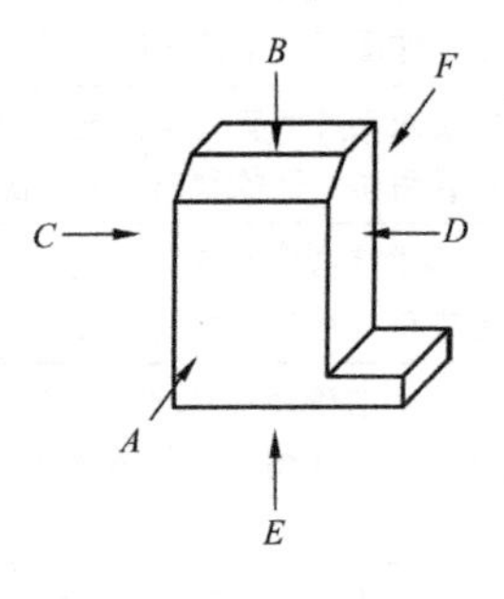

图 7–2
第一角画法

将形体置于六面投影体系内，使主要面平行于投影面摆放。然后，向六个投影面进行投射，得到六个投影图，即形体的六面投影。这六面投影统称为基本视图。

基本视图包括：

(1) 正立面图。由前向后作投影所得的视图。

(2) 平面图。由上向下作投影所得的视图。

(3) 左侧立面图。由左向右作投影所得的视图。

(4) 右侧立面图。由右向左作投影所得的视图。

(5) 底面图。由下向上作投影所得的视图。

(6) 背立面图。由后向前作投影所得的视图。

将六面投影体系展开，方法为：使 V 投影面（正立面）不动，其余投影面沿 V 面所在平面展开，如图 7–4 所示，得到六个基本视图的位置情况。

六个视图同样遵循着三等关系，即"长对正，高平齐，宽相等"。在方位的对应关系上，除背立面图外，靠近正立面图的一边是形体的后面，远离正立面图的一边是形体的前面，如图 7–5 所示。

2. 视图布置

当在同一张图纸上绘制一个形体的六面投影时，六个基本视图的位置按

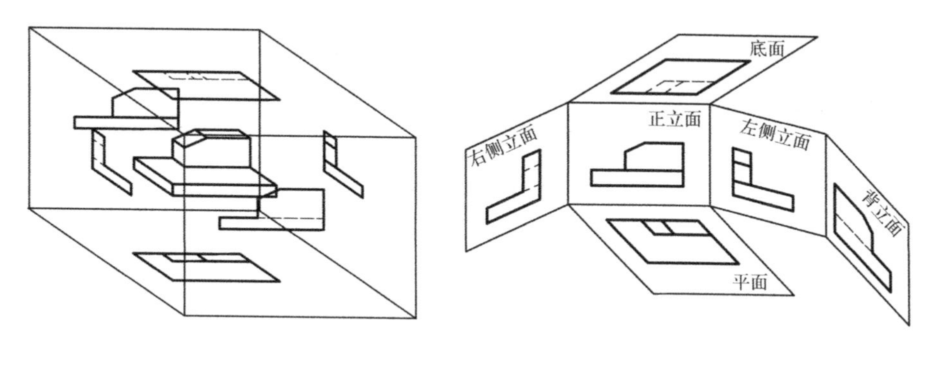

图 7–3（左）
六面投影体系
图 7–4（右）
六面投影体系展开图

照图 7–5 所示进行摆放，且不用标注各投影图的名称。

但是在室内设计、家具设计等工程制图中，由于图幅的限制难以将一个空间的六个面在一张图纸上展示。因此，如不能按顺序摆放六个视图，需要在视图下方注明视图名称，并在图名下用粗实线绘制一条横线，其长度应与图名所占长度相当，如图 7–6 所示。

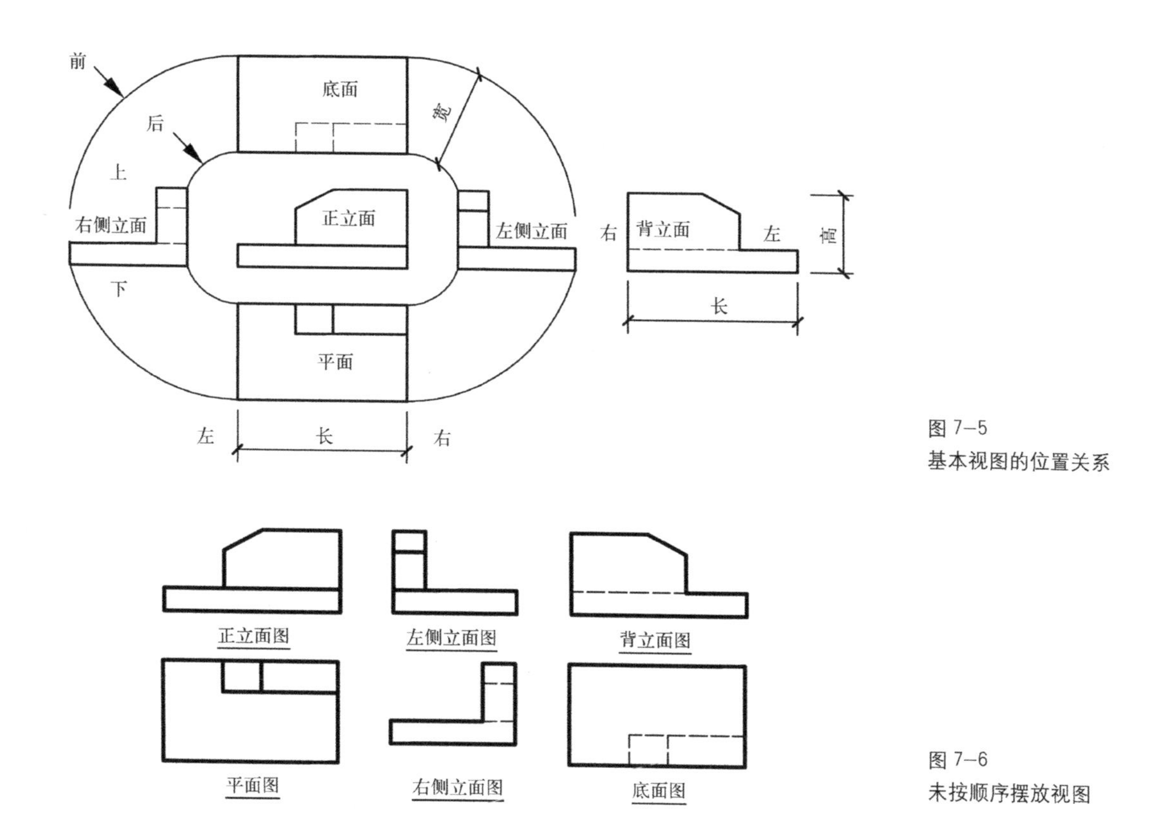

图 7–5
基本视图的位置关系

图 7–6
未按顺序摆放视图

7.1.2 镜像视图

镜像投影是正投影法的一种情况，是形体在镜面中的反射图形成的正投影（图 7–7*a*），镜像投影又称镜像视图。用镜像投影法绘制时，应在图名后注写"镜像"二字（图 7–7*b*）。

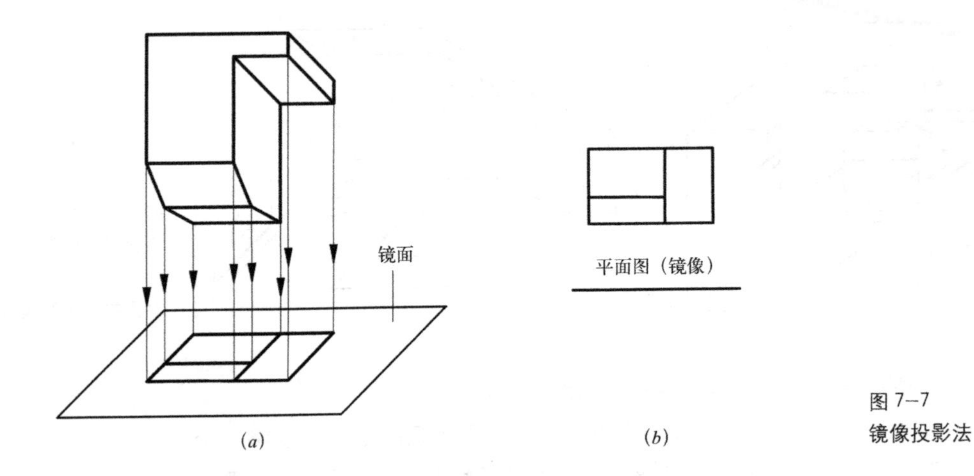

图 7–7
镜像投影法

■ 任务实施

如图 7–8 所示，已知形体的三个基本视图（V 面、H 面和 W 面视图），补画其余基本视图。

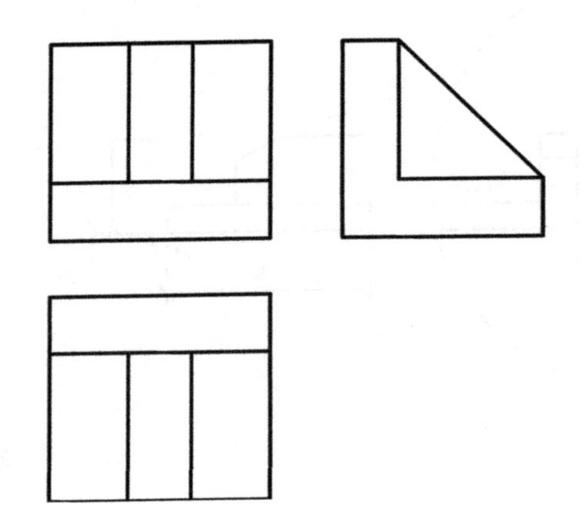

图 7–8
作形体的基本视图

■ 思考与讨论

1. 六个基本视图都有哪些？在绘制六个基本视图时，它们有位置上的要求吗？

2. 镜像视图是六个基本视图中的一种吗？它具有哪些特点？

3. 镜像投影图与平面图的区别是什么？

任务 7.2　剖面图

■ 任务引入

试想一下，给你物体的六面投影图就能施工、生产了吗？显然这样是行不通的。因为，物体除了外观造型外，内部还有很多不可见的结构。我们在绘制物体投影时，不可见线用虚线表示。而对于内部形式复杂的装饰构件，如顶棚吊顶、装饰墙面、门窗框、固定设施基础等，如果都用虚线来表示不可见部分，必然会使视图中实线与虚线交错穿插，显得混乱，无层次感，同时也不便于尺寸标注。

那么如何解决这一问题？如何既准确表达物体外部造型和内部结构，又能使图形清晰易于识别呢？

本节我们的任务是学习剖面图的形成、标注及其种类，熟练掌握剖面图的绘制方法。

■ 知识链接

为了准确施工，需将形体内部不可见结构用一种视图展示，这种视图为剖面图。

7.2.1 剖面图的形成

为了表达物体内部结构、形状，假想用一个垂直于形体的剖切平面将形体剖开，移开处于观察者与剖切面之间的部分，对剩余部分向投影面进行正投影所得的图形称为剖面图。

如图 7–9 所示，形体剖切后，内部结构显露出来，使原来虚线表示的部分变为实线。并且可以通过截面填充图例，了解形体所用材料。

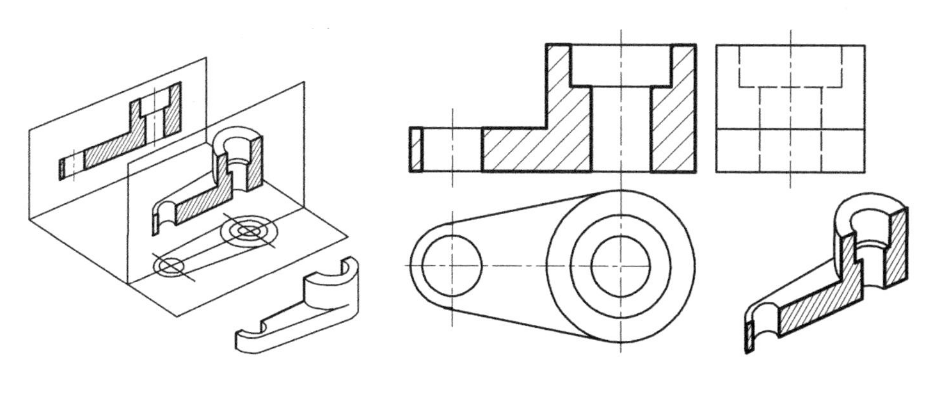

图 7–9
剖面图的形成及表达方法

7.2.2 剖面图的表示方法

为了准确识读剖面图，需在视图上作出标注，以便快速找到剖切位置、投影方向及材料的应用等情况。

1. 剖面图的标注

(1) 剖切符号：由剖切位置线及剖视方向线组成，均应以粗实线绘制。剖切位置线的长度宜为 6 ~ 10mm；剖视方向线应垂直于剖切位置线，长度应短于剖切位置线，宜为 4 ~ 6mm，如图 7–10 所示。剖切符号不应与其他图线接触。

(2) 剖切符号的编号：宜采用粗阿拉伯数字，按剖切顺序由左至右，由下至上连续编排，并应注写在剖视方向线的端部。

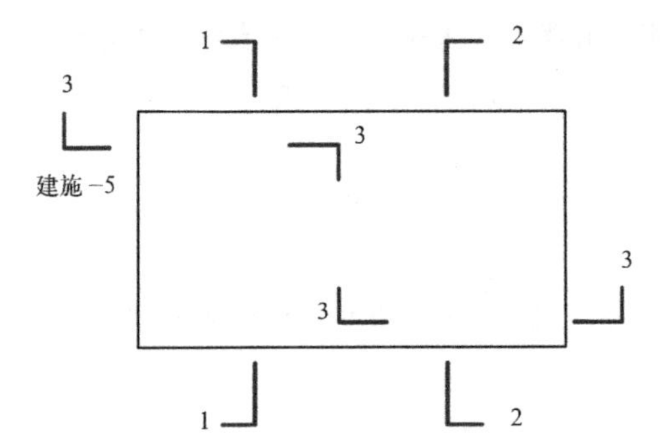

图 7–10
剖切符号及其编号的标注

需要转折的剖切位置线，应在转角的外侧加注与该符号相同的编号，如图 7–10 中的"3–3"所示。

剖面图如与被剖切图样不在同一张图纸内，可在剖切位置线的下方注写剖面图所在图纸编号。如图 7–10 中的"建施 –5"，表示 3–3 剖面图画在"建施"第 5 号图纸上。

(3) 剖面图的名称：在剖面图的下方或一侧标注图名，并在图名下画一条粗横线，其长度等于注写文字的长度，如"3–3 剖面图"。剖面图名称以剖切符号的编号命名。

2. 剖面图的线型要求

被剖切形体的外轮廓线用粗实线绘制。而未被剖切且能投影到的轮廓线，用中实线或细实线绘制。不可见的轮廓线在剖面图中不作表示。

3. 剖面图图例

剖面图除了要表达形体的内部结构外，还应体现所用材料。因此，需要对被剖切形体的截面填充材料图例。材料图例应符合《房屋建筑制图统一标准》GB/T 50001—2017 的有关规定，见表 7–3 所示。

常用建筑材料图例 **表7–3**

序号	名称	图例	备注
1	自然土壤		包括各种自然土壤
2	夯实土壤		—
3	砂、灰土		—
4	砂砾石、碎砖三合土		—
5	石材		—

续表

序号	名称	图例	备注
6	毛石		—
7	普通砖		包括实心砖、多孔砖、砌块等砌体。断面较窄不易绘出图例线时，可涂红，并在图纸备注中加注说明，画出该材料图例
8	耐火砖		包括耐酸砖等砌体
9	空心砖		指非承重砖砌体
10	饰面砖		包括铺地砖、陶瓷锦砖、人造大理石等
11	焦渣、矿渣		包括与水泥、石灰等混合而成的材料
12	混凝土		1. 本图例指能承重的混凝土及钢筋混凝土 2. 包括各种强度等级、骨料、添加剂的混凝土 3. 在剖面图上画出钢筋时，不画图例线 4. 断面图形小，不易画出图例线时，可涂黑
13	钢筋混凝土		
14	多孔材料		包括水泥珍珠岩、沥青珍珠岩、泡沫混凝土、非承重加气混凝土、软木、蛭石制品等
15	纤维材料		包括矿棉、岩棉、玻璃棉、麻丝、木丝板、纤维板等
16	泡沫塑料材料		包括聚苯乙烯、聚乙烯、聚氨酯等多孔聚合物类材料
17	木材		1. 上图为横断面，左上图为垫木、木砖或木龙骨 2. 下图为纵断面
18	胶合板		应注明为X层胶合板
19	石膏板		包括圆孔、方孔石膏板、防水石膏板、硅钙板、防火板等
20	金属		1. 包括各种金属 2. 图形小时，可涂黑
21	网状材料		1. 包括金属、塑料网状材料 2. 应注明具体材料名称
22	液体		应注明具体液体名称

续表

序号	名称	图例	备注
23	玻璃		包括平板玻璃、磨砂玻璃、夹丝玻璃、钢化玻璃、中空玻璃、夹层玻璃、镀膜玻璃等
24	橡胶	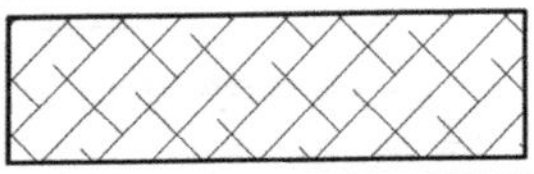	—
25	塑料	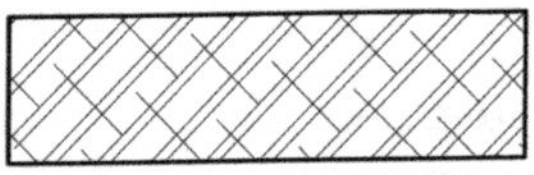	包括各种软、硬塑料及有机玻璃等
26	防水材料		构造层次多或比例大时，采用上图例
27	粉刷	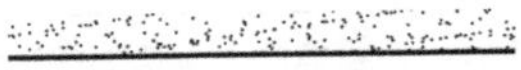	本图例采用较稀的点

注：序号 1、2、5、7、8、13、14、18、24、25 图例中的斜线、短斜线、交叉斜线等均为 45°。

请注意：

材料图例在绘制时应注意以下几点问题：

1. 图例线应间隔均匀、疏密适度。

2. 不同品种的同类材料使用统一图例时，应在图上附加必要的说明。

3. 两个相同的图例相接时，图例线宜错开或使倾斜方向相反，如图 7–11 所示。

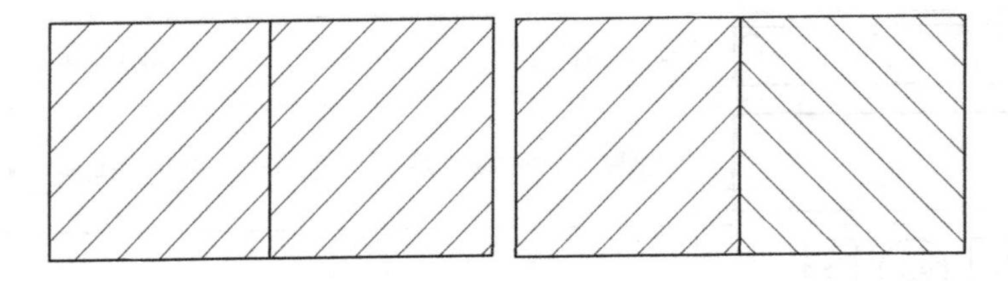

图 7–11
相同图例相接时的画法

4. 两个相邻的涂黑图例间应留有空隙，其净宽度不得小于 0.5mm，如图 7–12 所示。

5. 需要画出的建筑材料图例面积过大时，可在断面轮廓线内，沿轮廓线作局部表示，如图 7–13 所示。

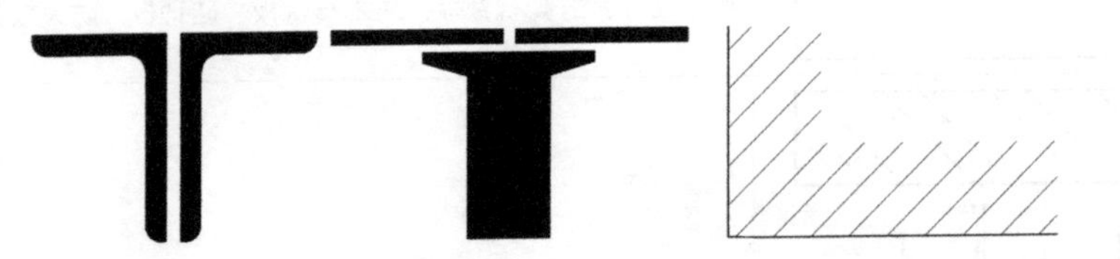

图 7–12（左）
相邻涂黑图例的画法
图 7–13（右）
局部表示图例

6. 一张图纸中只有一种图例时，可不绘制图例线，但需要加注文字说明。

7. 图形较小无法绘制图例线时，应加注文字说明。

8. 当所涉及的建筑、装饰材料图例在表 7–3 或标准中没有体现时，可自行编制图例，并需要在图中适当位置画出新编图例，并加以文字说明。

4. 剖面图的画法

1）绘制剖面图的步骤

如图 7–14 所示，已知物体的正立面图和平面图，求作其剖面图。

（1）确定剖切平面的位置及数量。首先应选择适当的剖切位置，使剖面图能够准确、全面地将形体内部结构表示出来。对于无法用一个剖面图表达的形体，可通过几个剖面图来反映形体内部的结构形状。

（2）画剖切符号。当剖切平面位置确定后，应在视图上画出剖切符号并进行编号，如图 7–15 所示。

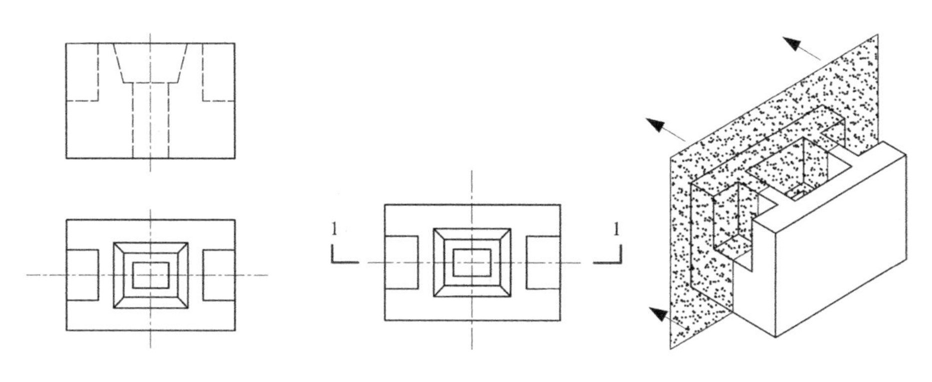

图 7–14（左）
剖面图画法（一）
图 7–15（右）
剖面图画法（二）

（3）绘制剖面图。假想将观察者和剖切平面之间的部分移出，对剩余部分进行投影，并按照线型要求加深图线，如图 7–16 所示。

（4）填充材料图例。被剖切部位画上材料图例或剖面线。

（5）标注剖面图名称。在剖面图下方中间位置标注图名，如图 7–17 所示。

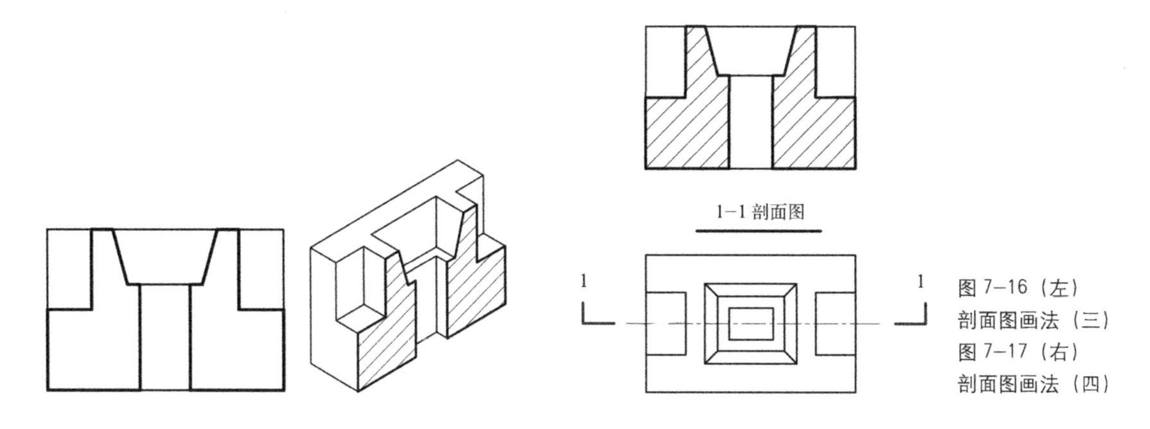

图 7–16（左）
剖面图画法（三）
图 7–17（右）
剖面图画法（四）

2）注意事项

（1）剖切平面应平行于某一投影面。

（2）剖切平面是假想，并非真实将形体切开。因此，除剖面图外，其余视图应完整绘制。

（3）剖切平面需经过形体有代表性的位置，如孔、洞、槽位置（孔、洞、槽若有对称性则经过其中心线）。

(4) 建筑物剖面图的剖切符号应注在相对标高 ±0.000 的平面图或是首层平面图上。

7.2.3 剖面图的种类

根据工程需要，剖面图分为五种情况：全剖面图、半剖面图、阶梯剖面图、局部剖面图、旋转剖面图。

1. 全剖面图

用假想的剖切平面将形体全部剖开，如图 7–18 所示。

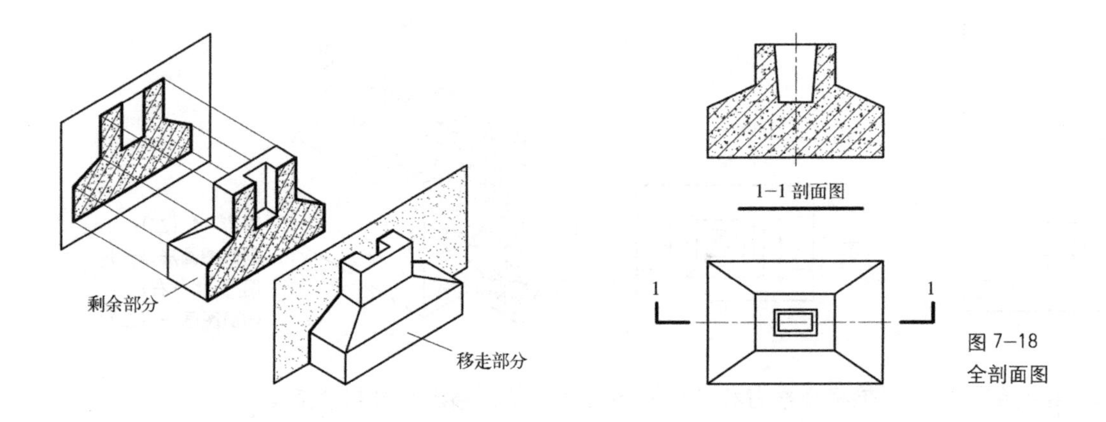

图 7–18
全剖面图

全剖面图在建筑工程图中普遍采用，如房屋的各层平面图大多是假想用一剖切平面在房屋的适当部位进行剖切后作出的投影图。

2. 半剖面图

当形体具有对称面时，以对称轴线为界，将一半画成剖面图，表达内部结构和材料；另一半画成视图，表达形体的外形，如图 7–19 所示。

3. 阶梯剖面图

当一个剖切平面不能将形体沿需要表达的部位剖切开时，可将剖切平面转折成阶梯形状，沿需要表达的部位将形体剖开，所作的剖面图称为阶梯剖面图，如图 7–20 所示。

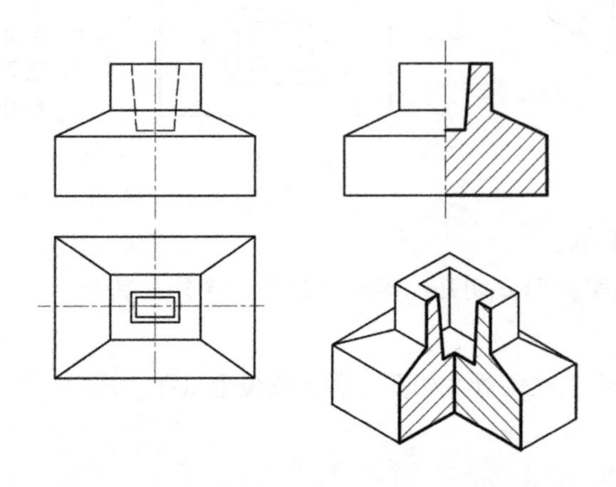

图 7–19
半剖面图

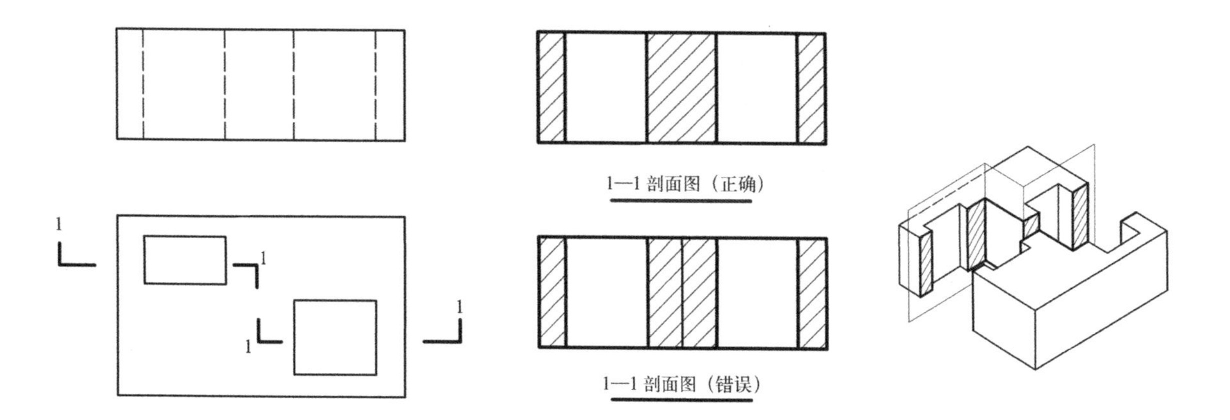

图 7–20
阶梯剖面图

作阶梯剖面图时需要注意，剖切面是假想的，在阶梯剖面的转折处，不画分界线。

4. 局部剖面图

当形体只需要显示其局部构造，并需要保留原形体投影图大部分外部形状时，可采用局部剖面图。局部剖面图与投影图之间用徒手画的波浪线分开，如图 7–21 所示。

5. 旋转剖面图

用两个或两个以上相交且交线垂直于某一基本投影面的剖切面剖开形体，将被剖切的倾斜部分旋转至与选定的基本投影面平行，再进行投影，所得到的剖面图称为旋转剖面图，如图 7–22 所示。旋转剖面图的图名后应加注"展开"字样。

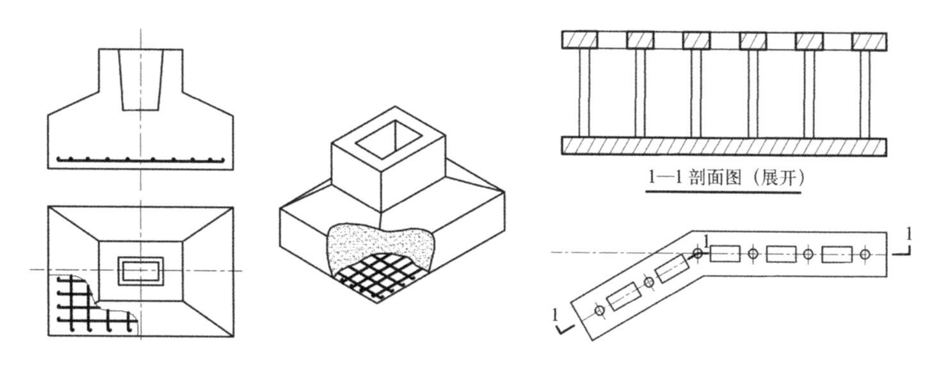

图 7–21（左）
局部剖面图
图 7–22（右）
旋转剖面图

■ 任务实施

如图 7–23 所示，双柱杯形基础的三视图，将正立面图改为全剖面图，左侧立面图改为半剖面图。需将剖切符号及其编号标注完全。

■ 思考与讨论

1. 剖切符号由几部分构成？剖切符号的编号应写在什么位置？
2. 剖面图有几种情况？建筑平面图属于剖面图中的哪一种？

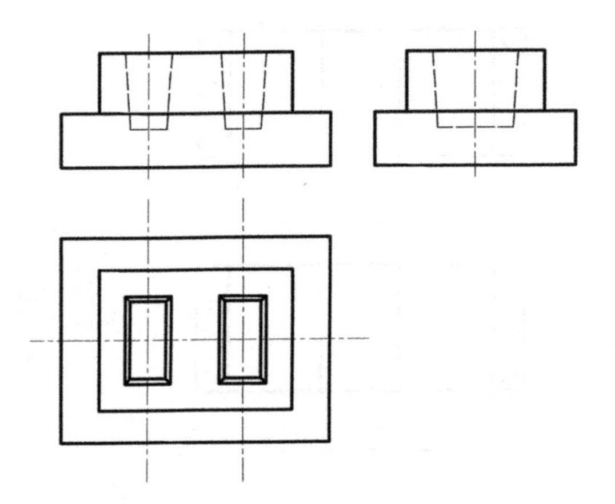

图 7–23
求作双柱杯形基础剖面图

3. 在作阶梯剖面图时，剖切位置的选择应注意哪些方面？

任务 7.3 断面图

■ 任务引入

对于一些构件，需表达其截面形状、尺寸及所运用的材料等。如果按照剖面图的形式进行绘制略显繁琐，那么应该用什么样的视图来表示形体截面的形状呢？如图 7–24 所示，为柜门把手的正面和水平投影，想要了解其截面形状，应该如何表达呢？

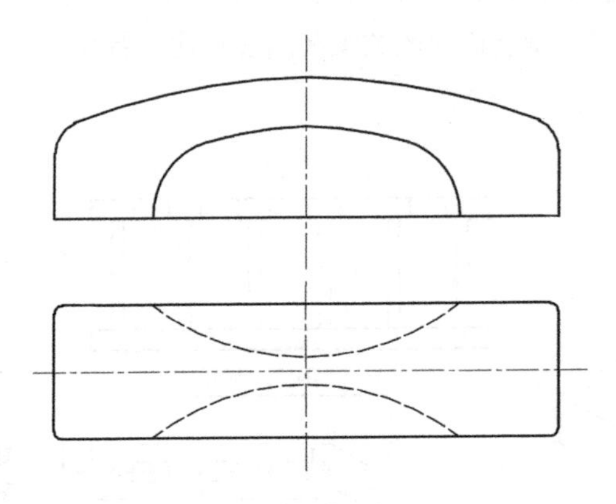

图 7–24
门把手投影图

本节我们的任务是通过学习断面图的形成、标注、种类，掌握其绘制方法。

■ 知识链接

为了看清形体内部结构、材料、尺寸等，需要用剖切平面切开形体，并将被切到的截面部分表达出来，而没有被切到的部分不用表示，这种视图为断面图。

7.3.1 断面图的形成

假想用一个平行于某一基本投影面的剖切平面将形体剖开，仅将剖切面切到的截面部分向投影面投影，所得到的图形称为断面图，简称断面。

如图 7–25 所示，将台阶剖切后，台阶截面显露出来，只对截面处投影，并在轮廓线内部填充材料图例。

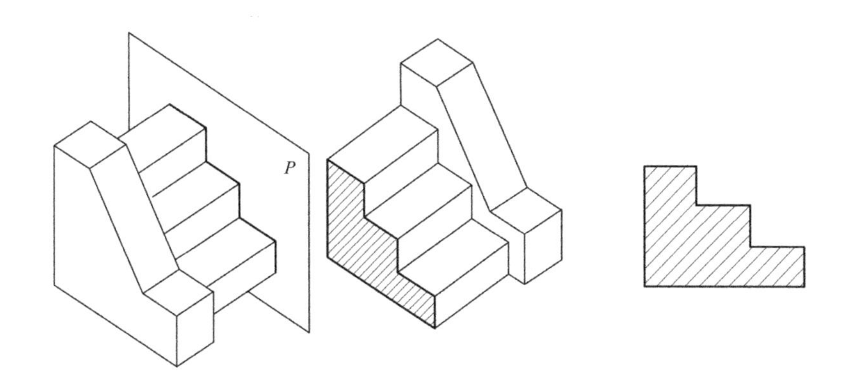

图 7–25
台阶断面图

7.3.2 断面图的标注

为了准确识读断面图，需要在投影图上作出标注，以便快速找到剖切位置、投影方向及材料的应用情况。

1. 断面图的标注

(1) 剖切符号：断面图的剖切符号只用剖切位置线表示，并以粗实线绘制，长度宜为 6 ~ 10mm，如图 7–26 所示。剖切符号不应与其他图线接触。

(2) 剖切符号的编号：断面图剖切符号的编号宜采用阿拉伯数字，按顺序连续编排，并应注写在剖切位置线的一侧；断面图编号所在的一侧为该断面的剖视方向，如图 7–26 所示，数字标注在剖切线的左侧，表示剖开后向左投影。

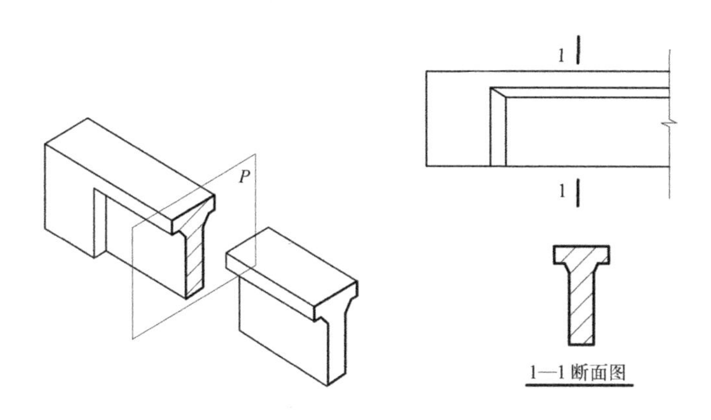

图 7–26
断面图的标注

(3) 断面图的名称：在断面图的下方或一侧标注图名，并在图名下画一条粗横线，其长度等于注写文字的长度，如 "1–1 断面图"。

2. 断面图的线型要求

被剖切形体的外轮廓线用粗实线绘制，内部填充材料图例线用细实线绘制。

3. 断面图图例

断面图图例与剖面图完全相同，参照表 7–3。

4. 断面图的画法

1）绘制断面图的步骤

如图 7–27 所示，已知物体的正立面图和平面图，求作其断面图。

（1）确定剖切位置。在需要表达形体的截面位置处，画出断面符号。

（2）确定投影方向。将剖切符号的编号注写在投影方向一侧，如图 7–28 所示。

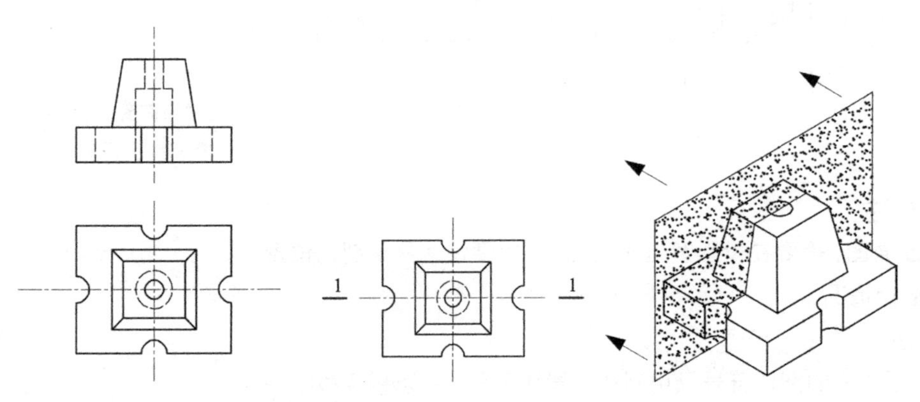

图 7–27（左）
断面图画法（一）
图 7–28（右）
断面图画法（二）

（3）绘制断面图。将剖切后形体的截断面进行投影，断面外轮廓线用粗实线绘制。

（4）填充材料图例。断面内部需要填充材料图例。

（5）标注断面图名称。在断面图下方中间位置或一侧标注视图名称，如图 7–29 所示。

2）断面图与剖面图的区别

（1）断面图只画形体被剖切后截面的图形；剖面图除了画截面图形外，还要画出被剖切后剩余可见部分的投影，如图 7–30 所示。断面是剖面的一部分，

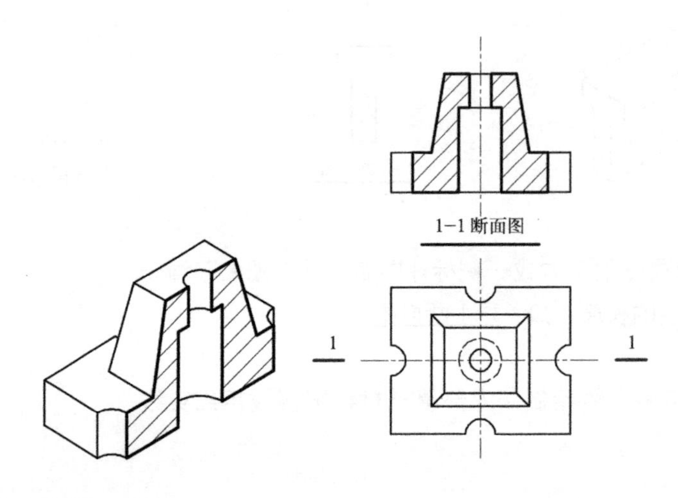

图 7–29
断面图画法（三）

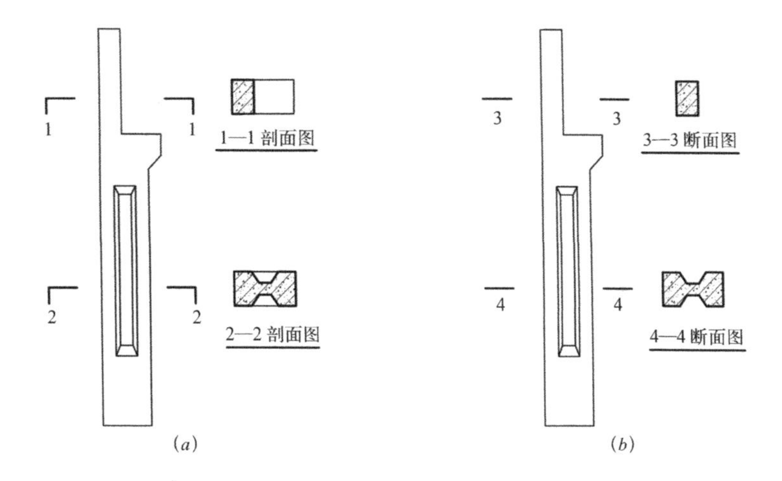

图 7–30
剖面图与断面图比较
(a) 剖面图；(b) 断面图

剖面中包括断面。

(2) 剖切符号不同。断面图的剖切符号只画剖切位置线，剖视方向则根据编号所在位置来判断；剖面图的剖切符号由剖切位置线和剖视方向线组成。

(3) 剖切平面的数量。断面图一般采用单一的剖切平面，不可以转折；剖面图可以采用单一剖切平面或多个剖切平面且可以转折。

7.3.3 断面图的种类

按断面图与视图位置关系的不同，断面图分为三种情况：移出断面图、重合断面图、中断断面图。

1. 移出断面图

将断面图画在形体的投影图之外，并应与形体的投影图靠近，以便于识读。此时，断面图的比例可以放大，便于更清晰地显示其内部构造和标注尺寸，如图 7–30 (b) 所示。

2. 重合断面图

画在视图之内的断面图称为重合断面图。画重合断面图时，视图的轮廓线是细实线，当视图的轮廓线与重合断面的图形重叠时，视图中的轮廓线仍应连续画出，不可间断，如图 7–31 所示。

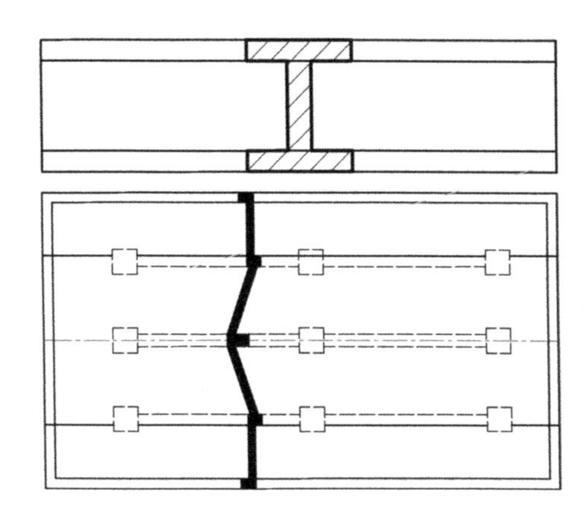

图 7–31
重合断面图

3. 中断断面图

将断面图画在形体投影图的中断处。用波浪线或折断线表示断裂处，并省略剖切符号，如图 7–32 所示。

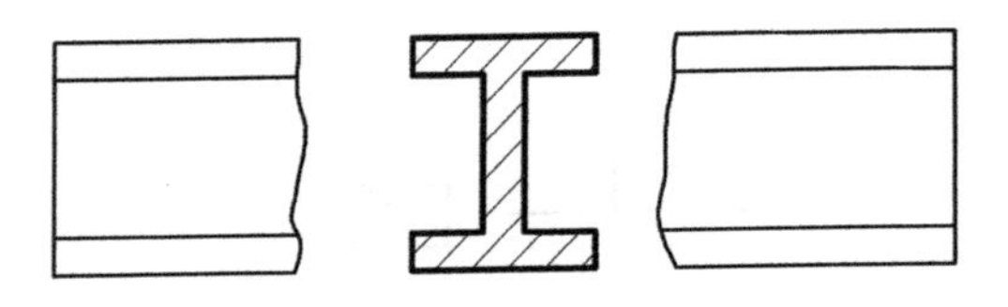

图 7–32
中断断面图

■ 任务实施

如图 7–33 所示，已知柜门把手的正面投影、水平投影及移出断面图。根据断面图的种类，分别绘制门把手的重合断面图和中断断面图。

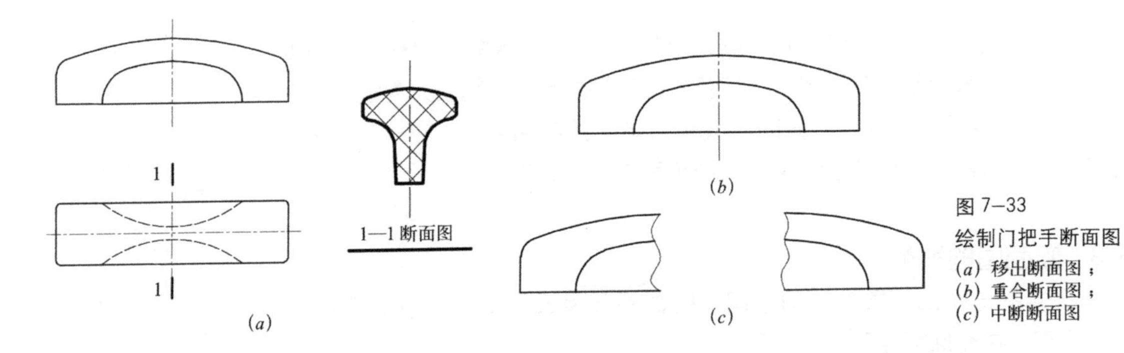

图 7–33
绘制门把手断面图
(a) 移出断面图；
(b) 重合断面图；
(c) 中断断面图

■ 思考与讨论

1. 断面图的种类有哪些?

2. 简述断面图与剖面图的区别。

任务 7.4 简化画法

■ 任务引入

如图 7–34 所示，为某房间的装饰背景墙立面图，内部的花纹结构复杂且重复，对于这样的图形我们在制图过程中会用去很长时间，那么如何才能既快速又能准确表达装饰意图呢?

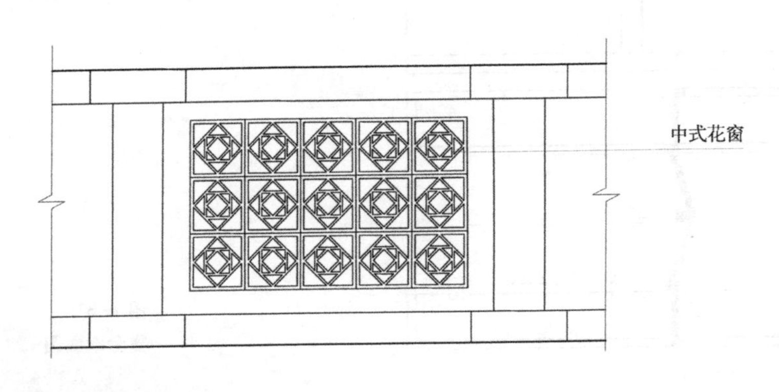

图 7–34
室内立面图

本节我们的任务是掌握各种简化画法，并能灵活运用到工程制图中。

■ 知识链接

为了节约绘图时间，或由于图幅限制导致不能完整表达图形，《房屋建筑制图统一标准》GB/T 50001—2017 规定允许在必要时采用简化画法。

7.4.1 对称图形的简化画法

当图形对称时，可视情况仅画出对称图形的一半或四分之一，并在对称中心线上画上对称符号，如图 7–35 所示。图形也可稍超出其对称线，此时可不画对称符号，如图 7–36 所示。

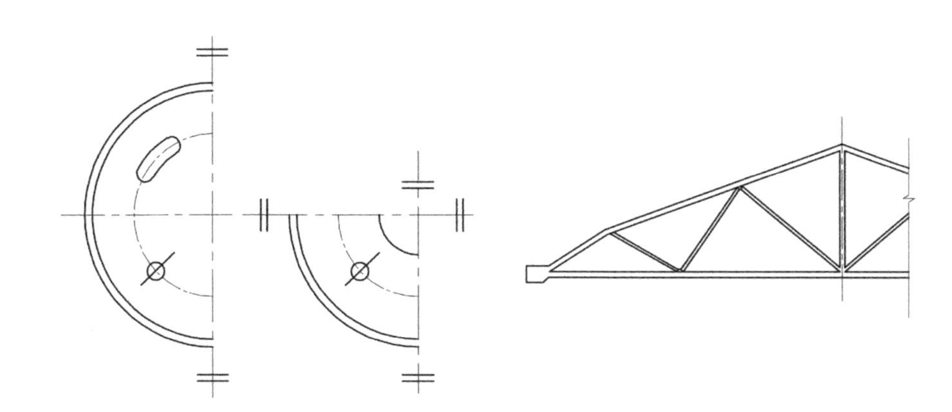

图 7–35（左）
画出对称符号
图 7–36（右）
不画对称符号

7.4.2 相同要素简化画法

当一个物体上具有多个完全相同而连续排列的构造要素时，可仅在两端或适当位置画出少数几个要素的完整形状，其余部分以中心线或中心线交点表示，然后标注相同要素的数量，如图 7–37 所示。

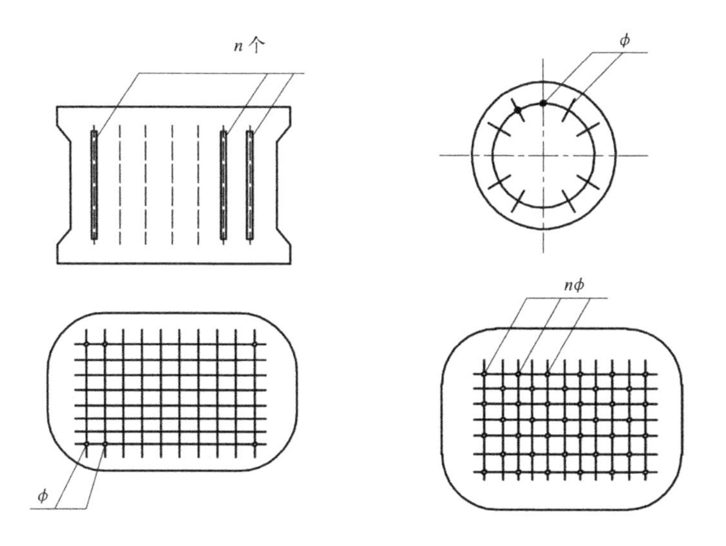

图 7–37
相同要素简化画法

7.4.3 折断简化画法

对于较长的构件，如沿长度方向的形状相同或按单一规律变化，可只画形体的两端，而将中间部分省去不画，在断开处应以折断线表示，如图 7–38 所示。

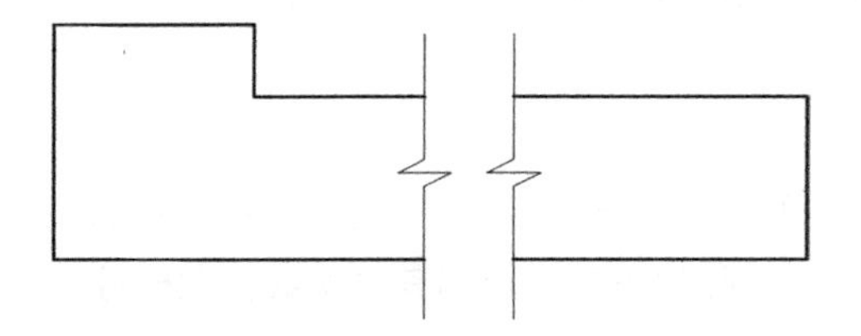

图 7–38
折断简化画法

7.4.4 构件局部不同简化画法

一个构件如与另一个构件仅部分不相同，该构配件可只画不同部分，但应在两个构配件的相同部分与不同部分的分界线处，分别绘制连接符号，如图 7–39 所示。

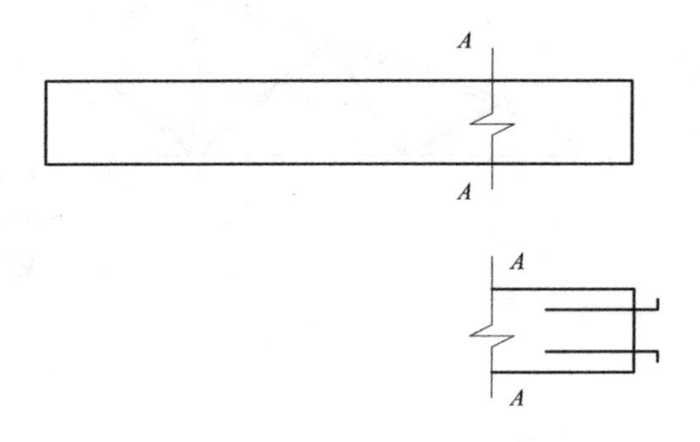

图 7–39
构件局部不同的简化画法

■ 任务实施

如图 7–34 所示，临摹室内装饰墙立面图，并将内部装饰构件按照简化画法表示。注：直接测量图形尺寸。

■ 思考与讨论

1. 简化画法的种类有哪些？
2. 任何图形都可以用简化画法吗？

任务 7.5 房屋建筑施工图

■ 任务引入

一幢建筑的诞生从设计、施工、装修到最终完成都需要一套完整的房屋建筑施工图作为指导。那么，这是一套什么样的图纸？图纸中的图样都表达什么内容？应该如何识读及绘制呢？

本节我们的任务是了解房屋施工图图示方法、图示内容和图示特点，以及掌握阅读施工图的基本方法。

■ 知识链接

房屋建筑施工图主要表达建筑物的内外形状、尺寸、结构、构造、材料做法和施工要求等。其基本图样包括：总平面图、建筑平、立、剖面图和建筑详图。

7.5.1 房屋建筑施工图中常用的符号和图例

在绘制和阅读建筑施工图时，应严格遵守我国2010年颁布的《房屋建筑制图统一标准》GB/T 50001—2017、《建筑制图标准》GB/T 50104—2010、《总图制图标准》GB/T 50103—2010等国家制图标准中的有关规定。

1. 定位轴线及其编号

定位轴线是房屋施工时砌筑墙身、浇筑柱梁、安装构件等施工定位的重要依据。主要承重构件，应绘制定位轴线，并编注轴线编号。对非承重墙或次要承重构件，可编写附加定位轴线。

(1) 定位轴线采用细点划线绘制，其端部绘制直径为8～10mm的细实线圆，在圆圈中书写轴线编号。规定竖向轴线的编号采用阿拉伯数字，自左向右顺序编写；横向轴线的编号采用大写拉丁字母自下而上顺序编写，I、O、Z三字母不得使用，以区别阿拉伯数字1、0、2，如图7-40所示。

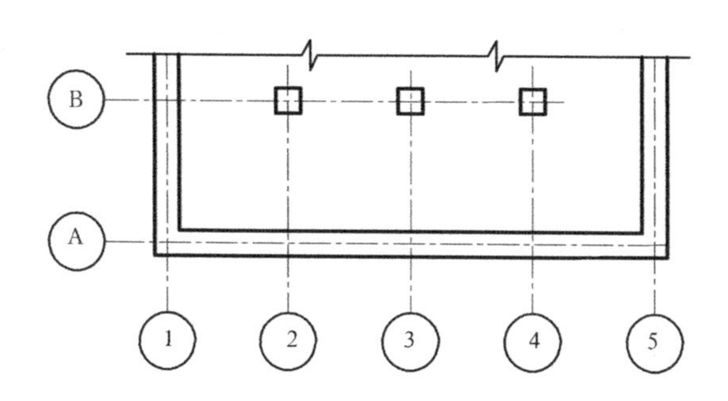

图7-40
定位轴线

(2) 附加定位轴线的编号，应以分数形式表示。如图7-41所示，两根轴线的附加轴线，应以前一轴线的编号作为分母，分子表示附加轴线的编号，编号宜采用阿拉伯数字按顺序编写。

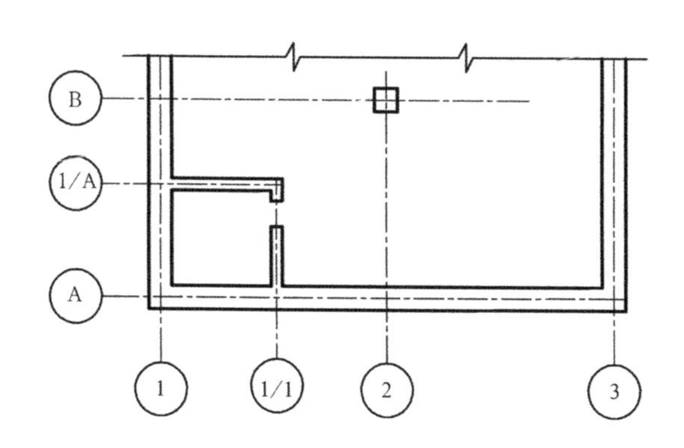

图7-41
附加定位轴线

1 号轴线或 A 号轴线前的附加轴线编号，分母应以 01 或 0A 表示。

(3) 在组合较为复杂的平面图中，定位轴线可采用分区编号，如图 7–42 所示。编号的注写形式应为“分区号—该分区编号”。

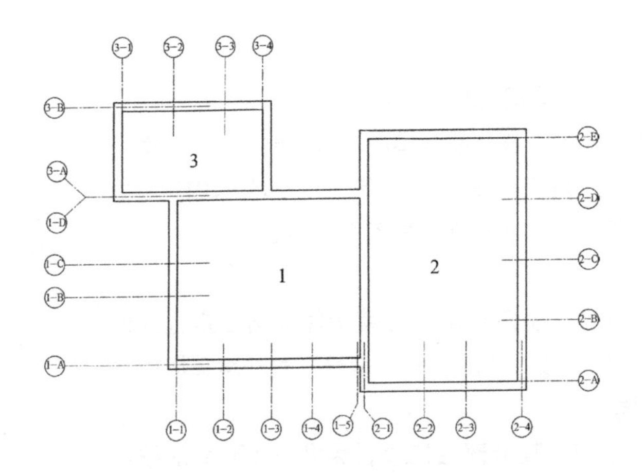

图 7–42
定位轴线的分区编号

(4) 通用详图中的定位轴线，应只画圆，不注写编号。

(5) 圆弧与圆形平面图中的定位轴线，其径向轴线应以角度进行定位，从左下角或—90° 开始，按逆时针顺序编写，用阿拉伯数字表示其编号。而环向轴线采用大写阿拉伯字母表示，按从外向内顺序编写，如图 7–43 所示。

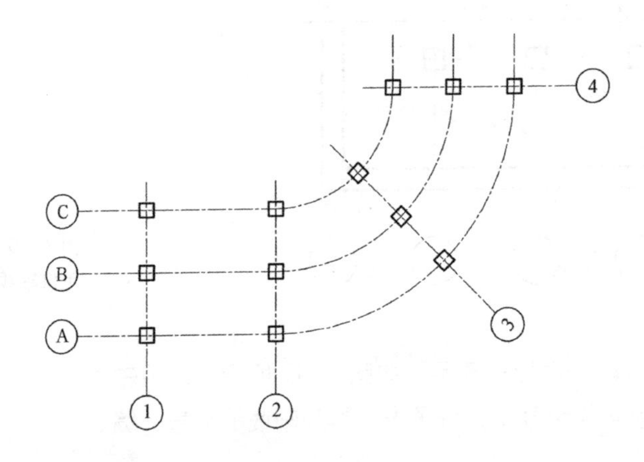

图 7–43
弧形平面定位轴线的编号

(6) 折线形平面图中定位轴线的编号可按图 7–44 所示编写。

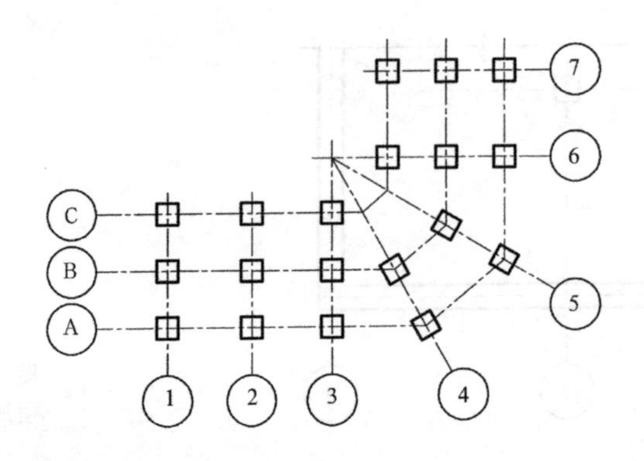

图 7–44
折线形平面定位轴线的编号

2. 标高

标高是标注建筑物高度方向的一种尺寸形式。标高可分为绝对标高和相对标高。绝对标高是以青岛附近的黄海平均海平面作为零点而测定的高度，又称海拔高度。相对标高是以室内底层地面作为零点而确定的高度。

（1）单体建筑物图样上的标高符号，以细实线绘制。

（2）标高符号应以等腰直角三角形表示，按图 7–45（*a*）所示形式用细实线绘制。如标注位置不够，也可按图 7–45（*b*）所示形式绘制。标高符号的具体画法如图 7–45（*c*）、图 7–45（*d*）所示。

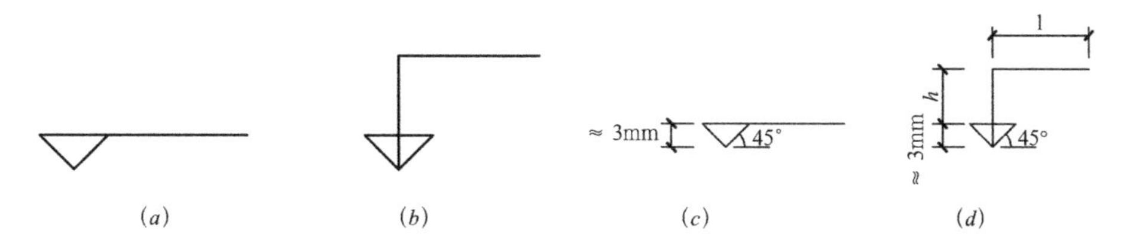

图 7–45
标高符号画法

（3）标高符号的尖端，应指至被注高度的位置，尖端宜向下，也可向上。标高数字应注写在标高符号的上侧或下侧，如图 7–46 所示。

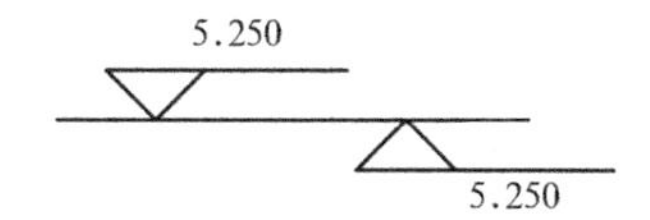

图 7–46
标高的指向及标高数字的注写

（4）总平面图室外地坪标高符号，宜用涂黑的三角形表示，如图 7–47（*a*）所示。总平面图的道路交叉口标高，应用黑色原点表示，如图 7–47（*b*）所示。

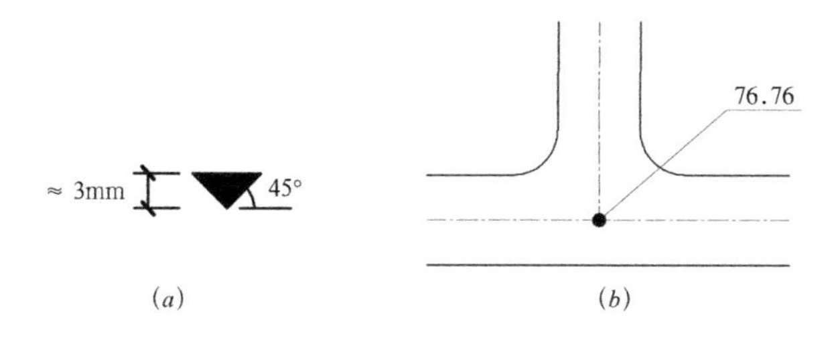

图 7–47
总平面图标高的标注方法

（5）标高数字应以“m”为单位，注写到小数点以后第三位，在总平面图中可注写到小数点以后第二位。

（6）零点标高应注写成 ±0.000，正数标高不注“+”，负数标高应注“–”，例如 3.000、– 0.600。

（7）在图样的同一位置需表示几个不同标高时，标高数字可按图 7–48 所示的形式注写。

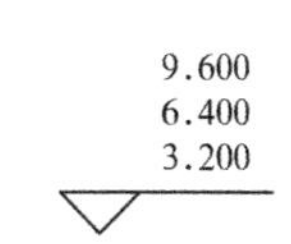

图 7–48
同一位置注写多个标高数字

在施工图中标高还有建筑标高和结构标高之分，建筑标高是指含有粉刷层厚度或装修完工后的标高，而结构标高是指构件的毛坯表面的标高。如图 7–49 所示，标高 3.200 表示为建筑标高，标高 3.180 表示为结构标高。

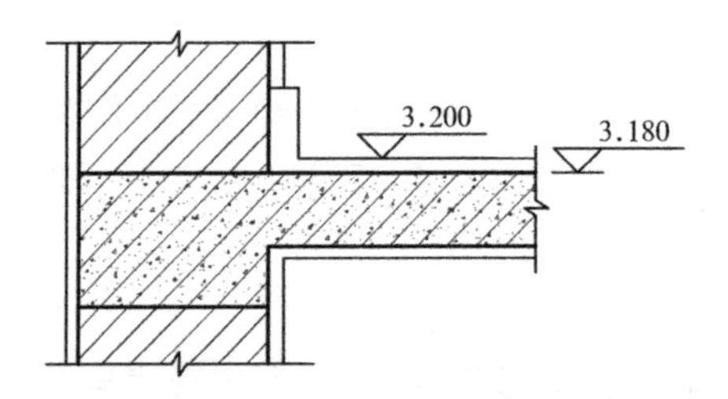

图 7–49
建筑标高与结构标高

3. 索引符号和详图符号

在施工图中，因比例问题无法表达清楚某一局部时，为方便施工，需要另画详图。此时，在原图中用索引符号注明画出详图的位置、详图的编号以及详图所在的图纸编号。而绘制的每一个详图都应该用详图符号命名以便查找、区分。索引符号和详图符号内的详图编号与图纸编号两者要对应一致。

1）索引符号

索引符号是用直径为 8 ~ 10mm 的圆和水平直径组成，圆及水平直径应以细实线绘制。索引符号的引出线一端指向要索引的位置，另一端对准索引符号的圆心。当引出的是剖面详图时，用粗实线表示剖切位置，引出线所在的一侧应为剖视方向。索引符号表达方法如图 7–50 所示。

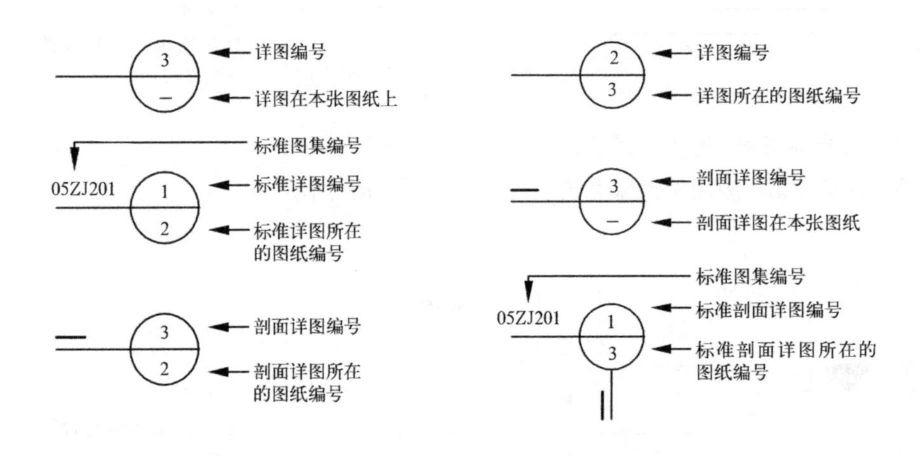

图 7–50
索引符号的表达方法

2）详图符号

详图的位置和编号，应以详图符号表示。详图符号的圆应以直径为 14mm 的粗实线绘制。详图符号表达方法如图 7–51 所示。

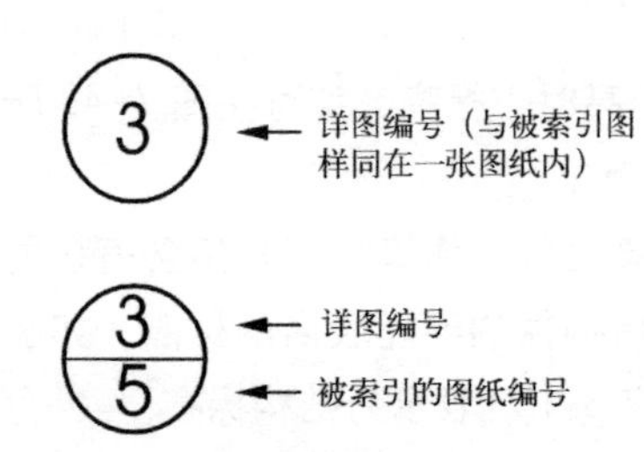

图 7–51
详图符号的表达方法

4. 指北针和风向频率玫瑰图

1）指北针

表示房屋朝向的符号。指北针用直径为 24mm 的细实线圆绘制，指北针尾部的宽度为 3mm，指北针头部应注“北”或“N”，如图 7–52 所示。

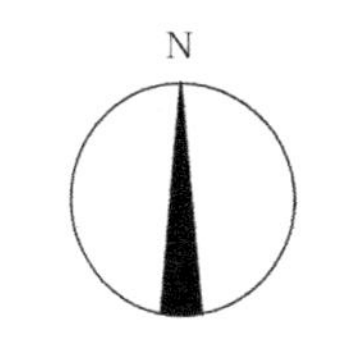

图 7–52
指北针

2）风向频率玫瑰图

风向频率玫瑰图是根据某一地区气象台观测的风向资料绘制出的图形，因图形似玫瑰花朵而得名。风向频率玫瑰图主要用于反映建筑场地范围内常年各方位的风向频率（用实线表示）和夏季（6、7、8 三个月）各方位的风向频率（用虚线表示）。如图 7–53 所示，线段最长者即为当地主导风向，为城市规划、建筑设计和气候研究所应用。

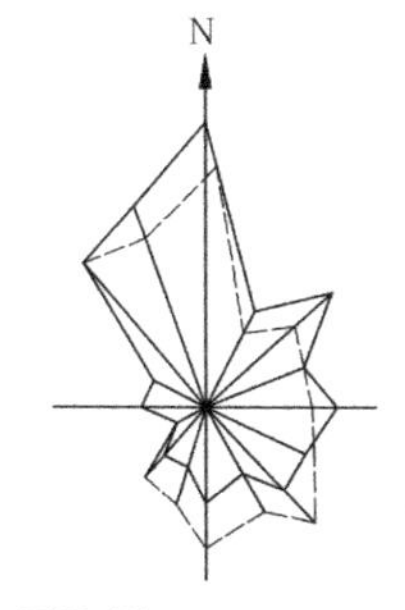

图 7–53
风向频率玫瑰图

5. 引出线

（1）引出线应以细实线绘制，宜采用水平方向的直线，与水平方向成 30°、45°、60°、90° 的直线，或经上述角度再折为水平线。文字说明注写在水平线的上方或端部，如图 7–54 所示。

（2）同时引出的几个相同部分的引出线，宜相互平行，也可画成集中于一点的放射线，如图 7–55 所示。

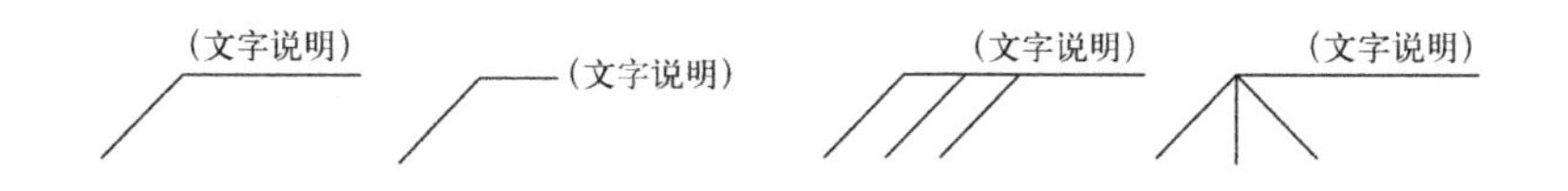

图 7–54（左）
引出线
图 7–55（右）
共同引出线

（3）多层构造引出线，应通过被引出的各层，并用圆点示意对应各层次。文字说明注写在水平线上方或端部，说明的顺序应由上至下，并应与被说明的层次一一对应，如图 7–56 所示。

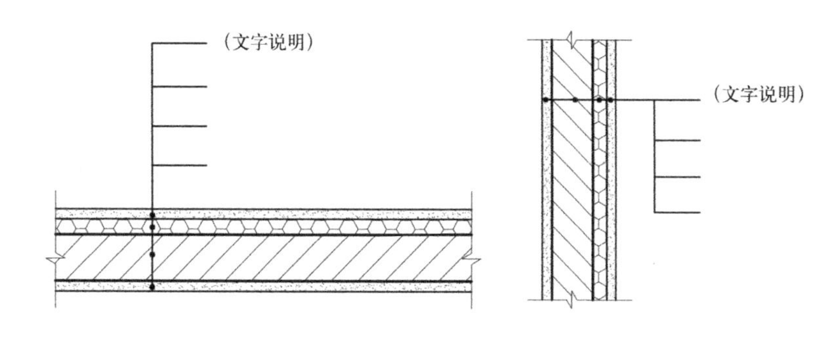

图 7–56
多层构造引出线

6. 常用构造、配件及总平面图图例

参考表 7–4、表 7–5 所示。

常用构造及配件图例 **表7—4**

名称	图例	说明
墙体		1. 上图为外墙，下图为内墙，外墙细线表示有保温层或有幕墙 2. 室内工程图中承重墙体应涂黑表示
隔断		1. 隔断材料应用文字或图例表示 2. 适用于到顶或不到顶隔断
玻璃幕墙		幕墙龙骨是否表示由项目设计决定
栏杆		—
检查口		左图为可见检查口，右图为不可见检查口
坑槽		—
烟道		1. 阴影部分亦可填充灰度或涂色代替 2. 烟道、风道与墙体为相同材料，其相接处墙身线应连通
风道		
单面开启单扇门		1. 门的名称代号用M表示 2. 平面图门的开启弧线应绘出 3. 立面图中，开启线实线为外开，虚线为内开。开启线交角的一侧为安装铰链一侧 4. 立面形式按际情况绘制

名称	图例	说明
楼梯		1. 上图为顶层楼梯平面，中图为中间层楼梯平面，下图为底层楼梯平面 2. 扶手设置按实际情况绘制
坡道		上图为两侧垂直的门口坡道，中图为有挡墙的门口坡道，下图为两侧找坡的门口坡道
		长坡道
台阶		—
孔洞		阴影部分亦可填充灰度或涂色代替
墙中单扇推拉门		1. 门的名称代号用M表示 2. 立面形式应按实际情况绘制
空门洞		*h*为门洞高度
单面开启双扇门		1. 门的名称代号用M表示 2. 平面图门的开启弧线应绘出 3. 立面图中，开启线实线为外开，虚线为内开。开启线交角的一侧为安装铰链一侧 4. 立面形式按实际情况绘制

续表

名称	图例	说明
双面开启单扇门	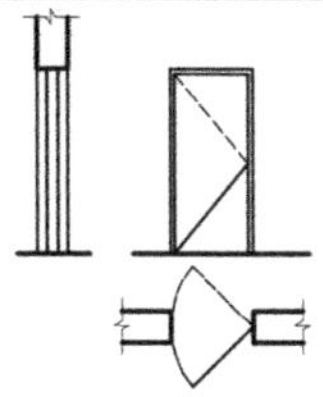	1. 门的名称代号用 M 表示 2. 平面图门的开启弧线应绘出 3. 立面图中，开启线实线为外开，虚线为内开。开启线交角的一侧为安装铰链一侧 4. 立面形式按际情况绘制
双层单扇平开门	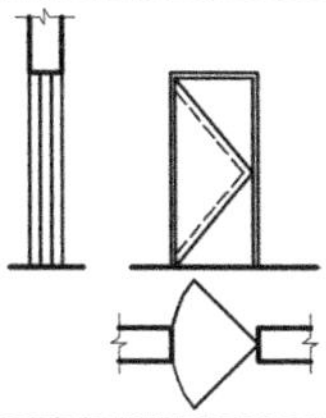	
折叠门	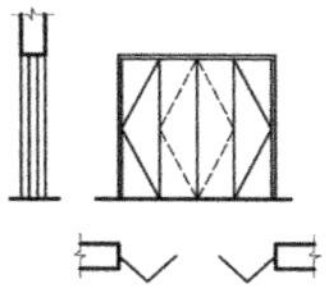	1. 门的名称代号用 M 表示 2. 平面图门的开启弧线应绘出 3. 立面图中，开启线实线为外开，虚线为内开。开启线交角的一侧为安装铰链一侧 4. 立面形式按实际情况绘制
推拉折叠门	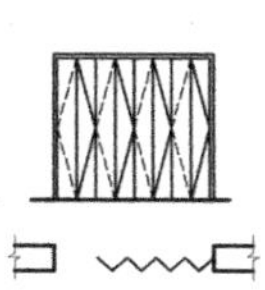	
单层推拉窗	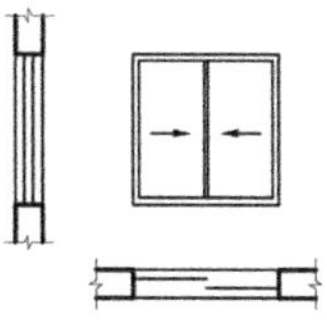	1. 窗的名称代号用 C 表示 2. 立面形式按实际情况绘制
上推窗	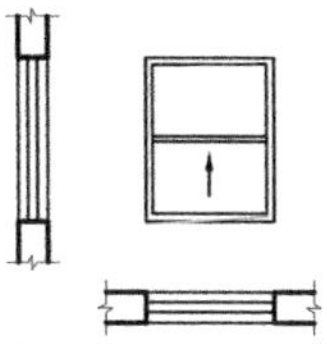	
电梯	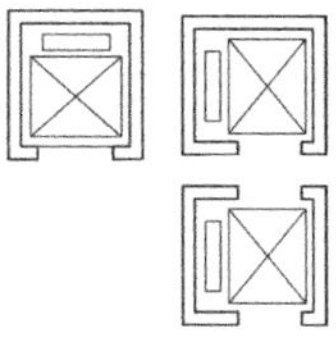	1. 电梯应注明类型，并按实际绘出门和平衡锤或导轨的位置 2. 其他类型电梯应参照本图例按实际情况绘制

名称	图例	说明
双面开启双扇门	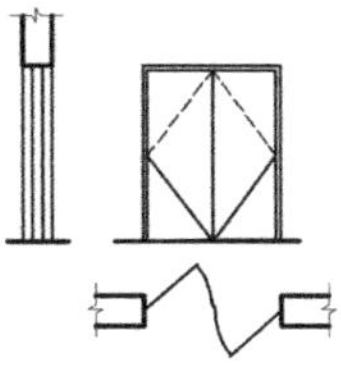	1. 门的名称代号用 M 表示 2. 平面图门的开启弧线应绘出 3. 立面图中，开启线实线为外开，虚线为内开。开启线交角的一侧为安装铰链一侧 4. 立面形式按实际情况绘制
双层双扇平开门	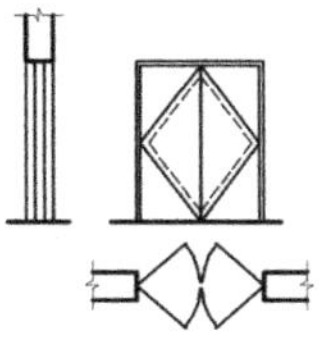	
固定窗	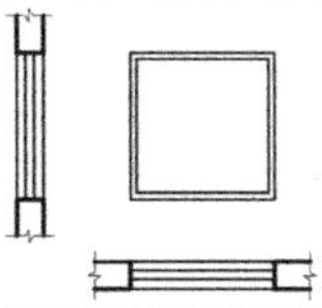	1. 窗的名称代号用 C 表示 2. 平面图中，下为外，上为内 3. 立面图中，开启线实线为外开，虚线为内开。开启线交角的一侧为安装铰链一侧 4. 剖面图中，左为外，右为内 5. 立面形式按实际情况绘制
上悬窗	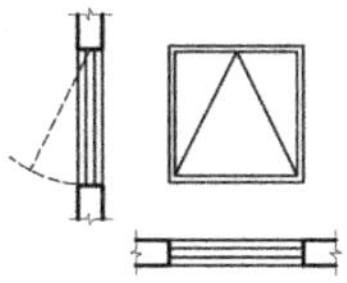	
立转窗	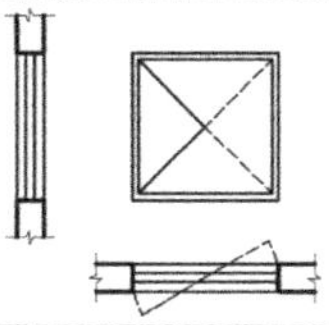	
单层外开平开窗	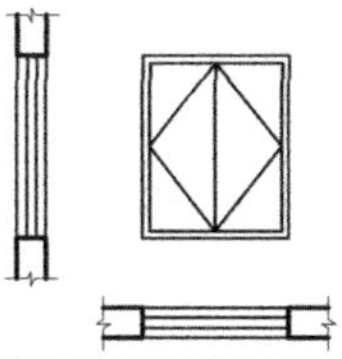	
单层内开平开窗	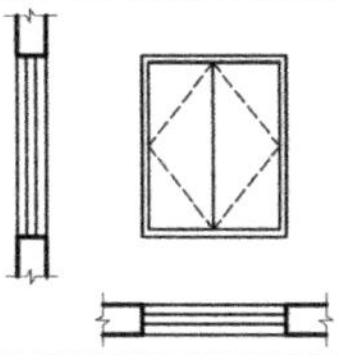	
自动扶梯	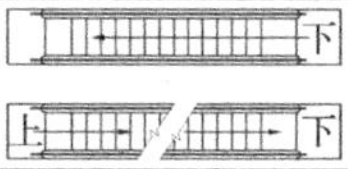	箭头方向为设计运行方向
自动人行道	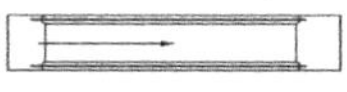	
自动人行坡道	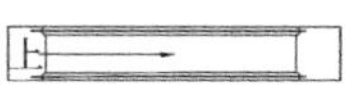	

总平面图例 **表7–5**

名称	图例	说明	名称	图例	说明
新建建筑物	X= Y= ① 12F/2D H=64.00m	1. 新建建筑物以粗实线表示与室外地坪相接处±0.00外墙定位轮廓线 2. 建筑物一般以±0.00高度处的外墙定位轴线交叉点坐标定位。轴线用细实线表示，并标明轴线号 3. 根据不同设计阶段标注建筑编号，地上、地下层数，建筑高度，建筑出入口位置（两种表达方法均可，但同一图纸采用一种表达方法） 4. 地下建筑物以粗实线表示其轮廓 5. 建筑上部（±0.00以上）外挑建筑用细实线表示 6. 建筑物上部连廊用细虚线表示并标注位置	原有建筑物		用细实线表示
			计划扩建的预留地或建筑物		用中粗虚线表示
			拆除建筑		用细实线表示
			建筑物下面的通道		—
			坐标	X=125.00 Y=349.00 A=125.00 B=349.00	1. 表示地形测量坐标系 2. 表示自设坐标系 坐标数字平行于建筑标注
			室内地坪标高	125.00 (±0.00)	数字平行于建筑物书写

7.5.2 总平面图

1. 总平面图的含义、作用和常用比例

建筑总平面图，简称总平面图。它是将新建建筑工程一定范围内的建筑物、构筑物及其自然状况，用水平投影图和相应的图例形式表达出的图样。主要表明新建建筑物及其周围的总体布局情况，反映新建建筑物的平面形状、位置、朝向及其与原有建筑物的关系、标高、道路、绿化、地貌、地形等情况。

建筑总平面图可作为新建房屋定位、施工放线、土方施工以及绘制水、暖、电等管线总平面图和施工总平面图布置的依据。

建筑总平面图的比例一般为1：500、1：1000、1：2000等，因区域面积大，故采用小比例。房屋只用外围轮廓线的水平投影表示，通常用图例说明。

2. 总平面图表达的内容

(1) 总平面图：采用图例来表明新建建筑、扩建建筑等的总体布置，表明各建筑物及构筑物的位置、道路、广场、室外场地和绿化、河流、池塘等的布置情况。图例可参见《总图制图标准》GB/T 50103—2010，这里不作说明。

(2) 新建建筑定位尺寸：确定新建工程的平面位置，一般可以根据原有建筑、道路、用地红线或坐标来定位，以"m"为单位标出定位尺寸。

（3）标高：标高以“m”为单位。总平面图中包括建筑物首层地面的绝对标高、室外地坪及道路的标高，表明土方挖填情况、地面坡度及雨水排除方向。附近的地形情况一般用等高线或室外地坪标高表示，由等高线或室外地坪标高可以分析出地形的高低起伏情况。

（4）朝向和风向：用指北针表示房屋的朝向或用风向频率玫瑰图表示当地常年各方位吹风频率和房屋的朝向。

3. 实例

参考图 7–57 所示。

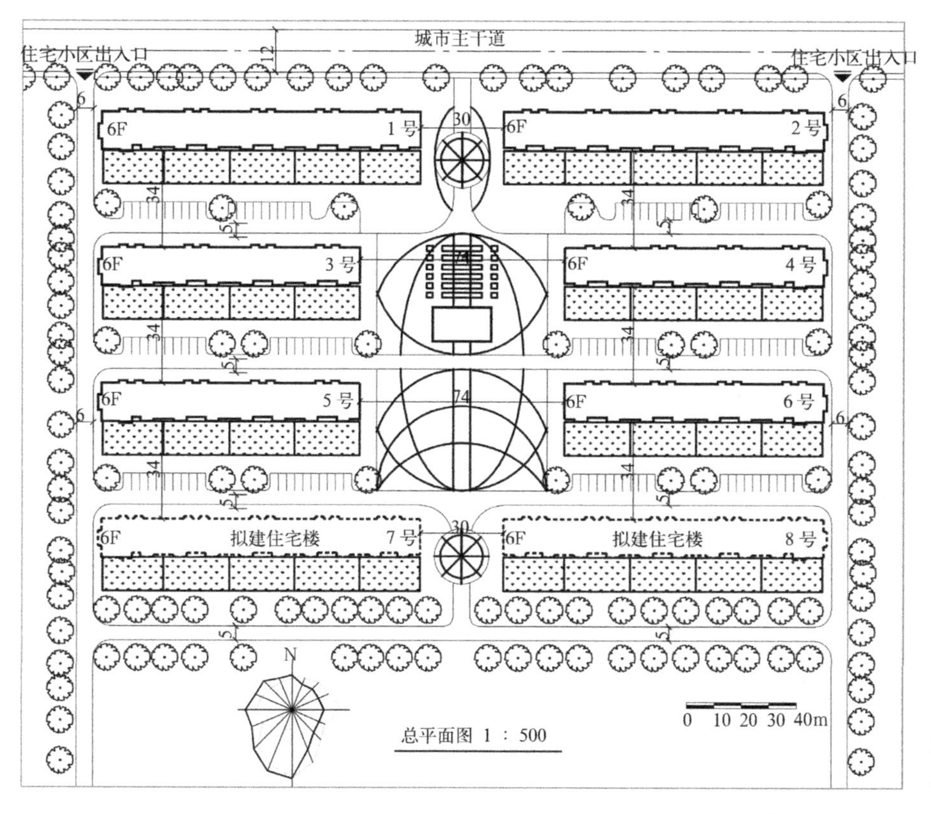

图 7–57
总平面图

7.5.3 建筑平面图

1. 建筑平面图的形成

建筑平面图是假想用一个水平剖切平面沿各层门、窗洞口部位（指窗台以上、过梁以下的适当部位）水平剖切开来，对剖切平面以下的部分所作的水平投影图，如图 7–58 所示。建筑平面图主要表达房屋的平面形状、大小和房间的布置、用途，墙或柱的位置、厚度、材料，门窗的位置、大小和开启方向等。建筑平面图是施工时定位放线、砌筑墙体、安装门窗、室内装修及编制预算等的重要依据。

2. 建筑平面图的表达方法

建筑平面图常用 1：50、1：100、1：200 的比例绘制。被剖切到的墙体、

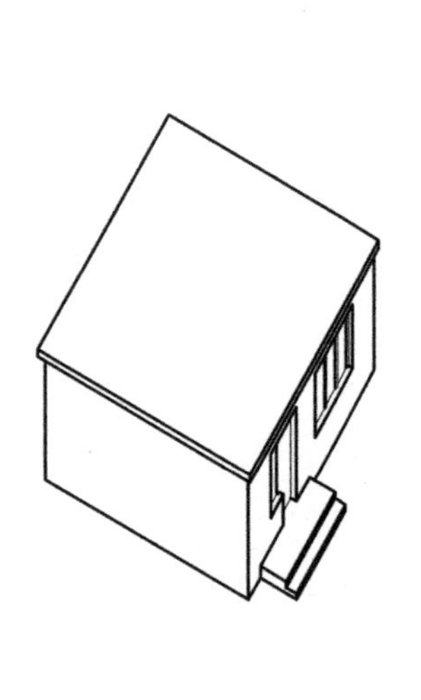

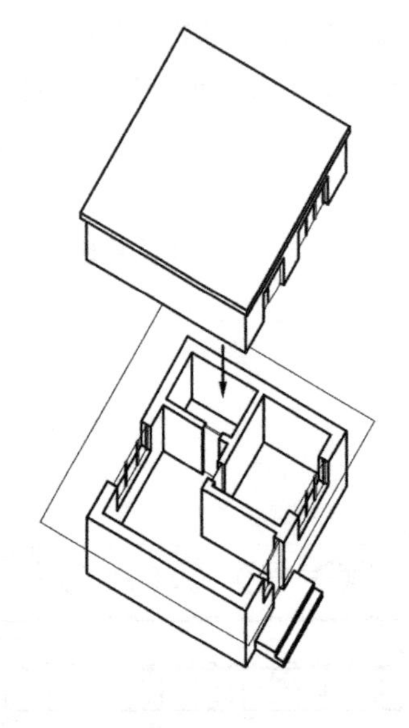

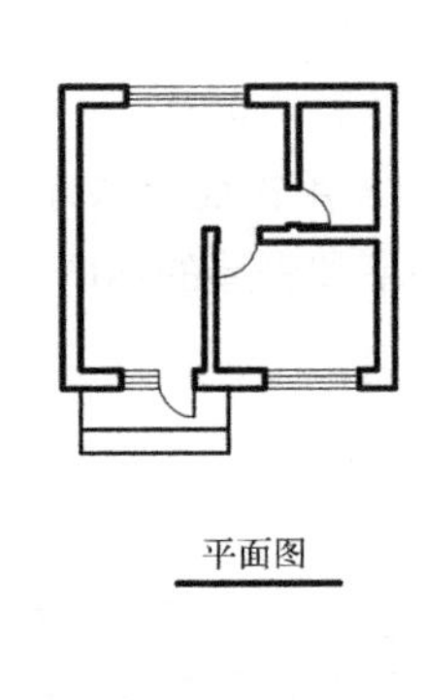

图 7–58
建筑平面图的形成

柱用粗实线绘制；可见的较大构件轮廓线、门扇、窗台的图例线用中粗实线绘制；较小的构配件图例线、尺寸线等用细实线绘制。

当建筑物各层的房间布置不同时，应分别画出各层平面图，如一层平面图、二层平面图、三、四……各层平面图、顶层平面图、屋顶平面图等。相同的楼层可用一个平面图来表示，称为标准层平面图。

3. 建筑平面图的图示内容

1）一层平面图

表示一层房间的平面布置、用途、名称、房屋的出入口、走道、楼梯、门窗类型、水池、搁板、室外台阶、散水、雨水管、指北针、轴线编号、剖切符号、索引符号、门窗编号等内容。如图 7–59 所示。

2）标准层平面图

标准层平面图的图示内容与一层平面图基本相同，但不必再画出一层平面图中已表示的指北针、剖切符号，以及室外地面上的台阶、花池、散水或明沟等。此外，标准层平面图应画出在下一层平面图中未表达的室外构配件和设施，如下一层窗顶的可见遮阳板、出入口上方的雨篷等。楼梯间画法与一层及顶层不同，上行的梯段被水平剖断，绘图时用倾斜折断线分界。如图 7–60 所示。

3）顶层平面图

顶层平面图的图示内容与标准层平面图基本相同，只在楼梯的表达上略有不同。如图 7–61、图 7–62 所示，五层室内有通往顶层的楼梯，是一套复式结构的户型。

4）屋顶平面图

屋顶平面图是对屋顶所有部件进行水平投影。在屋顶平面图中，一般表明突出屋顶的楼梯间、电梯机房、水箱、管道、烟囱、上人口等的位置和屋面排水方向（用箭头表示）及坡度、分水线、女儿墙、天沟、雨水口的位置以及隔热层、屋面防水、细部防水构造做法等，如图 7–63 所示。

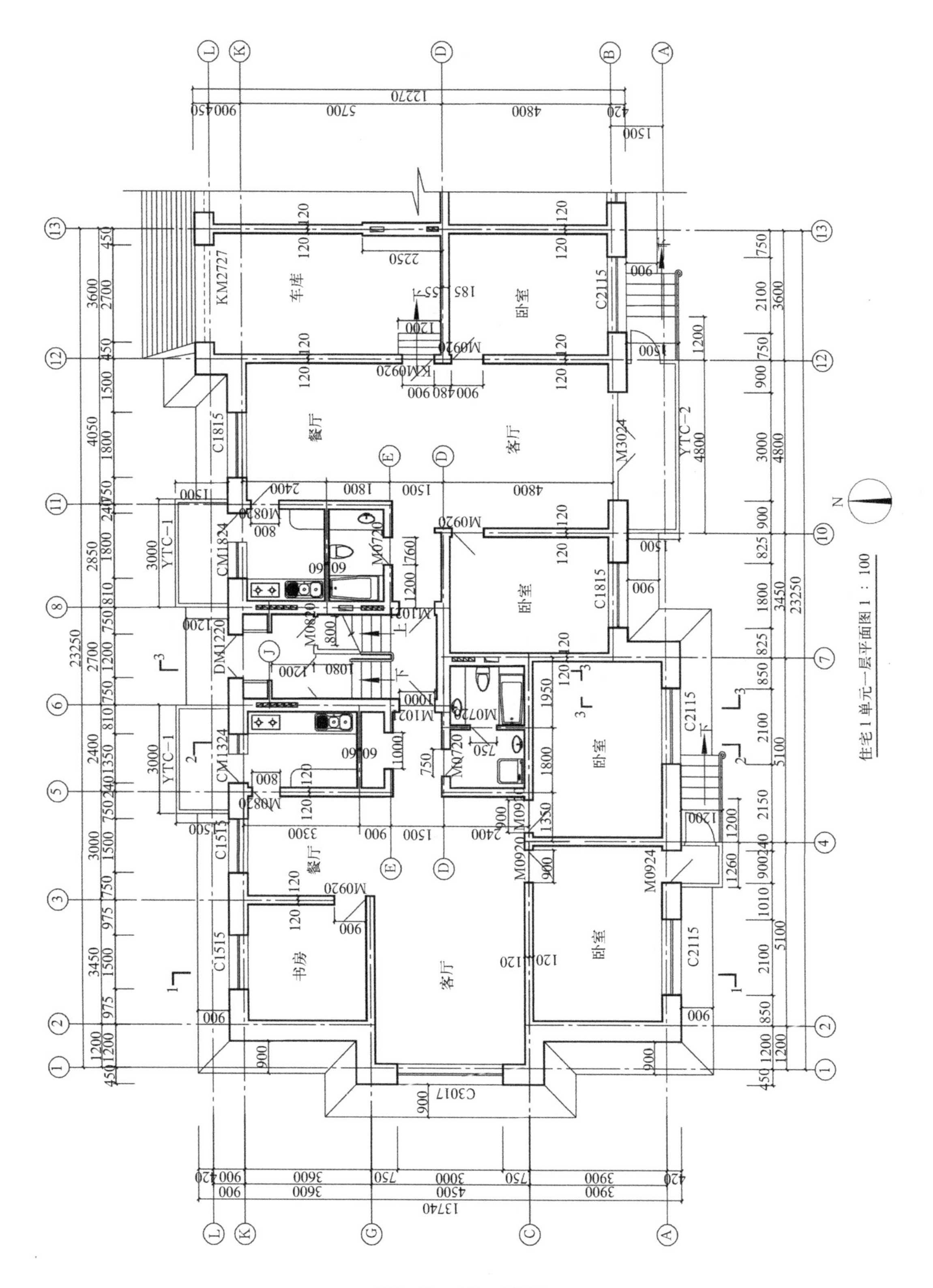

图 7-59　建筑一层平面图

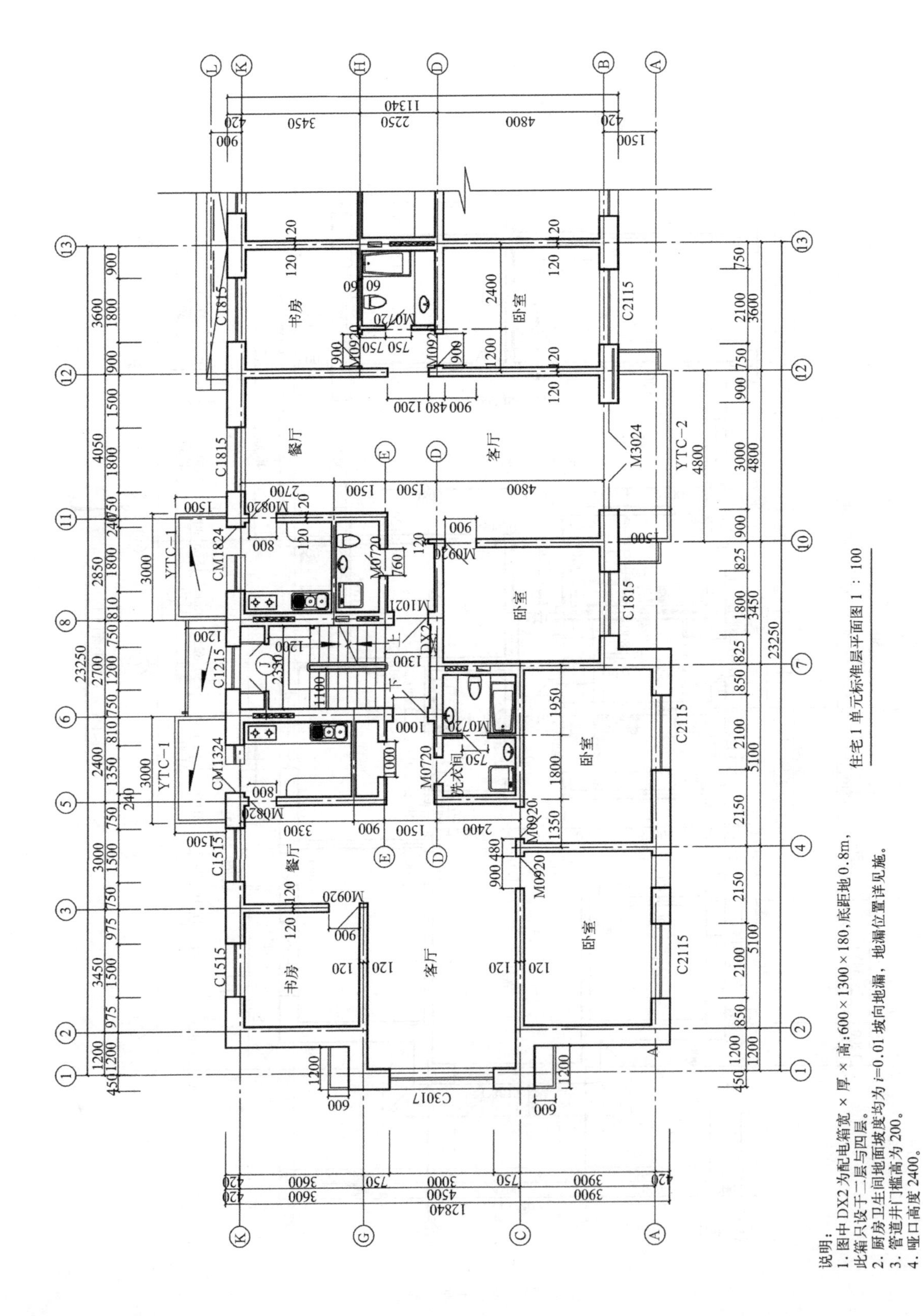

图 7–60 建筑标准层平面图

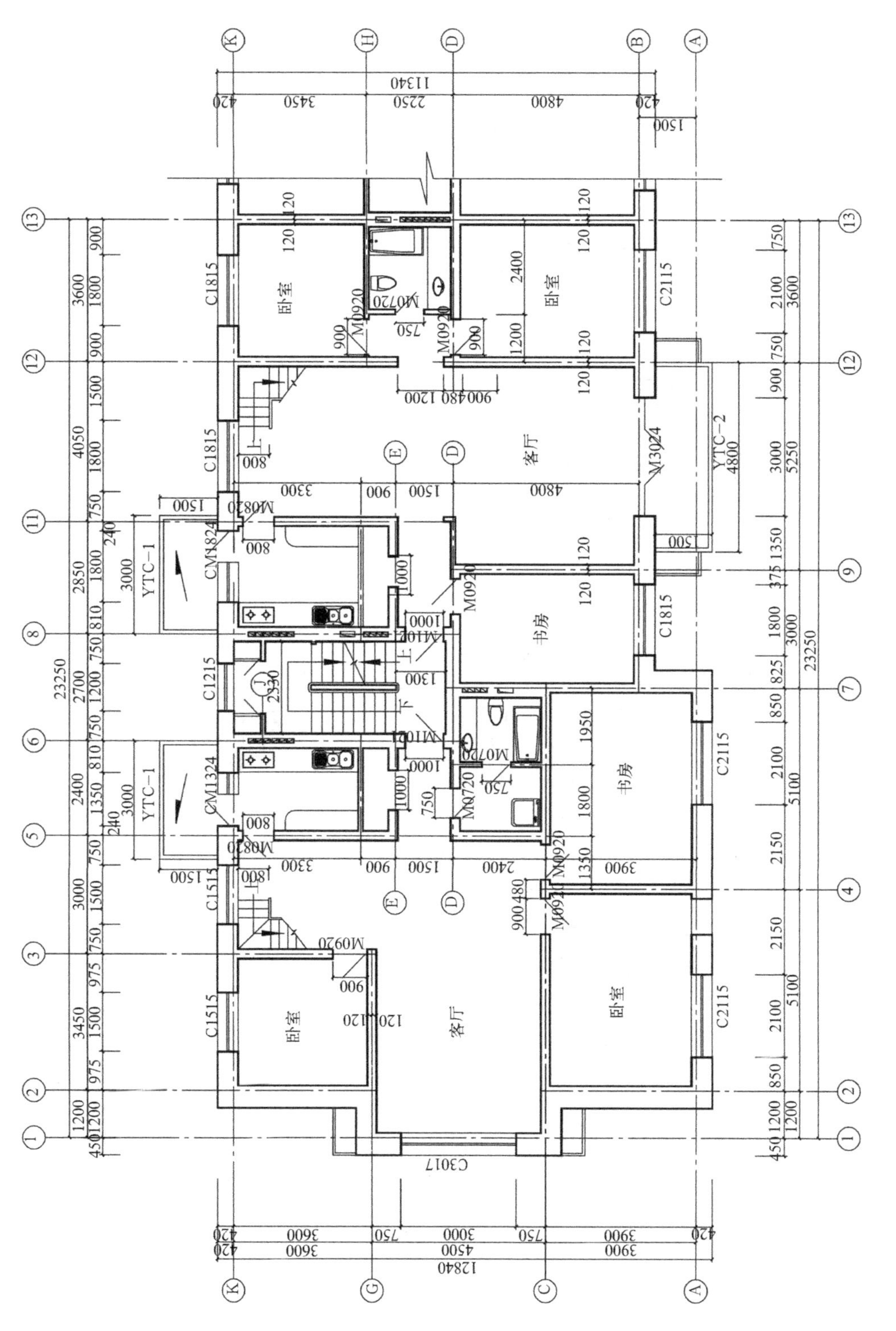

图 7–61　建筑五层平面图

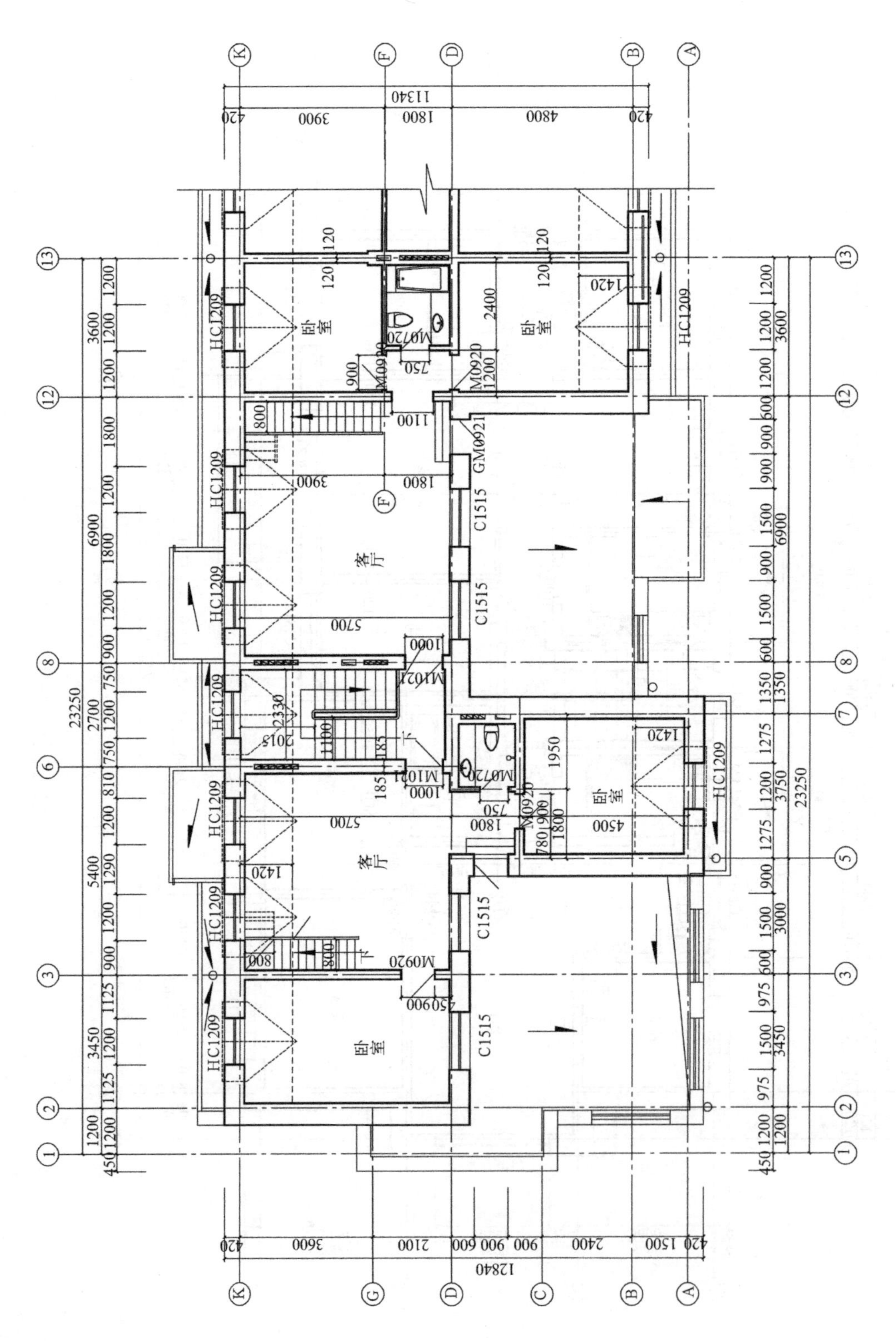

图 7–62 建筑顶层平面图

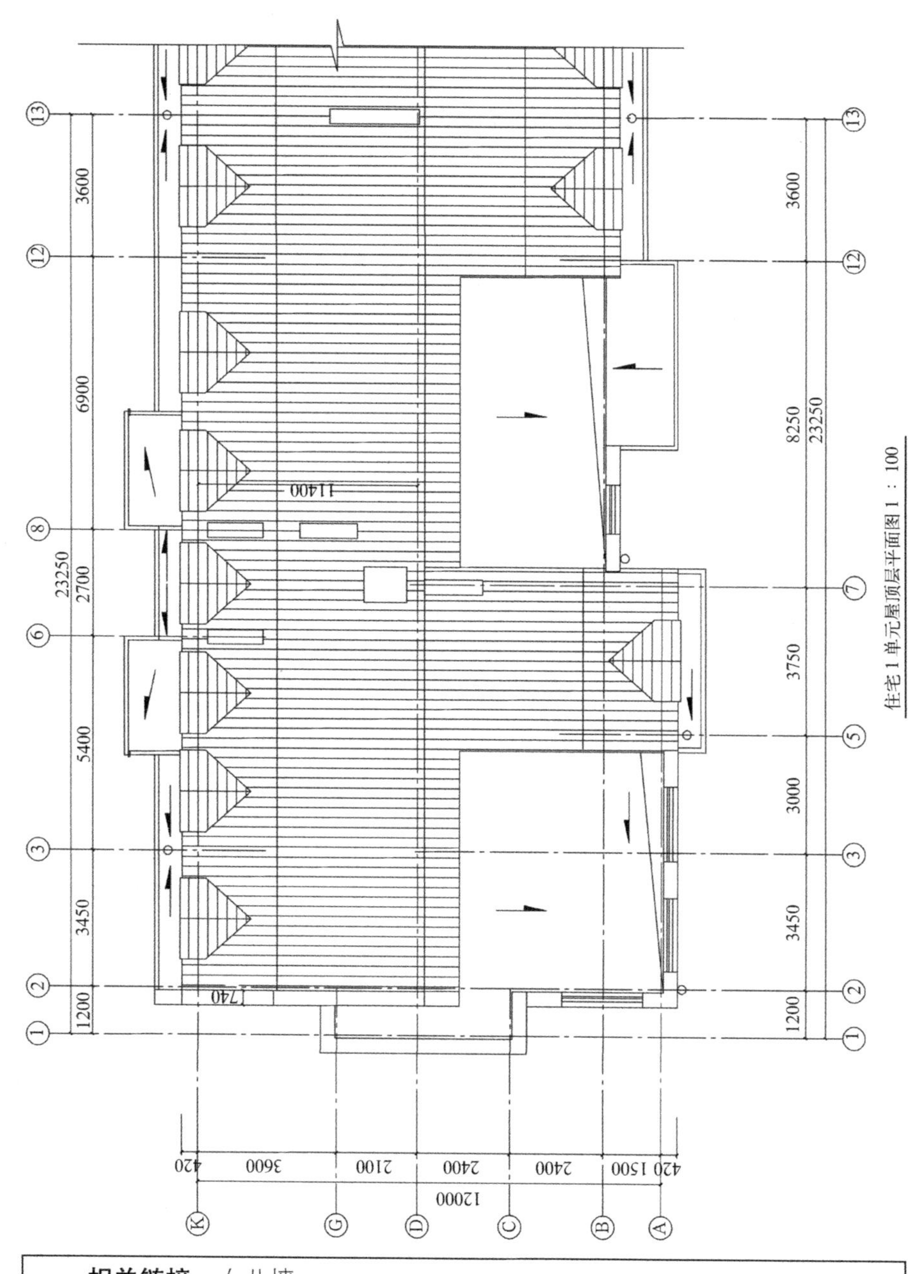

图 7–63
建筑屋顶平面图

相关链接：女儿墙

女儿墙（又名孙女墙）是建筑屋顶四周围的矮墙。主要作用是维护安全、避免防水层渗水、屋顶雨水漫流等。依据国家建筑规范，上人屋顶女儿墙高度不低于 1.1m，最高不大于 1.5m。

女儿墙名字的由来：相传一个古代的砌匠，忙于工作，不得不把年幼的女儿带在左右。一日在屋顶砌筑时，小女不慎坠屋身亡。砌匠伤心欲绝，为了防止悲剧再次发生，之后就在屋顶砌筑一圈矮墙，故称为"女儿墙"。

在宋《营造法式》中也有对女儿墙的记载，"言其卑小，比之于城若女子之于丈夫"，就是城墙边上部升起的部分。

7.5.4 建筑立面图

1. 建筑立面图的形成

建筑立面图简称立面图。它是在与房屋立面平行的投影面上所作的房屋正投影图，如图 7–64 所示。立面图反映了建筑的高度、层数、外貌、线脚、门窗、窗台、雨篷、阳台、台阶、雨水管、烟囱、屋顶檐口等构配件以及立面装修的做法，它是表达房屋建筑的基本图样之一，是确定门窗、檐口、雨篷、阳台等的形状和位置以及指导房屋外部装修施工和计算有关预算工程量的依据。

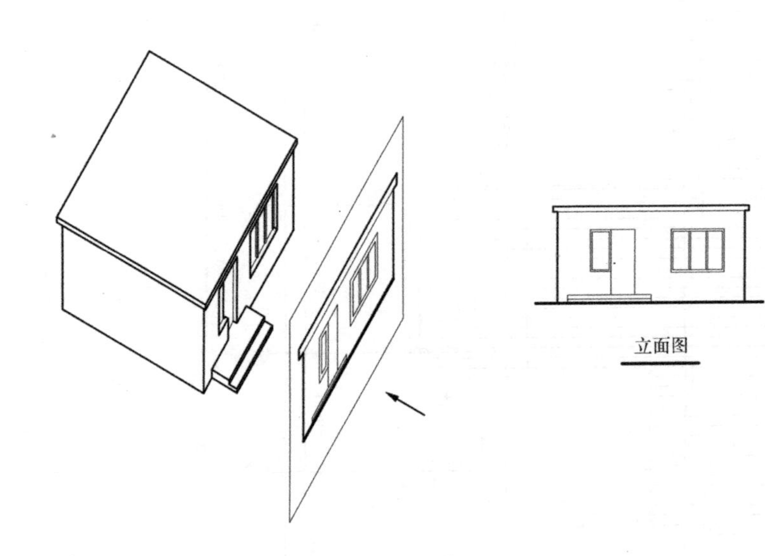

图 7–64
建筑立面图的形成

2. 建筑立面图的表达方法

建筑立面图的比例一般与建筑平面图一致。通常用特粗线表示地坪线；粗实线表示立面图的外轮廓线；墙上构配件阳台、门窗、窗台、雨篷、勒脚、台阶等轮廓线用中粗实线；其余细部，如门窗分格线、文字说明引出线、墙面装饰分格线、栏杆、尺寸线等用中实线；图例线等用细实线。

建筑立面图的图名。有定位轴线的建筑物，宜根据两端定位轴线号标注立面图名称，如图 7–65 所示。无定位轴线的建筑物可按平面图各面的朝向确定命名，如东、西、南、北立面。

3. 建筑立面图的图示内容

(1) 外形和构配件：表明建筑物的外形、门窗、阳台、雨篷、台阶、雨水管、烟囱等的位置。

(2) 装修与做法：外墙的装修工艺、要求、材料的选用；窗台、勒脚、散水等的做法。其装饰做法和建筑材料也可用图例表示并加注文字说明。

(3) 尺寸标注：立面图上的尺寸主要为标高。室外地坪、勒脚、窗台、门窗顶等处完成面的标高，一般注在图形外侧。标高符号要求大小一致，整齐地排列在同一竖线上。

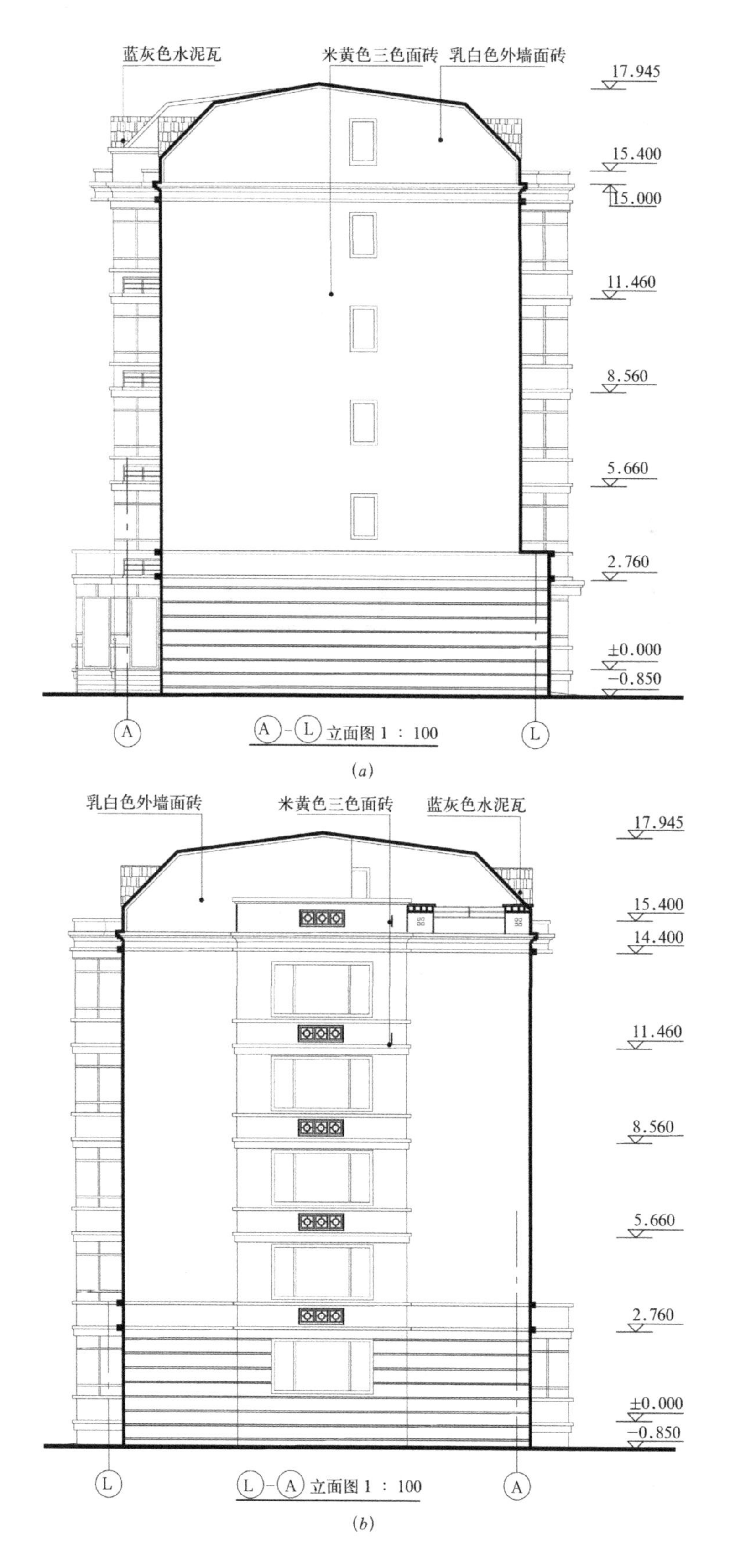
蓝灰色水泥瓦
米黄色三色面砖
乳白色外墙面砖
17.945
15.400
15.000
11.460
8.560
5.660
2.760
±0.000
−0.850
A
L
A-L 立面图 1 ： 100
(a)
乳白色外墙面砖
米黄色三色面砖
蓝灰色水泥瓦
17.945
15.400
14.400
11.460
8.560
5.660
2.760
±0.000
−0.850
L
A
L-A 立面图 1 ： 100
(b)

图 7–65
建筑立面图

7.5.5 建筑剖面图

1. 建筑剖面图的形成

建筑剖面图，简称剖面图。它是假想用一铅垂剖切平面将房屋剖切开后移去靠近观察者的部分，作出剩下部分的投影图，如图 7–66 所示。建筑剖面图主要反映建筑物内部的结构或构造方式、屋面形状、分层情况和各部位的联系、材料、构配件以及其必要的尺寸、标高等。它与平、立面图互相配合用于计算工程量，指导各层楼面和屋面施工、门窗安装和内部装修等，因此它也是不可缺少的重要图样之一。

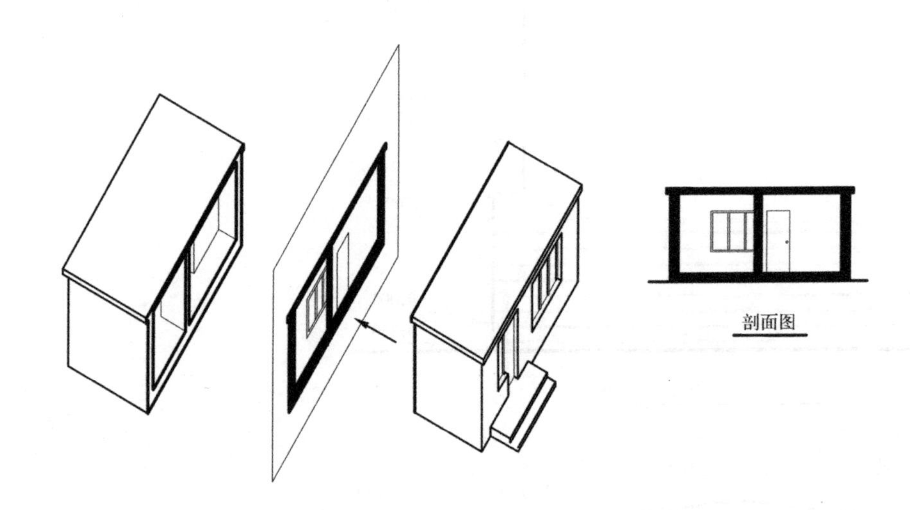

图 7–66
建筑剖面图的形成

2. 建筑剖面图的表达方法

剖面图的图形比例及线型要求同平面图。剖面图的剖切部位和数量应根据房屋的用途或设计深度而定。一般在平面图上选择能反映全貌、构造特征以及有代表性的部位剖切，如门窗洞口和楼梯间等位置。

剖视的剖切符号标注在一层平面图中，剖面图的图名应与平面图上所标注的剖视的剖切符号的编号一致，如 1–1 剖面图、2—2 剖面图等。

剖面图的常用比例为 1 ：50、1 ：100、1 ：150、1 ：200 等。当比例大于或等于 1 ：50 时，应绘出楼地面、屋面的面层线、保温隔热层，并绘制材料图例；当比例为 1 ：100 ~ 1 ：200 时，可简化材料图例，钢筋混凝土断面涂黑，但应绘出楼地面、屋面的面层线，如图 7–67 所示。

3. 建筑剖面图的图示内容

(1) 剖面图中用标高和线性尺寸表明建筑物高度及各构件之间尺寸，表示构配件以及室内外地面、楼层、檐口、屋脊等完成面标高以及门窗、窗台高度等。

(2) 表明建筑物各主要承重构件间的相互关系，各层梁、板及其与墙、柱的关系，屋顶结构及天沟构造形式等。

(3) 可表示室内吊顶，室内墙面和地面的装修做法、要求、材料等各项内容。

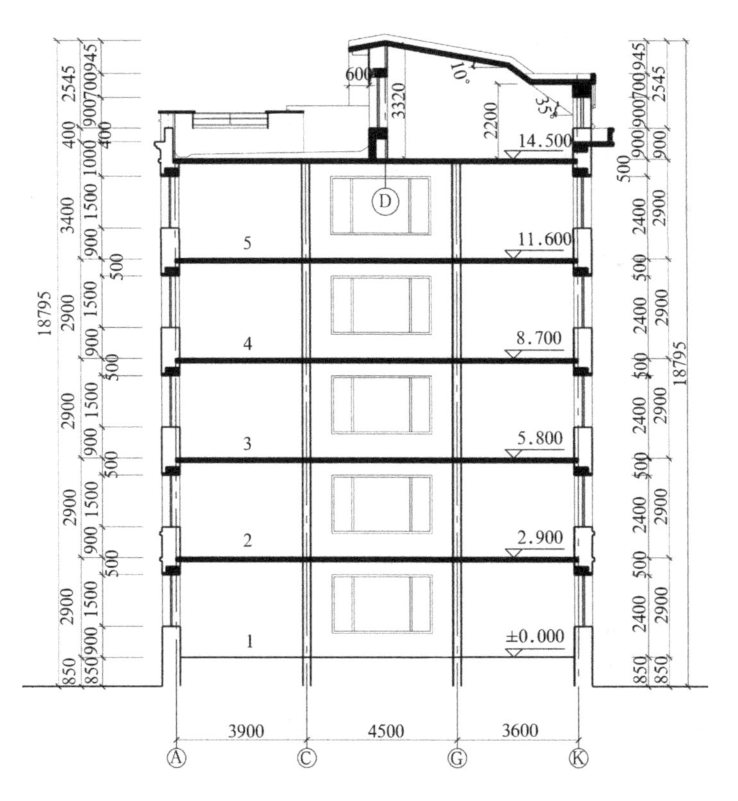

住宅1单元1—1剖面图 1：100

(*a*)

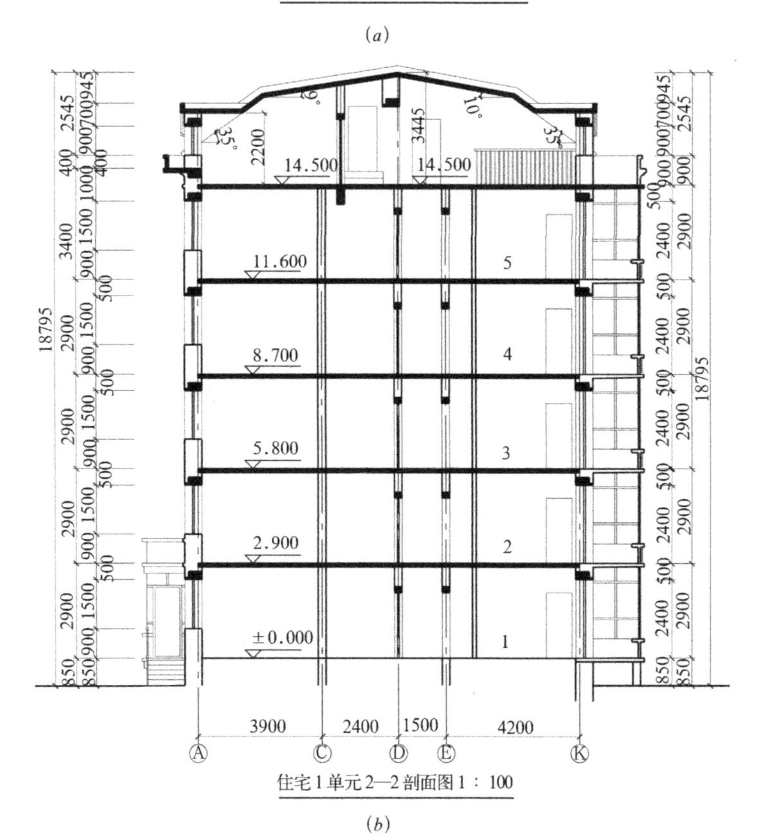

住宅1单元2—2剖面图 1：100

(*b*)

图 7–67
建筑剖面图（一）

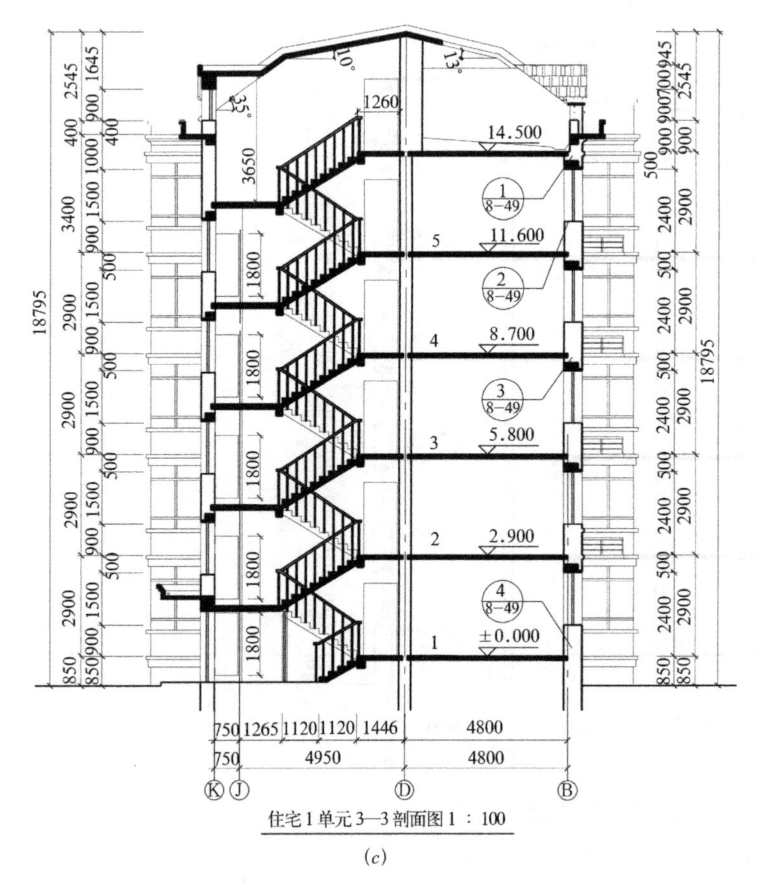

图 7–67
建筑剖面图（二）
(a) 1—1 剖面图；
(b) 2—2 剖面图；
(c) 3—3 剖面图

7.5.6 建筑详图

1. 建筑详图的作用和内容

建筑平、立、剖面图是施工图中表达房屋的最基本的图样，由于其比例小，无法将各部分细节表达清楚，建筑详图就是对未表达清楚的细节（如形状、大小、材料和做法）运用放大后的图样进行说明。也可以说，建筑详图是建筑平、立、剖面图的补充图样。

就民用建筑而言，需要绘制详图的部位很多，如不同部位的外墙详图（图 7–68）、楼梯详图、固定设施详图等。还有大量的建筑构件采用标准图集来说明构造细节，在施工图中可以简化或用代号表示。

建筑详图的特点是图形清晰、尺寸齐全、文字注释详尽。建筑详图绘制比例常用 1 ∶ 2、1 ∶ 5、1 ∶ 10、1 ∶ 20 等大比例。

2. 楼梯详图

楼梯是多层房屋上下交通的主要设施；它除应满足人流通行及疏散外，还应有足够的坚固耐久性；它由梯段（包括踏步和斜梁）、平台（包括平台梁和平台板）、栏杆（或栏板）等组成。楼梯详图主要表示楼梯的类型、结构形式、各部位尺寸及做法，是楼梯施工的主要依据，如图 7–69 所示。

楼梯详图一般包括：楼梯平面图、剖面图、踏步及栏杆等，采用 1 ∶ 2 ~ 1 ∶ 50 的比例绘制。

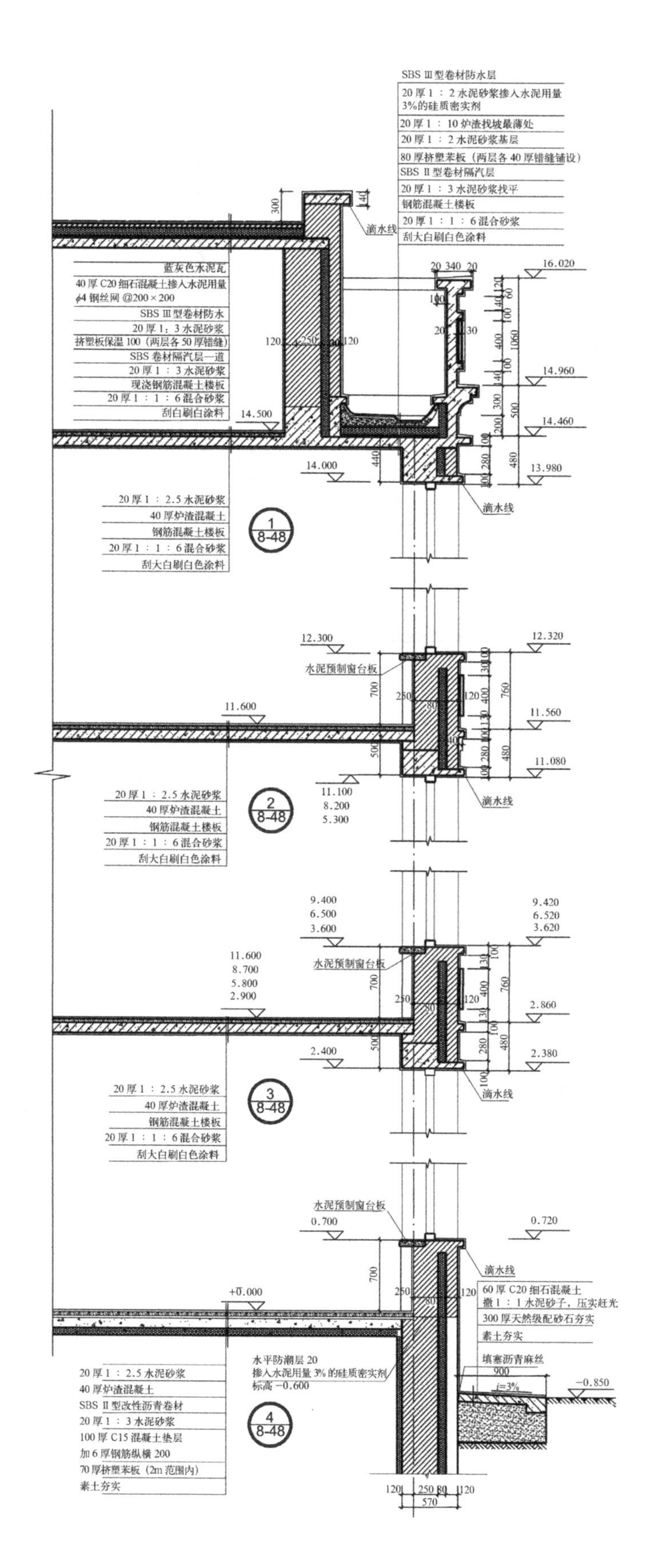

SBS Ⅲ型卷材防水层
20厚1：2水泥砂浆掺入水泥用量3%的硅质密实剂
20厚1：10炉渣找坡最薄处
20厚1：2水泥砂浆基层
80厚挤塑苯板（两层各40厚错缝铺设）
SBS Ⅱ型卷材隔汽层
20厚1：3水泥砂浆找平
钢筋混凝土楼板
20厚1：1：6混合砂浆
刮大白刷白色涂料
滴水线
蓝灰色水泥瓦
40厚C20细石混凝土掺入水泥用量
ϕ4钢丝网@200×200
SBS Ⅲ型卷材防水
20厚1：3水泥砂浆
挤塑板保温100（两层各50厚错缝）
SBS卷材隔汽层一道
20厚1：3水泥砂浆
现浇钢筋混凝土楼板
20厚1：1：6混合砂浆
刮白刷白涂料
16.020
14.960
14.460
14.500
14.000
13.980
20厚1：2.5水泥砂浆
40厚炉渣混凝土
钢筋混凝土楼板
20厚1：1：6混合砂浆
刮大白刷白色涂料
1
8-48
12.300
12.320
水泥预制窗台板
11.600
11.560
11.080
11.100
8.200
5.300
2
8-48
9.400
6.500
3.600
9.420
6.520
3.620
11.600
8.700
5.800
2.900
2.860
2.400
2.380
3
8-48
0.700
0.720
±0.000
60厚C20细石混凝土
撒1：1水泥砂子，压实赶光
300厚天然级配砂石夯实
素土夯实
填塞沥青麻丝
900
i=3%
−0.850
水平防潮层20
掺入水泥用量3%的硅质密实剂
标高−0.600
20厚1：2.5水泥砂浆
40厚炉渣混凝土
SBS Ⅱ型改性沥青卷材
20厚1：3水泥砂浆
100厚C15混凝土垫层
加6厚钢筋纵横200
70厚挤塑苯板（2m范围内）
素土夯实
4
8-48
120 250 80 120
570

图 7–68
外墙剖面详图

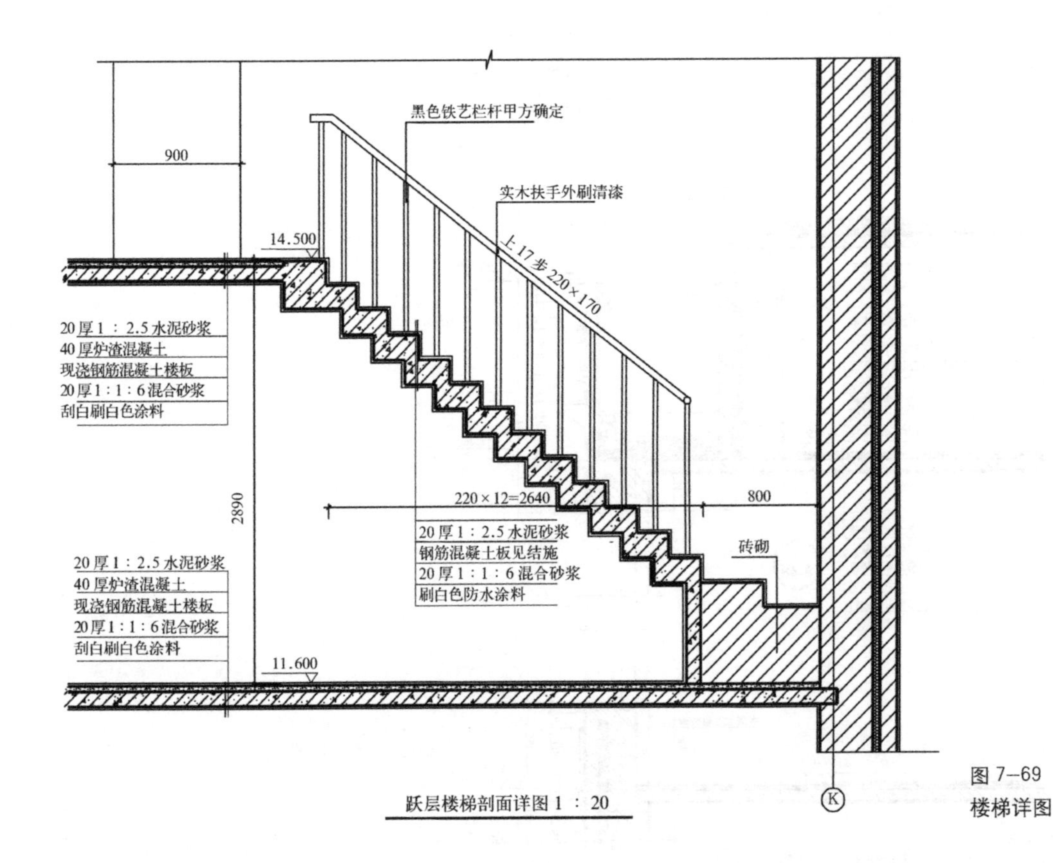

图 7–69
楼梯详图

■ 任务实施

1. 任务内容：识读别墅建筑施工图。

2. 任务要求：

认真阅读别墅平面图、立面图、剖面图（图 7–70 ～图 7–72 所示），并回答以下问题及完成图纸临摹。

(1) 本工程主入口朝向为________。

(2) 本工程中室外地面的相对标高为________。

(3) 本工程三层卧室地面相对标高为________。

(4) 本工程一层层高是________m。

(5) 1–1 剖面图中三层门联窗位于________，尺寸为________mm。

(6) 本工程二层共有________种尺寸的窗。

(7) 本工程中楼梯栏杆高度为________mm。

(8) 主入口处台阶踏步高度为________mm，宽度为________mm。

(9) 本工程中有阳台________个。

(10) 本工程中室内楼梯踏步高度为________mm。

(11) 本工程中屋顶坡度为________°。

(12) 本工程中屋面标高为________m。

(13) 本工程高度 1500mm 的窗户有________个，高度 2100mm 的窗户有________个。

（14）本工程墙体厚度有________种，分别为________mm。

（15）一层外墙面材料为________，二层外墙面材料为________，屋顶面层材料为________。

（16）以小组为单位（4～6人）完成本工程图纸的临摹工作。

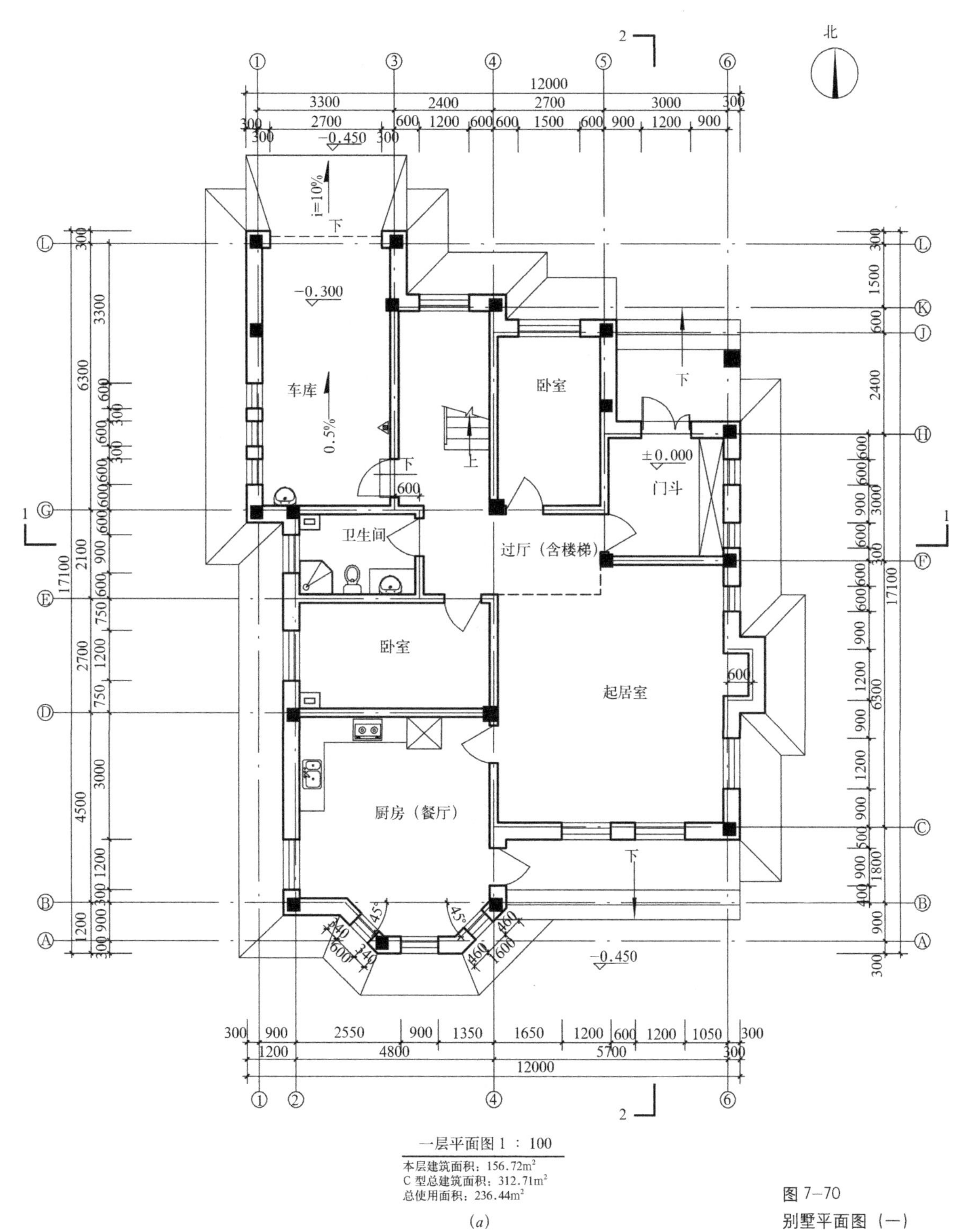

图 7–70
别墅平面图（一）

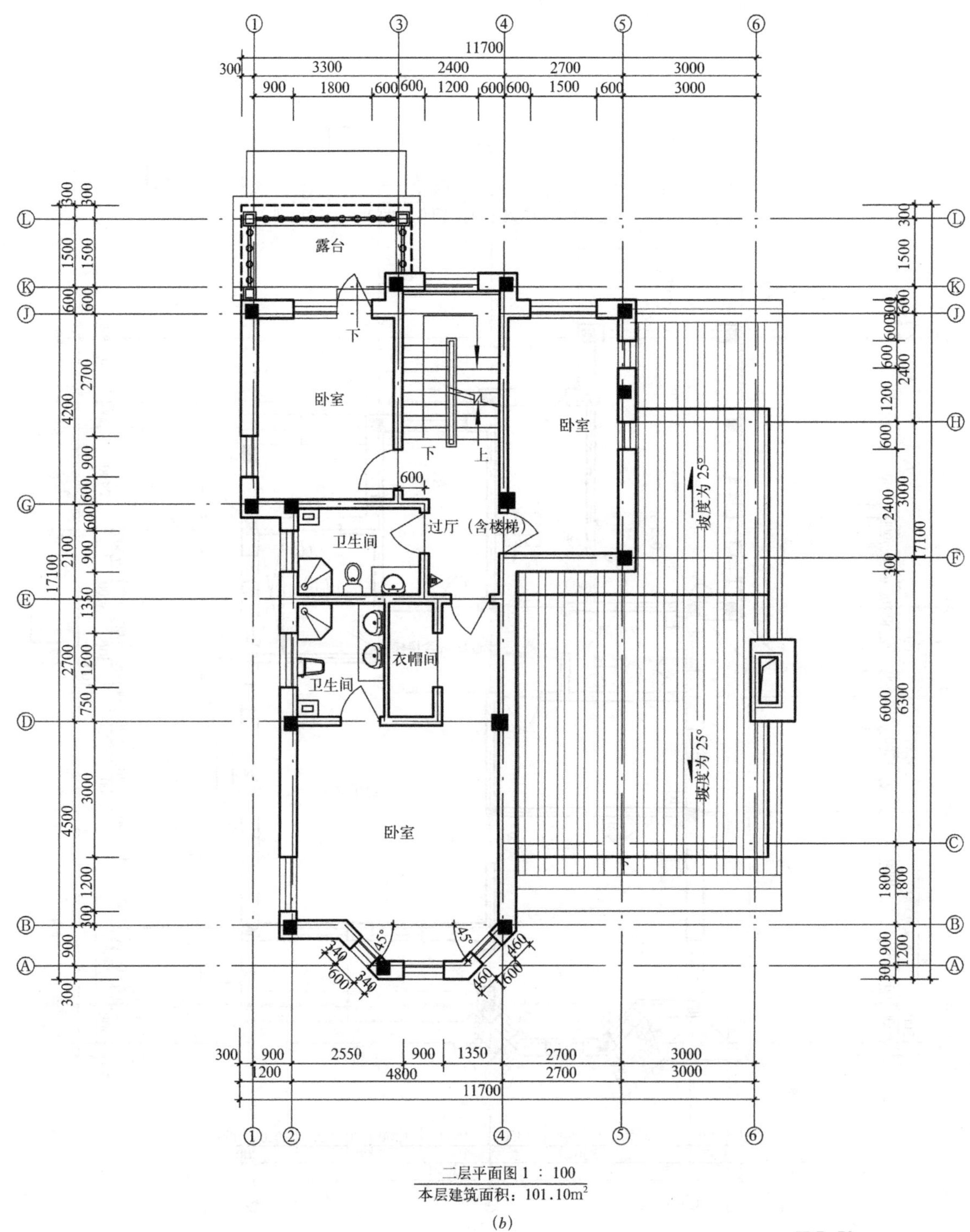

二层平面图 1 : 100

本层建筑面积：101.10m²

(*b*)

图 7–70

别墅平面图（二）

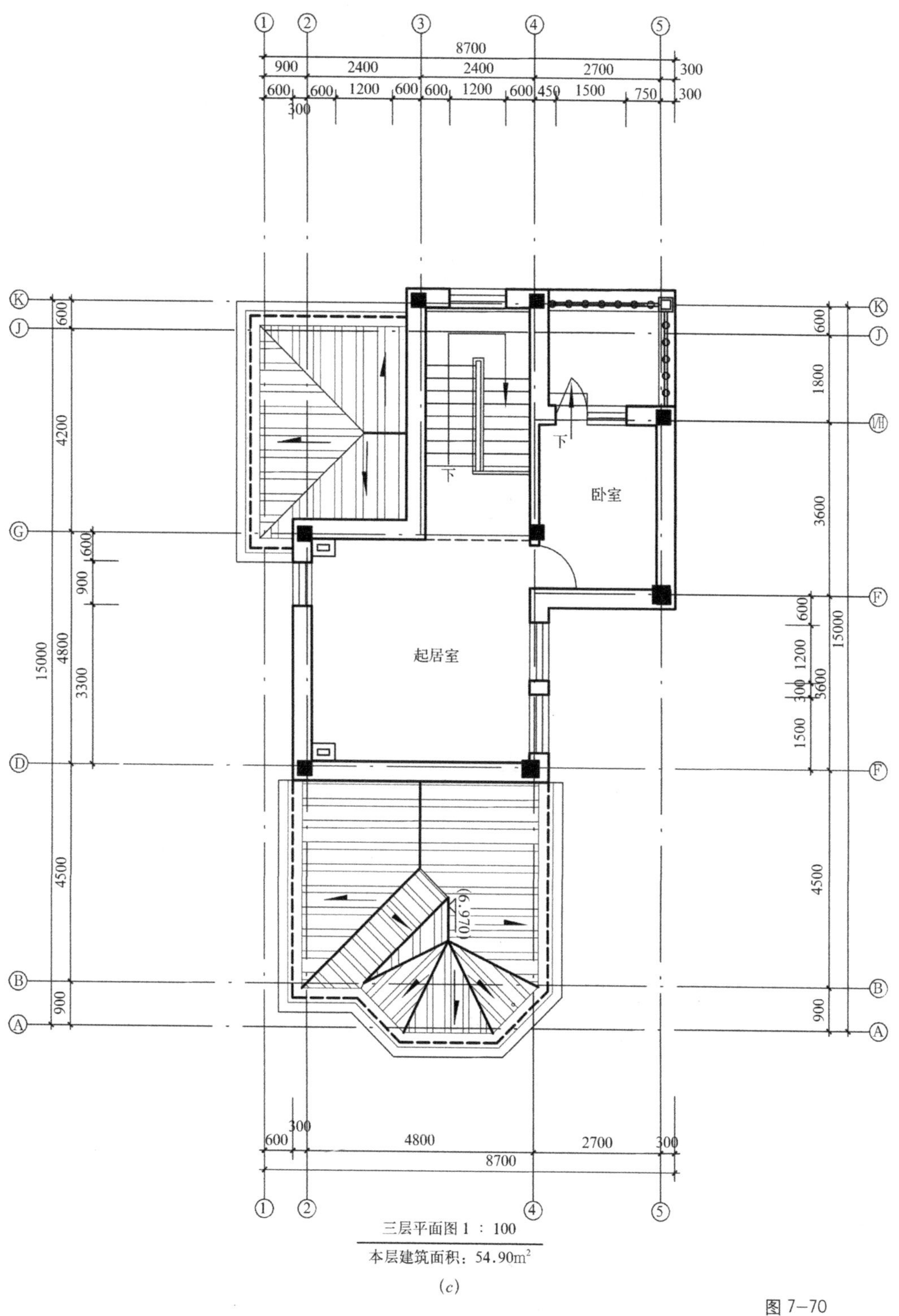

图 7–70
别墅平面图（三）

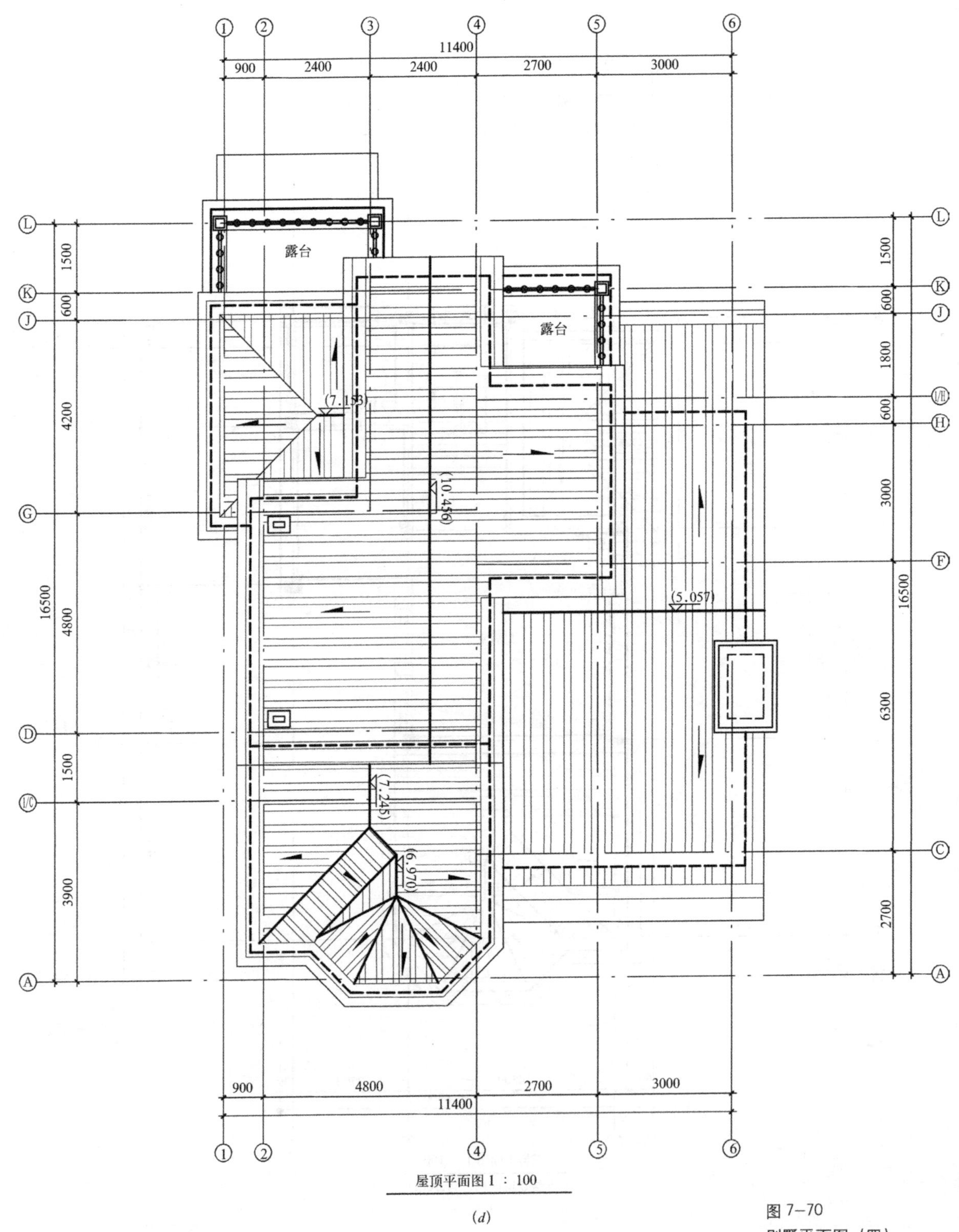

(*d*)

图 7–70

别墅平面图（四）

(*a*) 别墅一层平面图；
(*b*) 别墅二层平面图；
(*c*) 别墅三层平面图；
(*d*) 别墅屋顶平面图

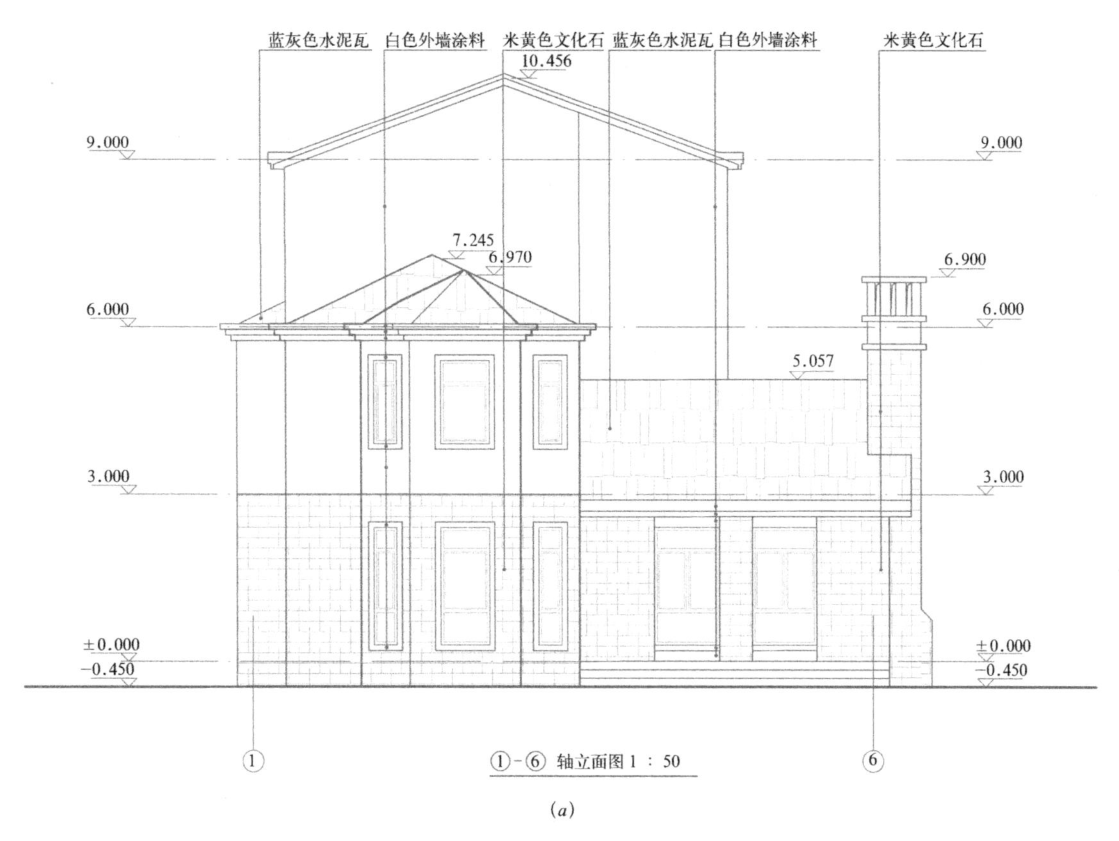

①-⑥ 轴立面图 1 ∶ 50

(*a*)

⑥-① 轴立面图 1 ∶ 50

(*b*)

图 7–71　别墅立面图

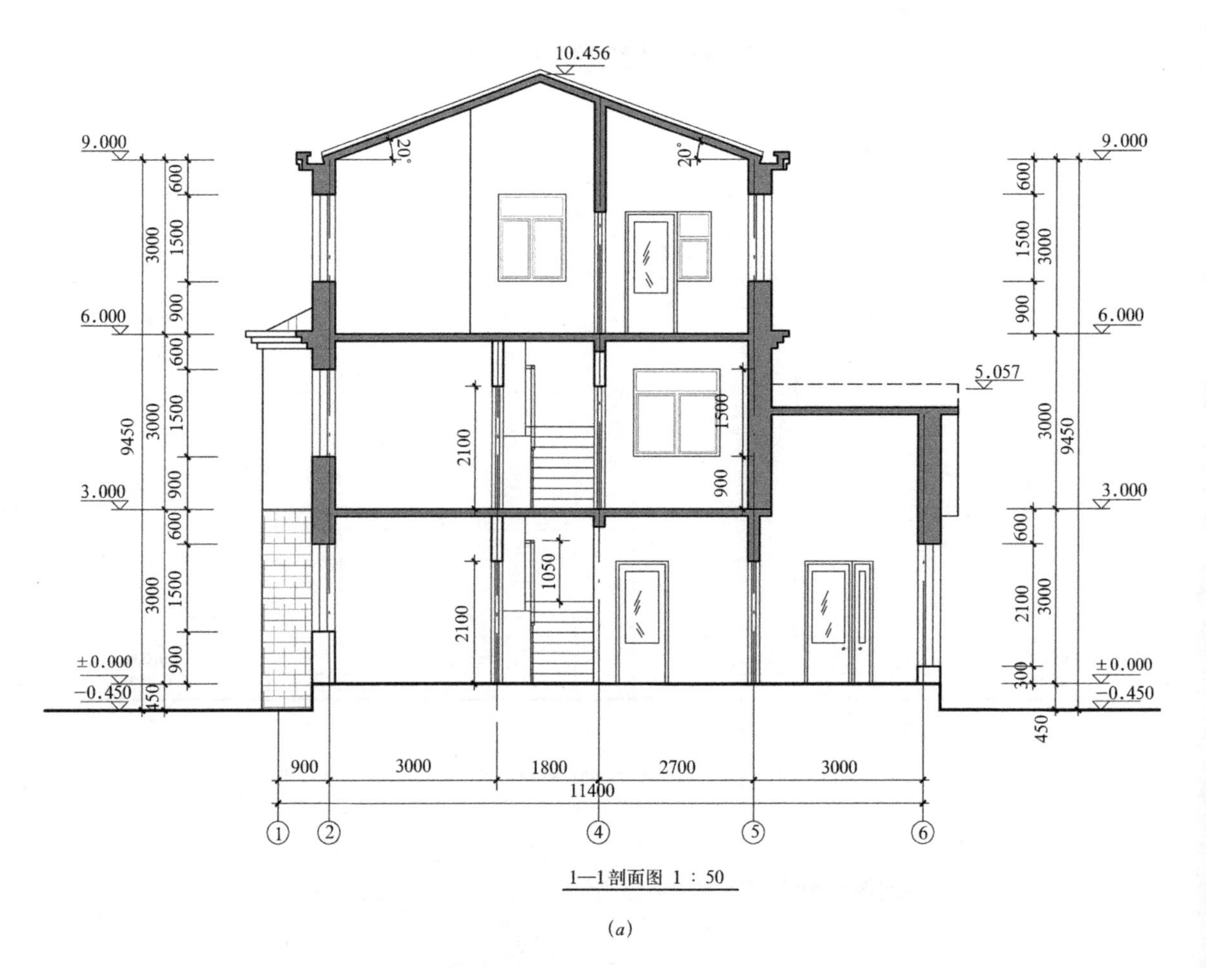

1—1剖面图 1：50

(*a*)

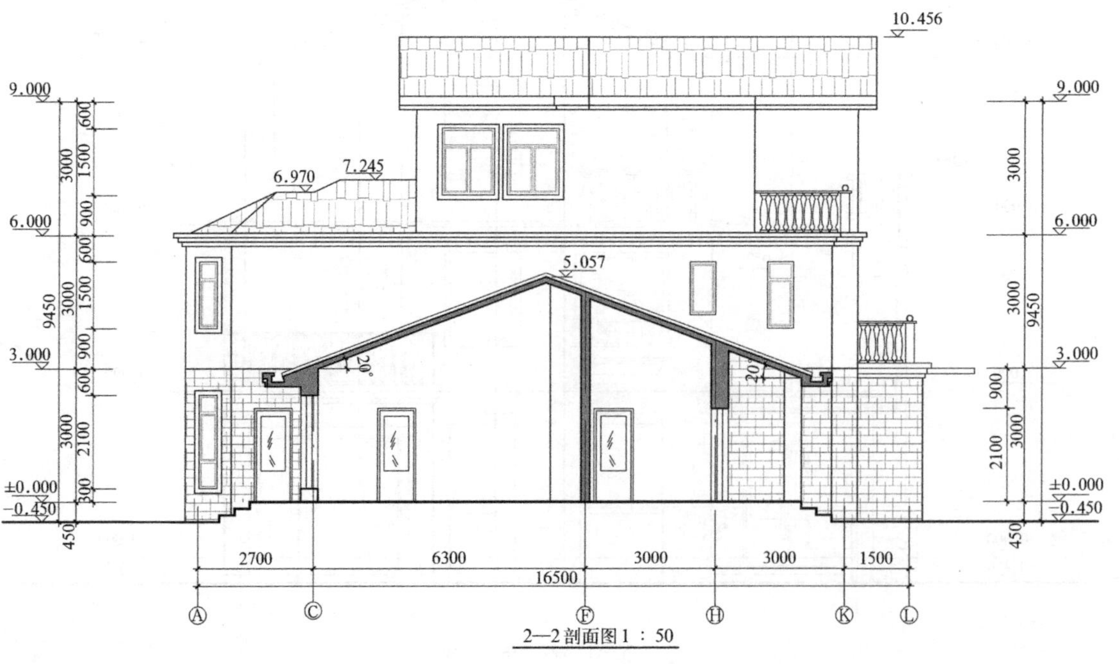

2—2剖面图 1：50

(*b*)

图 7–72 别墅剖面图

思考与讨论

05ZJ201 1/2

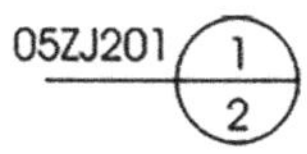

图 7–73
识读索引符号

1. 标高符号的单位是什么？它与线性尺寸有何区别？
2. 图 7–73 中索引符号的数字和字母代表什么？
3. 建筑总平面图图示内容主要有哪些？
4. 简述建筑总平面图的形成及用途。
5. 简述建筑平面图的形成及用途。
6. 简述建筑立面图的形成及用途。
7. 建筑立面图主要表达了哪些内容？
8. 简述建筑剖面图的形成及用途。
9. 详图的主要作用是什么？

拓展任务

1. 在下列方格中绘制建筑材料图例（图 7–74）。

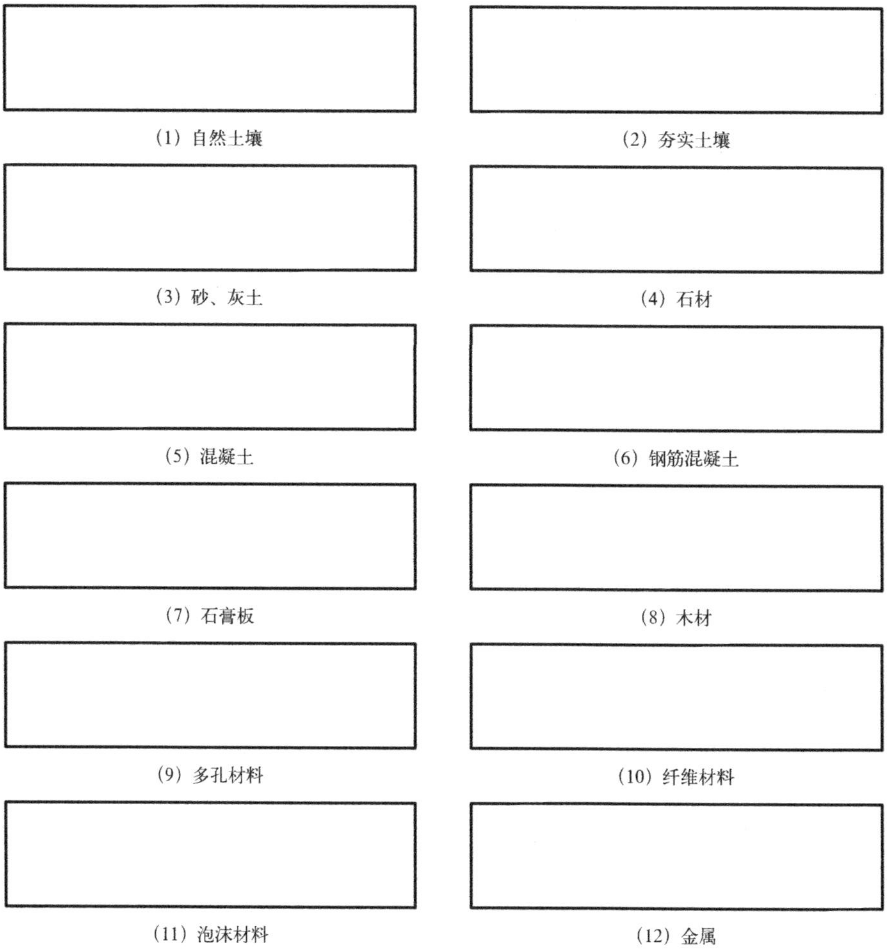

（1）自然土壤	（2）夯实土壤
（3）砂、灰土	（4）石材
（5）混凝土	（6）钢筋混凝土
（7）石膏板	（8）木材
（9）多孔材料	（10）纤维材料
（11）泡沫材料	（12）金属

图 7–74
绘制建筑材料图例

2. 如图 7–75 所示，根据剖切符号绘制剖面图。

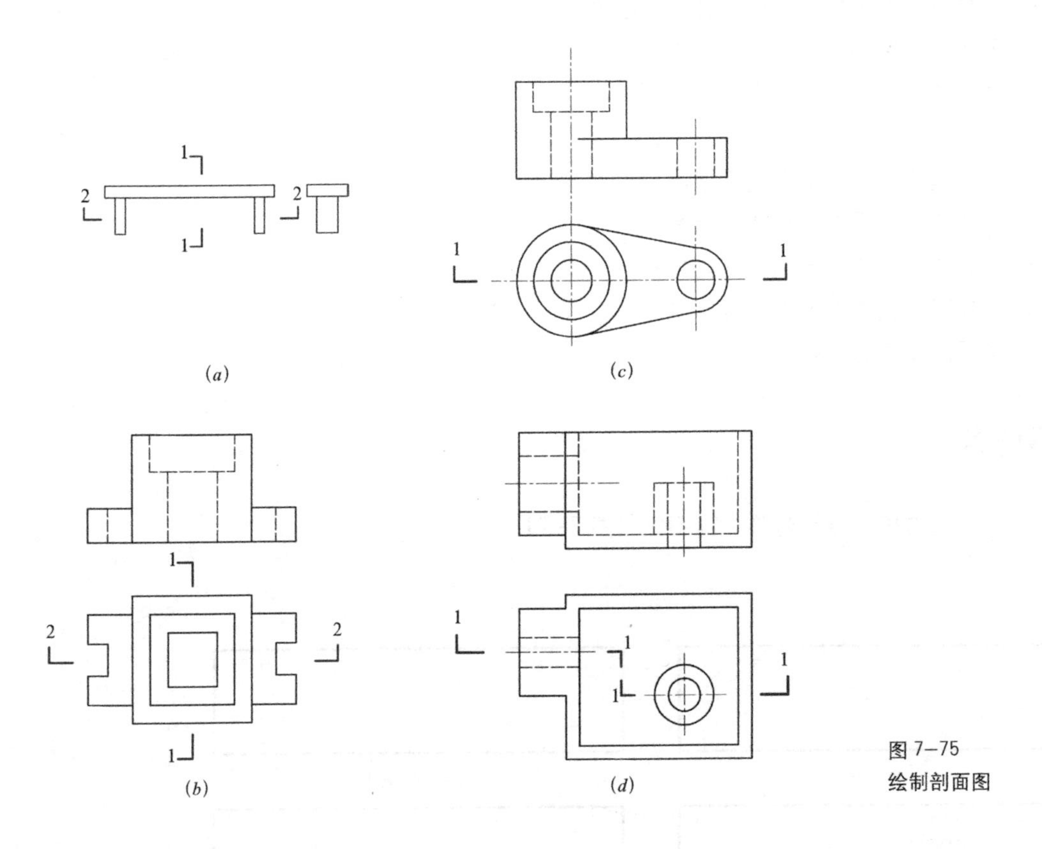

图 7–75
绘制剖面图

3. 如图 7–76 所示，补画侧立面图，并将正立面图改为全剖面图，侧立面图改为半剖面图。标明剖切符号及编号。

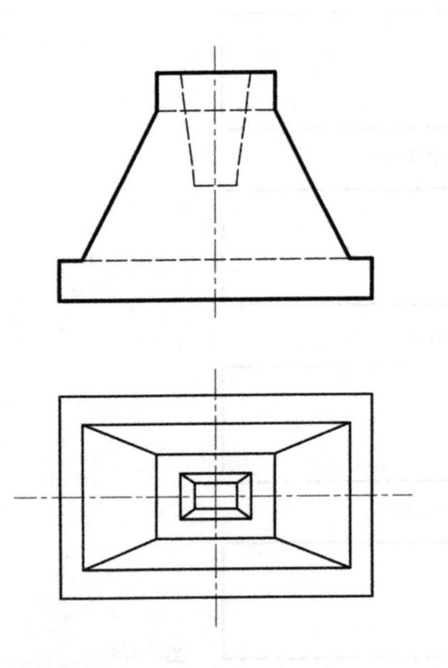

图 7–76
补画视图并改为剖面图

4. 如图 7–77 所示，补画剖面图中遗漏的可见轮廓线。

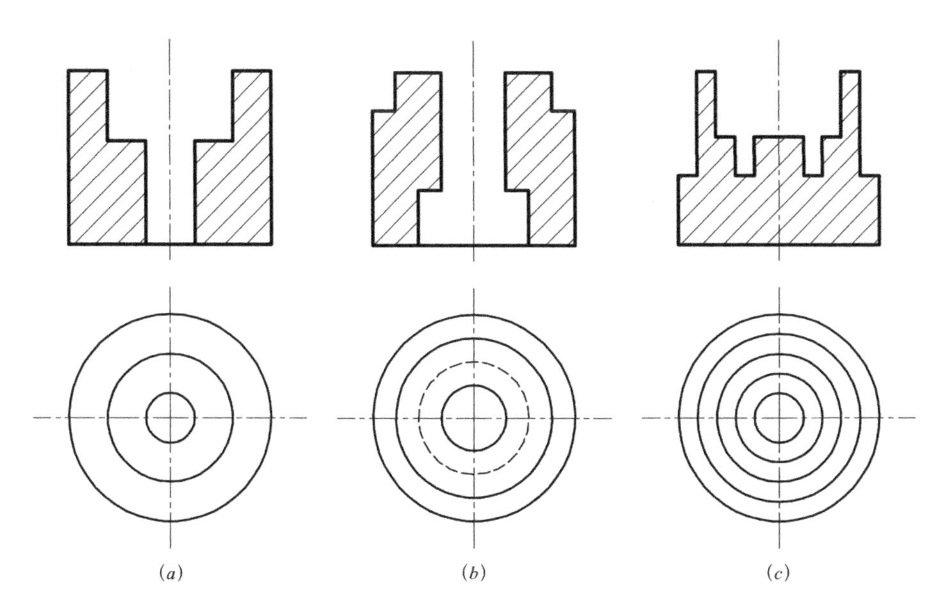

图 7–77
画遗漏的可见轮廓线

5. 如图 7–78 所示，根据移出断面，画出其中断断面和重合断面。

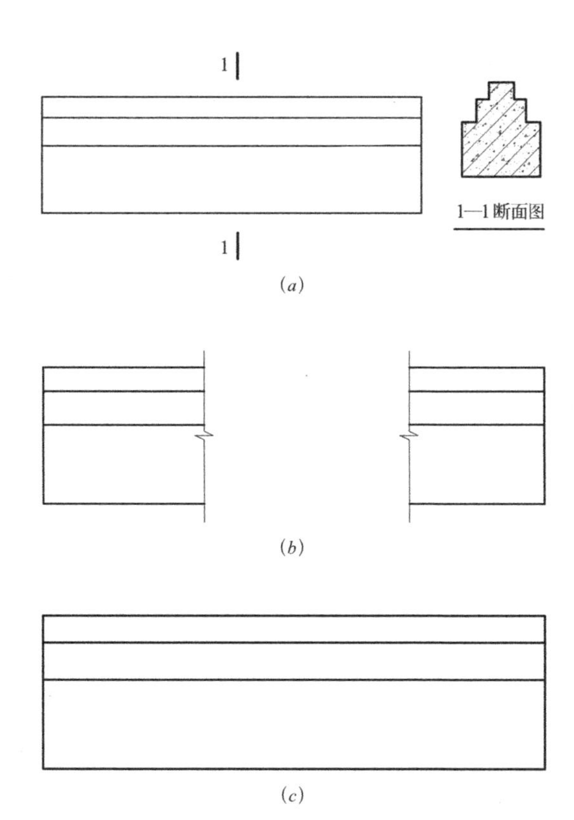

图 7–78
绘制中断断面图和重合断面图
(a) 移出断面；
(b) 中断断面；
(c) 重合断面

6. 如图 7—79 所示，绘制 1—1、2—2 断面图。

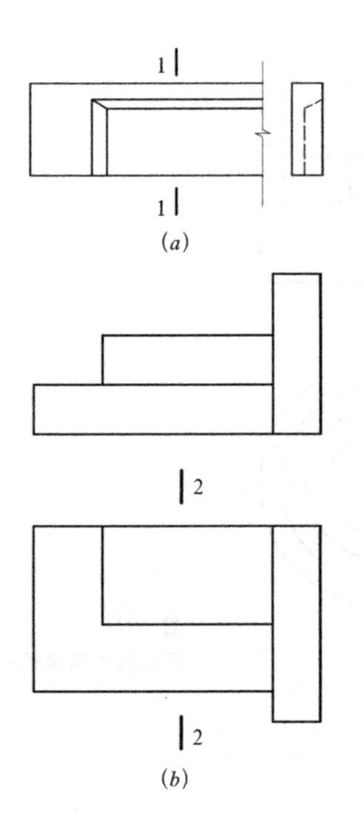

图 7—79
绘制断面图
(a) 绘制 1—1 断面图；
(b) 绘制 2—2 断面图

7. 如图 7—80 所示，已知房屋的正立面图和平面图，求作 1—1、2—2、3—3 剖面图。

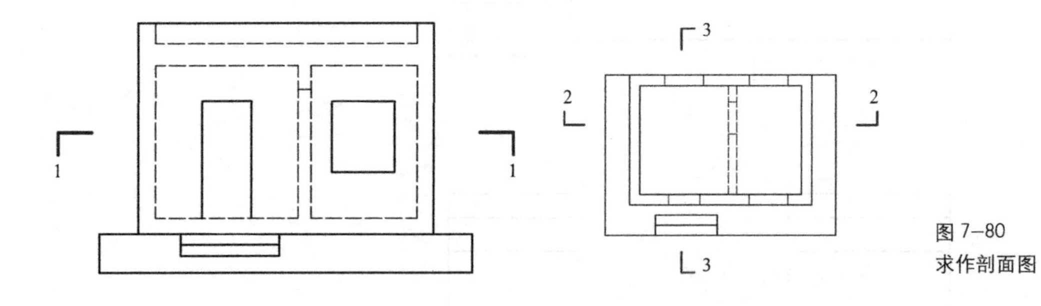

图 7—80
求作剖面图

8. 如图 7—81 所示，已知三视图中的正立面图和侧立面图，求作 1—1、2—2 断面图。

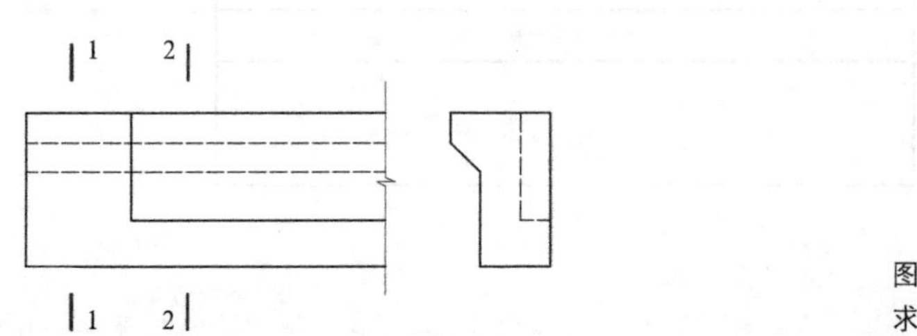

图 7—81
求作断面图

9. 根据图 7–82 所示，完成以下问题。

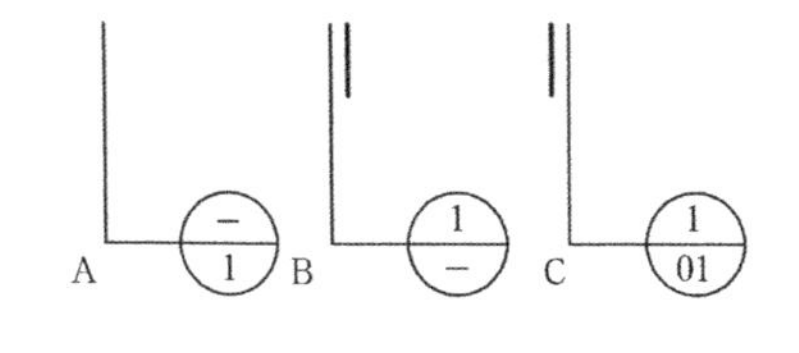

(1) 建筑物主入口的朝向为________。

(2) 编号 C1215 代表________。

(3) 台阶处索引符号图示正确的一项为________。

(4) 定位轴线及其编号是否表达正确，如错误请在原图进行更改。

(5) 1–1 剖面图的剖视方向为________。

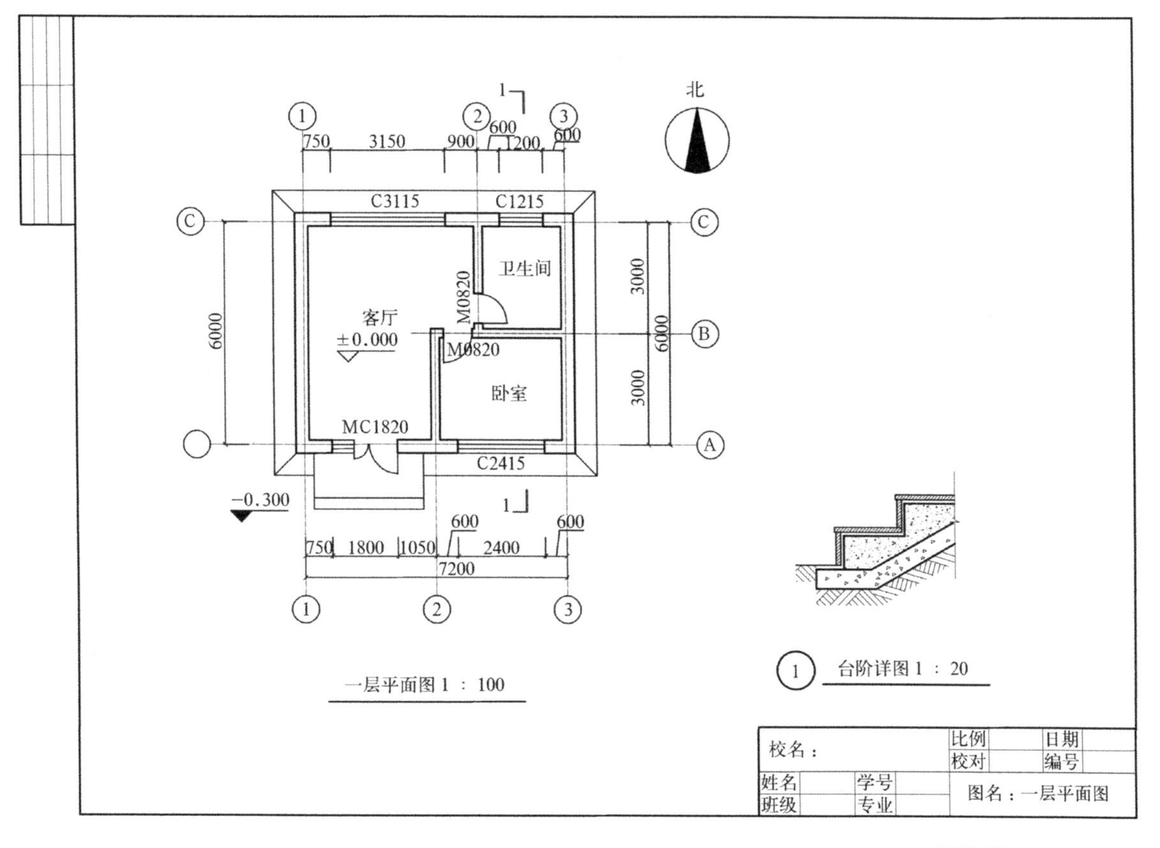

图 7–82
建筑施工图

8

项目 8 室内设计施工图

【项目描述】

将以一套室内设计施工图纸作为项目主线，通过识读图纸，带领学习者了解室内设计施工图的形成，了解图纸所表达的内容，掌握表现形式和方法，熟悉整套图纸绘制过程。在完成一系列任务后，可以独立开展室内空间的施工图绘制工作。当然，除了制图外，室内设计施工图还需要室内设计、装饰构造、装饰材料等多门课程作为辅助支撑。

【项目目标】

1. 掌握室内设计施工图相关内容。
2. 掌握室内设计施工图内视符号及图例的表达方法。
3. 熟悉室内平面图、立面图、详图的形成。
4. 掌握室内平面图、立面图、详图图样的绘制方法。
5. 熟练掌握中小型室内空间设计工程图纸的绘制程序及内容。

【项目要求】

1. 根据任务 8.1 的要求，学习室内设计施工图表达内容以及相关符号和图例。完成教室空间测量和平面图绘制工作。

2. 根据任务 8.2 的要求，学习室内平面布置图、顶棚平面图、地面铺装图的形成、表达内容、画法及图例展示。完成某住宅小区样板间室内平面图的临摹工作，所用图纸规格为 A3 绘图纸（420mm×297mm），比例自定。

3. 根据任务 8.3 的要求，学习室内立面图的形成、表达内容、画法及图例展示。完成某住宅小区样板间室内立面图的临摹或立面设计工作，所用图纸规格为 A3 绘图纸（420mm×297mm），比例自定。

4. 根据任务8.4的要求，学习室内详图的形成、表达内容、画法及图例展示。完成某住宅小区样板间室内某构件详图的临摹工作，所用图纸规格为 A3 绘图纸（420mm×297mm），比例自定。

5. 根据拓展任务书要求，完成教室空间室内设计及施工图绘制。

【项目计划】

见表 8–1。

【项目评价】

见表 8–2。

项目8计划　　表8—1

项目内容	知识点	学时
任务8.1　室内设计施工图导入	内视符号、图例	1
任务8.2　室内平面图	平面布置图、顶棚平面图、地面铺装图	3
任务8.3　室内立面图	剖立面图、纯立面图	2
任务8.4　室内详图	详图	1
拓展任务	此部分内容可单独使用，也可融入以上任务完成	1

项目8评价　　表8—2

评价内容	项目评分	评价标准
原始平面图	5★	①表达准确（墙体、门窗等）；②尺寸标注；③线型标准（各类线型及线宽）；④比例正确；⑤墙体图例表（原有墙体、新建墙体、承重墙体等）；⑥图框；⑦文字书写规范；⑧图面整洁，无刮痕
平面布置图	5★	①表达准确（墙体、门窗、家具等）；②内视符号；③尺寸标注；④各房间名称；⑤线型标准（各类线型及线宽）；⑥墙体图例表；⑦比例正确；⑧图框；⑨文字书写规范；⑩图面整洁，无刮痕
顶棚平面图	5★	①表达准确（墙体、门窗、吊顶、灯具等）；②尺寸标注、标高；③文字说明（结构、材料等）；④线型标准（各类线型及线宽）；⑤索引符号；⑥灯具图例表；⑦比例正确；⑧图框；⑨文字书写规范；⑩图面整洁，无刮痕
地面铺装图	5★	①表达准确（墙体、门窗、地面铺装等）；②尺寸标注、标高；③文字说明（材料、铺设方法等）；④线型标准（各类线型及线宽）；⑤索引符号；⑥比例正确；⑦图框；⑧文字书写规范；⑨图面整洁，无刮痕
立面图（至少一个房间四个立面）	5★	①表达准确（墙体、门窗、陈设品等）；②尺寸标注；③文字说明（材料等）；④线型标准（各类线型及线宽）；⑤索引符号；⑥比例正确；⑦图框；⑧文字书写规范；⑨图面整洁，无刮痕
详图（至少两个详图）	5★	①表达准确（构造线等）；②尺寸标注；③详图符号；④文字说明（结构、材料等）；⑤线型标准（各类线型及线宽）；⑥比例正确；⑦图框；⑧文字书写规范；⑨图面整洁，无刮痕

注：根据评价标准完成对应内容评价，如错误或缺少一项扣掉1★，扣完为止。

任务8.1　室内设计施工图导入

■ 任务引入

在房子建成后，往往需要对内部进行装修，以便更舒适、高效、便捷地使用室内空间。那么，我们在进行室内设计时，可以直接将设计内容画在房屋建筑施工图中吗？并且以此作为室内装修的指导依据吗？如果不能直接应用房屋建筑施工图，那么室内设计施工图该如何绘制呢？它与建筑施工图纸的区别又在哪里呢？

本节我们的任务是学习室内设计施工图的内容、常用符号和图例等，为室内设计施工图识读与绘制做好铺垫工作。

■ 知识链接

2011 年 3 月 1 日，实施的《建筑制图标准》GB/T 50104—2010 是目前最新版国标，其中对室内设计制图有关内容作出了规定。本节将依据有关国家标准及室内设计自身特点，完成室内设计施工图的学习。

相关链接：

建筑施工图与室内设计施工图的区别：

1. 表达内容不同。建筑施工图表达了建筑内部布局、外部装修、外观造型、施工要求等，是指导建筑施工的重要依据；室内设计施工图表达了室内布局、室内墙面、地面、顶棚装饰、家具及陈设品摆放等，是指导室内装饰、装修的重要依据。

室内施工图的绘制，需要设计师在已有建筑空间内部进行精密测量后进行，建筑施工图可作为参考图纸。

2. 表达形式不同（以平面图为例说明，如表 8–3、图 8–1 所示）。

建筑施工图与室内设计施工图表达形式的异同点 **表8–3**

表达内容	建筑施工图	室内设计施工图
定位轴线及其编号	有	—
门窗编号	有	—
家具及陈设品	—	有
装饰隔墙	—	有
内视符号	—	有
尺寸标注	1）外部尺寸：总尺寸；定位轴线间的距离尺寸；门窗洞口、墙垛、墙厚等细部尺寸。 2）内部尺寸：门窗洞、孔洞、墙厚、固定设施、标高等	1）外部尺寸：总尺寸，内墙尺寸，门窗洞口等细部尺寸。 2）内部尺寸：内墙完成面尺寸、门窗洞、孔洞、固定设施、标高等

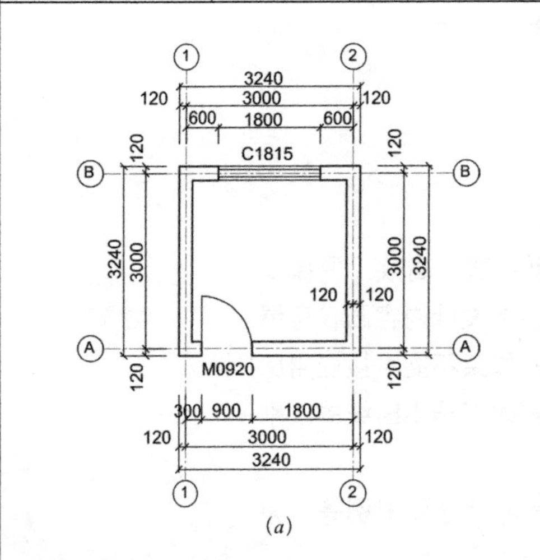

(*a*)

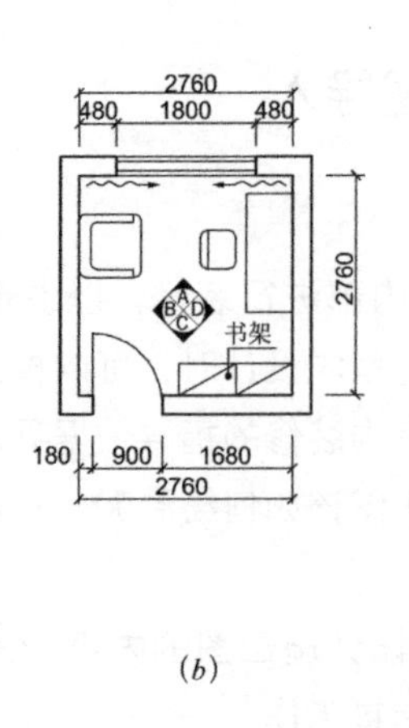

(*b*)

图 8–1
建筑施工图与室内设计施工图的区别
(*a*) 建筑施工图；
(*b*) 室内设计施工图

8.1.1 室内设计施工图内容

室内设计施工图是表达室内装修方案和指导施工的重要图纸，是建筑施工图的延续和深入。它主要展示室内空间布局，陈设品摆放，固定设施安置，各类细部构造详图，施工要求说明，顶棚、地面及各立面装饰效果等。是装修施工和验收的重要依据。

室内设计施工图主要包括：室内平面布置图、室内顶棚平面图、室内地面铺装图、室内立面图、室内详图等。除此之外还涉及建筑结构改造工程图、电气设备工程图、给水排水设备工程图、供热制冷及燃气设备工程图等，由于课程设置需要配套专业设备工程图，本书将不作介绍说明。

8.1.2 室内设计施工图常用符号和图例

1. 内视符号

内视符号设置在室内平面布置图内，用以表明室内立面在平面图上的位置、视点位置、方向及立面编号。

内视符号的画法如图 8–2 所示，符号中的圆圈及直线应用细实线绘制，可根据图面比例选择圆圈直径，范围在 8 ~ 12mm。立面编号宜用拉丁字母或阿拉伯数字。外切方形尖端处涂黑，用于指向投影方向。

> **请注意：**
>
> 1. 立面编号表达形式应统一，如应用拉丁字母，整套图纸的立面编号全部为拉丁字母。
>
> 2. 一套户型可只画一个四面内视符号，分别代表四个方向；对于一些特殊墙体，如弧形墙、斜墙等，则需要另加单面或双面内视符号。

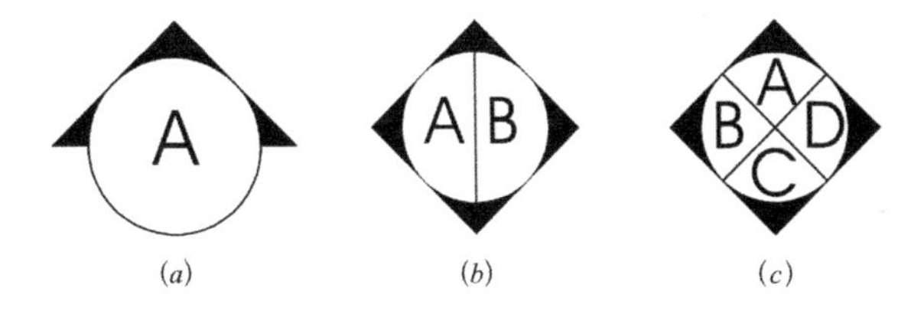

图 8–2
内视符号
(a) 单面内视符号；
(b) 双面内视符号；
(c) 四面内视符号

内视符号可以是单面内视符号、双面内视符号和四面内视符号。如图 8–3 所示，一小户型平面图，主卧室为四面内视符号，分别指向四个墙面，与此对应，主卧室立面图应绘制 A、B、C、D 四个方向立面；客厅为两面内视符号，立面图应绘制箭头指向的电视背景墙 E 立面和沙发背景墙 F 立面；书房为单面内视符号，应绘制书柜背景墙 G 立面。

2. 室内设计施工图常用图例

建筑制图标准中的材料、构造及配件图例，均可应用于室内设计施工图。但由于室内设计所用材料及陈设品内容较多，范围较广，除建筑制图标准图例外，还参考家具制图标准图例及画法，而对于电气设备、植被等图例通常采用习惯画法。表 8–4 罗列出了较为常用，且约定俗成的图例，以供参考。

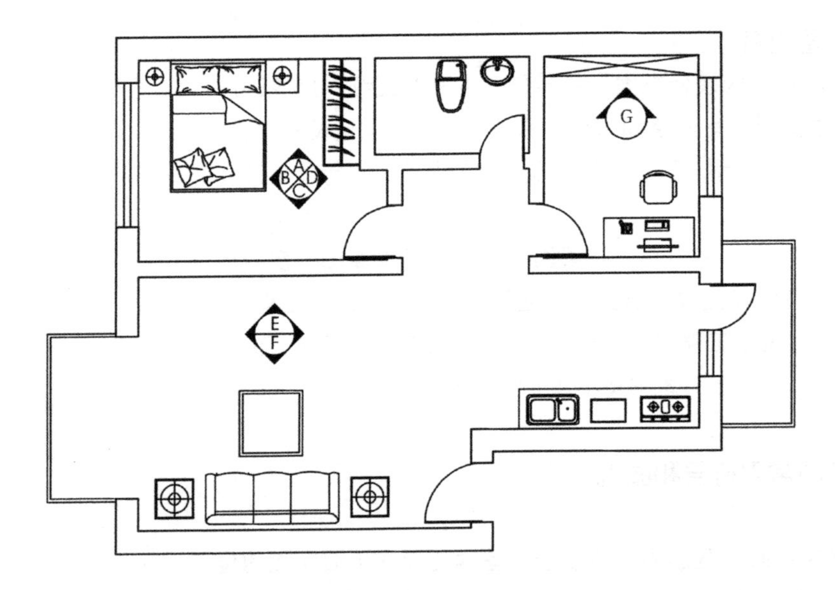

图 8–3
平面图上内视符号应用示例

室内设计施工图图例 表8–4

类型	名称、尺寸或规格	图例
床	1200mm × 2000mm	
	1500mm × 2000mm	
	1800mm × 2000mm	
	2000mm × 2000mm	
办公室	电话	
沙发	单人	
	双人	
	三人	
	转角沙发	

类型	名称、尺寸或规格	图例
办公室	办公桌	
	书柜	
	圆形会议桌	
	船形会议桌	
	电脑	
客房	单人床 + 床头柜	
	双人床 + 床头柜	
	衣柜	
	组合柜	

续表

类型	名称、尺寸或规格	图例	类型	名称、尺寸或规格	图例
沙发	3+2+1 组合	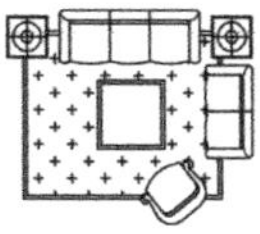	客房	椅子	
	半圆沙发	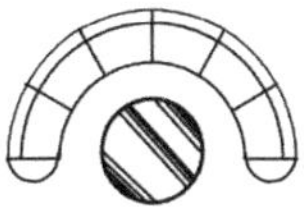	家用电器	冰箱	
餐桌	2 人桌	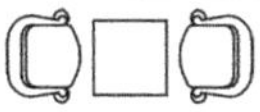		电视	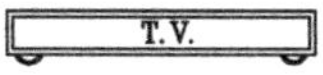
	4 人桌	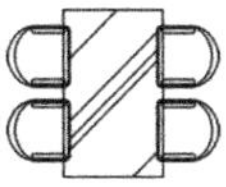		微波炉	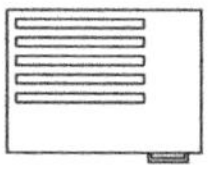
	6 人桌	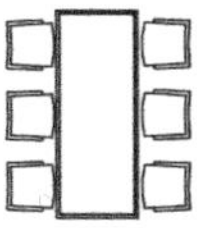		洗衣机	
	8 人圆桌	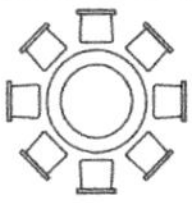		挂式空调	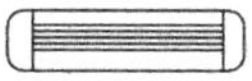
	12 人圆桌			立式空调	
灯具	筒灯		厨房	一字形台面	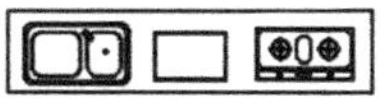
	壁灯			U 形台面	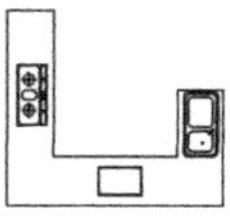
	立灯			L 字形台面	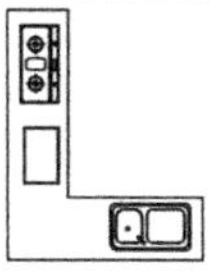
	台灯		茶几	方形	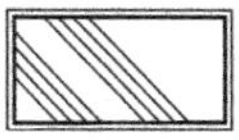
	吸顶灯			圆形	
	荧光灯	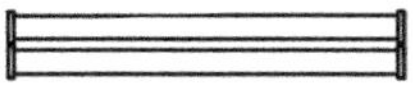	洁具	浴缸	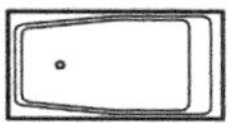
	花灯	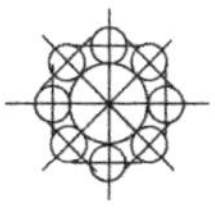		浴箱	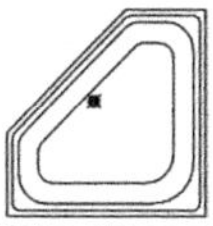

续表

类型	名称、尺寸或规格	图例	类型	名称、尺寸或规格	图例
灯具	暗藏灯		洁具	坐便器	
	射灯			蹲便器	
	插座			洗手盆	
	开关		钢琴	三角钢琴	
体育器材	台球桌		植物	树	
	健身器材			花	
钢琴	台式钢琴			草	

■ 任务实施

以个人或小组为单位，对教室进行测量，得到基本数据情况，完成教室室内平面图绘制。

要求：

1. 教室平面图采用常用比例进行绘制。

2. 图纸规格依据图形大小自行确定。

3. 图纸需要有标题栏、会签栏（格式参考项目一中任务1.2：制图标准的基本规定）。

4. 图线粗细有别，运用合理，文字与数字书写工整，文字采用长仿宋体。

5. 正确使用绘图工具。

6. 保证图纸整洁。

7. 教室中的家具及其他设备可按实际情况绘制，也可自行设计。但要求所绘物体必须等比例。

■ 思考与讨论

1. 建筑施工图与室内设计施工图有哪些区别？

2. 如图 8–4 所示，此平面图的内视符号应如何绘制？

3. 本节列举了室内设计平面图中常见的图例，那么这些常见物体的立面图例应该如何绘制呢？

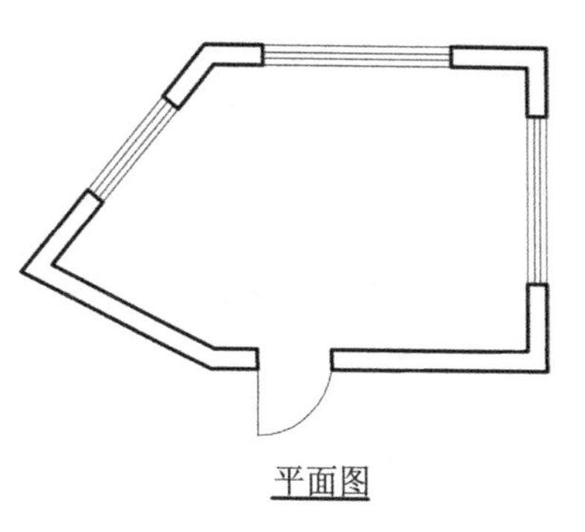

图 8–4
异形空间平面图

任务 8.2　室内平面图

■ 任务引入

对一个室内空间进行设计，需要完成空间功能规划、墙面装饰设计、顶棚设计、灯具及灯光设计、水电改造设计、地面铺装设计、家具及陈设品的布置等诸多内容。而在施工之前，这些内容均要用图纸来体现，那么这些设计内容该如何表达呢？

图 8–5 所示，为我国某市住宅小区样板间原始平面图，使用面积为 84m^2。图 8–6 为参考效果图。针对这一空间，室内设计施工图该如何绘制呢？

本节我们的任务是完成室内平面图的识读与绘制工作，并在此基础上尝试小空间的平面设计与表达。

■ 知识链接

室内平面图包括室内平面布置图、室内顶棚图、室内地面铺装图。本节将结合某市某住宅小区样板间施工图例介绍图样及表达方法。

8.2.1　室内平面布置图

1. 室内平面布置图的形成

室内平面布置图是用一假想水平剖切面在窗台上方，将房屋剖开，移去剖切面以上部分，余下部分向水平投影面投影得到的水平剖视图即为平面布置图，简称平面图。

2. 室内平面布置图的表达内容

（1）室内格局、门窗、洞口位置及尺寸。

（2）室内各种固定设施位置及尺寸，如壁炉、吧台等。

（3）室内家电、家具及其他陈设品的位置。

（4）为准备表达室内立面图在平面中的位置，还应在平面图中绘制内视符号。

3. 室内平面布置图的画法

（1）选定图幅，确定比例。

（2）画出墙体定位轴线及墙体厚度。室内平面布置图中墙体定位轴线编号

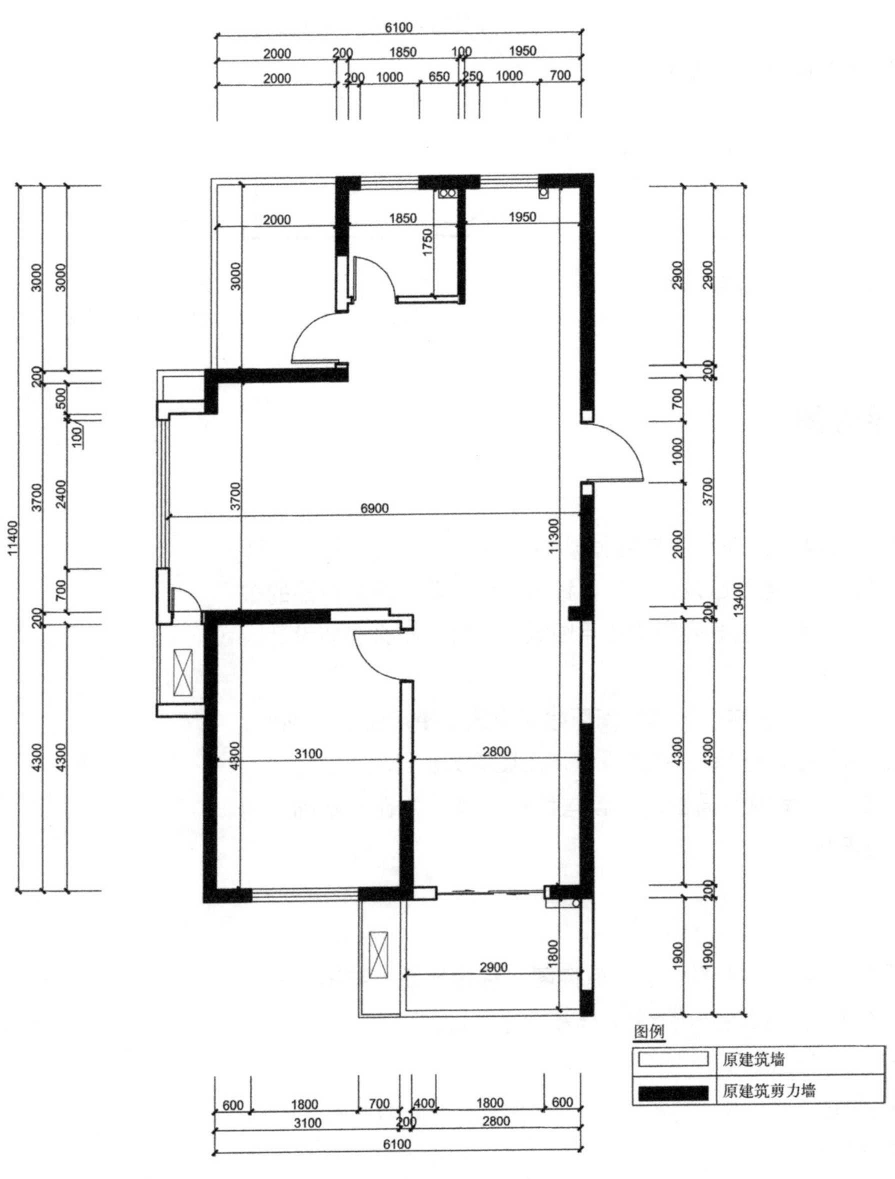

图 8–5
某市某住宅小区样板
向原始平面图

(*a*) (*b*)

图 8–6
某市某住宅小区样板
间效果图
(*a*) 客厅效果图；
(*b*) 卧室效果图

与建筑平面图的轴线编号应一致，一般情况下室内平面布置图不需要绘制定位轴线及轴线尺寸。墙体采用粗实线绘制。承重墙体应将承重的范围用阴影注明。

（3）确定门窗位置及尺寸。在平面布置图中应绘制门窗的位置、尺寸、开启方向，但门窗的编号可不必标注。门窗用细实线绘制。

（4）固定设施位置及尺寸。对于一些后加入室内的固定设施应在平面布置图中表明与附近建筑结构的位置关系，需用尺寸标注，以便施工人员准确实施。固定设施用细实线绘制。

（5）陈设品及其他室内设施图例及布置方式。这些设施的绘制比例应与平面图比例相符，但可以省略尺寸标注。图线均采用细实线，具体画法参考表8-4。

（6）标注尺寸及有关文字说明。室内设计施工图尺寸标注只需标注门窗洞口尺寸、开间尺寸、进深尺寸、装修构造的定位尺寸、各细部尺寸和总尺寸。无需标注定位轴线尺寸。

（7）检查、清理图纸。按线宽标准加深图线。

4. 实例（图8-7）

8.2.2 室内顶棚平面图

1. 室内顶棚平面图的形成

顶棚平面图通常采用镜像投影法绘制，也可使用仰视绘制方法。但在《房屋建筑制图统一标准》GB/T 50001—2017中，建议采用镜像投影法，这样可以与平面布置图及地面铺装图相对应，读图、绘图也更为容易。

2. 室内顶棚平面图的表达内容

（1）顶棚装修形式及尺寸。

（2）顶棚装饰材料类型、规格、色彩等。

（3）灯具类型、数量、位置及灯光色彩要求等。

（4）通风口、烟感器、消防设施等布置情况及安装说明。

（5）具有复杂造型或特殊装饰手法（如浮雕、彩绘等）的需要另加详图说明，并标明索引符号。

> **相关链接：**
>
> 顶棚装饰的几种常见形式：
>
> 1. 平滑式。顶棚成整片的平面、斜面或曲面，没有任何的造型和层次。此类顶棚构造简单，朴素大方。常用于教室、展厅、办公室、客房等。
>
> 2. 凹凸式。通常称为立体顶棚，其表面有不同级数的进退关系，有单层或多层。此类顶棚造型华美富丽，层次感强。常用于餐厅、会客厅等。
>
> 3. 吊挂式。将各种板材、金属、玻璃等吊挂在结构层上。此类顶棚富有动感。常用于歌舞剧院、影视厅、展览馆等。
>
> 4. 井格式。利用井字梁关系因势利导的一种设计手法。此类顶棚具有很强的民族风格和地方特色。常用于宴会厅、休息厅等。

5. 玻璃顶。利用透明、半透明或彩绘玻璃作为顶面材料。此类顶棚具有明亮、清新和极高的装饰效果。常用于大型公共场所。

6. 结构式。利用建筑本身结构构件，结构顶部设备和灯具，不作更多的附加装饰。此类顶棚主要体现建筑结构美感。常用于开放式办公场所、理发店等公共场所。

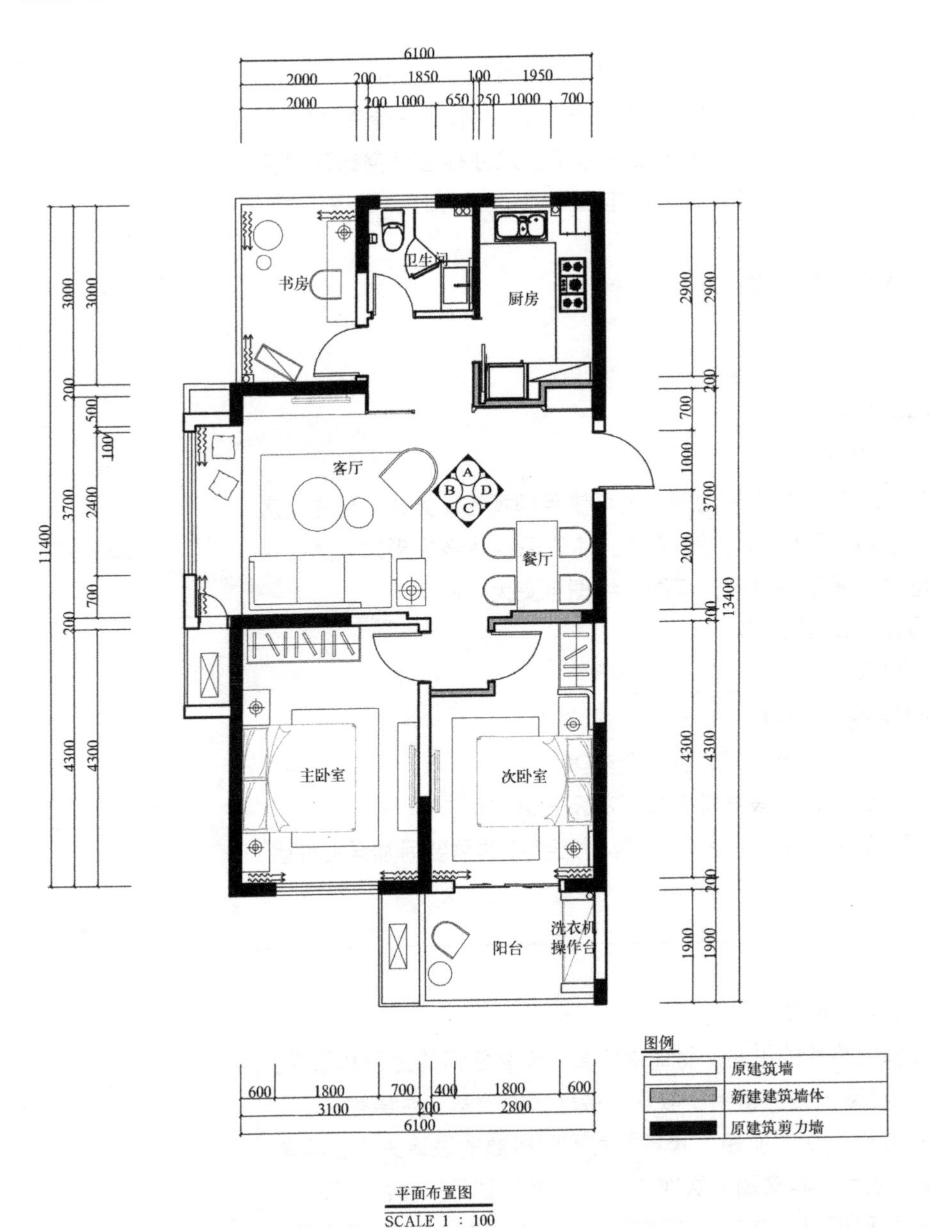

图 8–7
室内平面布置图

3. 室内顶棚平面图的画法

(1) 选定图幅，确定比例。室内顶棚平面图一般与室内平面布置图选用相同比例绘制，以便对照看图。

(2) 绘制墙体的厚度。与平面布置图相同，墙体用粗实线绘制。

(3) 确定门窗的位置。室内顶棚平面图需要在墙体中表明门窗洞口位置，无需绘制门窗图例，其位置线用细实线表示。

(4) 顶棚的形状大小及结构。顶棚因造型变化带来的叠层高差应用标高注明，一般将相对标高 ±0.000 定义在本层楼地面高度位置。另外，结构相对复杂的顶棚需要绘制节点详图。顶棚轮廓线采用细实线绘制。

(5) 灯具及其他设施的布置。应标注灯具的摆放位置、间隔距离，说明灯具类型和对灯光色彩的要求等。灯具及其他设施图例可参考表 8-4，均用细实线绘制。

(6) 检查、清理图纸。按线宽标准加深图线。

4. 实例（图 8-8）

请注意：

在实际工程中，可将室内顶棚平面图细化为顶棚布置图、顶棚灯具尺寸图、强电插座平面图、线路图等。根据本课程教学要求及后续课程需要，本书将不作深入讲解。

8.2.3 室内地面铺装图

1. 室内地面铺装图的形成

室内地面铺装图是对装修后的地面作水平投影，其形式与平面布置图相同。对于一些铺装简单，无高低变化的地面，可以将室内平面布置图与地面铺装图合二为一。而对于构造复杂、装饰花纹繁复、高低起伏变化较大的空间地面，需要单独绘制地面铺装图，并且局部可做详图。

2. 室内地面铺装图的表达内容

(1) 地面铺装形式。

(2) 地面装饰材料类型、规格、色彩及纹理要求等。

(3) 具有复杂造型或特殊装饰手法的需要另加详图说明。

3. 室内地面铺装图的画法

相关链接：

常用地面装饰材料：实木地板、复合地板、强化复合地板、竹地板、软木地板、地热采暖地板、塑料地板、地砖、地毯、天然石材等。

室内地面铺装图与室内平面布置图绘制方法基本相同，舍去家具等陈设品摆放，只表达地面装饰效果。地面装修中如加设地台或楼地面有高差变化（跃层、复式等住宅常伴有踏步或楼梯）需用标高注明。

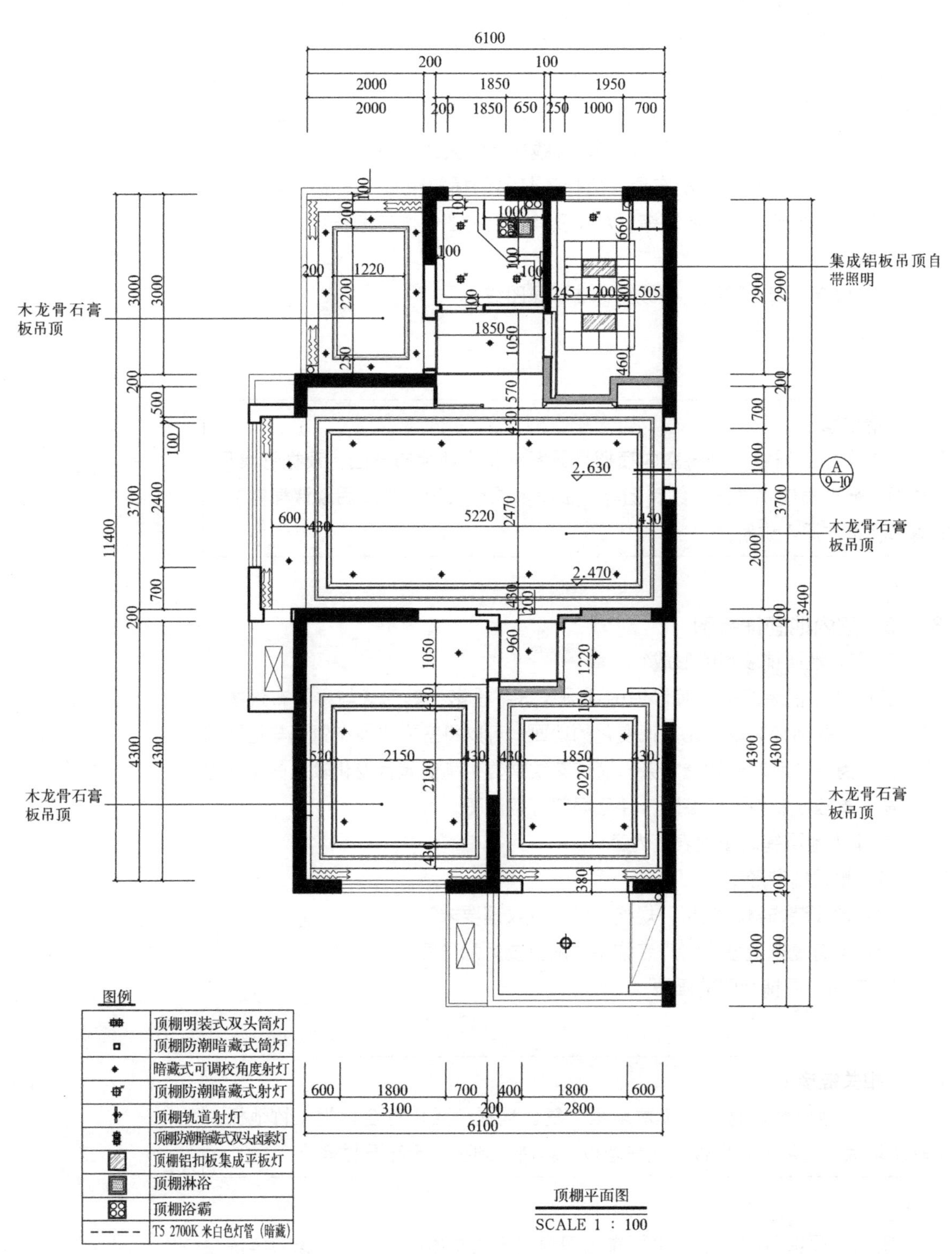

6100
200
100
2000
1850
1950
2000
200
1850
650
250
1000
700
集成铝板吊顶自带照明
木龙骨石膏板吊顶
木龙骨石膏板吊顶
木龙骨石膏板吊顶
木龙骨石膏板吊顶
2.630
2.470
5220
2470
600
450
11400
13400
600
1800
700
400
1800
600
3100
200
2800
6100
图例
顶棚明装式双头筒灯
顶棚防潮暗藏式筒灯
暗藏式可调校角度射灯
顶棚防潮暗藏式射灯
顶棚轨道射灯
顶棚防潮暗藏式双头卤素灯
顶棚铝扣板集成平板灯
顶棚淋浴
顶棚浴霸
T5 2700K 米白色灯管（暗藏）
顶棚平面图
SCALE 1 : 100

图 8–8　室内顶棚平面图

4. 实例（图 8-9）

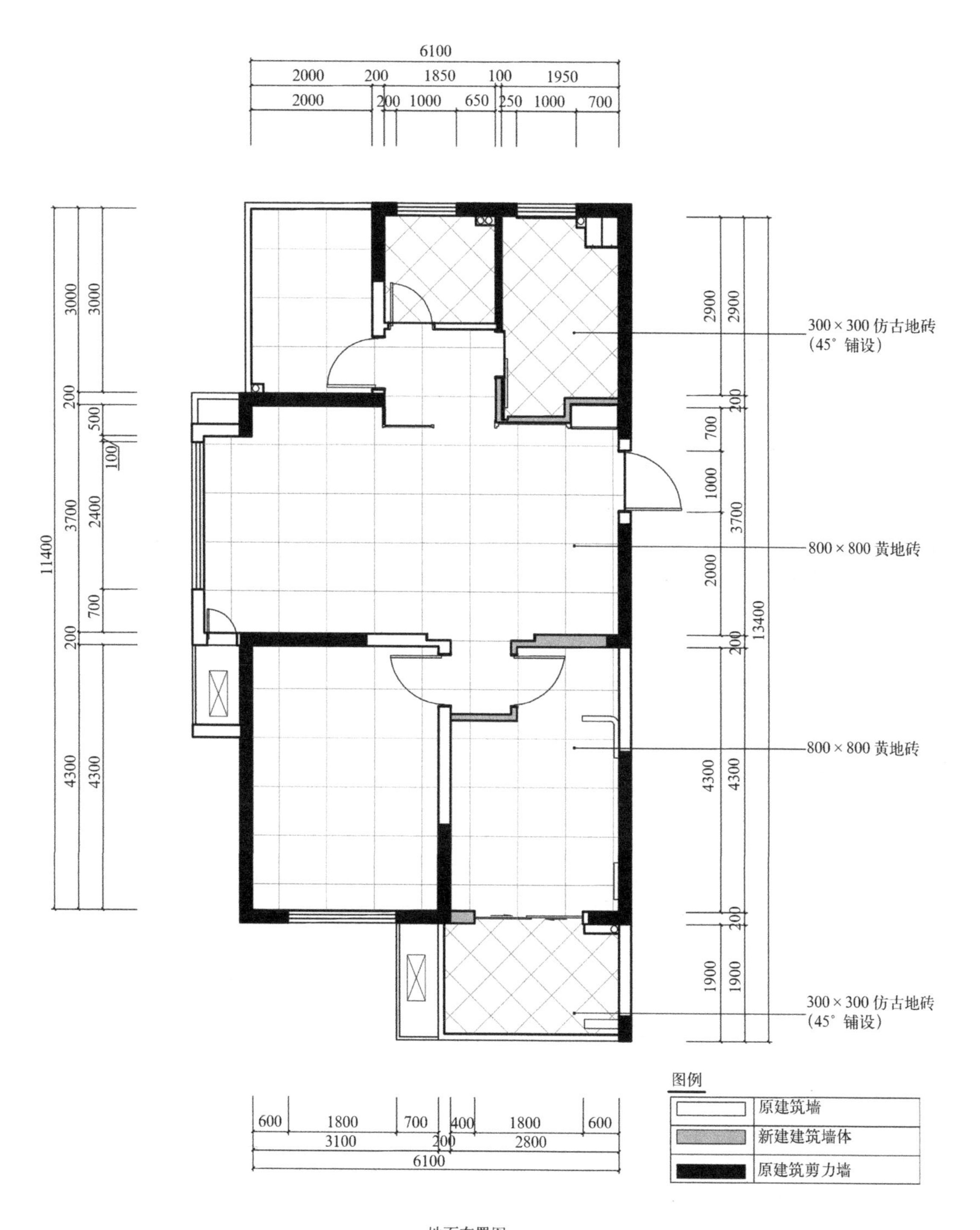

图 8-9 室内地面铺装图

■ 任务实施

根据某住宅小区样板间室内设计施工图例，完成室内平面布置图、室内顶棚平面图、室内地面铺装图的临摹。

1. 任务内容：

(1) 临摹室内平面布置图，如图 8-7 所示。

(2) 临摹室内顶棚平面图，如图 8-8 所示。

(3) 临摹室内地面铺装图，如图 8-9 所示。

2. 任务要求：

(1) 比例自定。

(2) 图纸规格：A3 绘图纸（420mm × 297mm）。

(3) 每张图纸需要绘制标题栏、会签栏。其中，标题栏包括图名、姓名、班级、日期等。(具体格式参考图 1-22、图 1-23)

(4) 图线粗细有别，运用合理，文字与数字书写工整，文字采用长仿宋字体。

(5) 采用绘图仪器和工具绘制。

■ 思考与讨论

1. 室内平面布置图是如何形成的？应表达哪些内容？

2. 室内顶棚平面图是如何形成的？应表达哪些内容？

3. 室内地面铺装图是如何形成的？应表达哪些内容？

4. 通过任务的实施过程，总结室内平面图绘制经验。

任务 8.3　室内立面图

■ 任务引入

室内墙面会根据整体空间的格调进行装饰。回忆一下，你所见到过的室内墙面都有哪些装饰物品呢？这些物品需要在室内设计工程图中体现吗？如果需要，那么该如何绘制呢？

本节我们的任务是完成室内立面图的识读与绘制工作，并在此基础上尝试独立完成某一空间立面的设计与表达。

■ 知识链接

1. 室内立面图的形成

室内立面图是将室内墙面按照内视符号的指向，向平行于墙面的垂直投影面作正投影。根据表达内容不同分为剖立面图和纯立面图。

剖立面图与纯立面图的表达方式基本相同，不同之处在于剖立面图表现了室内墙面与顶棚、地面的相应结构关系；而纯立面图只表示墙面的装饰造型与布置。本书两种立面图都有所提及，剖立面图参考图 8-10，纯立面图参考图 10-15 所示。

2. 室内立面图的表达内容

（1）室内空间垂直方向的装饰造型、尺寸及做法。

（2）墙面装饰材料的类型、规格、颜色及工艺等。

（3）门窗立面造型及尺寸。

（4）家具、灯具、装饰品等垂直摆放位置。

（5）装饰构造、墙面装饰的工艺要求。

（6）索引符号、文字说明、图名及比例。

（7）室内立面图的顶棚轮廓线，可根据情况只表达吊顶或同时表达吊顶及结构顶棚。

3. 室内立面图的画法

（1）选定图幅，确定比例。一般室内立面图的比例略大于室内平面图。

（2）绘制墙面可见轮廓线。被剖切到的墙面或建筑构件外轮廓线应用粗实线表示。

（3）绘制所能看到的物品，如家具、家电、灯具、装饰物等陈设品的投影。所画陈设品的摆放位置应与平面布置图设计位置相对应。还应根据实物大小采用与图样统一的比例绘制，可以不标注尺寸。另外，室内立面图是指导墙面施工的图纸，因此陈设品在立面图中可用虚线表示。

（4）用文字标明墙体装饰材料材质、色彩、施工工艺等。

（5）标明室内空间尺寸。图外一般标注一至两道竖向及水平方向尺寸，以及楼地面、顶棚等的装饰标高；图内一般应标注主要装饰造型的定位尺寸。

（6）注明立面图图名。图名应与平面布置图上的内视符号编号一致，内视符号决定室内立面图的识读方向。

（7）检查、清理图纸。按线宽标准加深图线。

4. 实例（图 8–10）

■ 任务实施

根据某住宅小区样板间室内设计施工图例，完成立面图的绘制。

1. 任务内容：

（1）临摹客厅立面图，如图 8–10 所示。

（2）设计并绘制某一独立空间立面图。

以上任务内容选其一完成。

2. 任务要求：

（1）立面图绘制时需注意，要与平面图相对应，不可随意添加或删减室内装饰物。

（2）根据图幅要求，比例自定。

（3）图纸规格：A3 绘图纸（420mm × 297mm）。

（4）每张图纸需要绘制标题栏、会签栏。其中，标题栏包括图名、姓名、班级、日期等。

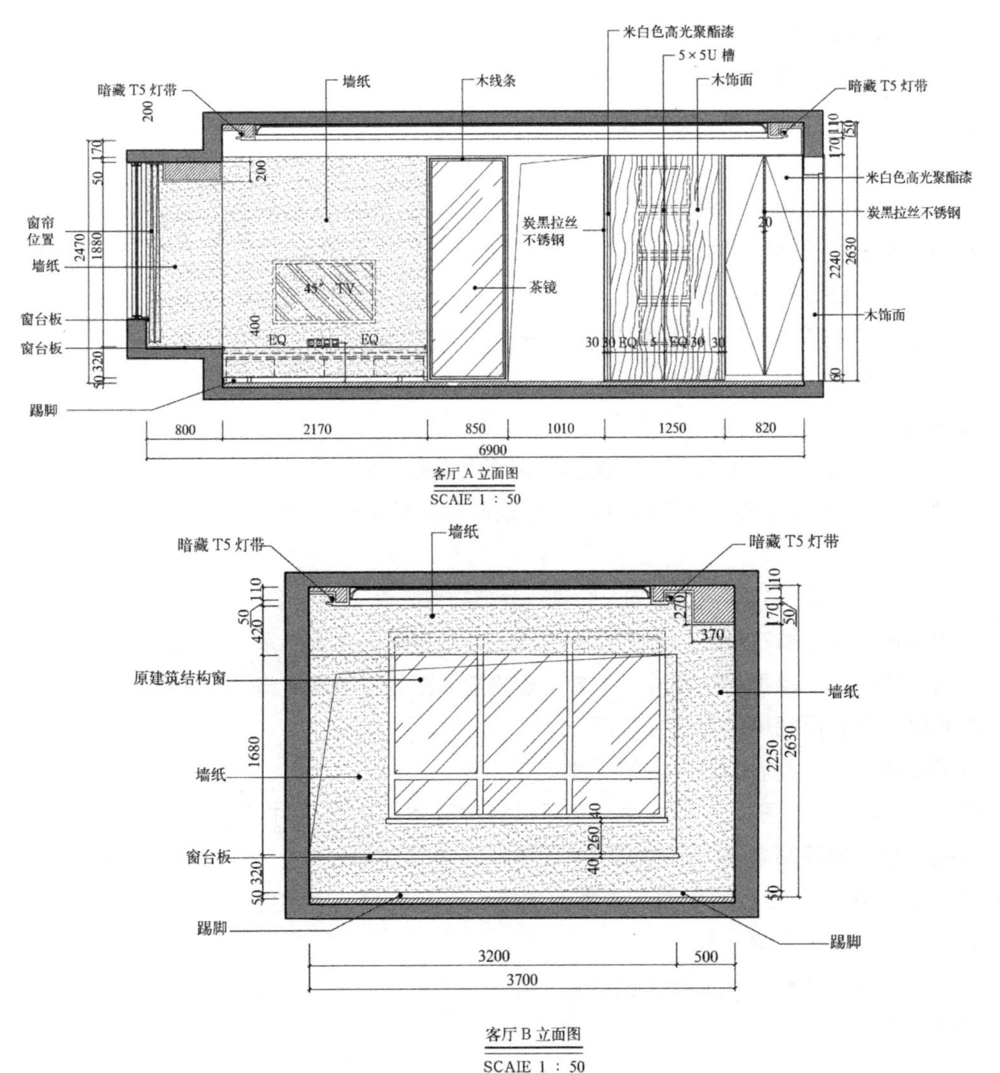

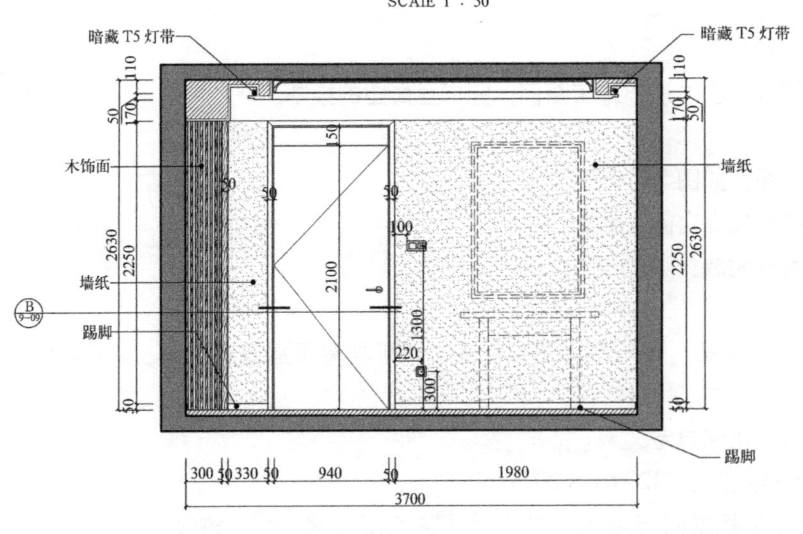

图 8–10
客厅立面图（A、B、D 立面）

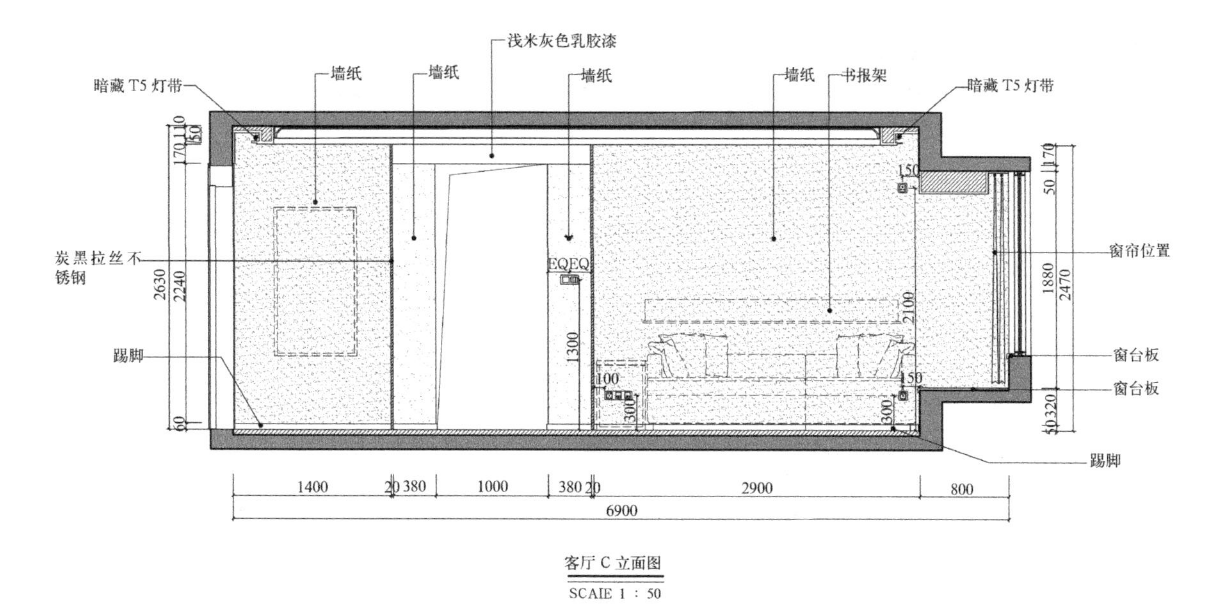

图 8–10（续）
客厅立面图（C 立面）

（5）图线粗细有别，运用合理，文字与数字书写工整，文字采用长仿宋字体。

（6）采用绘图仪器和工具绘制。

■ 思考与讨论

1. 室内立面图的表达内容和表达方法有哪些？

2. 通过任务的实施过程，总结室内立面图绘制经验。

任务 8.4　室内详图

■ 任务引入

在室内设计施工中，很多装饰构件如吊顶、造型墙、装饰门窗等都需要现场施工和定制。单纯的室内平面图和立面图是不能够完成这些物品施工和制造的，还需要针对此物品更为详细、清晰的图纸。那么，用什么样的图纸可以表达物品内部结构、材料呢？这类图纸该如何绘制呢？

本节我们的任务是熟悉室内详图的形成及表达内容，掌握室内详图的识读方法及图样绘制方法。

■ 知识链接

1. 室内详图的形成

室内设计详图是用较大的比例单独绘制较为复杂的装饰细部构造、连接方式及制作要求等。是对室内平面图、立面图中部分内容的补充。详图的形成方式可以是投影图、剖视图或断面图。

2. 室内详图的表达内容

常见的室内详图包括：墙柱面装饰详图，顶棚详图，地面详图，家具详图，装饰门窗及门窗套详图，装饰小品详图，装饰造型详图等。

(1) 墙柱面装饰详图。用于表达室内墙柱立面的做法、选材、色彩、施工工艺要求等。

(2) 顶棚详图。用于表达吊顶的基本构造及做法，一般用剖面图或断面图表示。

(3) 地面详图。用于表达地面的铺装方法、细部工艺及表面装饰纹理的处理方式等。

(4) 家具详图。用于表达定制类或固定类家具的造型、内部构造、材料、色彩、板材连接方式等。

(5) 装饰门窗及门窗套详图。用于表达定制类装饰门窗的造型、材料及构造。

(6) 装饰小品详图。装饰小品包括雕塑、水景、织物等。

(7) 装饰造型详图。着重表现细部艺术形象，如室内装饰壁画、浮雕、彩绘等。装饰造型详图一般比例较大，某些花纹可选用 1 ：1 比例绘制。

3. 室内详图的画法

(1) 选定图幅，确定比例。室内详图以能清晰表达物体构造及连接为准，因此在比例的选择上可根据实际情况而定，常用比例有 1 ：2、1 ：5、1 ：10、1 ：20 等。

(2) 绘制构件间的连接方式，表明相应尺寸，并配有制作工艺要求说明。

(3) 标明构件材料、连接件材料及型号。

(4) 在详图下方应注明详图名称、比例、详图符号。并在相应室内平面图、立面图中标明索引符号。(详图符号及索引符号的标注方法，详见项目七中的"详图符号和索引符号")

(5) 室内详图的线型、线宽与建筑详图相同。

(6) 检查、清理图纸。

4. 实例 (图 8–11、图 8–12)

■ 任务实施

根据某住宅小区样板间室内设计施工图，完成顶棚详图、门详图的临摹。

1. 任务内容：

临摹详图，如图 8–11、8–12 所示。

2. 任务要求：

(1) 根据图幅要求，详图比例自定。

(2) 图纸规格：A3 绘图纸 (420mm × 297mm)。

(3) 每张图纸需要绘制标题栏、会签栏。其中，标题栏包括图名、姓名、班级、日期等。

(4) 图线粗细有别，运用合理，文字与数字书写工整，文字采用长仿宋字体。

(5) 采用绘图仪器和工具绘制。

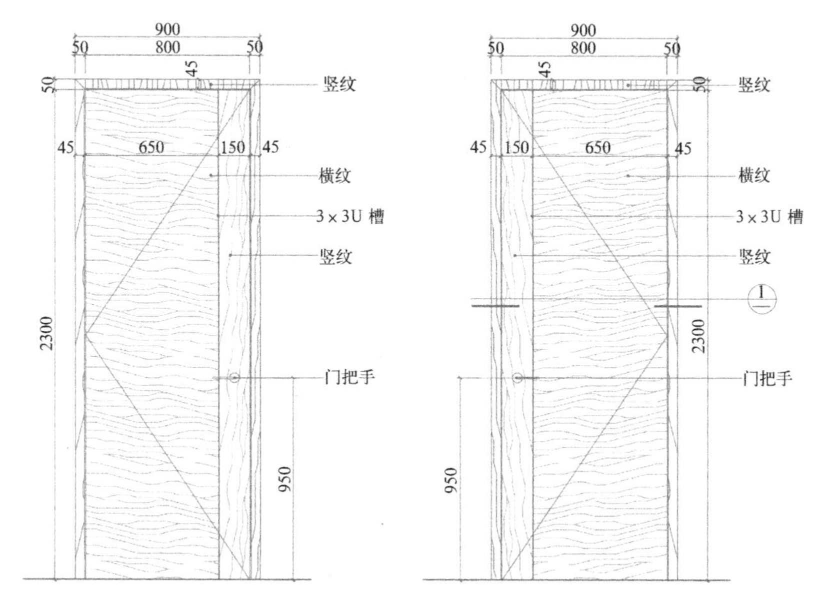

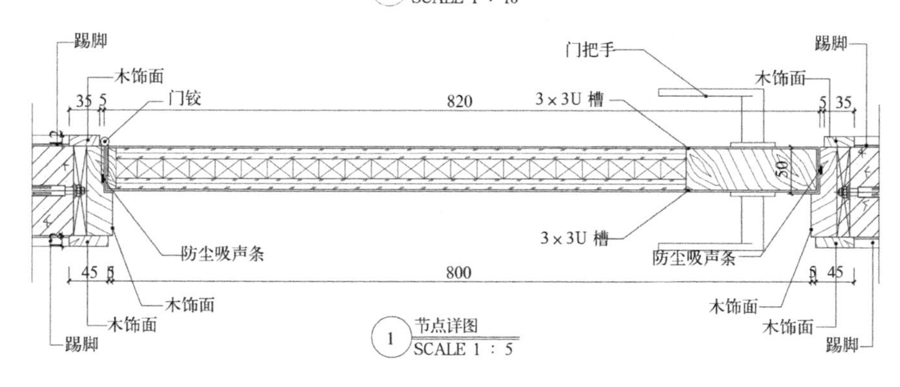

图 8–11
定制门详图

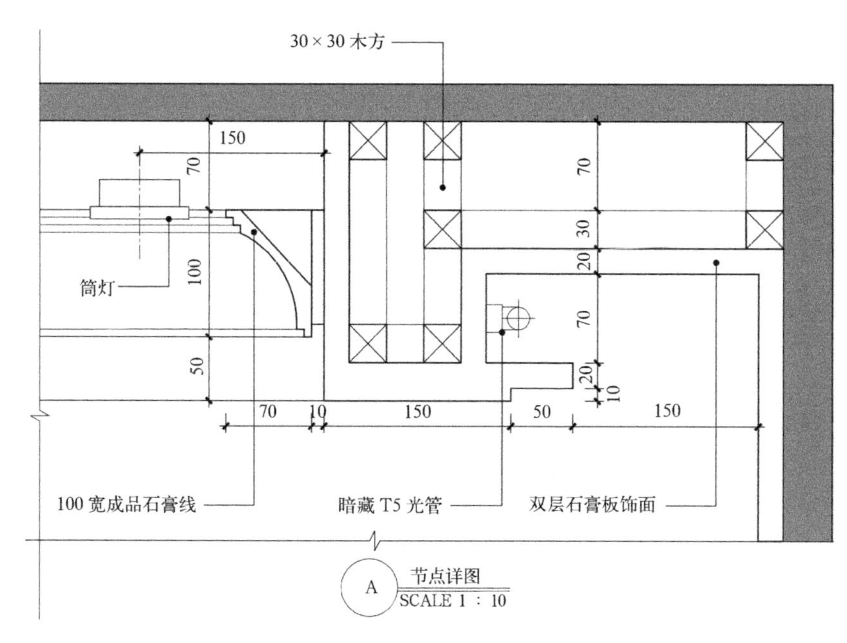

图 8–12
顶棚详图

■ 思考与讨论

1. 室内详图的表达内容有哪些？怎样确定详图的比例？

2. 通过任务的实施过程，总结室内详图绘制的经验。

拓展任务

■ 任务说明

1. 任务名称：教室空间室内设计及施工图绘制。

2. 任务内容：以教室空间为设计原型，结合任务 8.1 中测量所得的原始平面图，对其进行室内设计，并绘制室内设计施工图纸。室内空间用途不局限于教室，办公室、餐厅、会议室等均可。

3. 任务依据：根据室内设计施工图制图要求，结合《房屋建筑制图统一标准》GB/T 50001—2017、《建筑制图标准》GB/T 50104—2010，完成相应任务。

4. 任务目标：

(1) 通过对空间实际的测量，独立完成原始平面图的绘制，从而加深对室内设计施工图形成原理的理解。

(2) 掌握室内设计施工图制图步骤及绘制方法。

(3) 掌握室内设计的表达方法。

■ 任务实施

1. 团队组成：2～4 人为一组，共同参与设计、绘制施工图。

2. 图纸内容：

(1) 室内平面布置图。

(2) 室内顶棚平面图。

(3) 室内地面铺装图。

(4) 室内立面图。

(5) 室内详图。

3. 图纸要求：

(1) 根据图幅要求，比例自定。

(2) 图纸规格：A3 绘图纸（297mm × 420mm）。

(3) 每张图纸需要标题栏、会签栏。其中，标题栏包括图名、姓名、班级、日期等。

(4) 图线粗细有别，运用合理，文字与数字书写工整，文字采用长仿宋字体。

(5) 采用绘图仪器和工具绘制。

(6) 完成图纸需要装订成册，制作图册封皮。

9

项目9　家具设计工程图

【项目描述】

家具设计属于产品设计的范畴，设计者不仅要通过作品体现创意，更要符合生产加工的要求。因此，家具设计工程图既是设计语言的表达，也是一种加工指令，生产系统依循图纸进行加工，所以准确、合理、规范地进行设计图纸绘制，是家具作品能否成功转化为实物（产品）的关键因素。项目 9 的设立，意在通过对家具制图规范、家具材料 \ 结构 \ 工艺等基础知识的介绍，让学生能够相对独立地完成全套家具工程图纸的绘制。

【项目目标】

1. 了解家具产品设计的流程与图样表达形式。
2. 掌握家具制图标准，并能按照相关规范完成家具设计图纸绘制。
3. 掌握家具材料、结构、工艺等方面的基础知识。

【项目要求】

1. 根据任务 9.1 的要求，了解家具产品的设计研发流程，并大致了解家具设计图纸的种类。

2. 根据任务 9.2 的要求，学习家具制图标准中的相关规定，能够按要求绘制出规范的家具设计图纸。

3. 根据任务 9.3 的要求，学习实木家具的结构分析方法，并能完成较为简单的实木家具加工图纸的绘制。

4. 完成拓展任务，根据任务要求，在理解的基础上临摹相关图纸。

【项目计划】

见表 9–1。

项目9计划　　表9–1

项目内容	知识点	学时
任务 9.1　家具产品设计流程与图样表达	家具产品的设计流程、家具图纸的种类	1
任务 9.2　家具制图标准的基本规定	图纸幅面与标题栏、AutoCAD 绘图环境设置、家具图纸尺寸标注与比例设置、家具接合方式的画法、图例	4
任务 9.3　家具加工图纸的绘制	家具构成分析、外观图画法、零部件图画法	2
拓展任务	（此部分内容可单独使用，也可融入以上任务完成）	1

【项目评价】

见表 9–2。

项目9评价　　表9–2

项目评分	评价标准
5★	①按照任务书要求完成所有任务，准确率在 90%以上；②作图题可熟练使用 AutoCAD 软件，并按要求设置 AutoCAD 绘图环境；③图纸分层绘制，线型使用正确；④图纸内容完整，图面清晰、美观；⑤图纸比例设置合理，并能按所设比例打印出图
4★	①按照任务书要求完成所有任务，准确率在 75%～89%；②作图题可较为熟练使用 AutoCAD 软件，并按要求设置 AutoCAD 绘图环境；③图纸分层绘制，线型使用基本正确；④图纸内容较完整，但图面存在标注缺失或标注混乱的情况；⑤图纸比例设置合理，但不能按所设比例打印出图
3★	①按照任务书要求完成所有任务，准确率在 60%～74%；②作图题不能熟练使用 AutoCAD 软件，也没有按要求设置 AutoCAD 绘图环境；③图纸没有分层绘制，但线型使用基本正确；④图纸内容不完整，图面混乱，家具结构存在严重错误
2★	①没有完成任务，准确率在 30%～59%；②作图题基本不会使用 AutoCAD 软件；③没有按照家具制图标准绘图；④无法正确在图纸空间表现家具外观造型，不理解家具结构形式，图面混乱。建议重新完成任务
1★	没有完成任务，准确率在 30%以下。建议重新学习

注：如不满足评价标准中的任意一项，便需要降低一个评分等级。

任务 9.1　家具产品设计流程与图样表达

■ 任务引入

家具是我们日常工作生活中接触频率最高的生活器具，但我们真的了解家具吗？如果让我们设计一件（套）家具，我们该如何开展这项工作呢？

本节我们的任务是了解家具产品的设计流程及常用的图样表达形式，通过这些知识的学习，能够对市场上主流家具产品进行较为全面的分析。

■ 知识链接

在学习家具设计制图前，首先要了解什么是家具？家具是我们最为熟悉的物件，但可能正是因为过于熟悉，所以我们未必能够真正了解它。家具是工业产品的一种，它必须具备批量生产的可复制性，即使是工业化定制家具，也是建立在完善的产品标准体系的基础上，所以全面、规范、标准的图纸是家具设计制造中必不可少的。

9.1.1　家具产品设计流程

如果从工业设计的角度看待家具设计的话，其最为重要的两个属性是产品性和商品性。所谓产品性，是指家具要能以合理的成本生产出来；而商品性则是家具要能够实现市场目标。以上两种属性通俗地说，就是“做得出来，卖得出去”。为实现这一目标，家具产品在设计研发中，通常按照以下四个环节来展开（图 9–1）：

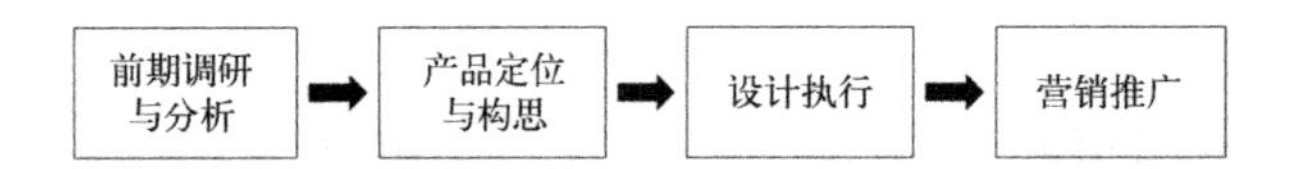

图 9–1
家具产品开发流程

前期调研分为企业内部调研与市场调研两部分。通过企业内部调研获取设计所需的企业产品、技术、工艺、材料等相关信息，同时开展市场调研，收集案例及相关市场信息进行研究，这样有助于把握家具产品研发的正确定位。

产品定位与构思阶段，通常是由一个设计团队来完成的，针对目标市场的新产品，提供若干个可供选择的设计概念方案，并可以据此进行深化设计。

设计执行阶段是家具产品研发的核心阶段，通过对前期设计概念的转化，形成一系列的图纸和工艺文件，并通过新产品试制、评价，再进行图纸的修改，直至定稿，可用于批量生产与销售。

营销推广阶段是产品设计研发工作的延续，也是实现企业经济效益的至关重要的环节。除了产品本身以外，还需要一整套的市场推广方案与之相配套。只有通过售前、售中、售后的完善服务，才能实现产品的销售并有效提升企业形象，从而进一步保持或扩大市场份额。

9.1.2 家具设计图的种类

家具设计不是一蹴而就的，而是通过对图纸、模型或样品不断推敲、反复修改完善的过程。在家具设计的每一个阶段，所面临的任务是不一样的，相对应的图纸所表达的内容与表现方法也不相同。在家具设计中，常用到设计草图、设计图、装配图、零部件图等。

1. 家具设计草图

设计草图是为了表达设计者的设计意图，一般是设计人员徒手勾画的图样，表现形式较为随意，有时仅是几根线条、几个符号等，主要用于设计构思过程中对思考或创意灵感的快速记录，并用以阐释设计概念，初步拟定设计方案，如图 9–2 所示。

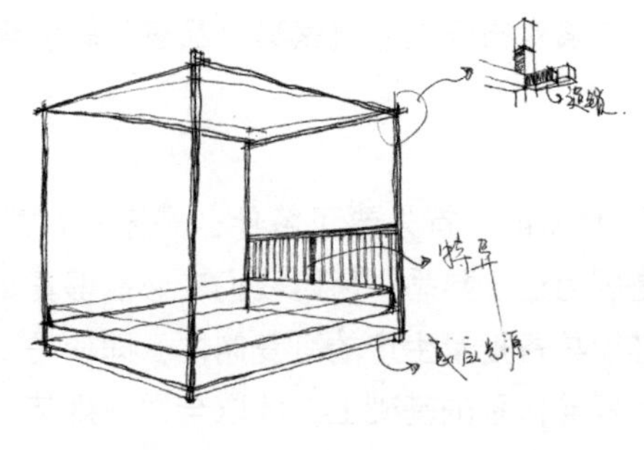

图 9–2
家具设计草图（图片由研篁家具有限公司刘兴提供）

根据设计人员不同的表达意图，草图可分为立体图、平面视图、局部结构图等。设计草图大多是徒手绘制，但主要的外观尺寸、功能尺寸，以及一些特殊尺寸还需要标注，以便为深化设计提供参考。

由此可见，设计草图既可以是立体图，也可以是平面图，或是两者兼有。但无论何种形式，都需具备相当的数量，以便比较和选择，这样才能筛选出较为满意的方案，进行更为深入的设计。

2. 家具设计图

家具设计图是根据设计草图确定的方案绘制的正式图纸。这类图纸主要是指家具的外观三视图，因此又称为外观图。这类图纸要求能够精确表现家具的外观形态，有时也会在同一张图纸上以局部剖视的画法表现家具重点部位的接合方式。为了便于读图，设计图中有时也配有用透视或轴测画法表现的立体图，如图 9–3 所示。

设计图（外观图）是家具设计过程中最为重要的图纸，需要反复比对，用心推敲，再行确定。后期用于生产的结构装配图、零部件图等都是以此为依据绘制的，一旦设计图出现变动，则后续的工作很可能都要推翻重做。

3. 家具结构装配图

结构装配图是用于生产加工的图纸，要求能够全面表达产品的结构及零部件间的装配关系、技术要求等。通常装配图多采用节点图或剖面图的形式，以便于清晰表达产品的内部结构及细节尺寸。装配图不仅是加工的依据，还是零部件加工完成后的产品组装的主要依据。图 9–4 所示为椅子座面的结构装配图，从图中可以看出座面芯板以四面开槽的方式插入座面框，在座面留下了 2mm 宽的工艺缝，给实木座芯板的干缩湿胀留下空间。

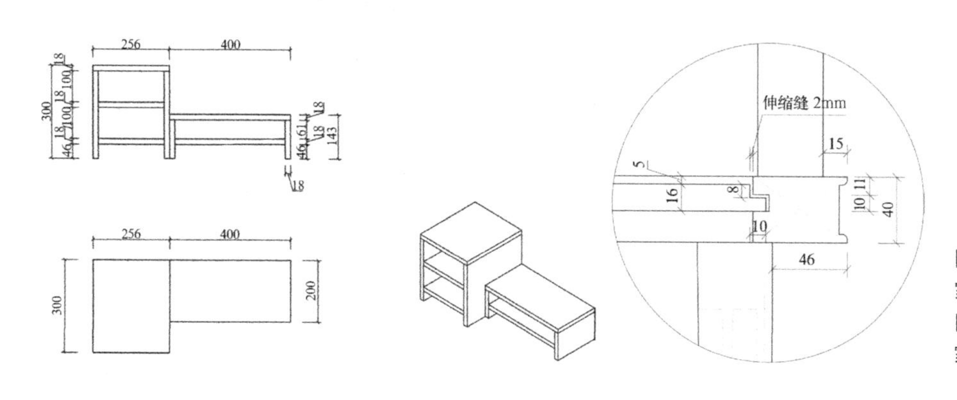

图 9–3（左）
家具设计图（外观图）
图 9–4（右）
家具结构装配图

4. 家具部件图

家具部件图是介于装配图与零件图之间的图样。部件是由两个以上零件构成的，具有一定功能的构件，如家具产品中的抽屉、门、座面板等。部件图中，用于相关连接装配的尺寸不能出错或遗漏，否则就会影响装配。图 9–5 所示，为板式家具中的抽屉盒部件图，通常抽屉盒可作为标准部件，配上各种抽屉面板，就能形成多样的外观变化。在这张部件图中可以看出，抽屉盒是由前＼后板、抽旁板、底板三种板件构成，底板是通过四面开槽的方式插入抽屉盒框中的。部件图中不仅反映出零件的组成情况，还清楚地反映了装配方法。

5. 家具零件图

零件是产品的最小组成单位，不可再拆分，如家具中的腿足、横枨、望板等。零件图就是用于加工这些零件的图纸，除了要标注具体的加工尺寸外，还要在图中说明工艺技术要求以及加工注意事项等。图 9–6 所示为座面芯板，除了

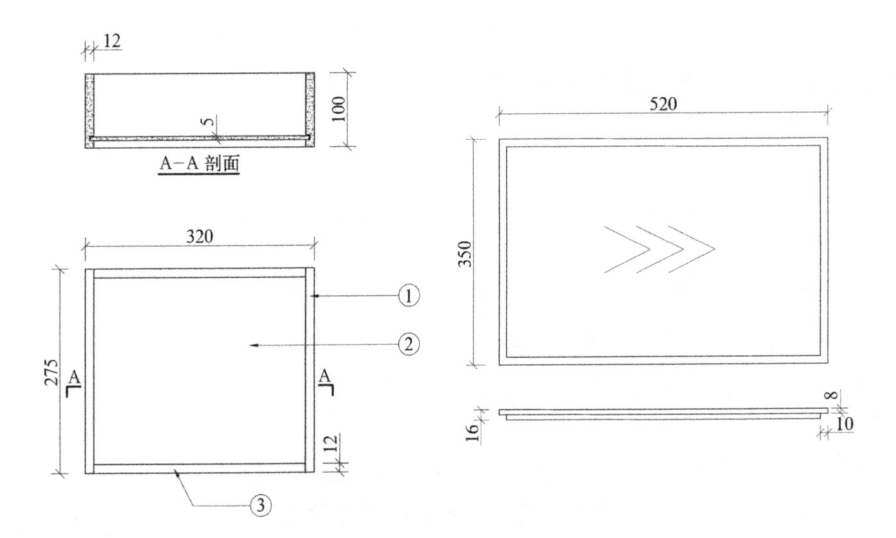

图 9-5（左）
家具部件图
图 9-6（右）
家具零件图

标明具体的加工参数外，还用一组箭头表明了木材纹理方向。

6. 家具大样图

当加工曲线或异形零部件时，为了满足加工需要，将这些零件按实际大小绘出，来制作样板，这就是大样图。在现如今的设计生产中，一般采用 AutoCAD，按实际尺寸绘出曲形或异形零件，再以 1 ∶ 1 比例出图，用于模板的加工。如果设备的自动化程度较高的话，则直接根据电子图纸加工零件，连制作模板的工序都省去了。

相关链接：木工数控加工机床

木工数控加工机床的自动化程度高，在加工形状复杂的零件时，只需变更加工参数，就可以在同一台机床上实现不同形状或尺寸的工件加工，极大地减省了各项工序，且加工精度比传统作业方式高，可以大幅提高生产效率，如图 9-7 所示。

图 9-7
木工 CNC 加工中心

需要说明的是，图样选用的种类和数量是由家具产品设计或生产的实际情况决定的，不同阶段应合理选择视图与图样，原则上是以最少的图纸量满足工作的需要。家具产品研发的不同阶段对图纸的要求见表 9-3。

家具产品研发各阶段的工作任务与图样要求　　表9–3

设计阶段	工作任务	适用图样类型与要求
前期调研与分析阶段	这一阶段的主要任务是通过对市场同类产品进行深度对比分析，确定产品设计目标。一般根据产品的使用环境、使用功能等绘制定性草图	多采用草图，一般以透视画法为主，表现方法可较为随意
产品定位与构思阶段	这一阶段需要初步拟定设计方案并有效阐释设计理念	多采用概念草图、结构草图等，可用立体、平面、剖视等画法，产品的主要尺寸要在图中明确标注，有些重要节点的结构形式也要表达清楚
设计执行阶段	这一阶段需要完整、精确地表达产品的各方面信息，包括外观、内部结构，还要通过打样、评审、修改等环节，最终确定用于批量生产的各类加工图纸	这一阶段涉及的图纸种类最多，且要求很高，主要包括以下几类： 1. 基本视图：以正投影原理绘制的三视图为主，准确表达产品的外观与功能尺寸。 2. 立体图：为了较为直观地表现产品形态，可用透视、轴测等画法绘制产品立体图，也可用计算机绘制产品的精细效果图。 3. 用于加工的各类图纸：这些图纸包括结构装配图、零部件图、大样图等，采用正投影原理绘制
营销推广阶段	这一阶段需要直观的图样，帮助用户理解产品并实现销售	立体图，包括各类效果图、广告、产品手册等

■ 任务实施

1. 任务内容：为了加深同学对家具的认知，以小组为单位，自行选择市场上常见家具一件，在教师的指导下对其进行较为全面的分析。

2. 任务要求：

（1）建议初学家具设计的同学在家具选择上，可选较为简洁的桌、椅类产品进行分析。

（2）对这件家具的功能、造型、结构等特点进行分析，并完成表 9–4 内容的填写。

家具分析　　表9–4

<table>
<tr><td rowspan="10">（家具图片）</td><td>家具名称</td><td colspan="3"></td></tr>
<tr><td>功能分析</td><td colspan="3"></td></tr>
<tr><td>设计特色</td><td colspan="3"></td></tr>
<tr><td colspan="4">家具结构分析</td></tr>
<tr><td>零件标号</td><td>零件名称</td><td>部件标号</td><td>部件名称</td></tr>
<tr><td>零件 1</td><td></td><td>部件 1</td><td></td></tr>
<tr><td>零件 2</td><td></td><td>部件 2</td><td></td></tr>
<tr><td>……</td><td></td><td>……</td><td></td></tr>
<tr><td></td><td></td><td></td><td></td></tr>
<tr><td></td><td></td><td></td><td></td></tr>
</table>

■ 思考与讨论

在对所选家具进行分析的基础上，谈一谈，如果你是这件家具的设计者，你会使用哪些设计图样来完成这件家具产品的设计与制作？

任务 9.2 家具制图标准的基本规定

■ 任务引入

如何才能绘制出符合规范要求的家具设计图纸呢？这就需要我们对相关的行业标准进行学习，掌握家具制图中一些特殊的规定，并在设计实践中加以运用。

本节我们的任务是掌握中华人民共和国轻工行业家具制图标准中的主要项目，并能运用 AutoCAD 软件摹绘出家具设计图纸。

■ 知识链接

早在 1991 年轻工部就颁布了《家具制图》QB/T 1338—1991，在其施行的 20 年间，为我国家具产业的图形信息交流作出了重要贡献。但随着家具产业的不断发展以及基础制图标准的更新，原家具制图标准已不能适应现在的需求。所以，2013 年 3 月 1 日颁布了新的《家具制图》QB/T 1338—2012，代替了原标准。在新标准中，强调以计算机辅助制图为主，利用计算机辅助制图的便捷性，增加了相关制图规则。

9.2.1 图纸幅面与标题栏

1. 图纸幅面

图纸幅面参看本书“项目 1”中的规定。但在家具制图中，受限于工厂的办公条件，为方便出图，多采用 A4 或 A3 幅面。如需按实物大小放样，且放样图纸大于标准图纸幅面的话，则用 AutoCAD 绘制完成后，按 1 : 1 的比例分段打印，再将打印出的图纸拼接起来，从而得到完整放样图。

2. 标题栏

家具图纸的标题栏一般位于图纸右下角，应该包含图纸名称、产品基本情况、图纸更改记录等信息。在市场上也可见到位于右侧的竖向标题栏，这种情况一般是制图者为了获得更大的绘图面积，从而压缩标题栏幅面，但这可能造成图纸信息的缺失，这种图纸多用于定制家具产品的销售，起到用图纸语言向客户详尽描述产品及作为加工依据的作用。但批量加工的家具产品，还是应根据家具制图标准，采用规范的标题栏，图 9–8 所示是家具图纸标题栏的一种样式。

9.2.2 AutoCAD 绘图环境设置与应用

家具设计中的平面图纸一般采用 AutoCAD 软件进行绘制，在制图前，应根据行业标准，对绘图环境进行设置，并另存为“.DWT”文件，便于在以后的绘图工作中使用。

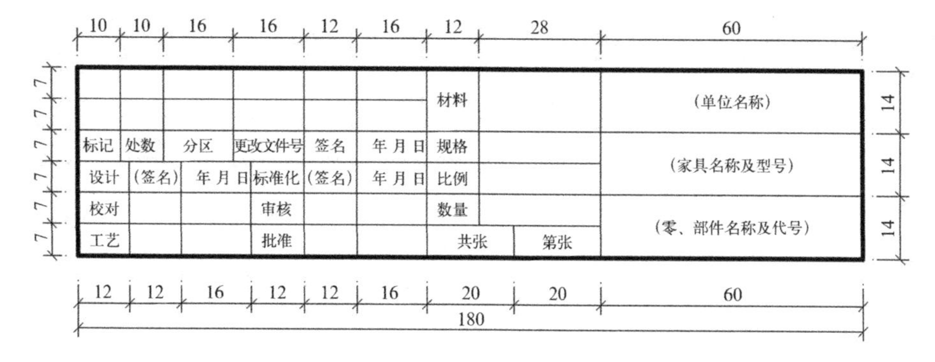

图 9–8
家具图纸标题栏样式

1．图线设置及其应用

家具制图中的各种图线、形式、宽度、画法及其常规应用情况，见表 9–5。

图线及其应用 **表9–5**

图线名称	图线形式	线宽	一般应用	屏幕颜色
实线	——	b（0.3～1mm）	1．家具基本视图中的可见轮廓线 2．局部详图索引标志	蓝色
粗实线	——	1.5b～2b	1．剖切符号 2．局部结构详图标志 3．局部结构详图可见轮廓线 4．图框线及标题栏外框线	白色
细实线	——	B/3 或更细	1．尺寸线及尺寸界线 2．各种人造板、成型空心板的内轮廓线 3．局部结构详图中，榫头端部断面表示用线 4．局部结构详图中，连接件轮廓线 5．小圆中心线、简化画法表示连接件位置线 6．表格的分格线	绿色
波浪线	～～	B/3 或更细	1．假想断开线 2．回转体断开线 3．局部剖视分界线	绿色
折断线	—\/—	B/3 或更细	1．假想断开线 2．阶梯剖视分界线	绿色
虚线	— - — - —	B/3 或更细	不可见轮廓线，包括玻璃等透明材料后面的轮廓线	黄色
点划线	—··—··—	B/3 或更细	1．对称中心线 2．半剖视分界线 3．回转体轴线	红色
双点划线	— · — · —	B/3 或更细	假想轮廓线	粉红色

请注意：

项目 9 以《家具制图》QB/T 1338—2012 为依据，在图线的命名上与《建

> 筑制图标准》GB/T 50104—2010 略有不同，如《建筑制图标准》中“GB/T 50104—2010”中“—— · —— · —— · ——”线型名称为“单点长画线”，而《家具制图》中 QB/T 1338—2012 中称为“点划线”。

在运用 AutoCAD 软件进行机绘时，相关图线应分层设置，便于后期图纸的管理。图 9–9 所示是家具制图中常用图线的分层设置情况，其中线宽的具体数值一般可设置为 0.18、0.25、0.3、0.35、0.5、0.7、1、1.4、2mm。

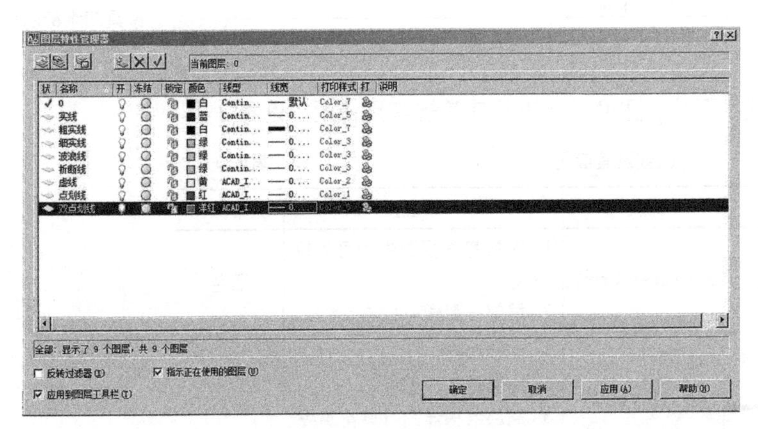

图 9–9
AutoCAD 中图线的分层设置

2. 字体设置及其应用

家具制图中，通常汉字采用长仿宋体，可通过调整 AutoCAD 中“文字样式”对话框的“宽度比例”参数得到长仿宋体，见图 9–10；数字和字母有正体和斜体两种形式，斜体字头向右倾斜，其角度与水平线呈 75°。

字体高度系列为 1.8、2.5、3.5、5、7、10、14、20mm。但如果是手写的话，则数字字母高度不应小于 2.5mm，汉字高度不应小于 3.5mm。

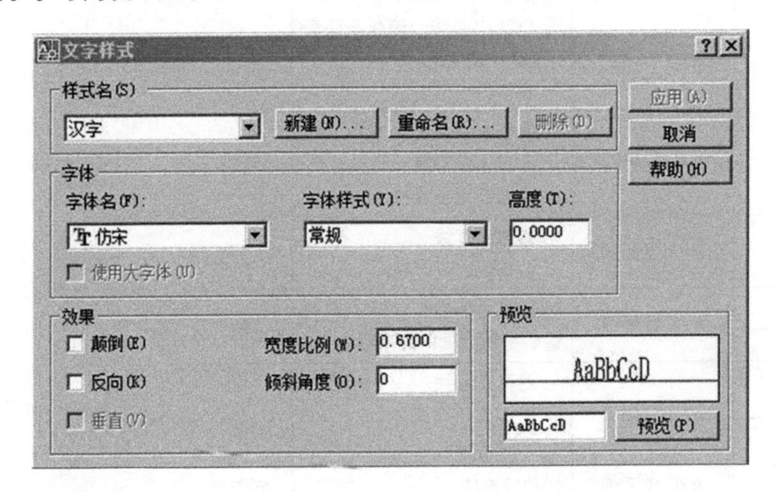

图 9–10
文字样式设置

9.2.3 尺寸标注

1. 家具图纸尺寸标注的注意事项

《家具制图》QB/T 1338—2012 中关于尺寸标注，有以下规定，我们在实际应用中需加以注意：

（1）尺寸标注一律以毫米为单位，图纸上不必再注出“毫米”或“mm”单位名称。

（2）尺寸数字一般注写在尺寸线中部上方，也可将尺寸线断开，中间注写尺寸数字，见图 9–11。

（3）尺寸线上的起止符号，可采用与尺寸界线顺时针方向转 45° 细短线表示（注意与建筑制图中粗短线的起止符区别开），也可用小圆点作为起止符，如图 9–11 所示。在同一张图纸上，除角度、直径、半径尺寸外，应只用一种起止符号画法。

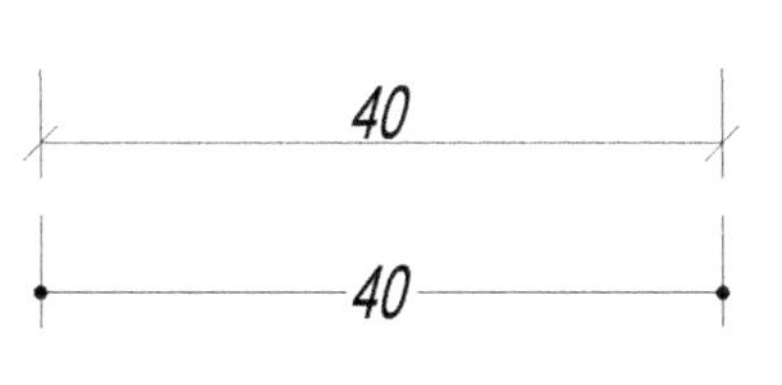

图 9–11
标注样式设置

（4）在《家具制图》QB/T 1338—2012 中明确规定，角度尺寸线应是以角顶为圆心的圆弧线，起止符号用箭头表示。角度尺寸数字一律水平书写，一般写在尺寸线中断处，如图 9–12（*a*）所示。必要时也可写在尺寸线上方或外面，如图 9–12（*b*）所示。

（5）在绘制家具零部件图时，经常会遇到相同的孔呈直线均匀排列的情况，这时其定位尺寸可按图 9–13 注写。

（6）圆和大于半圆的圆弧均标注直径。直径以符号“ϕ”表示，尺寸线指向圆弧线，起止符号用箭头画出。球体尺寸在直径或半径符号前加注“*S*”，如图 9–14 所示。

（7）半圆弧或小于半圆的圆弧均标注半径。当半径很大，又需注明圆心位置时，可将尺寸线画成折线，如图 9–15（*a*）所示，若不需要标出圆心位置，则仍按一般标注方法，如图 9–15（*b*）所示。

（8）在画家具零部件图或细部线型时，有时会遇到倒角的处理。倒角在标注时，如果是 45° 则可一次引出标注，见图 9–16（*a*），如果是非 45°，则应标出角度和长度，如图 9–16（*b*）所示。

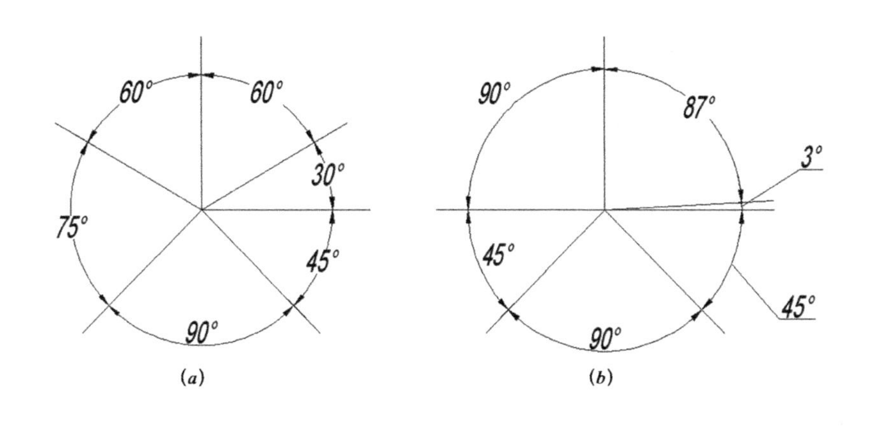

图 9–12
角度注写格式

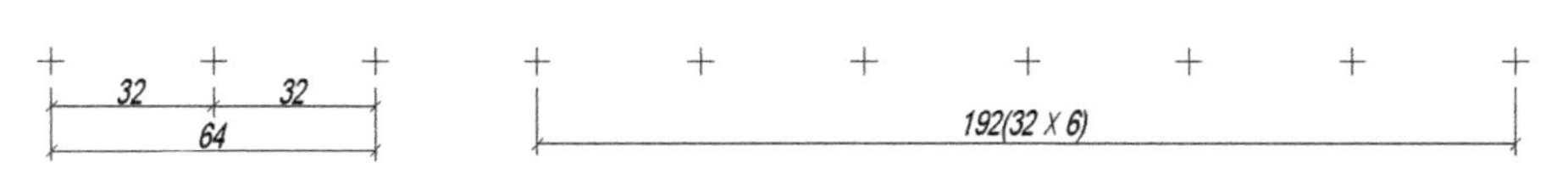

图 9–13
直线均匀排列的孔定位尺寸标写

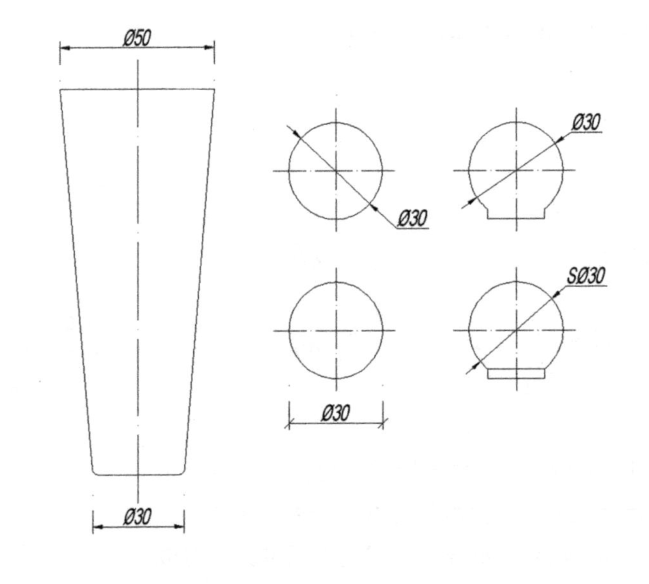

图 9–14
直径注写格式

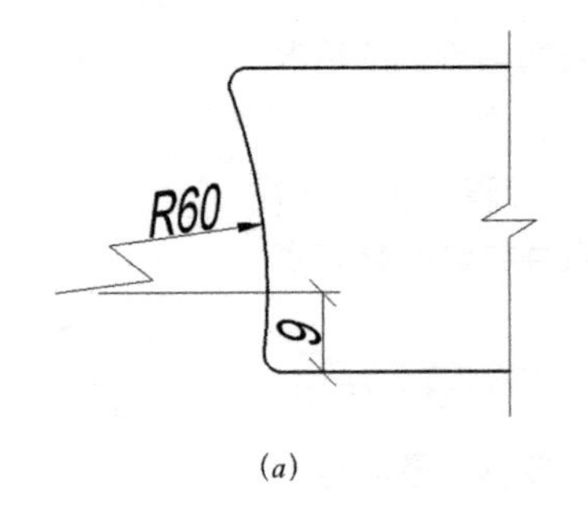

(*a*)

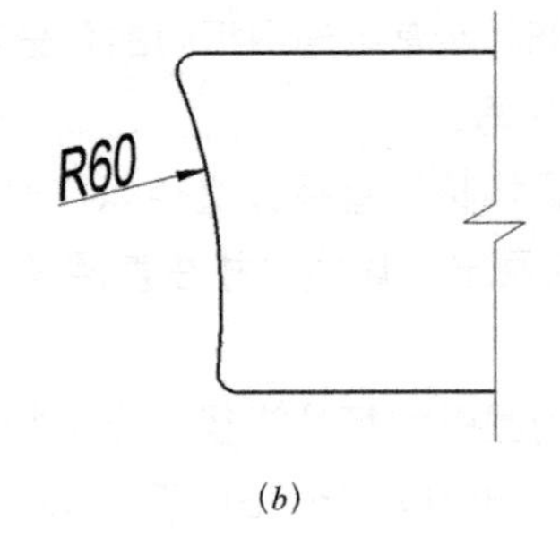

(*b*)

图 9–15
较大半径圆弧的标注方法

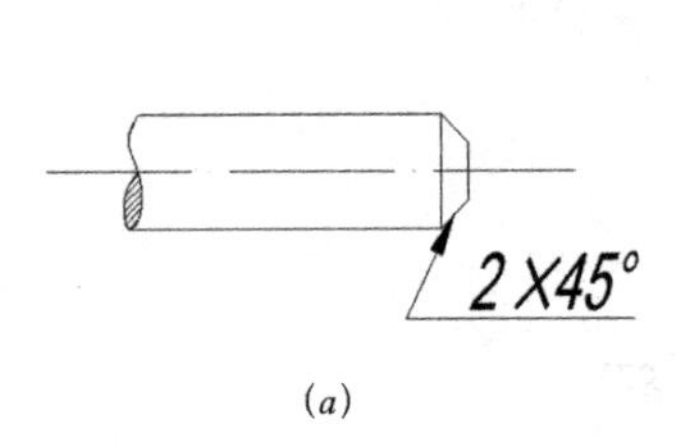

(*a*)

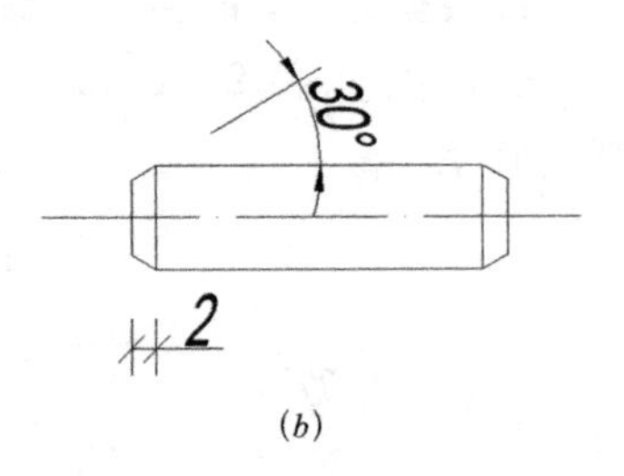

(*b*)

图 9–16
倒角标注法

(9) 当同一视图有不同规格时，可用相应字母表示尺寸代号，同时用表格列出不同尺寸，如图 9–17（*a*）所示；也可用括号注写不同尺寸，如图 9–17（*b*）所示。

(10) 在设计图中，供参考的尺寸，应以括号形式标注，图 9–18 中，圆弧半径尺寸 "*R* (1850)" 就是参考尺寸。

(11) 各种孔的标注方法：

家具零部件图中，会有大量用于连接的孔位，孔的标注方法在《家具制图》QB/T 1338—2012 中也是有明确规定的，见表 9–6。

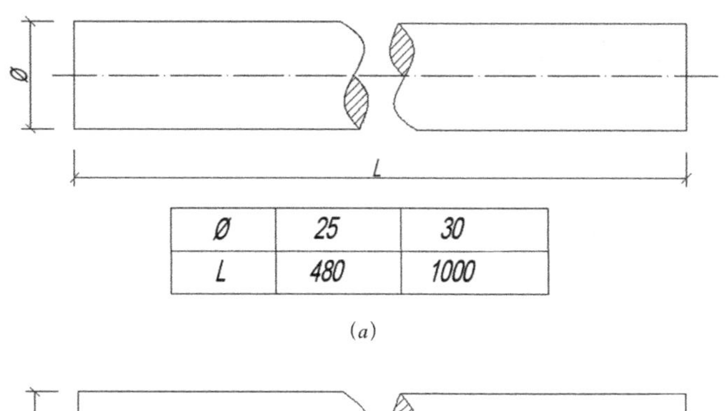

(*a*)

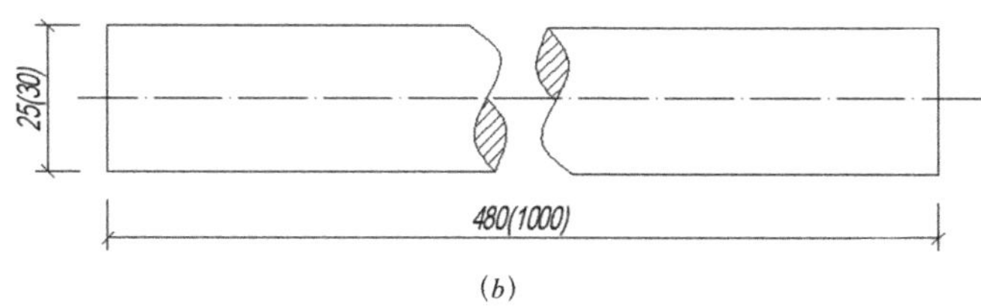

(*b*)

图 9–17
相同视图规格不同的零件尺寸标注方法

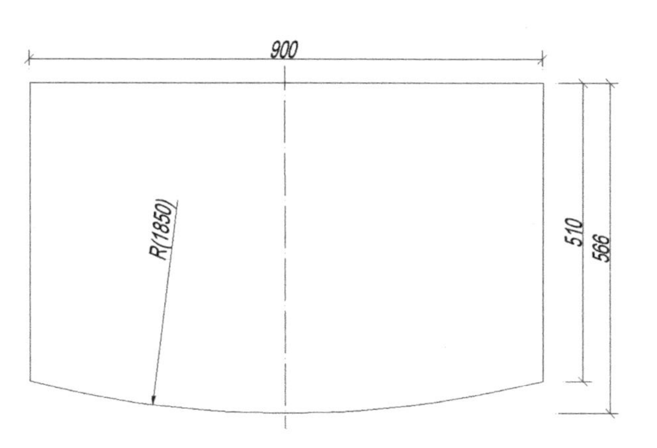

图 9–18
参考尺寸标注方法

孔的标注 **表9–6**

类型	旁注法		普通标注法
不贯通圆孔	4-Ø5 深 10	4-Ø5深 10	4-Ø5 10
贯通圆孔	4-Ø5	4-Ø5	4-Ø5
沉头孔	4-Ø5 沉孔Ø10×90°	4-Ø5 沉孔 Ø10 ×90°	90° Ø10 4-Ø5

续表

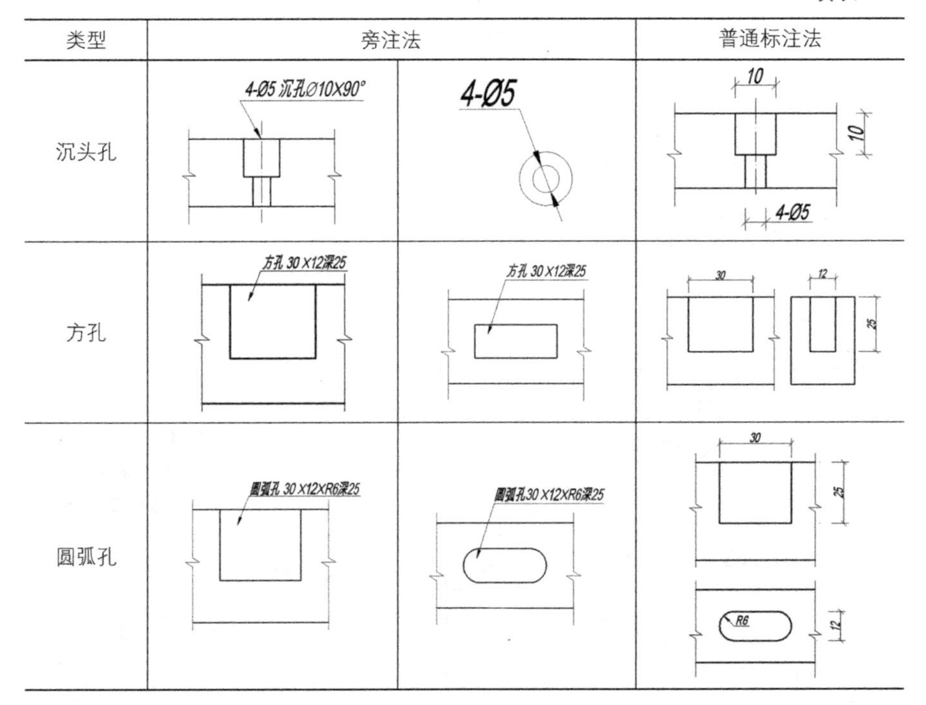

类型	旁注法		普通标注法
沉头孔	4-Ø5 沉孔Ø10X90°	4-Ø5	10 10 4-Ø5
方孔	方孔 30 X12深25	方孔 30 X12深25	30 12 25
圆弧孔	圆弧孔 30 X12XR6深25	圆弧孔 30 X12XR6深25	30 25 R6 12

(12) 表示多层结构材料及规格时，可用一次引出线分格标注。分格线为水平线，文字说明的次序应与材料的层次一致，一般为由上到下，见图 9–19 (*a*)，由左到右，见图 9–19 (*b*)。

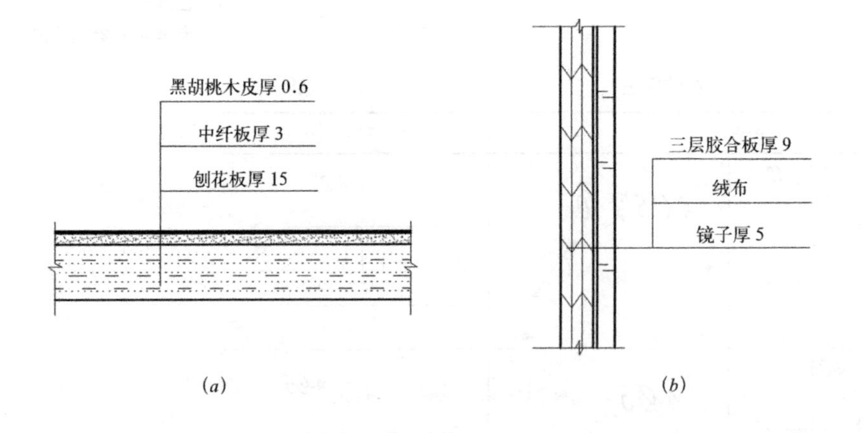

图 9–19
材料标注方法

2. 家具图纸中的尺寸标注种类与基准选择

1) 家具尺寸种类

家具图纸中，尺寸标注主要有以下三类：

(1) 外形尺寸：外形尺寸指家具整体的宽度、深度与高度，或是家具零部件的最大轮廓尺寸。

(2) 功能尺寸：功能尺寸指为实现家具功能要求而需具备的尺寸，如桌高、椅凳的座高、柜类家具满足置物需求的层板间距等。功能尺寸还需考虑与配套家具相适应的尺寸，如椅子的座高与配套桌子的高度是否合适，直接影响家具使用的舒适性。

（3）定形尺寸：定形尺寸也称之为大小尺寸，指各部分形状大小的精确尺寸，如零件的断面尺寸、孔眼的直径与深度等。

2）家具尺寸基准的确定

在家具图样中，正确标注尺寸，要考虑的因素很多。除了按照《家具制图》QB/T 1338—2012 中尺寸标注的相关规定绘图外，还要确保产品的加工精度，这就必须考虑基准的选择问题。

为了在产品中相对其他零、部件具有正确的位置，或是使零件在机床上相对于刀具有一个正确的位置，需要利用一些点、线、面来定位。这些起到定位作用的点、线、面就称为基准。根据基准的作用不同，可分为设计基准和工艺基准两大类。设计基准在图纸绘制的过程中要充分考虑，工艺基准则主要用于产品的加工、装配与测量，两者往往有着内在的联系，造型结构上的设计常常影响加工的精度，本书在此主要介绍图纸中如何选择标注的基准。

设计基准是在设计时，用来确定产品中零件与零件之间相对位置的那些点、线、面。设计基准可以是零件或部件上的几何点、线、面，如轴心线等。也可以是零件上的实际点、线、面，即实际的一个面或一条边。我们在设计一件家具或零件时，可以用对称轴线或一侧的边来确定另一侧边的位置，这些线或面就是设计基准。在标注尺寸时，也要考虑尺寸基准的问题。尺寸基准简单地说，就是先确定一个定位尺寸，其他尺寸都从这部分开始算起。另外，基准的选择要结合加工工艺考虑，通常要注意以下几个要求：

（1）以非加工端为基准标注定位尺寸。

（2）两个相配合的零部件基准的选择应一致。

（3）定位尺寸的基准和安装五金的要求有关，但不要以五金的孔位作为定位尺寸。

9.2.4 比例

在家具制图时，为方便加工图纸与实际尺寸的换算，一般选用常用比例，但在必要时也可选用可选比例，见表 9-7。

在标注图纸比例时，应注意以下几点：

（1）绘制各视图时，应采用相同比例，当某一视图比例不一致时，应另行标注。

（2）局部结构详图与基本视图比例不一致时，应单独标注，其比例标在局部结构详图的标注圆右边的水平细实线上方，如图 9-20 所示。

家具图纸的比例 **表9-7**

种类	常用比例	可选比例
原值比例	1 : 1	–
放大比例	2 : 1、4 : 1、5 : 1	1.5 : 1、2.5 : 1
缩小比例	1 : 2、1 : 5、1 : 10	1 : 3、1 : 4、1 : 6、1 : 8、1 : 15、1 : 20

（3）视图相同，仅尺寸不同的零、部件图，可以不注比例。

（4）当图纸上的两条平行线之间的距离小于 0.7mm 时，可不按比例而略加夸大画出。

图 9–20
局部结构详图比例标注

9.2.5 榫接合与连接件的画法

1. 榫接合

榫接合是指榫头嵌入榫眼或榫槽的接合，接合时通常需要施胶，这是木质家具结构中应用广泛的一种连接方式，在《家具制图》QB/T 1338—2012 中有以下特殊规定：

（1）在表示榫头断面的图形上，无论剖视或视图，榫头横断面均应涂成淡墨色，以显示榫头端面形状、类型和大小。

图 9–21 所示是双面切肩闭口不贯通单榫的画法。以榫头的贯通或不贯通来分，榫接合有明榫与暗榫之分。暗榫是为了家具表面不外露榫头以增加美观；明榫则因榫头暴露于外表而影响装饰质量，但明榫的强度比暗榫大，所以受力大的结构和非透明涂饰的制品多用明榫。

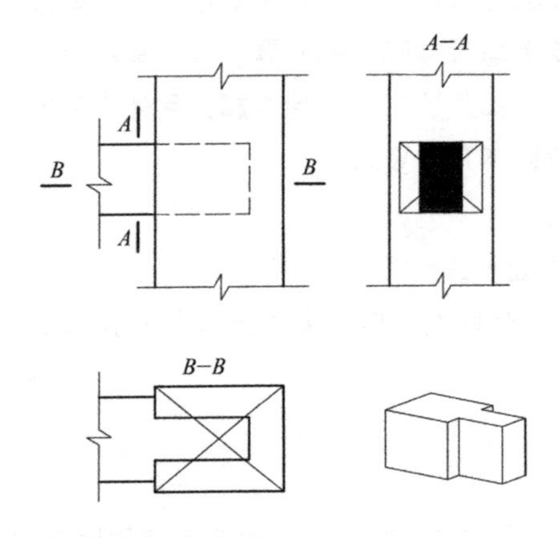

图 9–21
双面切肩榫

相关链接：榫接合

榫接合可以分为榫头和榫眼 / 榫槽两部分。一般沿木材顺纹方向出榫头，木材的纵切面上开榫眼 / 榫槽，榫头与榫眼相配合。其各部分名称见图 9–22 所示。

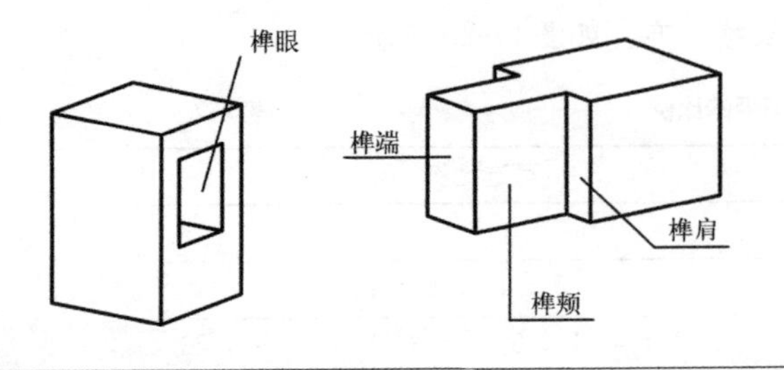

图 9–22
榫接合各部分名称

图 9–23 所示为闭口不贯通双榫的画法。如果出榫头的零件断面尺寸较大，则可以出多个榫头，以增加接合面，提高接合强度。

图 9–24 是圆榫连接的画法。圆榫主要用于板式家具的定位与接合，为了提高接合强度和防止零件扭动，采用圆榫接合时常用两个及以上的榫头，这样

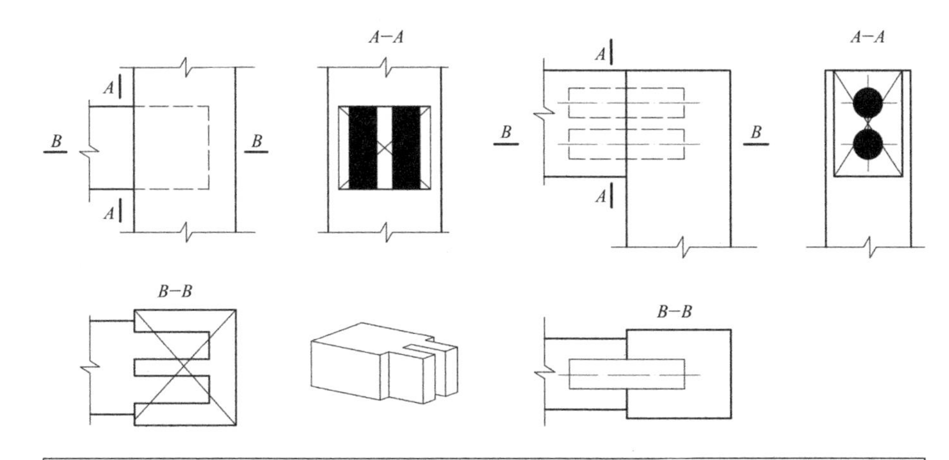

图 9–23（左）
闭口不贯通双榫
图 9–24（右）
圆榫连接

相关链接：圆榫

圆榫又称为圆棒榫或木销，是插入榫的一种。相对于整体榫而言，插入榫与方材不是一个整体，它是单独加工后再装入方材的预制孔或槽中。采用圆榫连接，可以简化工艺，圆榫本身是专门设备加工出来的，而打眼则可以通过多轴钻床或加工中心完成，加工装配非常便利。

为了提高胶合强度，圆榫表面常有贮胶的沟槽，在圆榫插入榫孔，紧密配合的情况下，依然能使胶液保持在圆榫表面，而不至于压到底部。同时，当胶液中的水分被圆榫表面吸收时，压缩沟槽会润胀起来，从而使圆榫与榫孔结合得更为紧密。根据沟纹形状的不同，圆榫可分为若干类型：图 9–25（*a*）所示的圆榫表面没有压缩纹路，主要用于装配定位；图 9–25（*b*）所示的是网纹状压缩纹圆榫，受力时易拉断；图 9–25（*c*）所示的是直线状压缩沟纹的圆榫，这种圆榫的抗拉强度要大于网纹状的，但加工较为困难；图 9–25（*d*）所示为螺旋状压缩沟纹圆榫，其螺旋纹类似于木螺钉，需边拧边回转才能慢慢退出，因而这种圆榫的接合强度大于其他类型的圆榫。

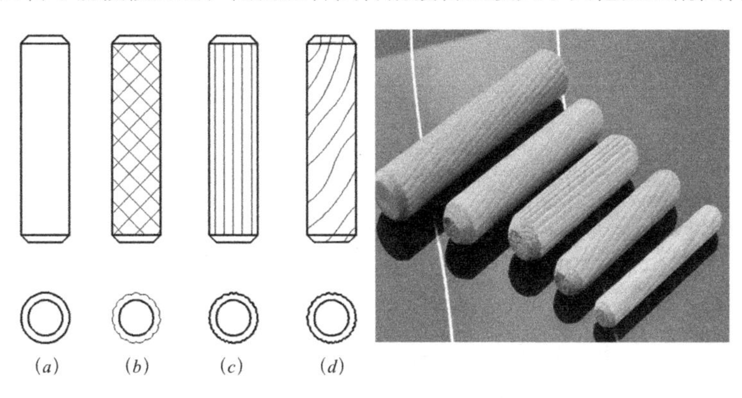

图 9–25
圆榫的形式

也有利于提高接合强度。

图 9–26 所示为横枨在腿足部相交的画法。两侧的横枨在同一平面上相交于腿足部的一点，横枨上的榫头各切去一块，相互搭接，这样既避免了榫头在位置上的冲突，又获得了更多的接合面积。

（2）榫头端面除了涂色表示外，还可以用一组不少于 3 条的细实线表示。榫端面的细实线应画成平行于长边的长线，如图 9–27 所示。另外，无论用涂色或细实线表示榫头端面，木材的剖面符号都应尽可能用相交细实线，不用纹理表示，以保持图形清晰。

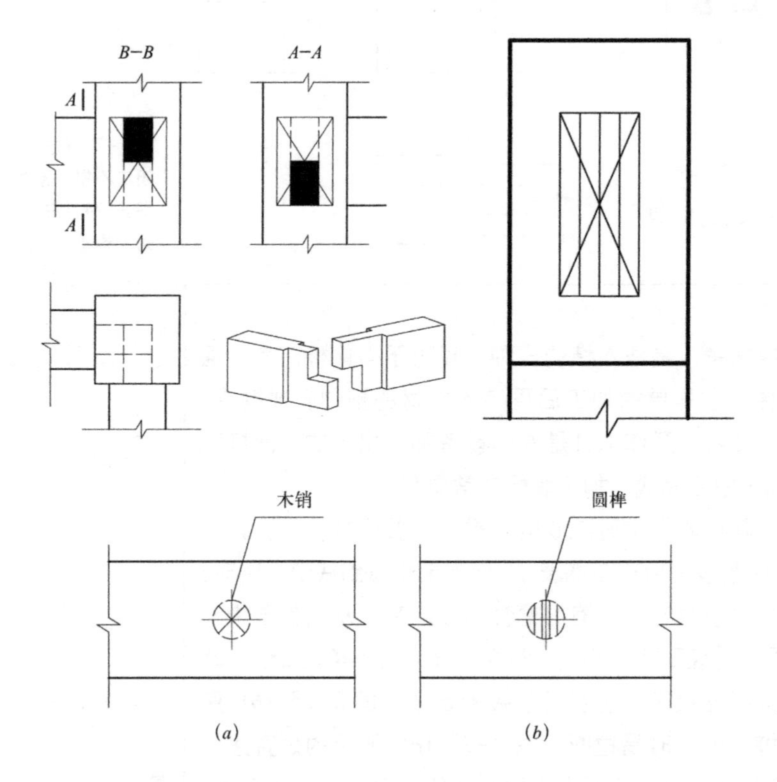

图 9–26（左）腿足部横枨相交的画法

图 9–27（右）榫头端部的画法

图 9–28 木销与圆榫的画法

（3）用于定位的可拆卸木销，其相互垂直的细实线与零件主要轮廓线成 45° 倾斜，见图 9–28（*a*）所示。图 9–28（*b*）是圆榫的画法，在绘制中要注意二者的区别。

2. 家具常用连接件连接方式的画法

家具上一些常用连接件，如木螺钉、圆钢钉、镀锌螺栓等，在《家具制图》QB/T 1338—2012 中都规定了其特定的画法，见表 9–8。

（1）圆钉连接的画法，如表 9–8 中所示，在局部详图中，钉头和钉身用粗实线表示。主视图上，表示钉头的粗实线画在木材零件轮廓线内部；左视图上，钉头的视图是十字细线，十字中心有一小黑点，反方向则只画十字细线以定位。在家具连接中，圆钉连接只起辅助作用，其接合强度不大，且易失效。

（2）木螺钉连接的画法，如表 9–8 中所示，在局部详图中，钉身用粗虚线表示，钉头用 45° 粗实线三角形表示，钉头的左视图为十字粗线，相反方

家具常用连接件连接方式及画法 **表9-8**

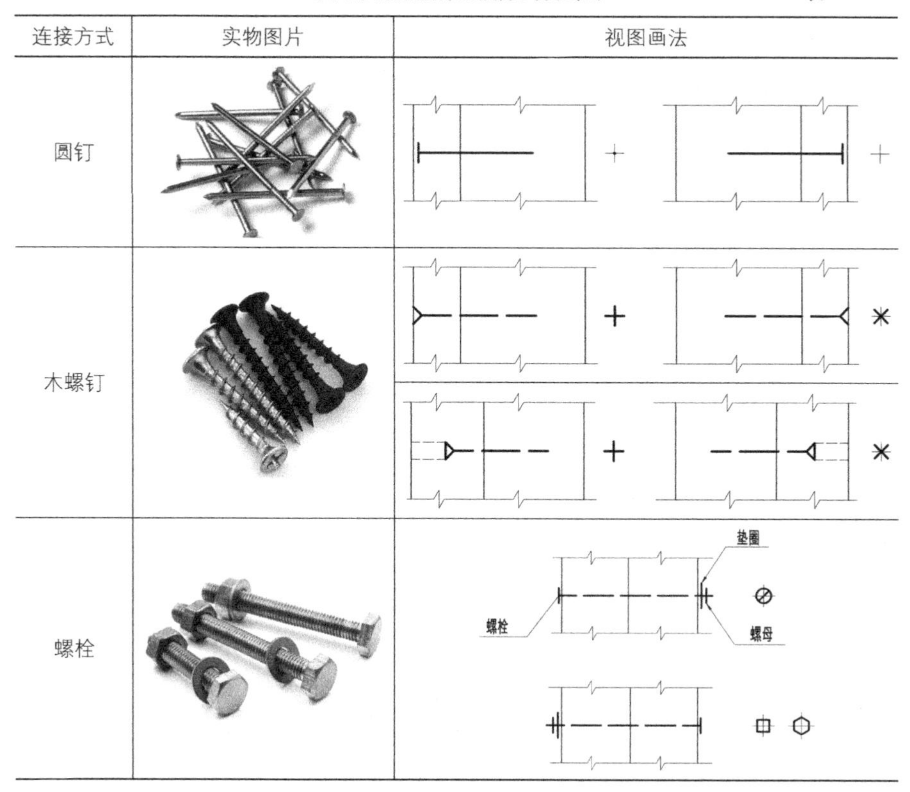

连接方式	实物图片	视图画法
圆钉		
木螺钉		
螺栓		垫圈 螺栓 螺母

向视图是 45° 相交的两短粗实线，同时还画出十字细线作定位之用。下图是木螺钉的沉头安装法，主要用于连接较厚的木材零件。木螺钉连接是家具中常用的一种极为简便的连接方式，为防止木质零件开裂，通常先打预导孔，再在木螺钉上涂上白乳胶拧入，可获得较高的连接强度。

连接件在基本视图上，还可以用细线表示其位置，并用带箭头的引线注明名称、规格或代号。图 9-29 所示为木螺钉的简化画法，其中图 9-29（*a*）中以细线表示斜拧进去的螺钉；图 9-29（*b*）用十字细线表示在拉条下方拧入用于连接桌面的螺钉。标注引线上方的文字“木螺钉 GB100-86 4X30”，表示采用的连接件是开槽沉头木螺钉，直径 4mm，长度 30mm。

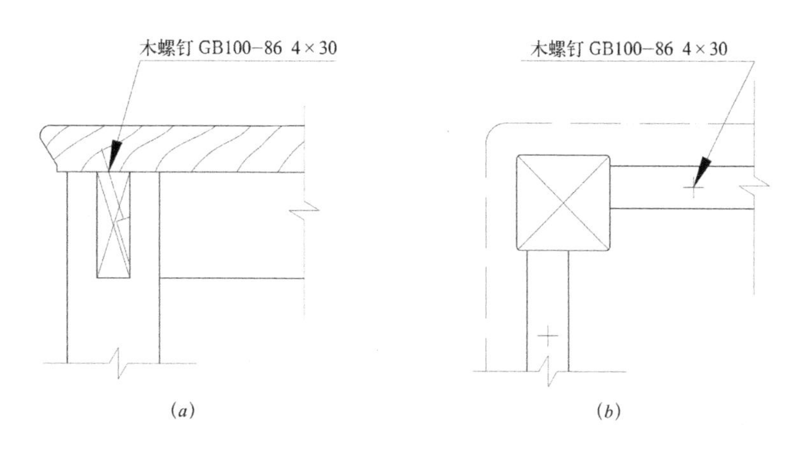

图 9-29
连接件的简化画法

(3) 螺栓连接的画法，如表 9-8 中所示，在局部详图中，螺杆用粗虚线表示，螺栓头是与螺杆端部相垂直的不出头的粗短线，螺杆另一侧的两根粗短线，长者为垫圈，短者为螺母。螺栓连接主要起到对两个木质零部件的紧固作用。

3. 家具专用连接件连接方式的画法

随着板式家具可拆装连接和自装配家具的发展，家具专用连接件的使用越来越广泛。本书着重介绍《家具制图》QB/T 1338—2012 中作出明确规定的几种常用连接件的画法，对于层出不穷的各类新型家具连接五金，可以参照已有画法进行绘制。

1）偏心连接件的画法

偏心连接件在板式家具中大量使用，主要用于板件的垂直连接。其主要由连接件主体即偏心块、拉杆和预埋尼龙螺母三部分组成，所以又俗称“三合一”连接件，见图 9-30 所示。有的还配有装饰盖，安装在偏心块孔位上，以获取更好的表面效果。

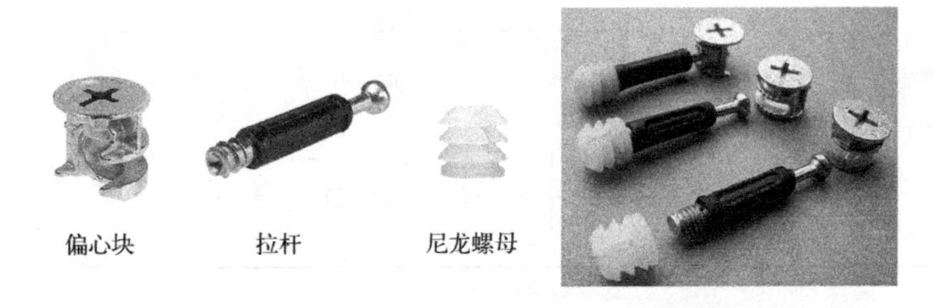

图 9-30
偏心连接件的组成

偏心连接件在《家具制图》QB/T 1338—2012 中有其规定的简化画法，图 9-31 就是带装饰盖的螺栓偏心连接件的基本视图的画法。但需说明的是，在实际工作中，除了比值较大的结构详图中会用到，一般情况下，只是在零部件图中绘出安装的孔位图。

2）杯状暗铰链的画法

杯状铰链主要用于家具门板的安装，其主要由铰杯和铰座两部分构成，铰

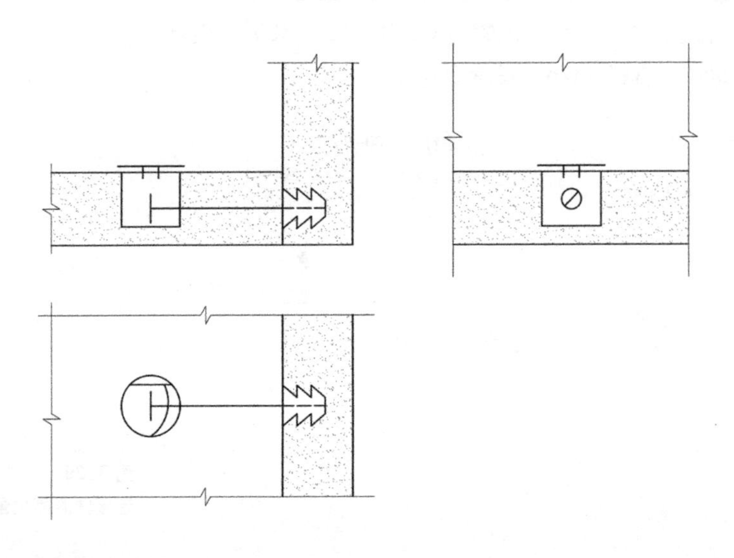

图 9-31
偏心连接件的画法

杯安装在门板上，铰座安装在柜体侧板上。根据门与柜体的位置关系，铰链可以分为三大类，见图 9–32。

图 9–32（*a*）所示的全盖门铰，又称直臂铰链，用于门板覆盖住柜体旁板大部分的情况下；图 9–32（*b*）所示的半盖门铰，又称小曲臂铰链，用于门板覆盖柜体侧板一半的情况下，如两扇相邻门板共用一块侧板时；图 9–32（*c*）所示的内嵌门铰，又称大曲臂铰链，用于门板内嵌的情况。

在《家具制图》QB/T 1338—2012 中，铰链画法的相关示例如表 9–9 所示。

表 9–9 略去了半盖门铰示例，其铰臂曲度介于全盖门铰和内嵌门铰之间。

3）常用螺栓连接的画法

螺栓连接是可拆卸连接中使用最为普遍的一种连接方式。在表 9–8 中所示螺纹的画法都被简化成了粗虚线，这只在家具制图这一范围内适用，其实螺纹件是有其规定的画法的。

（1）关于螺纹的基本知识

外螺纹：指在零件外表面的螺纹，如螺钉、螺栓上的螺纹，见图 9–33（*a*）所示。

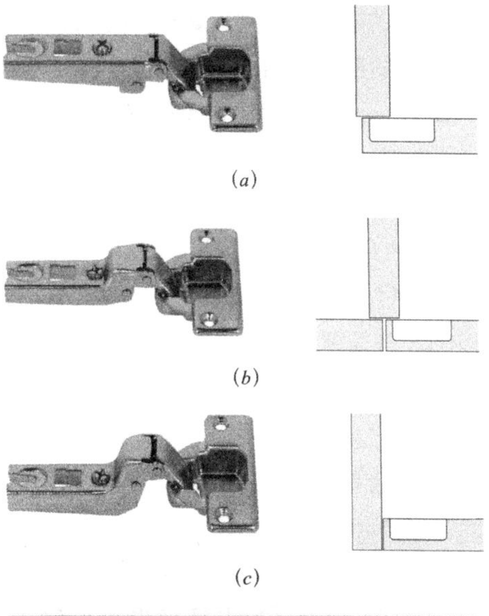

(*a*)

(*b*)

(*c*)

(*d*)

图 9–32
家具门铰链的类型
(*a*) 全盖门铰；
(*b*) 半盖门铰；
(*c*) 内嵌门铰；
(*d*) 家具门板铰链的使用

杯状暗铰链画法 **表9–9**

类型	局部结构详图画法	基本视图画法
全盖门铰	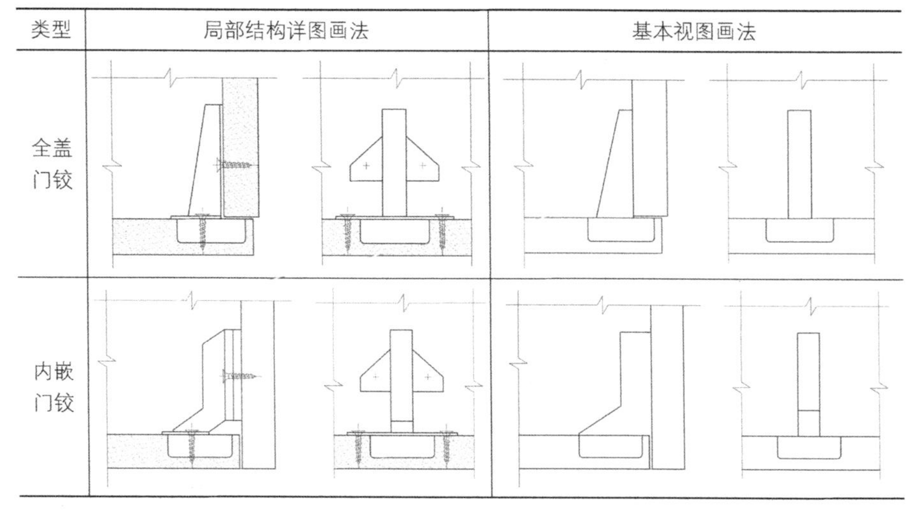	
内嵌门铰		

内螺纹：指在零件内表面的螺纹，如螺母、螺孔中的螺纹，见图 9–33（*b*）所示。

牙形：在通过螺纹轴线的剖面上得到的轮廓形状。

大径：螺纹的最大直径，通常用大径表示螺纹的公称直径。

小径：螺纹的最小直径。

螺距：螺纹相邻两牙对应点之间的轴向距离。

螺距和小径都有一定的尺寸。同一大径尺寸时，螺距较大而小径较小，则是粗牙普通螺纹；同一大径尺寸时，螺距较小而小径较大，则是细牙普通螺纹。家具连接件中多用细牙普通螺纹。

内外螺纹要求大径、小径、牙形、螺距等都相同才能相互旋合。

（2）关于螺纹的画法

外螺纹大径及螺纹的终止线用粗实线表示，小径用细实线表示。在平行于螺杆轴线的投影面的视图中，螺杆的倒角或倒圆部分也应画出；在垂直于螺纹轴线的投影面的视图中，表示牙底的细实线只画约 3/4 圆，如图 9–34 所示。

画内螺纹时一般都取剖视状。这时小径及螺纹的终止线用粗实线表示，大径用细实线表示。在垂直于螺纹轴线的投影面的视图中，小径为粗实线圆，大径用细实线画成 3/4 圆，如图 9–35 所示。

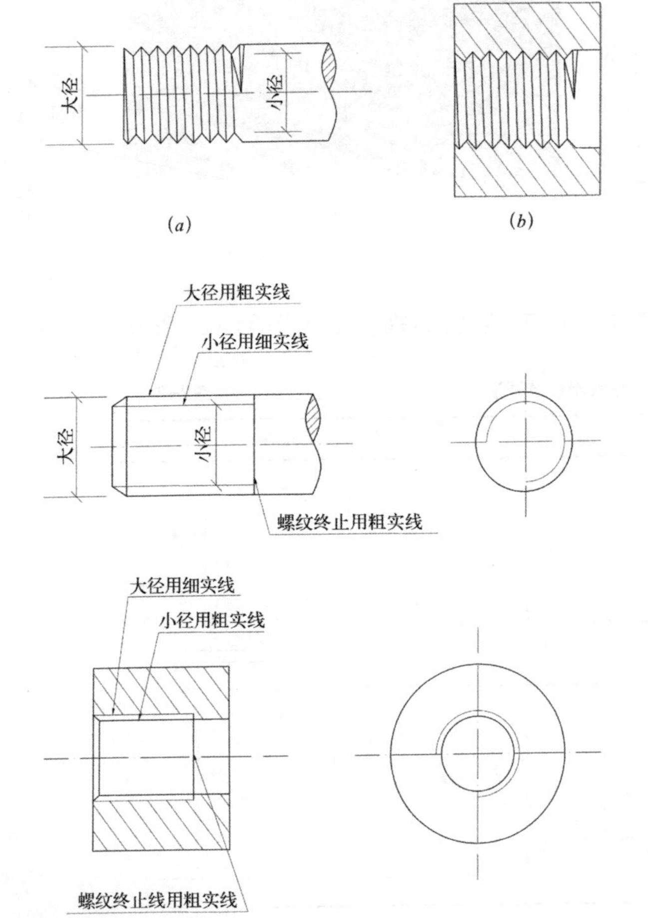

图 9–33
外螺纹与内螺纹
（*a*）外螺纹；（*b*）内螺纹

图 9–34
外螺纹画法

图 9–35
内螺纹画法

(3) 家具常用螺栓、螺母连接件的画法示例

螺母是一种紧固用零件，多与螺杆或螺栓配用，普通螺母多为内螺纹，拧在螺栓上紧固工件。内外牙螺母又称家具预埋螺母，一端具有外螺纹，一端具有内螺纹，预先埋入工件中，再拧入螺栓，作用相当于圆棒榫接合，但可拆卸，只是家具表面可见螺栓端面。图 9–36 所示是家具中常用螺栓内外牙螺母连接的画法，图 9–36（*a*）所示为六角螺栓内外牙螺母连接件连接；图 9–36（*b*）所示为十字平头螺栓内外牙螺母连接件连接；图 9–36（*c*）所示为一字平头螺栓内外牙螺母连接件连接；图 9–36（*d*）所示为内六角螺栓内外牙螺母连接件连接。

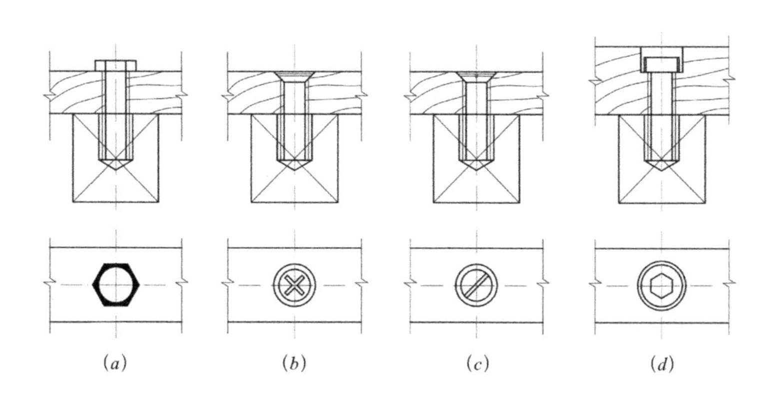

图 9–36
常用螺栓内外牙螺母连接画法

9.2.6 家具材料剖面符号与图例

1. 家具常用材料的剖面符号

绘制家具或其零、部件剖视图时，假想被剖切的部分，一般应画出剖面符号，以表示被剖切家具或零、部件材料的类别。常用的材料剖面符号画法，在《家具制图》QB/T 1338—2012 中作出了详尽的规定。需要注意的是，剖面符号用线（剖面线）均为细实线。表 9–10 中列出了家具中最常用的主、辅材料的剖面符号画法。

家具常用材料剖面符号画法　　表9–10

材料			剖面符号	材料	剖面符号
木材	横材	方材		纤维板	
		板材		金属	
	纵剖				
胶合板				塑料有机玻璃橡胶	
刨花板				软质填充料	
细木工板	横剖			砖石料	
	纵剖				

请注意：

表 9-10 中"金属"的图例符号在《建筑制图标准》GB/T 50104—2010 中为"普通砖"，因此，我们在绘图时要明确所绘图纸内容，结合实际情况选择相应材料图例，必要时加文字说明。

在绘制表 9-10 中家具常用材料的剖面符号时，要注意以下几点：

(1) 木材横剖面的符号，如果是方材的话，则以两直线相交来表示，如果是板材，则不能用相交直线。在基本视图中，为避免影响图面的清晰，往往木材的纵剖面符号可省略。

(2) 在绘制胶合板时，胶合板的层数应用文字加以注明。剖面符号细实线倾斜方向与主要轮廓线呈 30°。另外，如果板面很薄，在视图中可不画剖面符号。

(3) 如果基材表面有贴面材料，在基本视图中，贴面部分可与轮廓线合并，不必单独表示。

(4) 金属剖面符号与主要轮廓线应成 45° 倾斜的细实线。在视图中，如果金属的厚度不大于 2mm 时，应将剖面涂黑。

相关链接：认识家具常用的人造板材

为了合理利用木材资源，做到小材大用，劣材优用，将木材及其边角料加工成各种不同形状的基本单元，并通过添加胶粘剂，重新组合成各种人造板材。在家具制造中使用量最大的是以下几种人造板。

1. 纤维板

纤维板是以纤维为基本单元加工而成的板材，见图 9-37 (*a*)。该材料内部结构均匀，尺寸稳定性好，易于铣型、雕刻，表面光滑平整，适于粘贴薄木或直接涂饰。但其吸湿、吸水性较强，板材保管不当或成品表面装饰破损后，常易受潮而局部膨胀，形成不可修复的损伤。

2. 刨花板

刨花板就是将木材或非木材植物纤维原料加工成一定规格的刨花或碎料，加入胶粘剂后，压制而成的一种人造板材，见图 9-37 (*b*)。橱柜等板式家具常使用三聚氰胺饰面刨花板，不需油漆，板材经切割、封边、打孔后即可组装成品家具，大幅缩减了生产周期。

3. 胶合板

胶合板是历史最为悠久的一种人造板材，它是由原木旋切成的单板，按相邻单板纤维方向互相垂直排列后，施胶压制而成的板材，见图 9-37 (*c*)。通常采用奇数层单板，俗称三合板、五合板、七合板等。胶合板的尺寸稳定性高，结构强度好。多层单板经模压后，可制成家具的异形构件。

4. 细木工板

细木工板又称大芯板，中间层用木条或空心木框，两面用 1 ~ 2 层单板胶合而成的制品，见图 9–37(*d*)。其结构稳定，强度较高，相对于其他人造板，细木工板的施胶量少，重量轻。其中，双饰面木工板因为不用油漆，污染较少，而被广泛使用于家庭装修中的现场家具制作上。

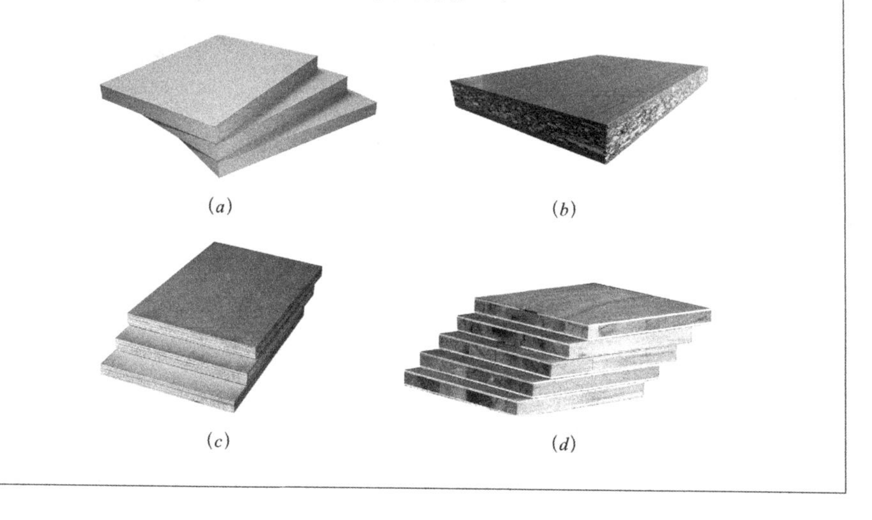

图 9–37
常用人造板材

2. 家具常用辅材的剖面符号与图例

家具中的玻璃、镜子等常用辅材，在视图中可画出图例，以表示其材料，画法见表 9–11。

家具部分材料图例与剖面符号 **表9–11**

名称	图例	剖面符号
玻璃	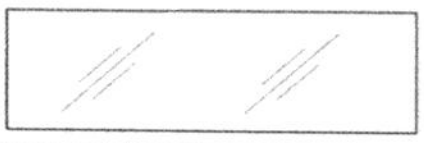	
镜子	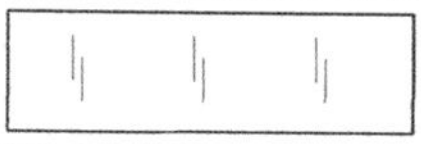	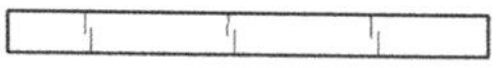
弹簧	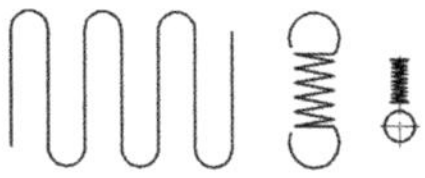	—
空心板	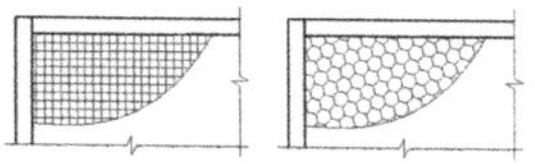	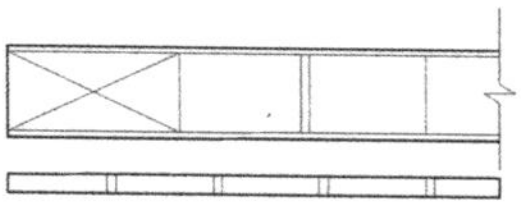
竹、藤编	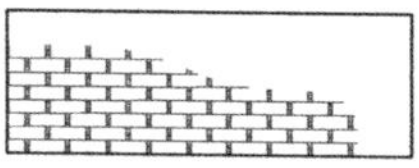	
网纱	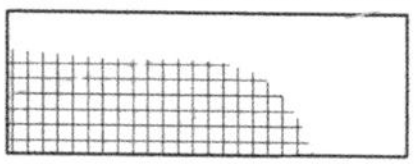	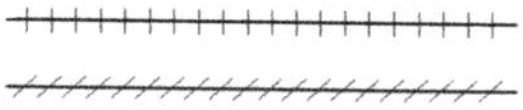

3. 材料纹理的表示方法

木材是一种天然材料，它不同于金属、玻璃等人造材料，其纤维方向不同，它的表面纹理及各项物理特性等，都会发生巨大的差异，所以在家具设计时，要充分考虑木材的纹理方向，并在图纸上加以标示，便于生产加工时合理选材。如图 9–38 中所示，通过箭头表示木材或薄木拼花的木纹方向。

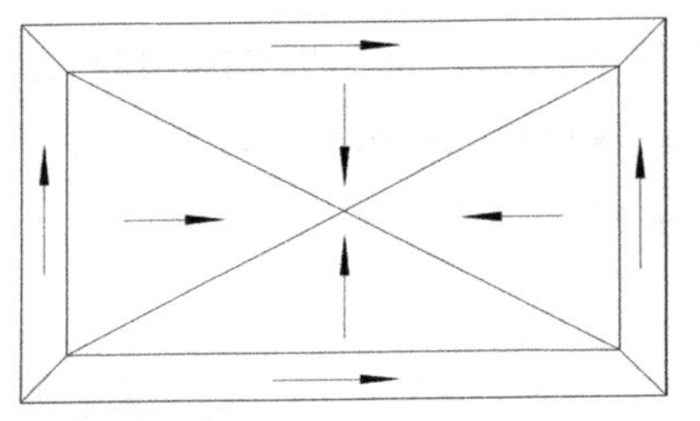

图 9–38
家具材料表面纹理方向的表示

■ 任务实施

1. 任务内容：使用 AutoCAD 软件，临摹图 9–39 中方凳三视图。

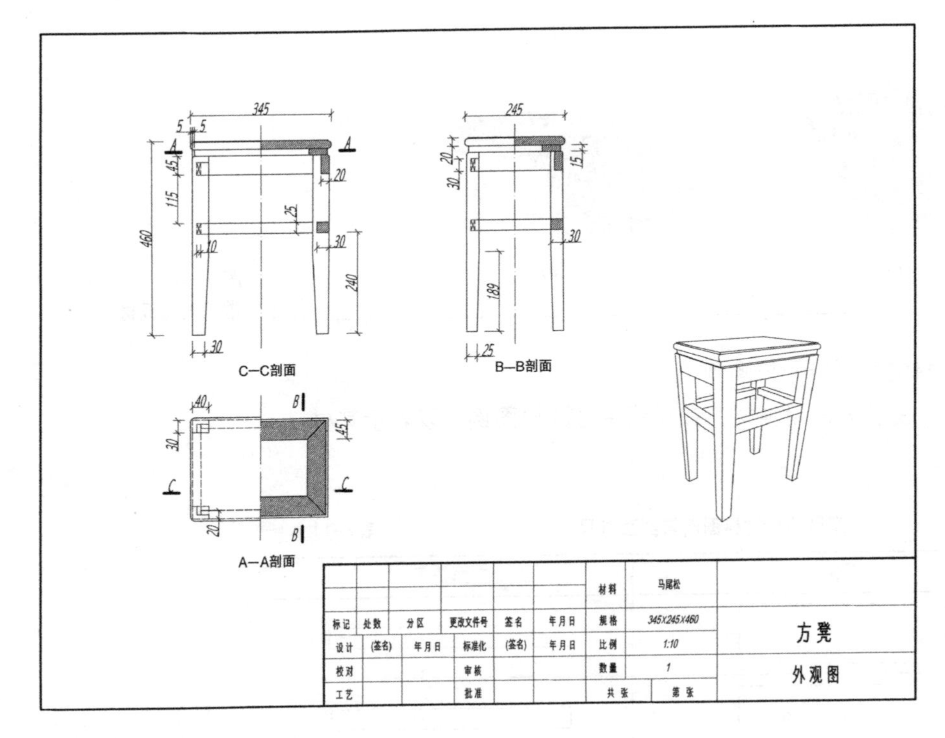

图 9–39
方凳三视图

2. 任务要求：

(1) 按照《家具制图》QB/T 1338—2012 设置 AutoCAD 绘图环境，图纸要分层绘制。

(2) 线型使用正确，标注完整，标注字体大小适宜。

(3) 以 A4 图纸框为参照，设定合理的比例，并完成图纸框相关内容的填写。

■ 思考与讨论

通过方凳外观图的绘制，分析这张方凳的零部件构成，并将其一一列出；了解一些榫卯的基础知识，思考方凳零部件间的连接方式。

任务 9.3 家具加工图纸的绘制

■ 任务引入

前面我们已经学习了家具制图规范，在此基础上，我们要运用所学知识及掌握的技能进行家具全套加工图纸的绘制。加工图纸是用于生产环节的，一套完整的家具加工图纸应包括外观图、部件图、零件图，图纸中的信息要准确、完整，这样才能确保家具生产的顺利进行。

需要特别说明的是，家具图纸既是一种设计语言，在生产环节更是一种无声的加工指令，所以图纸的准确性要求非常高，往往一点小小的失误都会导致成品的严重错误。

本节我们的任务是通过家具分析，掌握设计图、部件图、零件图的绘制。

■ 知识链接

在绘制家具加工图纸前，需要对实木家具、板式家具等基本的接合方式有一定的了解，如实木家具榫卯中的直榫形式、板式家具的偏心连接件应用等，这样在零部件图绘制时，才能正确完成榫头、榫眼或相关孔位的绘制。

9.3.1 示例家具的分析

1. 靠背椅的构成

本书选用的示范案例是一款网络销售的樟子松靠背椅，该椅造型挺拔，结构合理，工艺严谨，具有一定的代表性，如图 9–40 所示。

这把椅子的零部件构成情况如表 9–12 中所示。

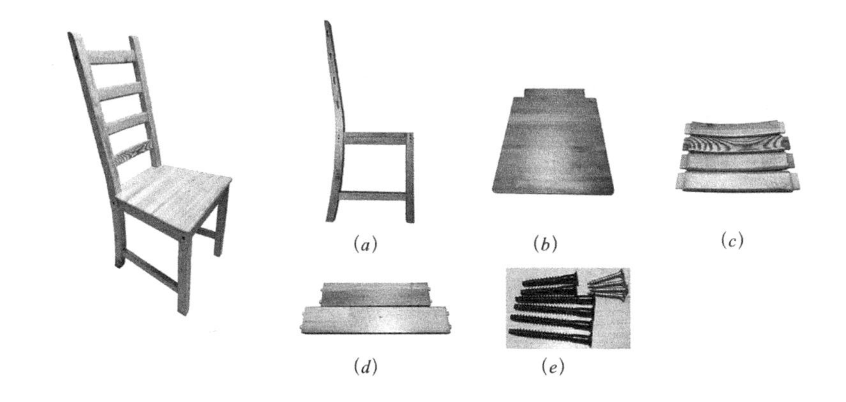

图 9–40
松木靠背椅的构成
(*a*) 侧框；
(*b*) 座面板；
(*c*) 靠背横档；
(*d*) 前、后拉条；
(*e*) 连接件

靠背椅零部件构成及功能分析 **表9–12**

	名称	数量	用途
部件	侧框	2	椅子的主要结构承力件
零件	座面板	1	支承人体，并实现侧框的横向连接
	靠背横档	4	靠背的主要构件
	前拉条	1	对椅子起到加固作用
	后拉条	1	对椅子起到加固作用
连接件	螺栓（大）	4	连接侧框与前后拉条
	螺栓（小）	2	连接侧框与靠背横档
	螺钉	4	用于座面板与侧框托条的固定

2. 靠背椅的结构分析

实木家具的传统榫卯结构是固定式的，一般情况下不易拆卸。为了让家具便于仓储运输，这把松木靠背椅的结构设计成了可拆装式的。从图 9–41 中靠背椅的安装顺序图可以看出，图 9–41（*a*）中所示的侧框部件是实现这把椅子拆装结构的核心构件。两片侧框通过横向构件如座面、前后拉条、靠背横档等的安装，实现了椅子的整体功能。这种拆装式结构设计，也使得实木椅子可以采用平板式包装，大大降低了仓储成本。

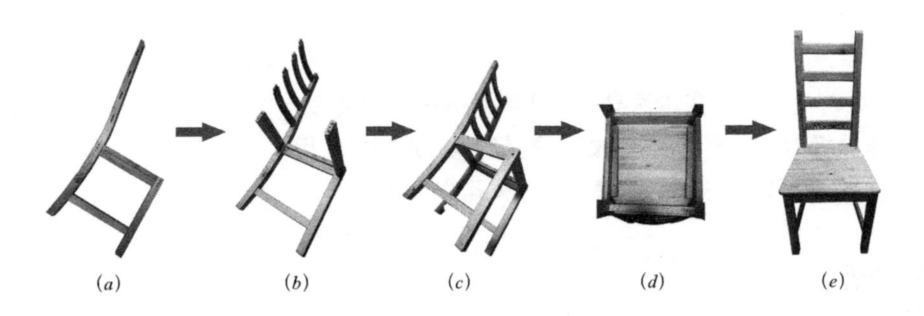

图 9–41
松木靠背椅的安装

9.3.2 设计图（外观图）绘制

这套松木靠背椅的图纸是通过实物测绘的方式绘制而成的，用于示范实木家具加工图纸绘制方法。

在家具图纸中，最为重要的一张图纸就是外观视图。外观视图里不仅包含了这件家具的外观形态、功能尺度，还反映了这件家具的整体结构及主要的连接方式等。外观图绘制的正确与否，直接影响后面的零、部件图的绘制。在绘制这件松木靠背椅外观视图时（图 9–42）要注意以下几点：

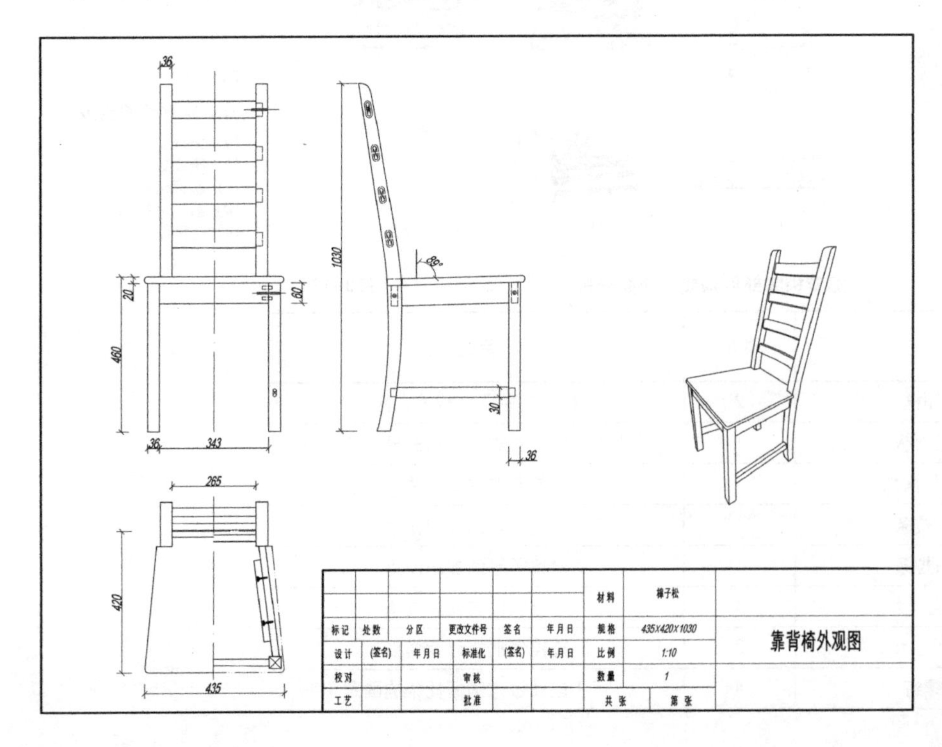

图 9–42
松木靠背椅的外观图

提示：

1. 后腿是一根异形件，其在俯视图上的形态是通过作一根 45° 辅助线，根据等腰三角形两边相等的原理，在左视图上对应的位置拉出引线，然后在俯视图上推导出后腿的形态及靠背横档的位置。

2. 这件松木靠背椅可用作餐椅，为提高其使用舒适性，座面向后倾斜，呈 1° ~ 2° 的倾角。这点在椅类设计中需要加以重视，现代椅类设计讲求人体工程学的运用，很少有呈水平的座面，往往根据椅子用途的不同，座面、座高、靠背倾角都会有一定的变化。

(1) 各个视图的位置要正确。三视图中，主视图、俯视图、左视图相互之间有着一一对应的关系，三个视图的位置摆放要正确，这样一则可以简化图纸绘制程序，二则也可以通过各个视图上尺寸的关联性去校验其正确与否。

(2) 外观图与剖视图合二为一。这件松木靠背椅是对称的，为了在一张视图上更为清晰地反映整件家具的结构关系，所以在主视图、俯视图中以单点划线标出中轴线的位置，其左右两侧分别是家具的外观和剖切后的结构呈现。

(3) 不可见的轮廓线或结构可用虚线画出。但需要注意的是，不是每一处不可见轮廓线或隐藏结构都要用虚线画出来，为了避免外观图面过于混乱，只用虚线画出重要的不可见轮廓线，也就是说，如果不画出这些被遮挡的轮廓线，我们就无法正确理解这件家具的外观形态时，才用虚线画出来。而对于隐藏的结构，则尽量用剖视图表现，除非各节点比较分散，不能用同一剖面表达，才对其中重要的节点用虚线表现其接合关系。

(4) 尺寸标注要简明、清晰。如果这是一套包含零、部件图的完整的家具加工图纸的话，则在外观图中只需标注家具的外观尺寸以及主要的功能尺度，因为加工所需的细节尺寸可以在配套的零、部件图中体现。但如果家具比较简单，只用一张外观视图就能满足加工需求的话，这就需要完整标注各类细节尺寸了。

9.3.3 部件图绘制

部件是由两个及以上零件构成的具有一定功能性的构件。这把松木靠背椅中，侧框是整件家具的核心部件。它是由前腿、后腿、侧拉条、侧拉档、固定木条这五个零件构成，见图 9–43 所示。

9.3.4 零件图绘制

零件是产品中不可拆分的最小构件，也是加工中的最基本单元。零件图必须准确、完整地反映这个零件在加工中所需的全部信息，如有需要特别说明的工艺要求，也可标注在图纸上。图 9–44、图 9–45 是这把松木椅的零件图绘制示范。

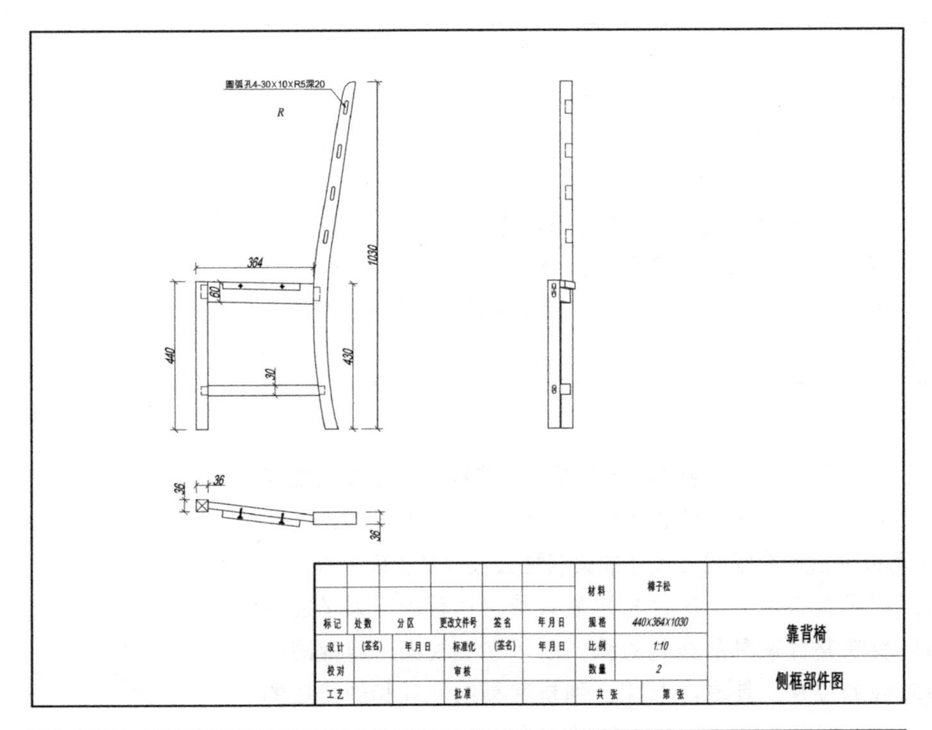

图 9–43 松木靠背椅的侧框部件图

提示：

1. 因这把靠背椅座面是梯形的，为保证前、后腿的看面与主视面平行，侧拉条、侧档与腿足是斜接的。

2. 固定木条与侧拉条连接，在靠背椅安装时，从下方拧入螺钉，与座面相固定。这把椅子没有设计塞角，只是通过固定木条连接座面，与塞角相比，其受力后的稳定性是要稍逊一筹的。

3. 后腿上与靠背横档相连接的榫眼是椭圆形的，相较于传统的方榫眼而言，椭圆形榫眼更加符合现代木工设备的加工特性。

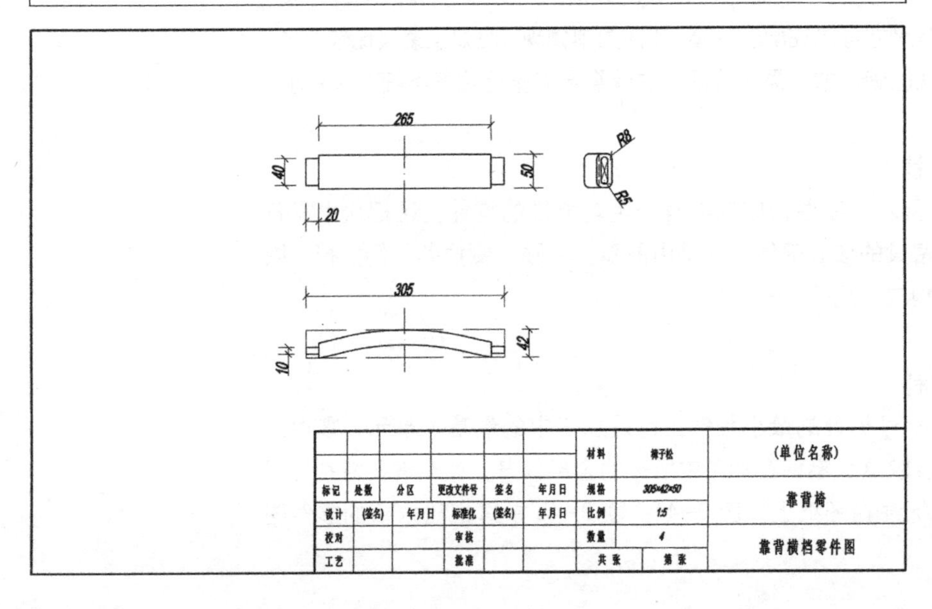

图 9–44 松木靠背椅的靠背横档零件图

提示：

1. 靠背横档上的榫头是由椭圆形榫开榫机直接加工出来的，这种榫头加工精度高，与榫眼的配合度也很好。

2. 为增加靠背的舒适性，横档在设计时，在水平方向呈现一定的弧度，在绘制左视图时，要注意图面表达的准确性。工件的弧度可通过 1：1 放样后，在带锯上锯解出来，也可将图纸转换成加工文件，直接在数控设备上加工出来。

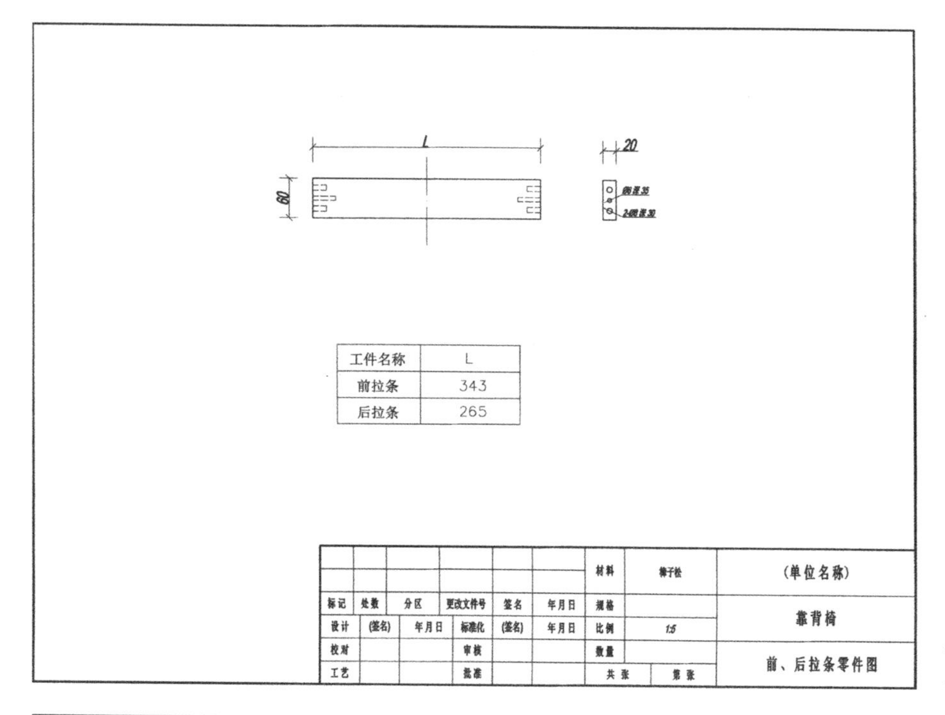

图 9–45 松木靠背椅的前后拉条零件图

提示：

1. 前、后拉条的形状相同，只是长度方向不同，因此在视图下方以表格的形式说明其各自的长度。

2. 零件端面有两种孔位，其中 $\phi 8$ 的孔位是栽圆棒榫的，这里的圆棒榫是起到安装时的定位作用；$\phi 6$ 的孔位是螺栓连接时的导引孔。

■ 任务实施

1. 任务内容：在教师指导下，选取一件较为简单的实木家具，使用卷尺、游标卡尺等工具对其进行测量，取得数据后，绘制这件家具的外观图。

2. 任务要求：

（1）家具实物测量数据要准确。

（2）按照《家具制图》QB/T 1338—2012 设置 AutoCAD 绘图环境，图纸要分层绘制。线型使用正确，标注完整，标注字体大小适宜。

（3）以半剖视的画法，在外观视图上表现家具内部结构。

（4）以 A4 图纸框为参照，设定合理的比例，并完成图纸框相关内容的填写。

■ 思考与讨论

在完成所选家具外观视图绘制的基础上，将这件家具“拆解”开来（如这件家具是可拆装结构的话，就进行实物拆解，有助于学生更为深入地理解家具结构；如果是固定结构，则可通过对零部件列表分析的方法进行“拆解”），并尝试进行零、部件图的绘制。

拓展任务

根据本书图 9-39 所示方凳外观图，分析该凳的零、部件构成情况，并完成其零、部件加工图纸的绘制。

拓展项目

拓展项目 1　别墅建筑施工图识读与绘制

【项目描述】

1. 项目名称：别墅建筑施工图识读与绘制

2. 项目说明：

项目位于我国某市，规划建设用地约 16 万 m^2，建筑形式以 3 层的小独栋别墅为主，辅以少量双拼别墅。

本项目技术指标如下：

（1）建筑面积：425.9m^2，其中，地上：302.1m^2，半地下：123.8m^2。

（2）建筑层数：地上 3 层，半地下 1 层。

（3）建筑高度：北面檐口高 8.650m，屋脊高 10.420m。

（详见建筑设计说明）

【项目目标】

1. 掌握别墅建筑施工图的识读方法。
2. 了解别墅建筑施工图的设计及绘制特点。
3. 熟练掌握别墅建筑施工图纸的制图标准。
4. 掌握别墅建筑施工图中的常用符号和图例表达方法。
5. 具有审核图纸的能力。

【项目要求】

根据项目提供的建筑设计说明和建筑施工图纸，识读别墅建筑施工图。

图纸详见图 10–1 ～图 10–10。

1. 阅读建筑设计说明

建筑设计说明包含十方面内容，分别为设计依据、工程概况、总平面设计、墙体工程、屋面工程、门窗工程、外装修工程、内装修工程、防水和防潮以及其他。认真阅读建筑设计说明，结合施工图纸完成整套图纸的识读工作，详见图 10–1、图 10–2 所示。

2. 建筑平面图识读

本项目建筑平面图包括了半地下层平面图（1 ：50）、一层平面图（1 ：50）、二层平面图（1 ：50）、三层平面图（1 ：50）和屋顶平面图（1 ：50），根据图纸内容，结合建筑设计说明完成建筑平面图的识读，详见图 10–3 ～图 10–5 所示。具体步骤如下：

（1）查看图名、比例、指北针，明确建筑朝向。

（2）查看定位轴线、编号、尺寸标准（总尺寸、轴线尺寸、细部尺寸）。

(3) 查看墙、柱、楼梯位置。

(4) 明确建筑平面布局和交通疏散方向，了解各房间功能。

(5) 查看门窗编号及尺寸，明确门窗的开启方向。

(6) 查看台阶、散水、阳台、雨篷等位置、尺寸、剖切符号、索引符号等。

(7) 查看主要建筑设备和固定家具的位置及相关索引符号。

(8) 查看室外地面标高、室内地面标高、各楼层标高等。

(9) 查看底层平面图的剖切线位置及编号，了解剖面图的剖切内容及绘图位置。

(10) 查看屋顶平面图，了解屋顶布局、坡度方向，明确屋顶排水情况。

3. 建筑立面图识读

本项目建筑立面图包括了别墅的四个立面，即Ⓖ—Ⓐ立面图（1 ：50）、Ⓐ—Ⓖ立面图（1 ：50）、①—⑦立面图（1 ：50）和⑦—①立面图（1 ：50）。根据图纸内容，结合建筑设计说明、建筑平面图，完成建筑立面图的识读，详见图 10–5 ～图 10–7 所示。具体步骤如下：

(1) 查看图名、比例和两端轴线及其编号，明确建筑立面的投影方向，并与建筑平面图对照。

(2) 查看建筑外轮廓，了解建筑外观造型。

(3) 查看建筑细部构件，对应建筑平面图，明确细部构件的形状及其平面位置。如门窗、阳台、檐口、雨篷等。

(4) 查看标高，明确各建筑构件的定位标高。

(5) 查看文字说明或索引，了解建筑外立面装饰材料、颜色、做法等。

4. 建筑剖面图识读

本项目中建筑剖面图有四处，其中 1–1 剖面为建筑整体剖面图，A–A、B–B 剖面为台阶剖面图，另外还有室内楼梯展开 A–A 剖面图。根据图纸内容，结合建筑设计说明、建筑平面图、建筑立面图，完成剖面图的识读，详见图 10–2、图 10–3、图 10–7、图 10–8 所示。具体步骤如下：

(1) 查看图名、比例，并结合底层平面图，明确剖切位置及投影方向。

(2) 查看剖切到的楼板、屋顶、总高度尺寸、楼层间尺寸和标高，并结合建筑平面图，明确建筑物总高度、各楼层高度、室内外高差等。

(3) 查看剖切到的墙体、门窗，并结合轴线尺寸、各楼层尺寸、标高、平面图等，明确其具体位置。

(4) 查看剖切到的台阶、雨篷等，并结合尺寸和标高，明确其位置。

(5) 对于单独实施的台阶剖面图，要明确台阶数量、踢面高度、踏面宽度、栏杆扶手高度等，明晰文字表述内容。

(6) 明确剖面图中门窗的具体位置。

5. 楼梯施工图识读

楼梯作为建筑的重要构件，在本项目中单独进行了楼梯施工图的绘制。包括各层楼梯平面图、剖面图等，详见图 10–8 所示。具体识读步骤如下：

（1）区分首层楼梯平面图、中间层楼梯平面图和顶层楼梯平面图的表达方法。
（2）查看各层楼梯缓步平台标高。
（3）明确楼梯踏步数量，踏面、踢面、栏杆尺寸。
（4）明晰室内楼梯展开 A–A 剖面图表达内容。

6．建筑详图识读

详图是用较大的比例将建筑物的细部构造层次、尺寸、材料、做法等详尽地绘制出来。本项目详图共有三处，全部为外墙详图，详见图 10–9、图 10–10 所示。具体识读步骤如下：

（1）查看图名比例，明确详图编号。
（2）查看建筑物外墙各部分尺寸、标高、填充图例。
（3）根据定位轴线编号，明确详图具体位置。
（4）明晰文字、符号等表述内容。
（5）查看各细部尺寸标注。
（6）查看窗大样图。

【项目计划】

见表 10–1。

拓展项目项目1计划 **表10–1**

项目任务	内容	学时
任务 1　建筑设计说明	明确本项目设计依据、工程概况、总平面设计、墙体工程、屋面工程、门窗工程、外装修工程、内装修工程、防水和防潮，以及其他相关设计说明内容	0.5
任务 2　建筑平面图识读	结合建筑设计说明，完成建筑平面图识读工作，并回答项目实施环节相应问题	0.5
任务 3　建筑立面图识读	结合建筑设计说明、建筑平面图，完成建筑立面图识读工作，并回答项目实施环节相应问题	0.5
任务 4　建筑剖面图识读	结合建筑设计说明、建筑平面图、建筑立面图，完成建筑剖面图识读工作，并回答项目实施环节相应问题	0.5
任务 5　楼梯施工图识读	完成室内楼梯平面图和剖面图识读工作，并回答项目实施环节相应问题	0.5
任务 6　建筑详图识读	结合建筑设计说明、建筑平面图、建筑立面图、建筑剖面图，完成建筑详图识读工作，并回答项目实施环节相应问题	0.5

【项目实施】

根据图纸内容，回答以下问题：

1．本项目建筑面积为 ________m^2，共 ________ 层。

2．本项目建筑结构类型为 ________。

3. 本项目建筑外墙厚度为 ________mm，外墙保温材料厚度为 ________mm。

4. 外窗气密性要求不低于 __________ 级。窗外的隔声系数和隔热系数均应符合相应国家要求。

5. 内门采用高级装饰门，洞高均为 ________mm。

6. 本项目卫生间、桑拿房楼地面的防水涂层应沿四周墙面高起 ________mm。

7. 本项目设计编号 M0821 洞口宽 ________mm、高 ________mm，总数为 ________；设计编号 C1018 洞口宽 ________mm、高 ________mm，总数为 ________。

8. 本项目室外地坪标高分别为 ________________________________。

9. 本项目地下一层地面标高为：卫生间 ________m、车库 ________m、其他房间 ________m。

10. 本项目中车库坡度为 ________。

11. 本项目中地下一层层高为 ________m、一层层高为 ________m、二层层高为 ________m、三层层高为 ________m。

12. 本项目散水宽度为 ________mm。

13. 本项目中主入口门的编号为 ________。

14. 本项目中卫生间地面低于其他房间 ________m；地面向地漏方向找坡 ________%。

15. 屋面防水采用材料为 ________________________________。

16. 本项目的建筑高度北面檐口高 ________m，屋脊高 ________m。

17. 本项目 1–1 剖面图中投影可见的门编号为 ________。

18. 本项目主要屋面采用 ________ 屋顶。（提示：单坡、双坡、四坡、平）

19. 本项目中二层共有 ________ 种类型的窗。

20. 本项目中室内楼梯有 ________ 梯段。

21. 本项目中室内楼梯二层平台处的栏杆高度为 ________mm。

22. 室内地下一层到一层踏步数量是 ________；一层到二层踏步数量是 ________；二层到三层踏步数量是 ________。

23. 室内楼梯宽度为 ________m。

24. 主入口处台阶踏步高度为 ________mm。

25. 别墅共设卧室 ________ 间、卫生间 ________ 间、更衣室 ________ 间、书房 ________ 间、洗衣间 ________ 间。

26. 本项目中主入口楼梯属于 ________。（提示：预制楼梯、板式楼梯、梁式楼梯、悬挑楼梯）

27. 主入口处台阶踏步总高度为 ________mm、踏步数量 ________。

28. 本项目屋面排水方式采用 ________。

29. 本项目中主入口的朝向为 ________。

30. 本项目东面有窗户 ________ 个。

31. 别墅屋面的防水等级为 ________。

32. 地下室外墙防水等级为 ________，采用 ________ 道设防。

33.C1018 弧形窗半径为 ________mm；C0612 弧形窗半径为 ________mm。

34. 主入口台阶面层材料为 ________________________________。

35. 室内通往室外的门数量是 ________，设计编号分别为 ________。

36. 建筑内墙厚度分别为 ________mm、________mm。

37. 卫生间风道编号为 ________，楼梯留洞尺寸为 ________，厨房风道编号为 ________。

38. 本工程外立面采用 ________________________________ 结合的方式。

39. 玻璃应根据《建筑玻璃应用技术规程》JGJ 113—2015 选择不同玻璃种类的最大允许面积及安装尺寸要求，凡大于 1.5m^2 的玻璃均应选用安全玻璃，窗台距地 ________mm 以下者选用安全玻璃，窗前加高为 ________mm 的防护栏，栏杆净距为 100mm。

40. 外墙设计标高 ±0.000 以下为 240mm 厚 ________ 墙，±0.000 以上为 240mm 厚 ________ 墙，局部采用现浇混凝土墙体。

41. 内墙除 240mm 厚蒸压灰砂砖承重墙外，隔墙用 120mm 厚 ________ 隔墙。

42. 所有用于管井填充墙的隔墙板，均应在管道与设备就位后再行砌筑或安装，管井墙选用 120mm 厚 ________ 隔墙板。

【项目评价】

评价采用过程性评价和结果性评价两部分。过程性评价以课堂出勤情况、课上学习态度为主要考察点；结果性评价以识图和制图能力、项目完成情况等作为参考标准。具体评分表如表 10-2 所示。

项目1别墅建筑施工图识读与绘制 **表10-2**

项目任务	评价标准	分值
过程性评价	①不旷课；②不迟到；③不早退；④课堂纪律良好；⑤学习态度积极主动，及时完成教师布置的各项任务；⑥能够对项目进行合理分析；⑦积极参与各项讨论；⑧按照项目要求完成相关内容；⑨按照项目计划完成项目内容；⑩具有团队合作精神	30 分
结果性评价	完成项目实施所有题目，错写、漏写扣 1 分	70 分

注：如不满足评价标准中的任意一项，过程性评价部分扣 3 分，结果性评价部分扣 1 分。

建筑设计说明

一、设计依据

1. 有关文件及批示：

《某市规划委员会审定设计方案通知书》

2. 本工程依据的现行有关建筑设计规范、规定：

(1)《建筑设计防火规范》GB 50016—2014

(2)《住宅设计规范》 GB 50096—2011

(3)《全国民用建筑工程设计技术措施》规划　建筑 2003

(4)《地下工程防水技术规范》GB 50108—2008

(5)其他相关规范、规定及标准

二、工程概况

1. 本项目位于某市；规划建设用地约16万m²

地块内市政配套设施齐全，交通便捷，环境优美。建筑形式以3层的小独栋别墅为主，辅以少量双拼别墅。别墅分由A至G共18种类型，总建筑面积约14万m²

2. 技术指标：（E型南入口别墅）

(1) 建筑面积：425.9m²，其中，地上：302.1m²，半地下：123.8m²

(2) 建筑层数：地上3层，半地下1层

(3) 建筑高度：北面檐口高8.650m，屋脊高10.420m

3. 建筑耐久年限Ⅱ级，使用年限50年。建筑耐火等级一级。按八度抗震烈度设防

4. 本建筑结构类型为砖混结构

5. 标高及单位：

(1) 各层标高为完成面标高，结构标高为结构面标高

(2) 本工程除总图及标高以米为单位外，其他尺寸均以毫米为单位

三、总平面设计

别墅区室外道路环境及竖向由设计单位另行设计，不包含在单体施工图内，别墅单体施工图内标高仅为相对标高，待室外总体道路设计完成后，再确定单体建筑绝对标高及地面坡向

四、墙体工程

1. 外墙：设计标高±0.000以下为240mm厚钢筋混凝土墙，±0.000以上为240mm厚蒸压灰砂砖承重墙，局部采用现浇混凝土墙体，详见结构专业图纸

2. 内墙：除240mm厚蒸压灰砂砖承重墙外，隔墙用120mm厚空心砖砌块隔墙。安装参见《建筑构造通用图集》"88J2-X7"有关部分内容及厂家施工要求

3. 所有用于管井填充墙的隔墙板，均应在管道与设备就位后再行砌筑或安装，管井墙选用120mm厚陶粒混凝土隔墙板

4. 内外墙留洞位置：钢筋混凝土墙体详见结构专业及设备专业图纸，非钢筋混凝土墙体详见建筑专业及设备专业图纸

5. 所有未注明的洞口高度均到梁底

6. 外墙保温（节能设计）：

(1)建筑节能耗热指标见暖施说明，根据某地区节能标准65%设计

(2)保温材料及做法：本工程为外墙外保温，外保温做法参见图集88J2-4及88JZ2；保温材料拟采用挤塑聚苯板，厚度50mm，外墙传热系数为0.42

五、屋面工程

1. 坡屋面部分：做法选用88J1-1-坡屋1E-1，彩色水泥瓦屋面，防水等级为Ⅲ级，其中，60mm厚聚苯板改为70mm厚挤塑聚苯板

2. 本工程采用天沟外排水形式，采用DN100UPVC雨水管。

六、门窗工程

1. 本工程所有外门窗均为19(5+9+5)mm厚中空玻璃的本色断桥铝合金窗，开启扇均带纱扇，立面形式、开启方式及数量详见门窗加工表及加工图

2. 本工程所有的门除特别注明外（详见门窗统计表）均为木门，材质与品种由业主自定

3. 所有门窗除特别注明外，外门窗立樘均居墙外皮安装（详见外墙详图）；内窗立樘及双向平开门立樘居墙中，单向平开门立樘与开启方向墙面平

4. 门窗加工尺寸要按门窗洞口尺寸减去相关外饰面的厚度

5. 由于别墅间距较近，别墅西立面上窗均为不开启扇，玻璃采用夹胶防火玻璃，以满足防火要求

6. 本工程所指的安全玻璃是符合京建法［2001］2号文件中第三条"本规定所称安全玻璃是指符合《建筑用安全玻璃第2部分：钢化玻璃》GB 15763.2—2005、《建筑用安全玻璃第3部分：夹层玻璃》GB 15763.3—2009的安全玻璃"规定

7. 应根据《建筑玻璃应用技术规程》JGJ 113—2015选择不同玻璃种类的最大允许面积及安装尺寸要求，凡大于1.5m²的玻璃均应选用安全玻璃，窗台距地900mm以下者选用安全玻璃，窗前加高为900mm的防护栏，栏杆净距为100mm

8. 外窗的气密性要求不低于4级。外窗的隔声系数和隔热系数均应符合相应的国家标准

七、外装修工程

1. 外墙装修设计详见立面图，材料引用88J1-1有关做法，详见墙身大样图。所有材料的颜色须做色块，由甲方和设计院认可后，方可施工

2. 本工程外立面采用贴面砖或石材和刷涂料结合的方式，外墙面砖或石材的颜色和规格待厂家选定后由甲方与设计单位共同确定

3. 外立面门窗样式仅为示意，具体样式、颜色和规格待厂家选定后结合精装修进行二次设计，本图只标示洞口尺寸，室外装饰柱、栏杆花盆等处装饰均可采用成品

审定	审核	工种负责	校对	设计	工程名称	别墅设计	图别	建施
					图名	建筑设计说明	编号	01

图 10–1　建筑设计说明（一）

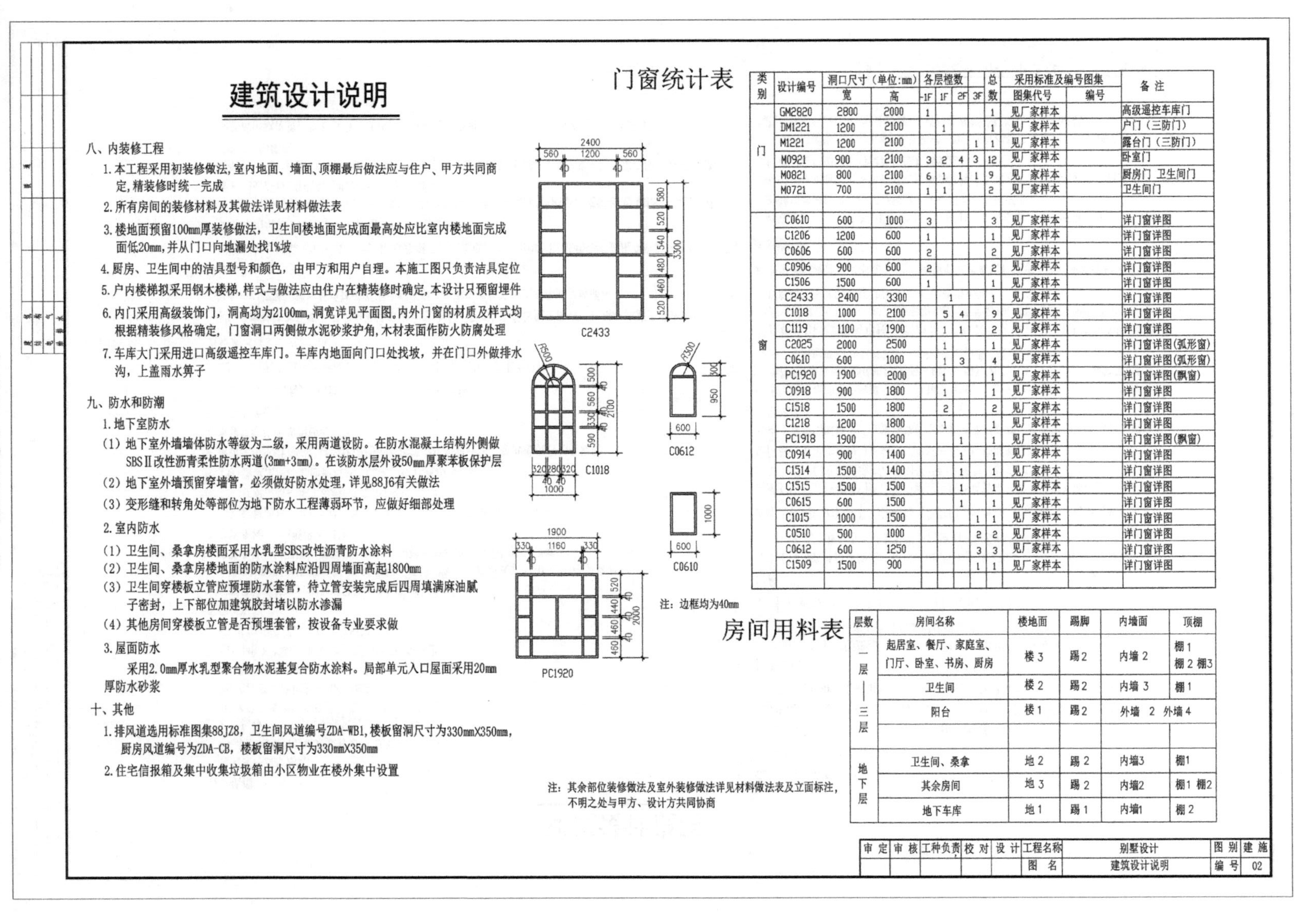

建筑设计说明

八、内装修工程

1. 本工程采用初装修做法，室内地面、墙面、顶棚最后做法应与住户、甲方共同商定，精装修时统一完成
2. 所有房间的装修材料及其做法详见材料做法表
3. 楼地面预留100mm厚装修做法，卫生间楼地面完成面最高处应比室内楼地面完成面低20mm，并从门口向地漏处找1%坡
4. 厨房、卫生间中的洁具型号和颜色，由甲方和用户自理。本施工图只负责洁具定位
5. 户内楼梯拟采用钢木楼梯，样式与做法应由住户在精装修时确定，本设计只预留埋件
6. 内门采用高级装饰门，洞高均为2100mm，洞宽详见平面图。内外门窗的材质及样式均根据精装修风格确定，门窗洞口两侧做水泥砂浆护角，木材表面作防火防腐处理
7. 车库大门采用进口高级遥控车库门。车库内地面向门口处找坡，并在门口外做排水沟，上盖雨水箅子

九、防水和防潮

1. 地下室防水

（1）地下室外墙墙体防水等级为二级，采用两道设防。在防水混凝土结构外侧做SBSⅡ改性沥青柔性防水两道（3mm+3mm）。在该防水层外设50mm厚聚苯板保护层

（2）地下室外墙预留穿墙管，必须做好防水处理，详见88J6有关做法

（3）变形缝和转角处等部位为地下防水工程薄弱环节，应做好细部处理

2. 室内防水

（1）卫生间、桑拿房楼面采用水乳型SBS改性沥青防水涂料

（2）卫生间、桑拿房楼地面的防水涂料应沿四周墙面高起1800mm

（3）卫生间穿楼板立管应预埋防水套管，待立管安装完成后四周填满麻油腻子密封，上下部位加建筑胶封堵以防水渗漏

（4）其他房间穿楼板立管是否预埋套管，按设备专业要求做

3. 屋面防水

采用2.0mm厚水乳型聚合物水泥基复合防水涂料。局部单元入口屋面采用20mm厚防水砂浆

十、其他

1. 排风道选用标准图集88J28，卫生间风道编号ZDA-WB1，楼板留洞尺寸为330mmX350mm，厨房风道编号为ZDA-CB，楼板留洞尺寸为330mmX350mm
2. 住宅信报箱及集中收集垃圾箱由小区物业在楼外集中设置

门窗统计表

类别	设计编号	洞口尺寸（单位:mm）宽	高	各层樘数 -1F	1F	2F	3F	总数	采用标准及编号图集 图集代号	编号	备注
门	GM2820	2800	2000	1				1	见厂家样本		高级遥控车库门
	DM1221	1200	2100		1			1	见厂家样本		户门（三防门）
	M1221	1200	2100				1	1	见厂家样本		露台门（三防门）
	M0921	900	2100	3	2	4	3	12	见厂家样本		卧室门
	M0821	800	2100	6	1	1	1	9	见厂家样本		厨房门 卫生间门
	M0721	700	2100	1	1			2	见厂家样本		卫生间门
窗	C0610	600	1000	3				3	见厂家样本		详门窗详图
	C1206	1200	600	1				1	见厂家样本		详门窗详图
	C0606	600	600	2				2	见厂家样本		详门窗详图
	C0906	900	600	2				2	见厂家样本		详门窗详图
	C1506	1500	600	1				1	见厂家样本		详门窗详图
	C2433	2400	3300		1			1	见厂家样本		详门窗详图
	C1018	1000	2100		5	4		9	见厂家样本		详门窗详图
	C1119	1100	1900		1	1		2	见厂家样本		详门窗详图
	C2025	2000	2500		1			1	见厂家样本		详门窗详图(弧形窗)
	C0610	600	1000		1	3		4	见厂家样本		详门窗详图(弧形窗)
	PC1920	1900	2000		1			1	见厂家样本		详门窗详图(飘窗)
	C0918	900	1800		1			1	见厂家样本		详门窗详图
	C1518	1500	1800		2			2	见厂家样本		详门窗详图
	C1218	1200	1800		1			1	见厂家样本		详门窗详图
	PC1918	1900	1800			1		1	见厂家样本		详门窗详图(飘窗)
	C0914	900	1400			1		1	见厂家样本		详门窗详图
	C1514	1500	1400			1		1	见厂家样本		详门窗详图
	C1515	1500	1500			1		1	见厂家样本		详门窗详图
	C0615	600	1500			1		1	见厂家样本		详门窗详图
	C1015	1000	1500				1	1	见厂家样本		详门窗详图
	C0510	500	1000				2	2	见厂家样本		详门窗详图
	C0612	600	1250				3	3	见厂家样本		详门窗详图
	C1509	1500	900				1	1	见厂家样本		详门窗详图

房间用料表

层数	房间名称	楼地面	踢脚	内墙面	顶棚
一层—三层	起居室、餐厅、家庭室、门厅、卧室、书房、厨房	楼 3	踢 2	内墙 2	棚 1 棚 2 棚3
	卫生间	楼 2	踢 2	内墙 3	棚 1
	阳台	楼 1	踢 2	外墙 2 外墙 4	
地下层	卫生间、桑拿	地 2	踢 2	内墙3	棚1
	其余房间	地 3	踢 2	内墙2	棚1 棚2
	地下车库	地 1	踢 1	内墙1	棚 2

注：其余部位装修做法及室外装修做法详见材料做法表及立面标注，不明之处与甲方、设计方共同协商

审定	审核	工种负责	校对	设计	工程名称	别墅设计	图别	建施
					图名	建筑设计说明	编号	02

图 10–2　建筑设计说明（二）

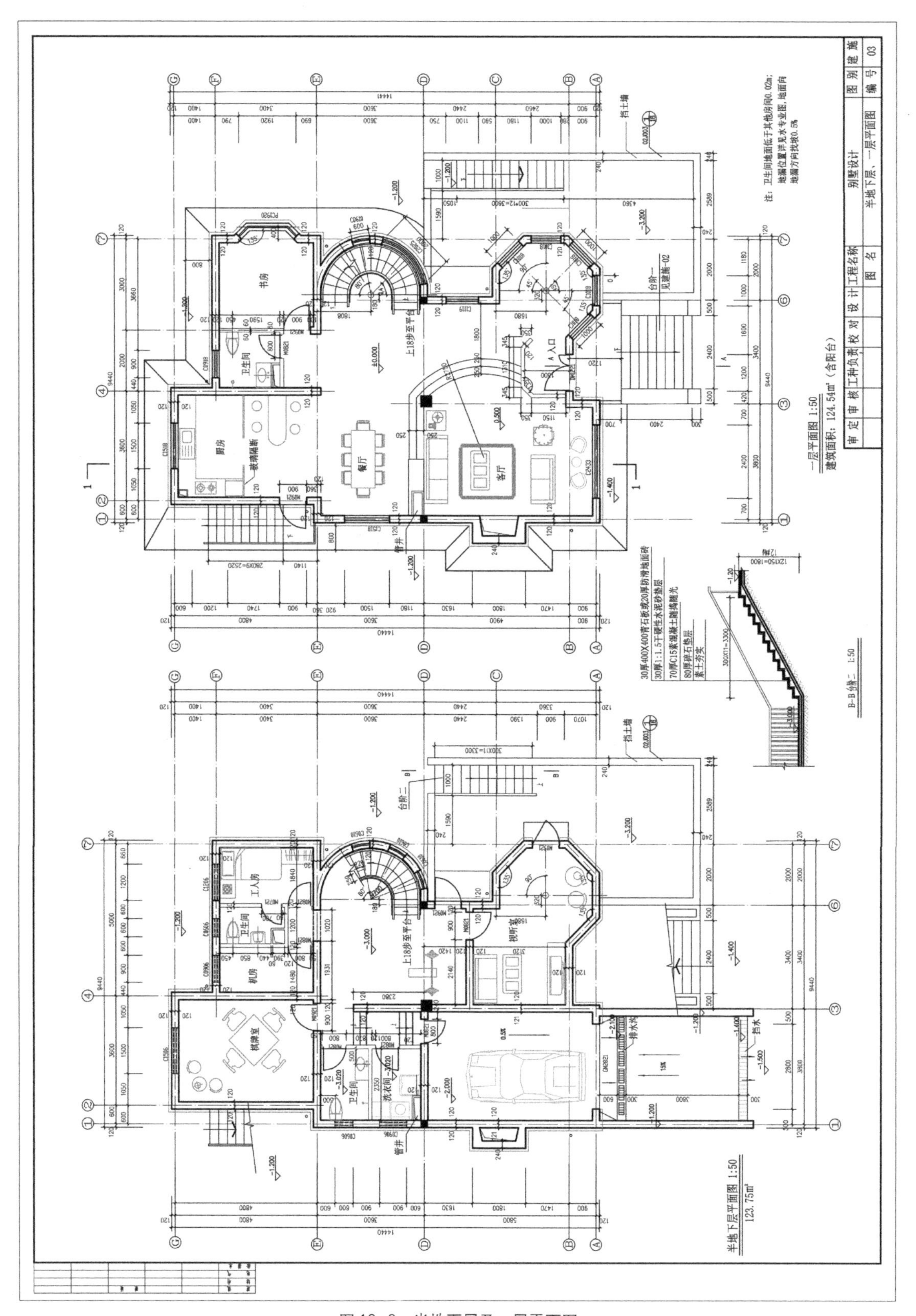

图 10-3　半地下层及一层平面图

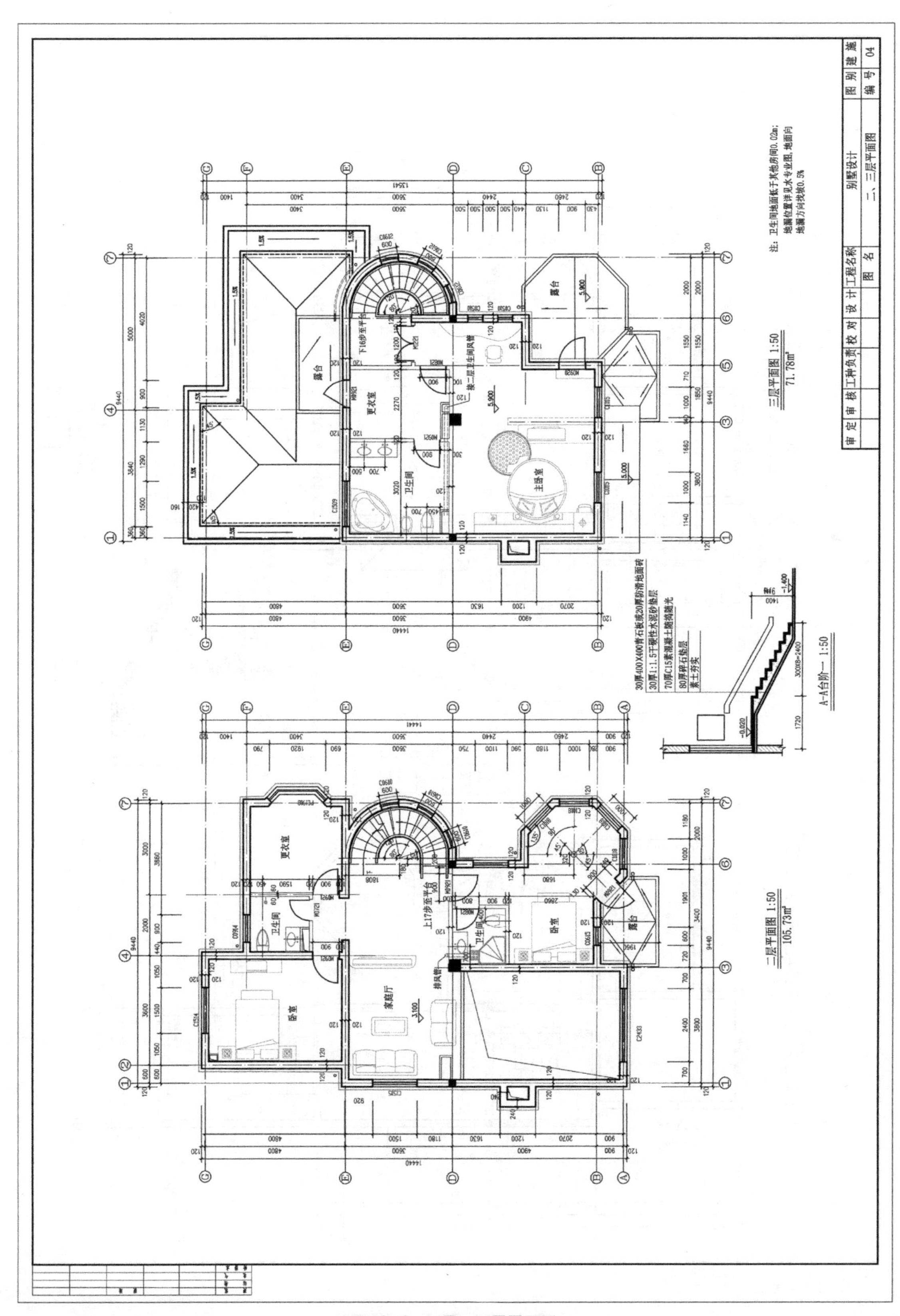

图 10-4　二层、三层平面图

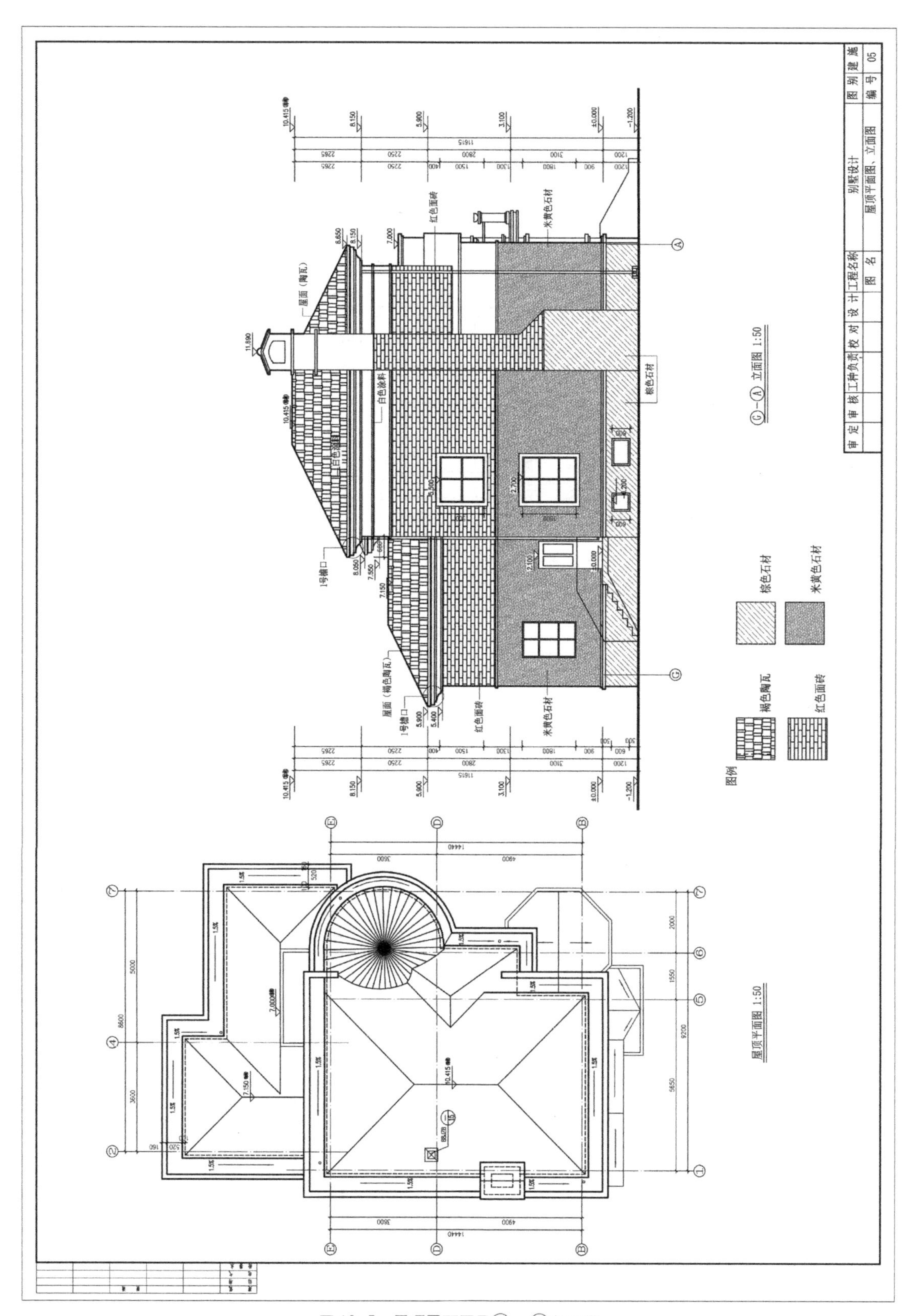

图 10–5　屋顶平面图及Ⓖ－Ⓐ立面图

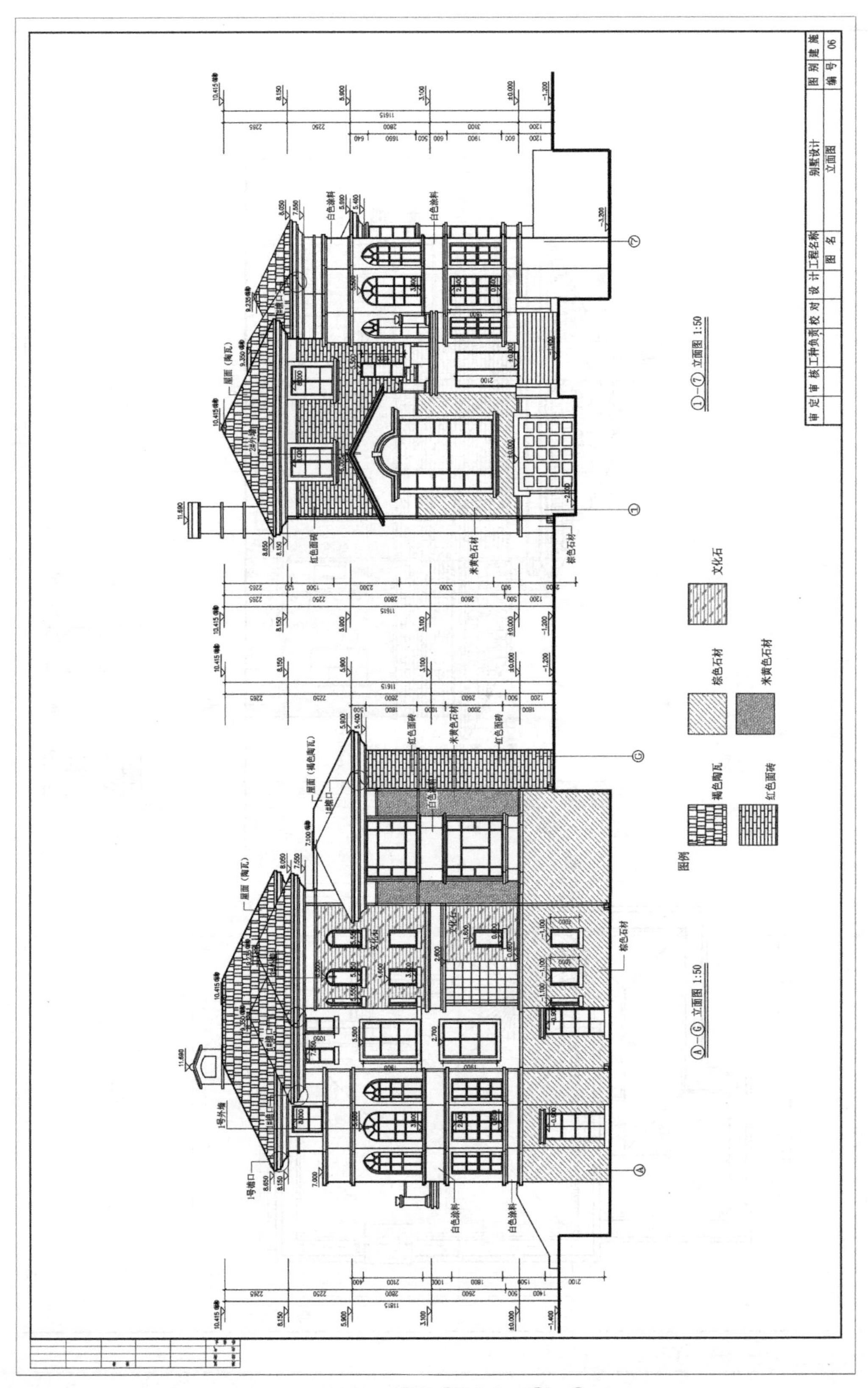

图 10-6 Ⓐ－Ⓖ立面图及①－⑦立面图

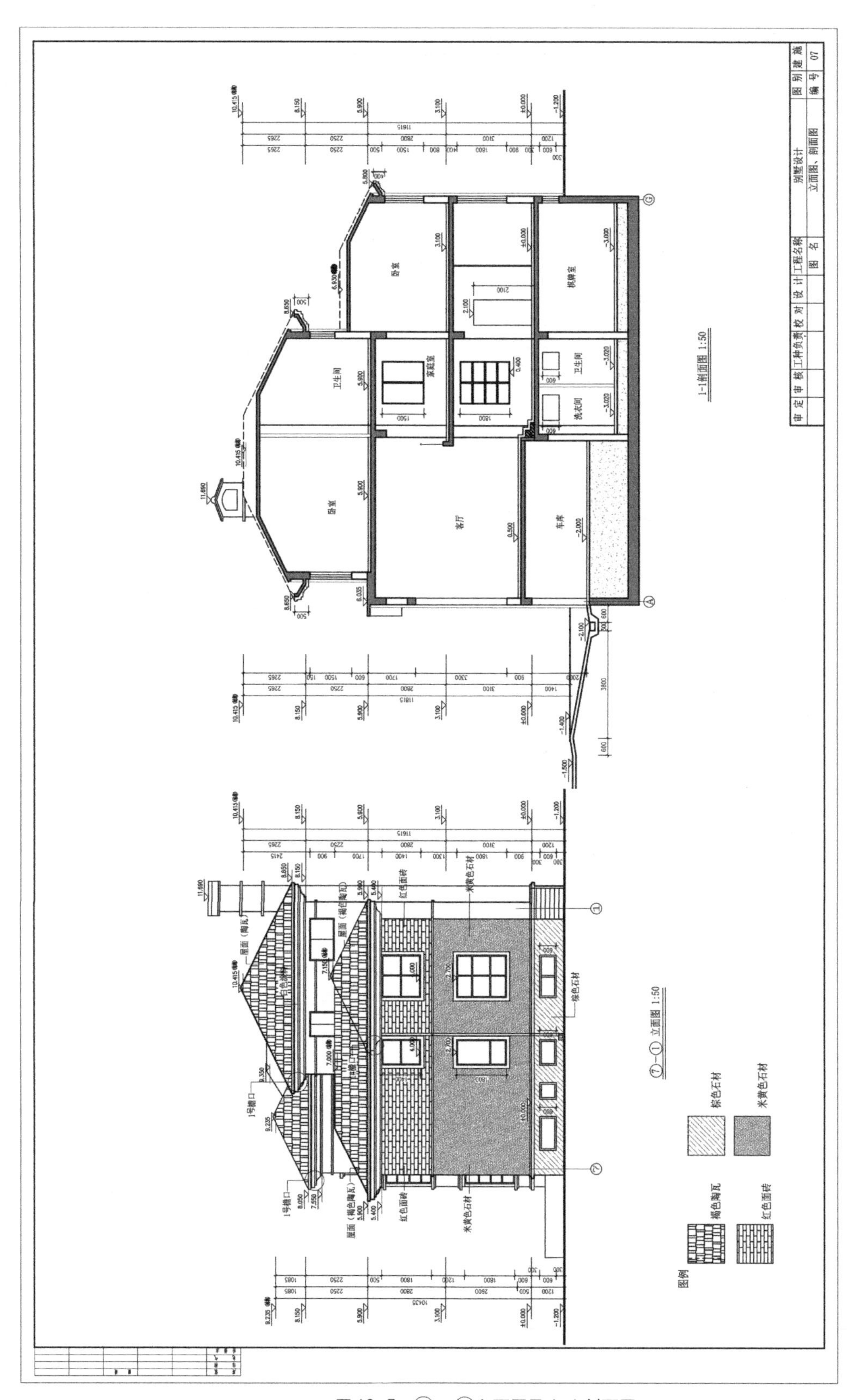

图 10–7 ⑦–①立面图及 1–1 剖面图

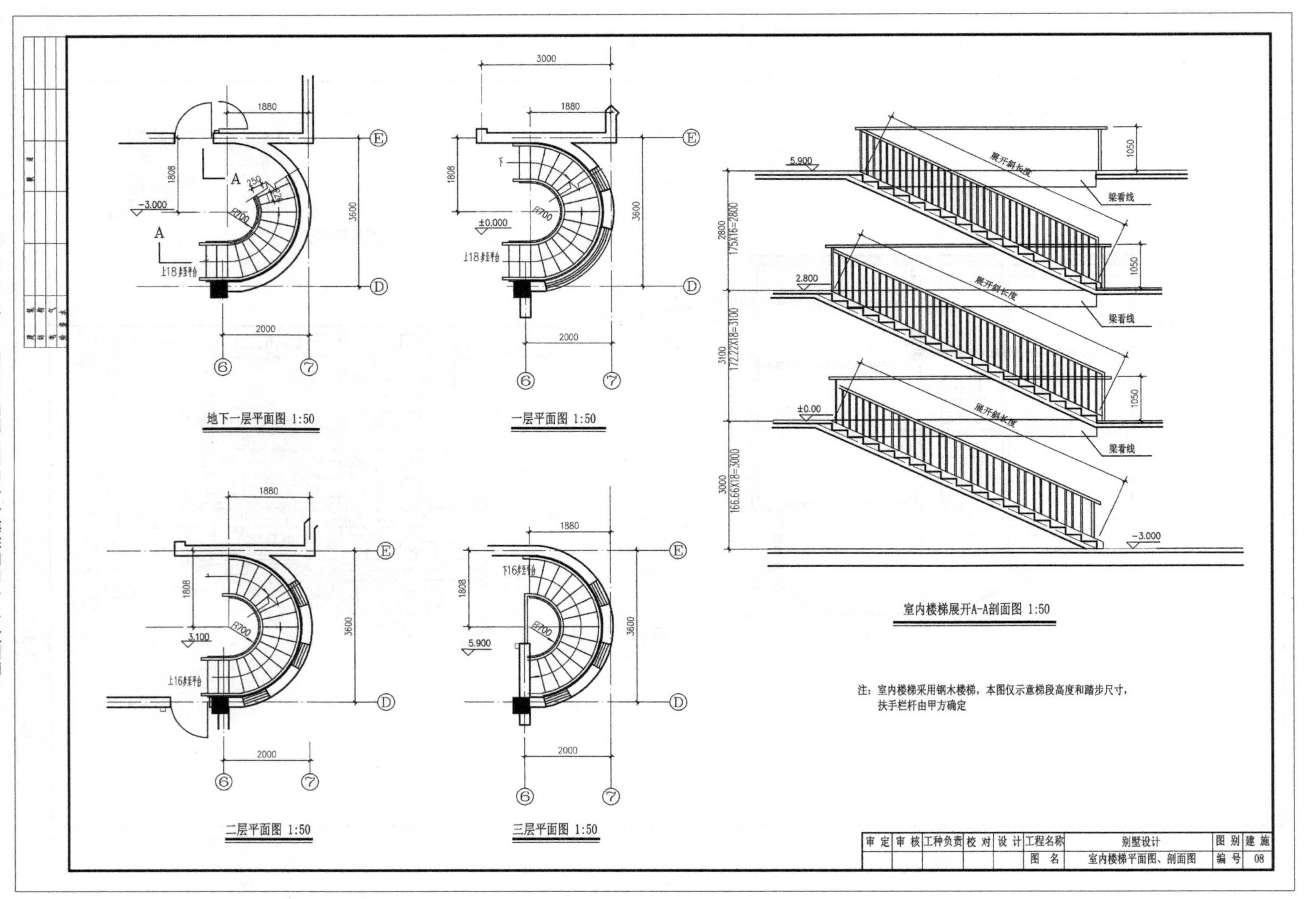

图 10–8　地下一层～三层平面图及室内楼梯展开 A–A 剖面图

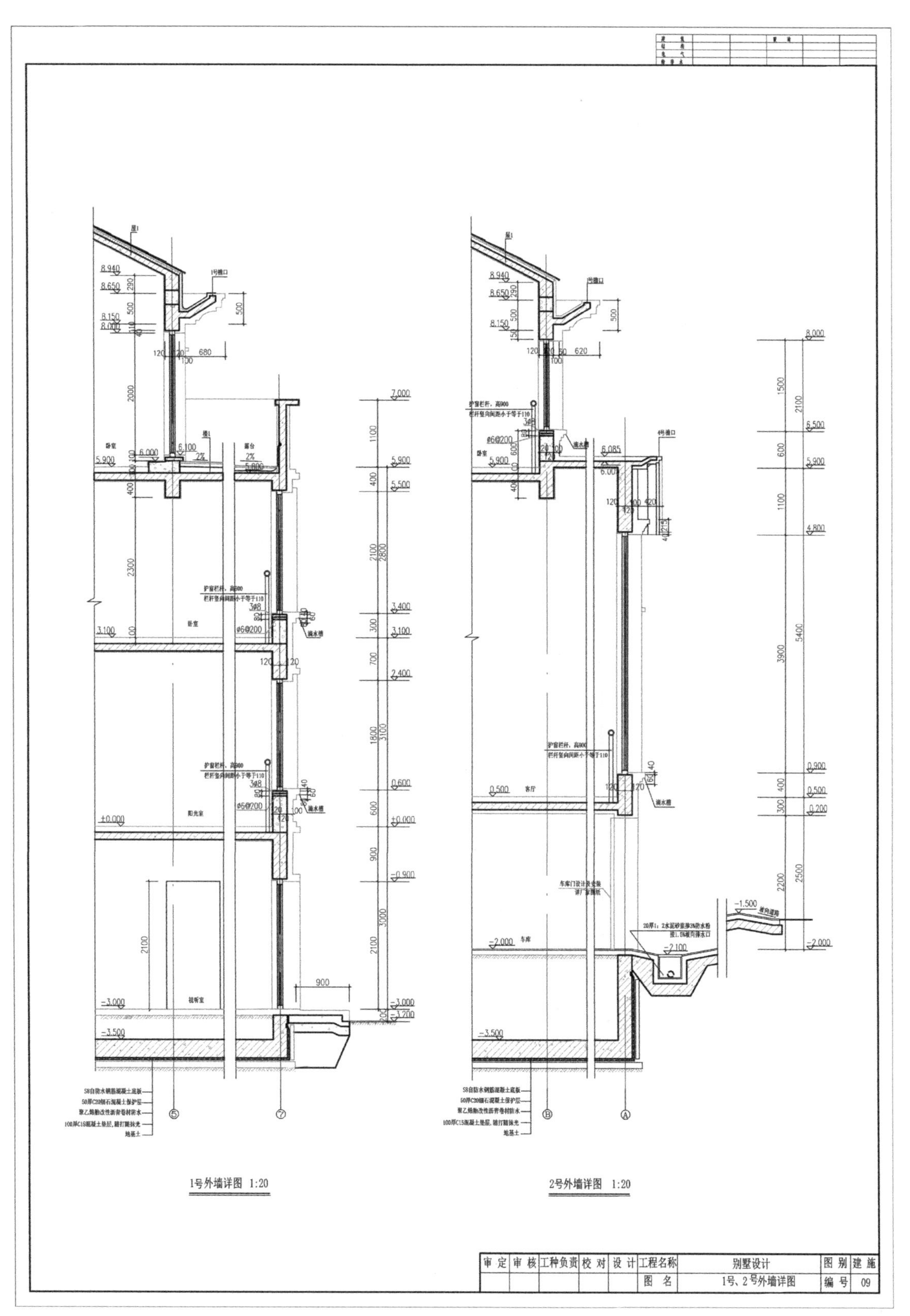

图 10–9　1、2 号外墙详图

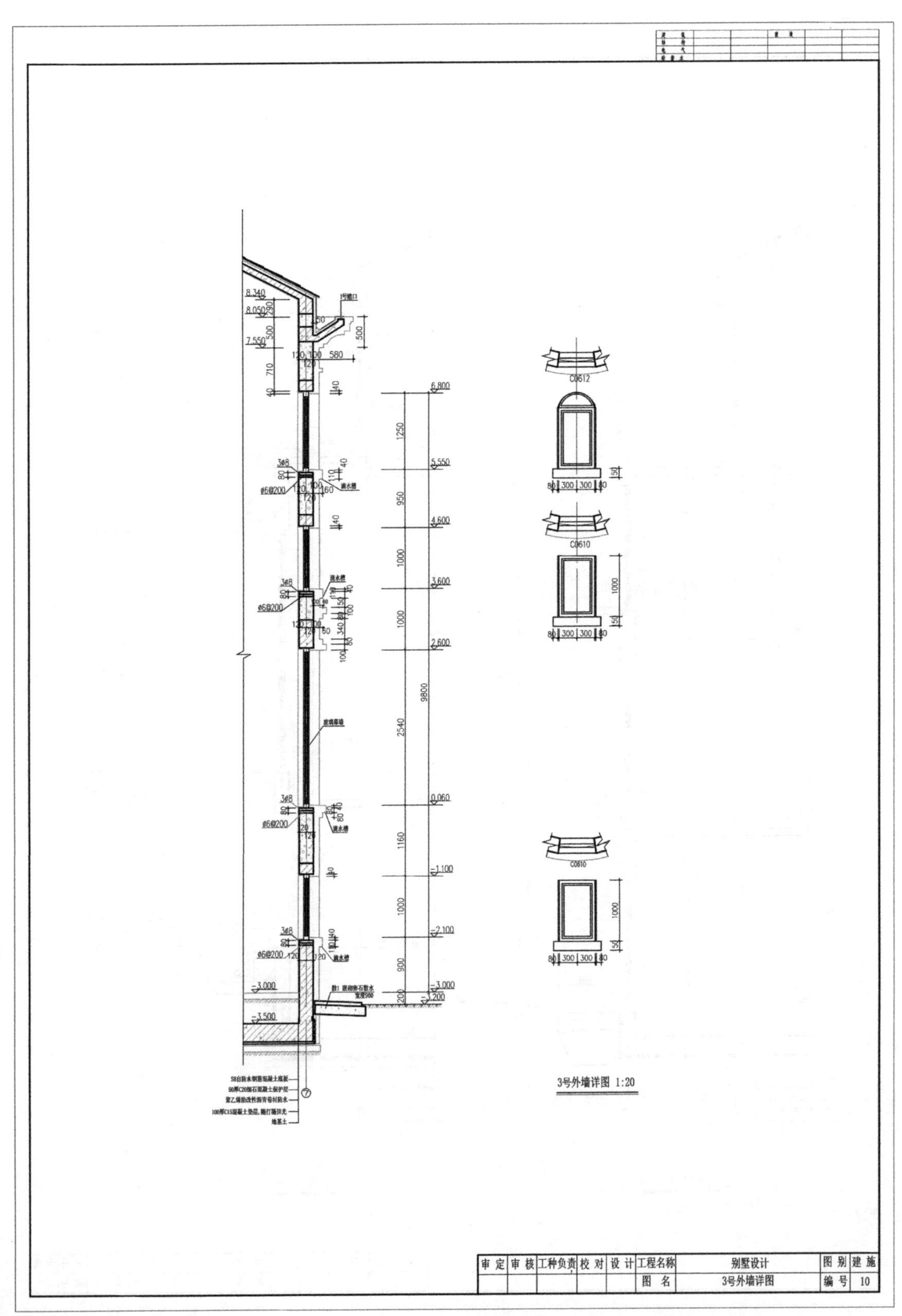

图 10–10　3 号外墙详图

拓展项目 2　家居室内设计施工图识读与绘制

【项目描述】

1. 项目名称：某市某小区样板间室内设计施工图识读与绘制。

2. 项目说明：

项目位于我国某市某住宅小区，使用面积 $42m^2$，层高 4.4m，南北朝向（图 10–11）。

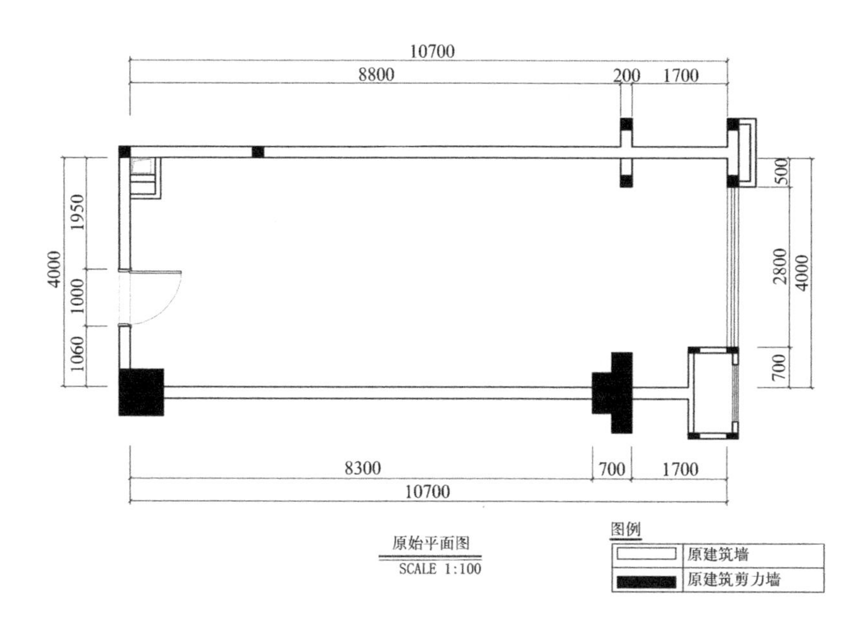

图 10–11
某市某住宅小区样板间原始平面图

【项目目标】

1. 掌握家居室内设计施工图的识读方法。
2. 了解家居空间设计施工图设计及绘制特点。
3. 熟练掌握室内设计工程图纸的制图标准。
4. 熟练掌握家居各功能空间的表达方法。
5. 掌握各界面的材料、构造知识，并能进行深化设计。
6. 能够独自完成家居某独立空间室内设计施工图文件的编制。
7. 具有审核图纸的能力。

【项目要求】

1. 识读要求

根据项目提供的参考图纸，识读家居室内设计施工图，并在此基础上完成施工图设计或临摹工作。

2. 制图要求

根据室内设计施工图制图要求，依据《房屋建筑制图统一标准》GB/T 50001—2017、《建筑制图标准》GB/T 50104—2010，结合原始平面图，完成项目任务。

3. 图纸规格要求

(1) 图纸尺寸：420mm × 297mm。

(2) 表达方式：使用制图工具完成制图。

(3) 一套施工图纸需要有统一的图框、标题栏、会签栏等。

4. 图纸内容要求

1) 室内平面布置图

比例：1 ∶ 100

要求：根据原始平面图，进行房屋功能格局划分，绘制房屋墙体、门窗、洞口等。根据空间使用情况，完成室内平面布置（包括室内新建隔墙、屏风隔断、家具、家用电器、陈设品等），要求相应图例生动、准确。尺寸标注、内视符号、指北针、线型等按标准要求完成。

请注意：

本项目鼓励学生独立完成简单的室内设计，因此平面布局可自行设计，也可参考范例。

2) 室内顶棚平面图

比例：1 ∶ 100

要求：根据平面布置情况，设计顶棚造型及灯具类型。制图时注意门窗、洞口的表达方法；如有吊棚，则需要注明标高、顶棚材料、尺寸等；如需绘制详图，还要标明索引符号；图纸中要有灯具图例表，并在施工图中标注灯具定位尺寸。如果，同一张图纸不能将室内顶棚内容表达全面，可另加图纸表达。

3) 室内地面铺装图

比例：1 ∶ 100

要求：根据平面布置及顶棚平面图情况，设计地面铺装内容。制图时注意不同地面材料需要填充不同图案样式，并用文字说明材料名称、规格、特点、品牌等；地面如有高差，还需要注明标高；楼梯或坡道应有箭头符号，标明下行方向。

4) 室内立面图

比例：1 ∶ 50

要求：根据平面布置图、顶棚平面图以及地面铺装图情况，完成室内各空间立面的设计与制图工作。剖立面图和纯立面图两种立面表达形式两选一，但要求同一套施工图纸立面形式统一。绘图时注意不同墙面材料应填充不同图案加以区别，并通过文字进行说明；门窗、家具、家电、陈设品等的立面图案应直观、生动，与平面布置图相吻合；踢脚线、开关、插座等不要遗漏。室内立面图需要标注尺寸和文字说明，并根据室内平面图中的内视符号为立面图命名。

5）室内详图

比例自定。

要求：绘制 2 ~ 3 个室内详图。详图应选择构造较为复杂的室内装饰节点，如吊顶、造型墙、楼梯、门窗等。绘图时应注意各部件之间连接方式的表达，标注相应尺寸，并说明工艺要求；详图符号应与索引符号相对应。

5. 效果图参考

参考图 10–12 所示。

(a)

(b)

图 10–12 某市某小区样板间参考效果图
(a) 客厅效果图；
(b) 卧室效果图

【项目计划】

拓展项目项目2计划　　表10–3

项目任务	内容	学时
任务 1　室内平面图识读与绘制	完成室内平面布置图、室内顶棚平面图、室内地面铺装图的识读工作，并在此基础上进行施工图设计或临摹	8
任务 2　室内立面图识读与绘制	完成室内空间立面图识读工作，并绘制某一独立空间立面图	4
任务 3　室内详图识读与绘制	完成指定详图的识读工作，并绘制空间某处节点详图	4
交图、讲评	学生对所绘制图纸进行讲解，教师给予讲评	1

【项目实施】

任务 1　室内平面图识读与绘制

1. 室内平面布置图识读与绘制

1）室内平面布置图的识读

(1) 查看图名和比例。

(2) 明确平面布置图中各房间的功能布局。

（3）查看洁具、厨具、隔断等建筑设备和固定家具。

（4）注意各功能区的平面尺度，及家具等陈设品的摆放位置。

（5）了解室内平面布置图中的内视符号、图例、文字说明及其他符号的含义。

（6）识读各细部尺寸。

2）室内平面布置图的绘制

室内平面图布置图参考图 10–13 所示。

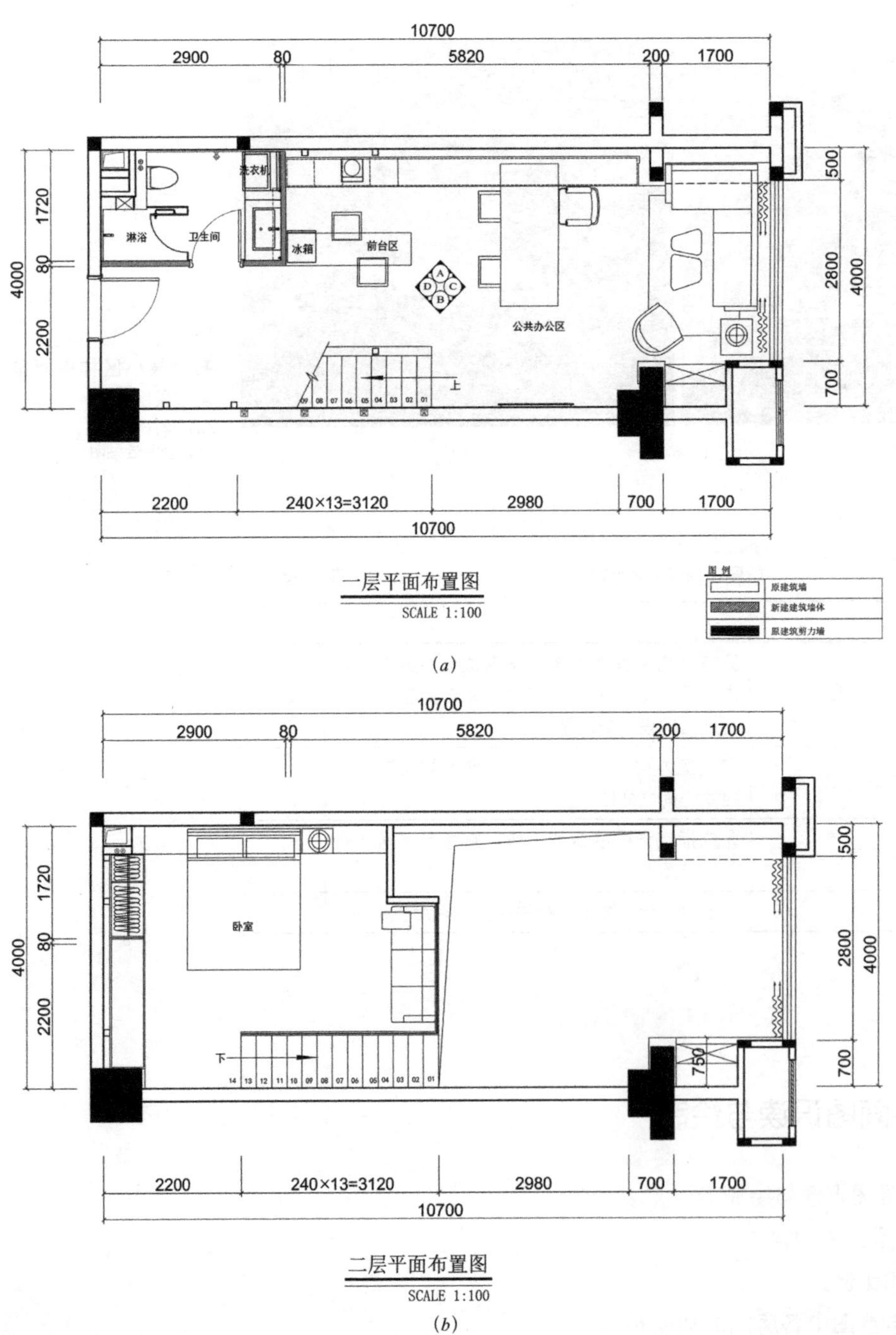

图 10–13
某市某住宅小区样板间
一、二层平面布置图
(a) 一层平面布置图；
(b) 二层平面布置图

2. 室内顶棚平面图识读与绘制

1）室内顶棚平面图的识读

（1）图名和比例。

（2）了解顶棚所在空间平面布置图的基本情况。在室内设计中，室内的功能布局、交通流线与顶棚的形式、底面标高都有着密切联系。

（3）识读顶棚造型、灯具布置及其底面标高。

（4）识读各细部尺寸。

（5）注意窗口有无窗帘盒及其制作方法并明确尺寸。

（6）注意顶棚平面图中有无顶角线及其制作方法。

（7）注意室外阳台、雨篷吊顶的做法及标高。

2）室内顶棚平面图的绘制

室内顶棚平面图参考图 10-14 所示。

3. 室内地面铺装图识读与绘制

1）室内地面铺装图的识读

（1）图名和比例。

> **相关链接：**
>
> 在各类室内设计中我们发现，顶棚的造型五花八门，为美化室内环境、增强空间功能分区起到关键作用。在顶棚构造中，顶棚分为直接顶棚和悬吊顶棚（简称吊顶），其中悬吊顶棚又分为叠极吊顶和平吊顶两种形式。因此，不同形式的顶棚在施工图绘制时需要注明标高，并作详图加以说明。
>
> 顶棚的底面标高是指将住宅所在楼层地面的相对标高定义为 ±0.000，装修完成后的顶棚表面距离楼层地面的高度。

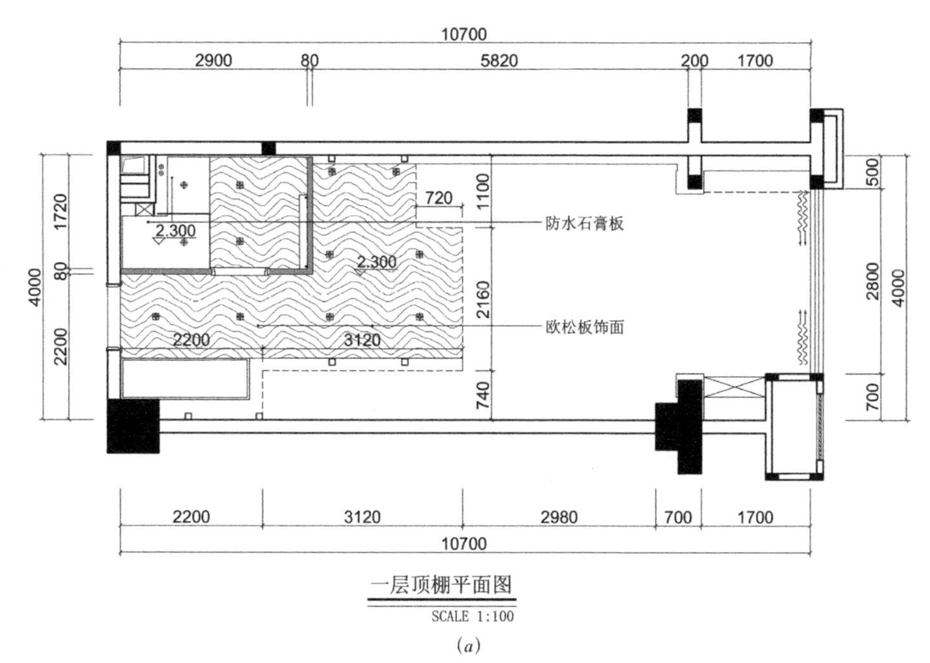

(a)

图 10-14
某市某住宅小区样板间一、二层顶棚平面图
(a) 一层顶棚平面图

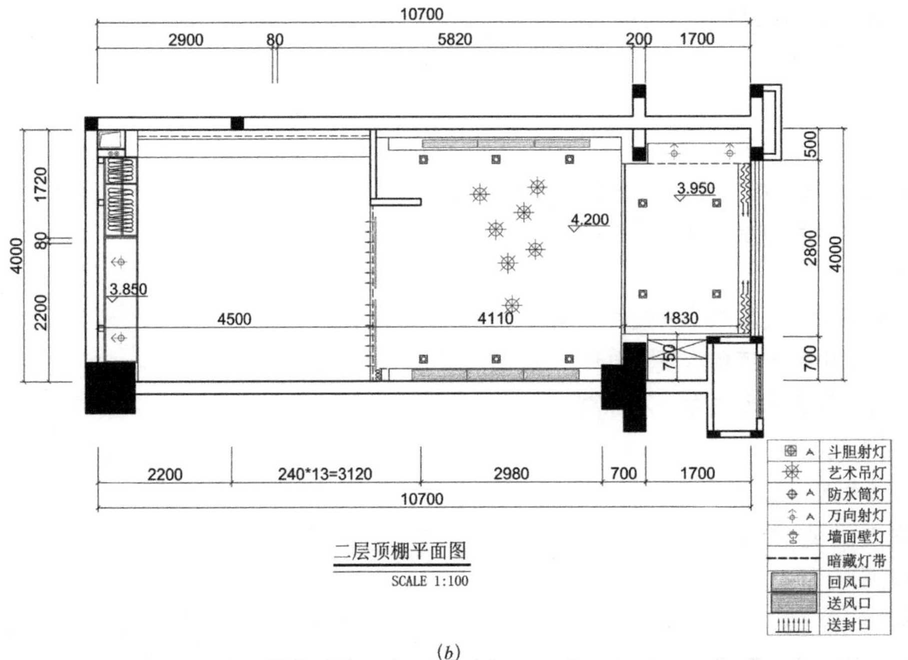

(b)

图 10-14（续）某市某住宅小区样板间一、二层顶棚平面图
(b) 二层顶棚平面图

(2) 各房间的地面铺设情况。

(3) 地面材料表达。

(4) 注意各功能区的地面标高。

(5) 了解室内铺装图中的符号及文字说明。

2) 室内地面铺装图的绘制

室内地面铺装图参考图 10-15 所示。

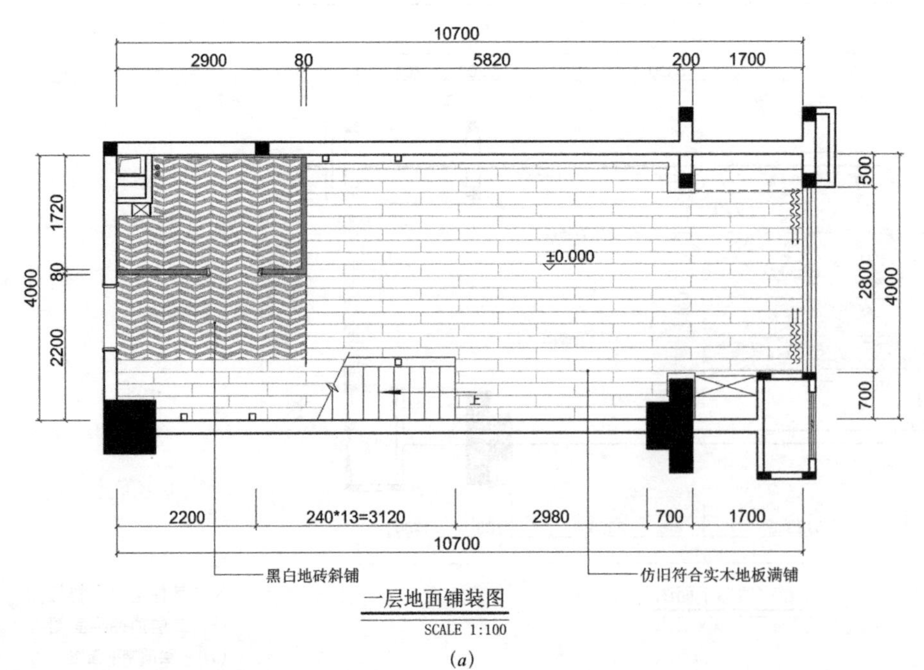

(a)

图 10-15 某市某住宅小区样板间一、二层地面铺装图
(a) 一层地面铺装图

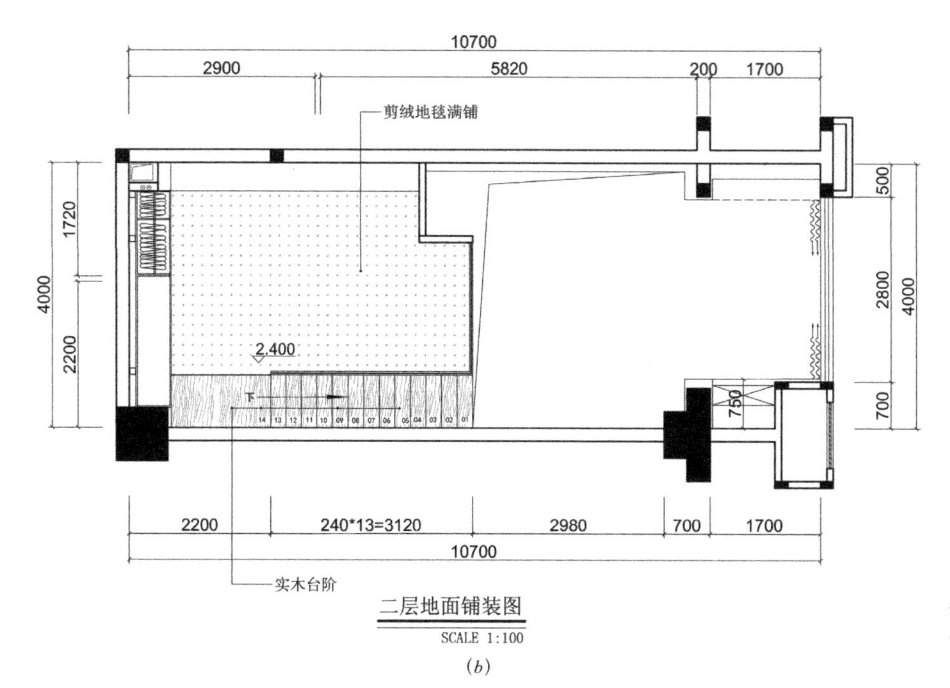

(b)

图 10–15（续）
某市某住宅小区样板间
一、二层地面铺装图
(b) 二层地面铺装图

任务 2　室内立面图识读与绘制

1. 室内立面图的识读

(1) 图名和比例。

(2) 确定所读室内立面图所在房间。

(3) 根据室内平面布置图中内视符号指引方向，找到对应立面图进行识读。

(4) 在平面布置图中明确该墙面有哪些固定设施及陈设品等，注意其位置、尺寸等。

(5) 浏览所选立面图，了解其装修形式及变化。

(6) 注意墙面装修造型、材料、颜色、尺寸及做法等。

(7) 查看立面标高、尺寸、索引符号及文字说明等。

2. 室内立面图的绘制

室内立面图参考图 10–16 所示。

任务 3　室内详图识读与绘制

1. 室内详图的识读

(1) 图名和比例。

(2) 找到详图符号所对应的索引符号。

(3) 明确详图所表达的室内构件的基本信息，如墙柱面详图、顶棚详图、门窗详图等。

(4) 明确详图的形成方式及比例。形成方式为投影图、剖面图、断面图等。

（5）浏览详图，了解其各部件或零件的连接方式、安装方法等。

（6）查看文字说明、尺寸标注等。

2. 室内详图的绘制

室内详图参考图 10–17 所示。

【项目评价】

评价采用过程性评价和结果性评价两部分。过程性评价以课堂出勤情况、课上学习态度为主要考察点；结果性评价以识图和制图能力、项目完成情况等作为参考标准。具体评分表见表 10–4。

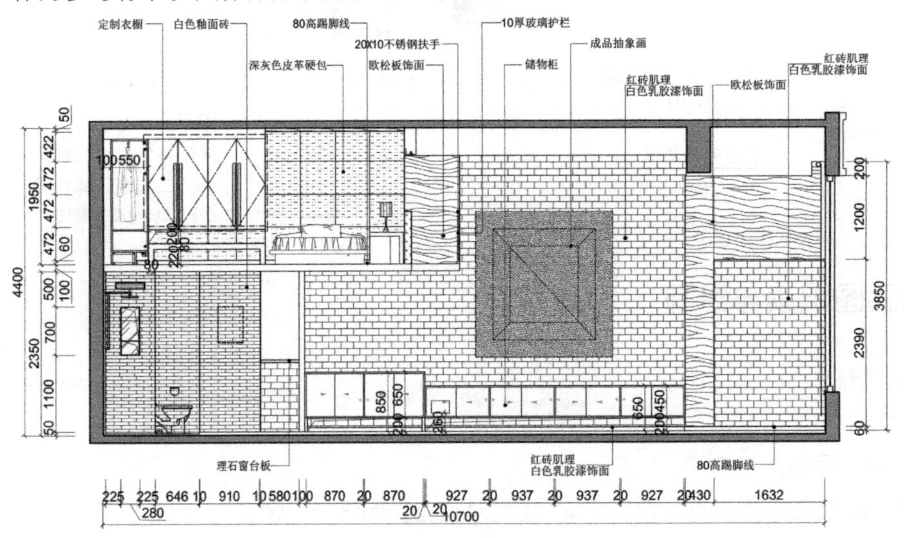

(*a*)

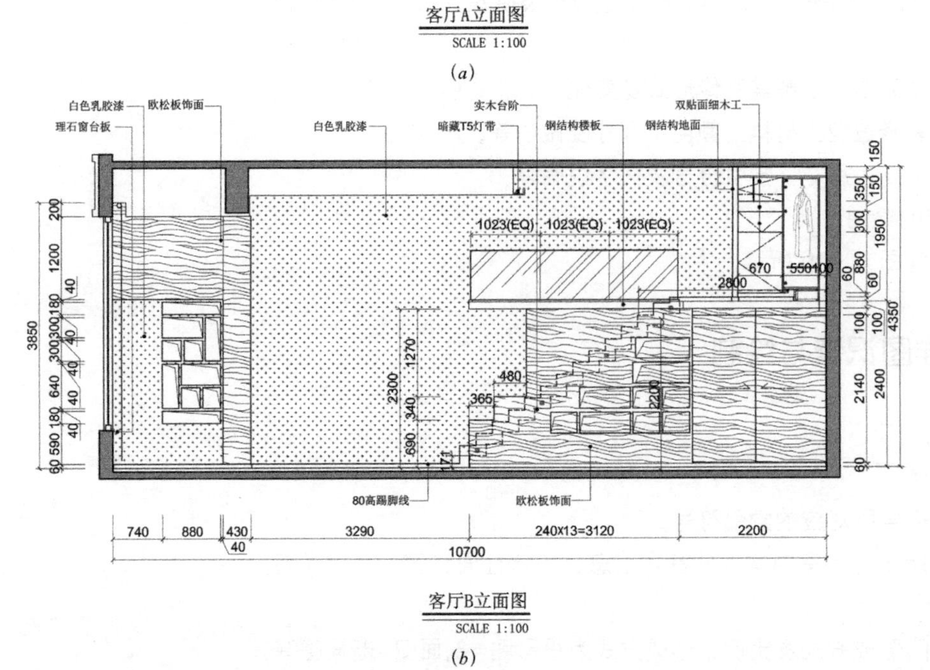

(*b*)

图 10–16
某市某住宅小区样板间客厅立面图
(*a*) 客厅 A 立面图；
(*b*) 客厅 B 立面图

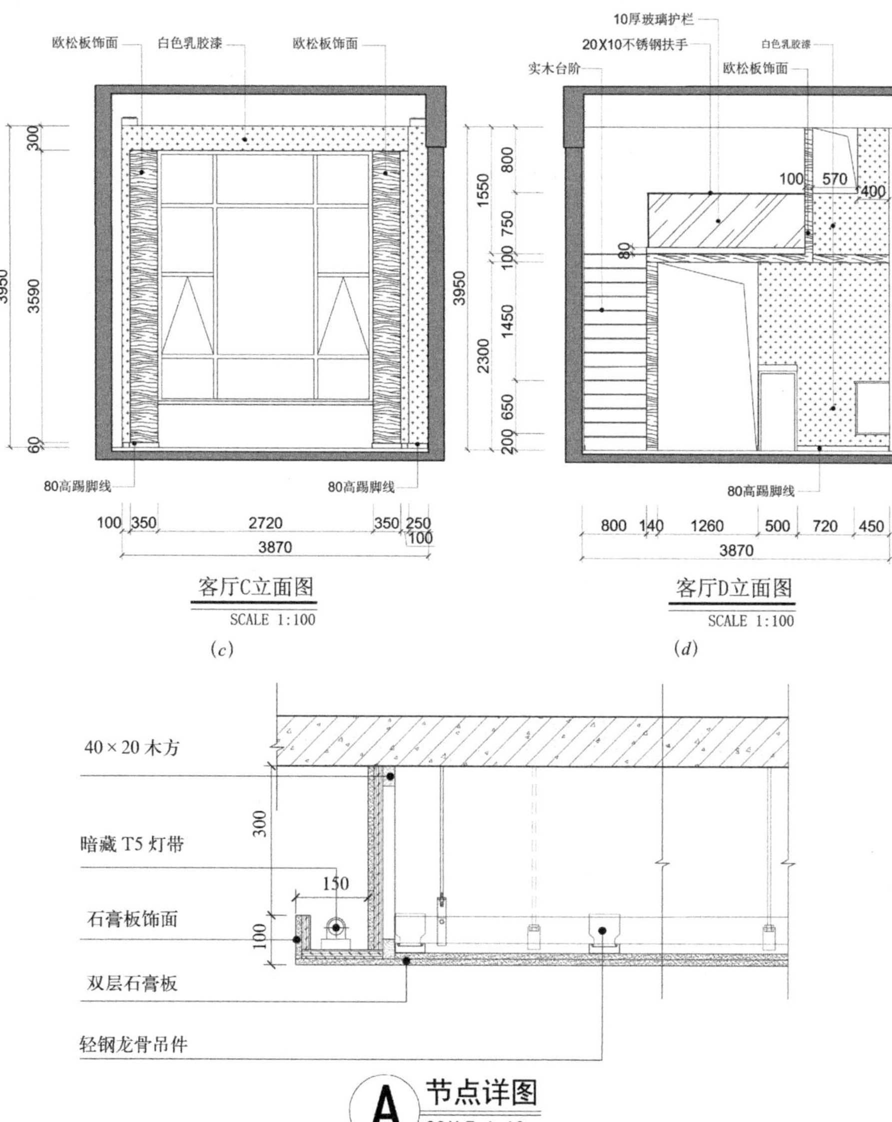

图 10–16 某市某住宅小区样板间客厅立面图（续）
(c) 客厅 C 立面图；
(d) 客厅 D 立面图

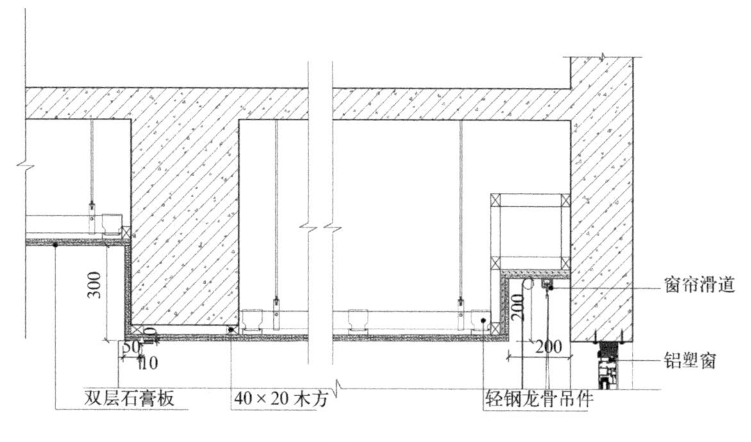

图 10–17
某市某住宅小区样板间详图

项目2家居室内设计施工图识读与绘制 **表10-4**

项目任务		评价标准	分值
过程性评价		①不旷课；②不迟到；③不早退；④课堂纪律良好；⑤学习态度积极主动，及时完成教师布置的各项任务；⑥能够对项目进行合理分析；⑦积极参与各项讨论；⑧按照项目要求完成相关内容；⑨按照项目计划完成项目内容；⑩具有团队合作精神	30分
结果性评价	施工图识读	①独立完成一套图纸的识读；②明确平面图识读要点（空间格局、朝向、平面图例等）；③明确立面图识读要点（各立面表达内容、立面图例等）；④明确详图识读要点（各部件之间的连接方式、工艺要求等）	10分
	室内平面布置图绘制	①各种图例、线型表达准确；②房间名称、图名表达准确；③内视符号、指北针表达准确；④尺寸标注表达准确；⑤图纸、图框表达准确；⑥比例准确；⑦图纸整洁干净	10分
	室内顶棚平面图绘制	①各种图例、线型表达准确；②文字说明、图例表格、图名表达准确；③索引符号、标高表达准确；④尺寸标注表达准确；⑤图纸、图框表达准确；⑥比例准确；⑦图纸整洁干净	10分
	室内地面铺装图绘制	①各种图例、线型表达准确；②文字说明、图名表达准确；③标高表达准确；④尺寸标注表达准确；⑤图纸、图框表达准确；⑥比例准确；⑦图纸整洁干净	10分
	室内立面图绘制	①各种图例、线型表达准确；②文字说明、图名表达准确；③索引符号表达准确；④尺寸标注表达准确；⑤图纸、图框表达准确；⑥比例准确；⑦图纸整洁干净	10分
	室内详图绘制	①各种图例、线型表达准确；②文字说明、图名表达准确；③详图符号表达准确；④尺寸标注表达准确；⑤图纸、图框表达准确；⑥比例准确；⑦图纸整洁干净	10分
	装订	①图纸尺寸一致；②配有封皮；③装订整齐、干净	10分

注：如不满足评价标准中的任意一项，过程性评价部分扣3分，结果性评价部分扣2分。

拓展项目 3　会议室施工图识读与绘制

【项目描述】

1. 项目名称：某市地铁控制中心会议室施工图绘制

2. 项目说明：

某市地铁控制中心会议室使用面积 78m²，可接待 20 人的会议（图 10–18）。

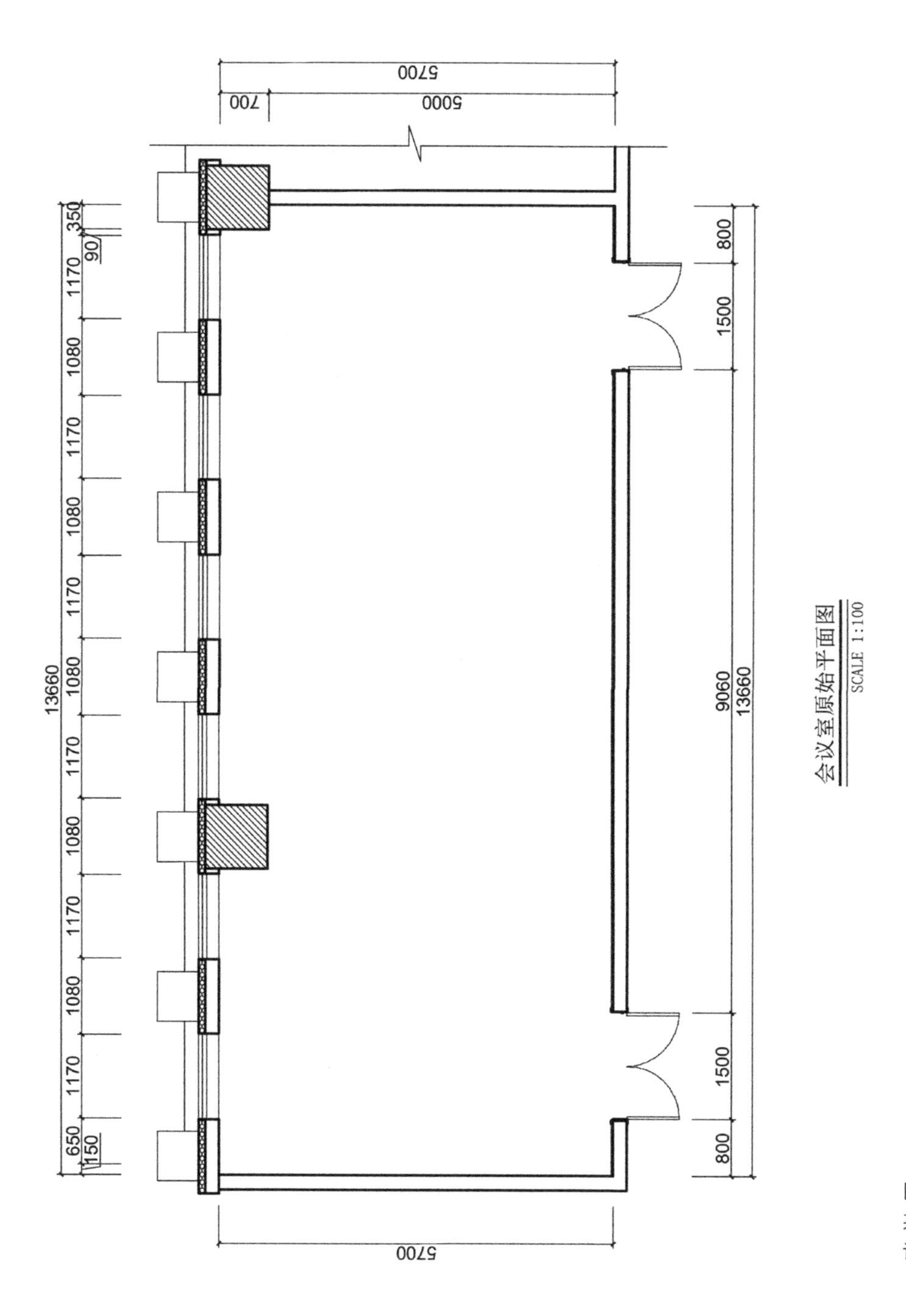

图 10–18
某市地铁控制中心会议室原始平面图

【项目目标】

1. 掌握公共空间设计施工图的识读方法。
2. 了解公共空间设计施工图的设计及绘制特点。
3. 熟练掌握公共空间设计工程图纸的制图标准。
4. 掌握各界面的材料、构造知识，并能进行深化设计。
5. 能够独自完成公共空间室内设计施工图文件的编制。
6. 具有审核图纸的能力。

【项目要求】

1. 识读要求

根据项目提供的参考图纸，识读会议室施工图，并在此基础上完成施工图设计或临摹工作。

2. 制图要求

根据室内设计施工图制图要求，依据《房屋建筑制图统一标准》GB/T 50001—2017、《建筑制图标准》GB/T 50104—2010，结合原始平面图，完成项目任务。

3. 图纸规格要求

（1）图纸尺寸：420mm × 297mm。

（2）表达方式：使用制图工具完成制图。

（3）一套施工图纸需要有统一的图框、标题栏、会签栏等。

4. 图纸内容要求

1）室内平面布置图

比例：1 ∶ 100

要求：根据原始平面图，完成会议室室内平面布置（包括隔断、家具、家用电器、陈设品等）、地面铺装等。要求相应图例生动、准确。尺寸标注、内视符号、指北针、线型等按标准要求完成。

> **请注意：**
> 较为简单空间的地面铺装图可与平面布置图合二为一。

2）室内顶棚平面图

比例：1 ∶ 100

要求：根据平面布置情况，设计顶棚造型，选择灯具及其他设备类型。制图时注意门窗、洞口的表达方法；如有顶棚，则需要注明标高、顶棚材料、尺寸等；如需绘制详图，还要标明索引符号；图纸中要有灯具及设备图例表，并在施工图中标注灯具定位尺寸。如果，同一张图纸不能将室内顶棚内容表达全面，可另加图纸表达。

3）室内立面图

比例：1 ∶ 50

要求：根据平面布置图、顶棚平面图以及地面铺装图情况，完成室内各立面的设计与制图工作。剖立面图和纯立面图两种立面表达形式二选一，但要求同一套施工图纸立面形式统一。绘图时注意不同墙面材料应填充不同图案加以区别，并通过文字进行说明；门窗、家具、家电、陈设品等的立面图案应直观、生动，与平面布置图相吻合；踢脚线、开关、插座等不要遗漏。室内立面图需要标注尺寸和文字说明，并根据室内平面图中的内视符号为立面图命名。

4）室内详图

比例自定。

要求：绘制 1 个室内详图。详图应选择构造较为复杂的室内装饰节点，如吊顶、造型墙、门窗等。绘图时应注意各部件之间连接方式的表达；详图符号应与索引符号相对应。

5. 效果图参考

参考图 10–19 所示。

【项目计划】

见表 10–5。

【项目实施】

任务 1　室内平面图识读与绘制

1. 室内平面布置图识读与绘制

1）室内平面布置图的识读

图 10–19
某市地铁控制中心会议室参考效果图

拓展项目项目3计划　　表10–5

项目任务	内容	学时
任务 1　室内平面图识读与绘制	完成会议室室内平面布置图、室内顶棚平面图的识读工作，并在此基础上进行施工图设计或临摹	6
任务 2　室内立面图识读与绘制	完成会议室室内空间立面图识读工作，并绘制会议室空间立面图	4
任务 3　室内详图识读与绘制	完成指定详图的识读工作，并绘制会议室空间某处节点详图	2
交图、讲评	学生对所绘制图纸进行讲解，教师给予讲评	1

（1）首先浏览平面布置图中的功能布局、图样、比例等基本情况。

（2）注意各功能区的平面尺度，家具、陈设品的摆放位置。

（3）了解室内平面布置图中的内视符号、图例、文字说明及其他符号的含义。

（4）识读各细部尺寸。

2）室内平面布置图的绘制

室内平面图布置图参考图 10–20 所示。

2. 室内顶棚平面图识读与绘制

1）室内顶棚平面图的识读

（1）首先了解顶棚所在空间平面布置图的基本情况。

（2）识读顶棚造型、灯具及其他设备分布情况，了解其底面标高。

（3）识读各细部尺寸。

（4）注意窗口有无窗帘盒及其制作方法，并明确尺寸。

（5）注意顶棚平面图中有无顶角线及其制作方法。

2）室内顶棚平面图的绘制

室内顶棚平面图参考图 10–21 所示。

任务 2　室内立面图识读与绘制

1. 室内立面图的识读

（1）首先根据室内平面布置图中内视符号指引方向，找到对应立面图进行识读。

（2）在平面布置图中明确该墙面有哪些固定设施及陈设品等，注意其位置、尺寸等。

（3）浏览所选立面图，了解其装修形式及其变化。

（4）注意墙面装修造型、所用材料、颜色、尺寸及做法等。

（5）查看立面标高、尺寸、索引符号及文字说明等。

2. 室内立面图的绘制

室内立面图参考图 10–22、图 10–23 所示。

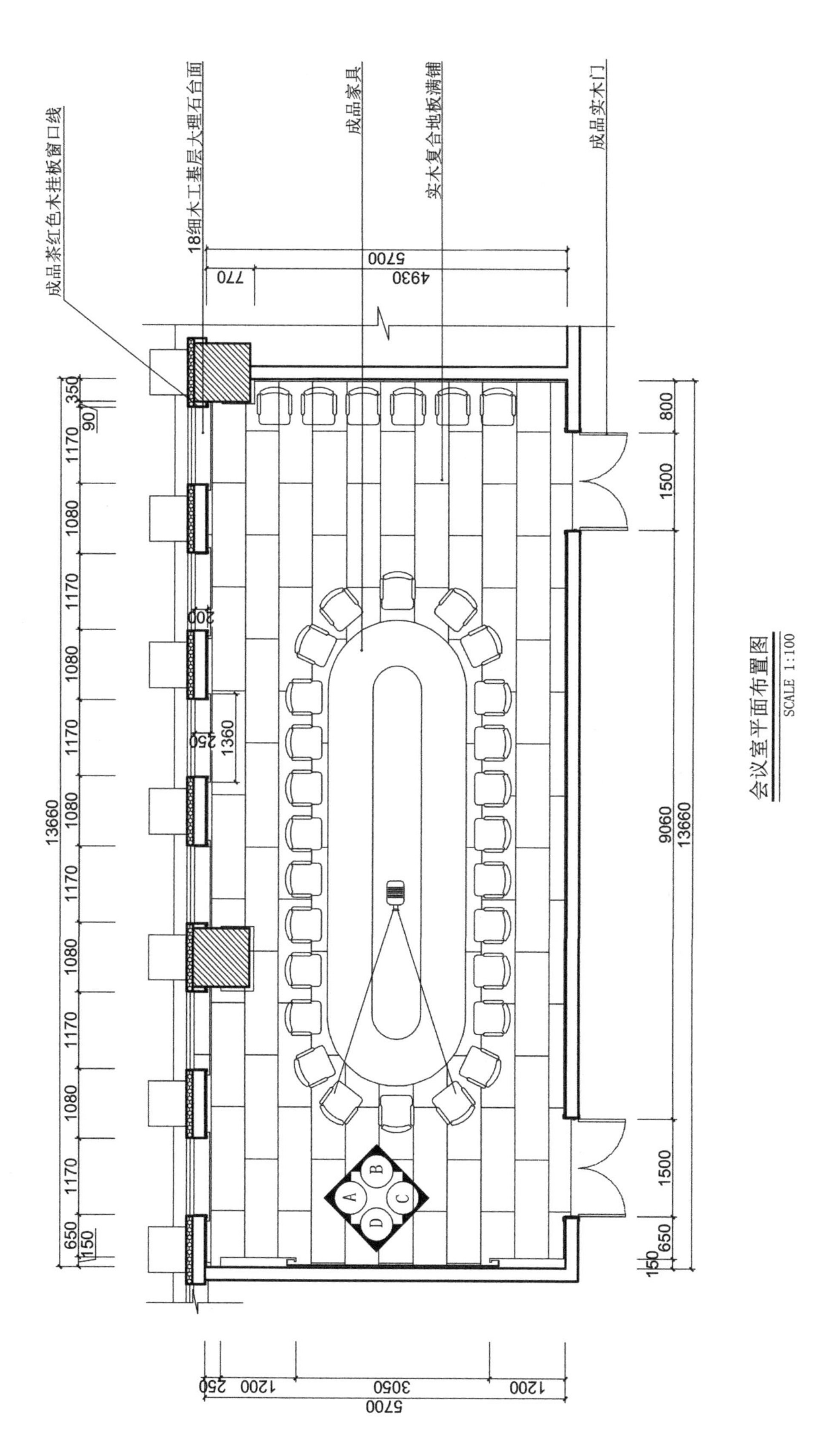

图 10–20
某市地铁控制中心会议室平面布置图

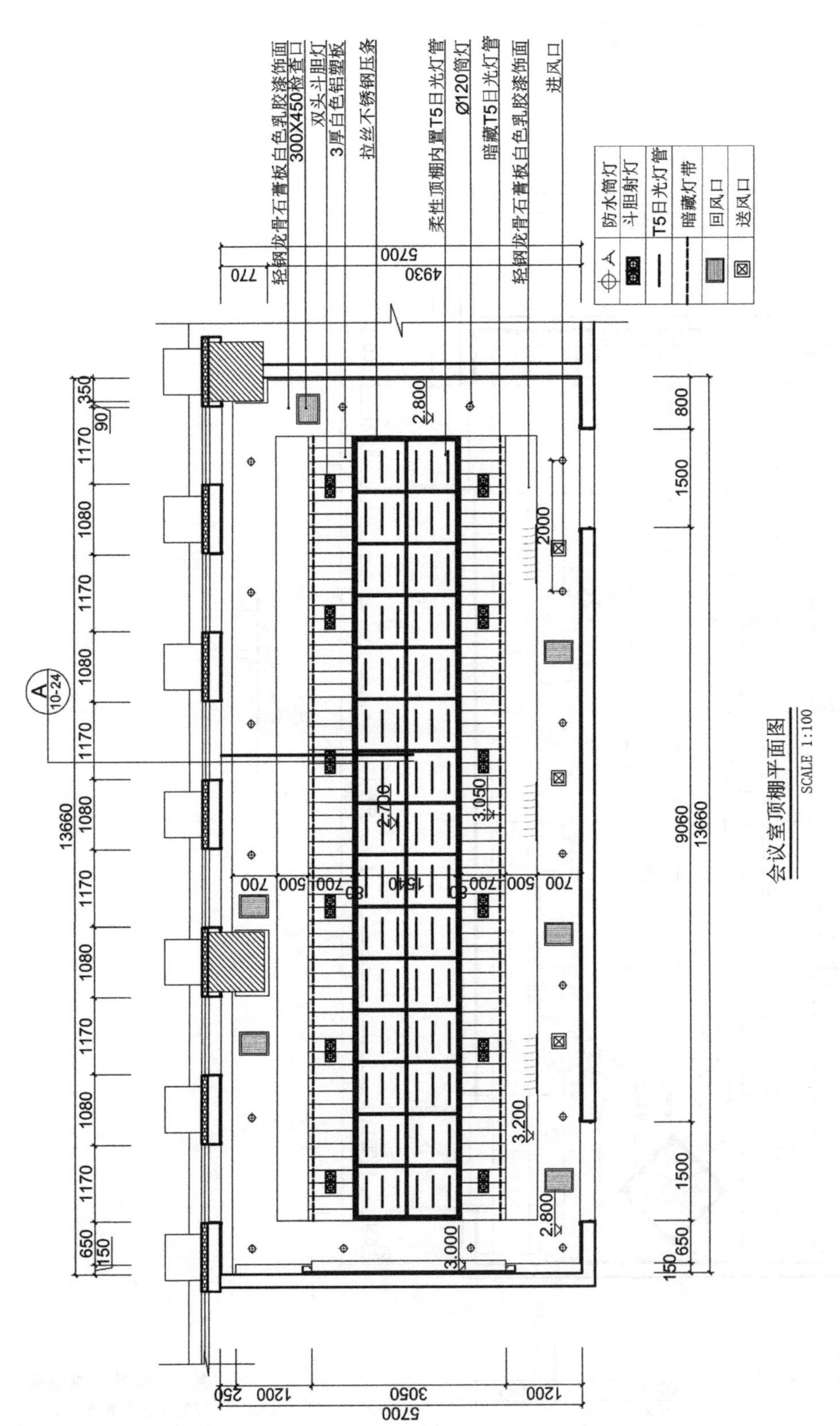

图 10–21
某市地铁控制中心会议室顶棚平面图

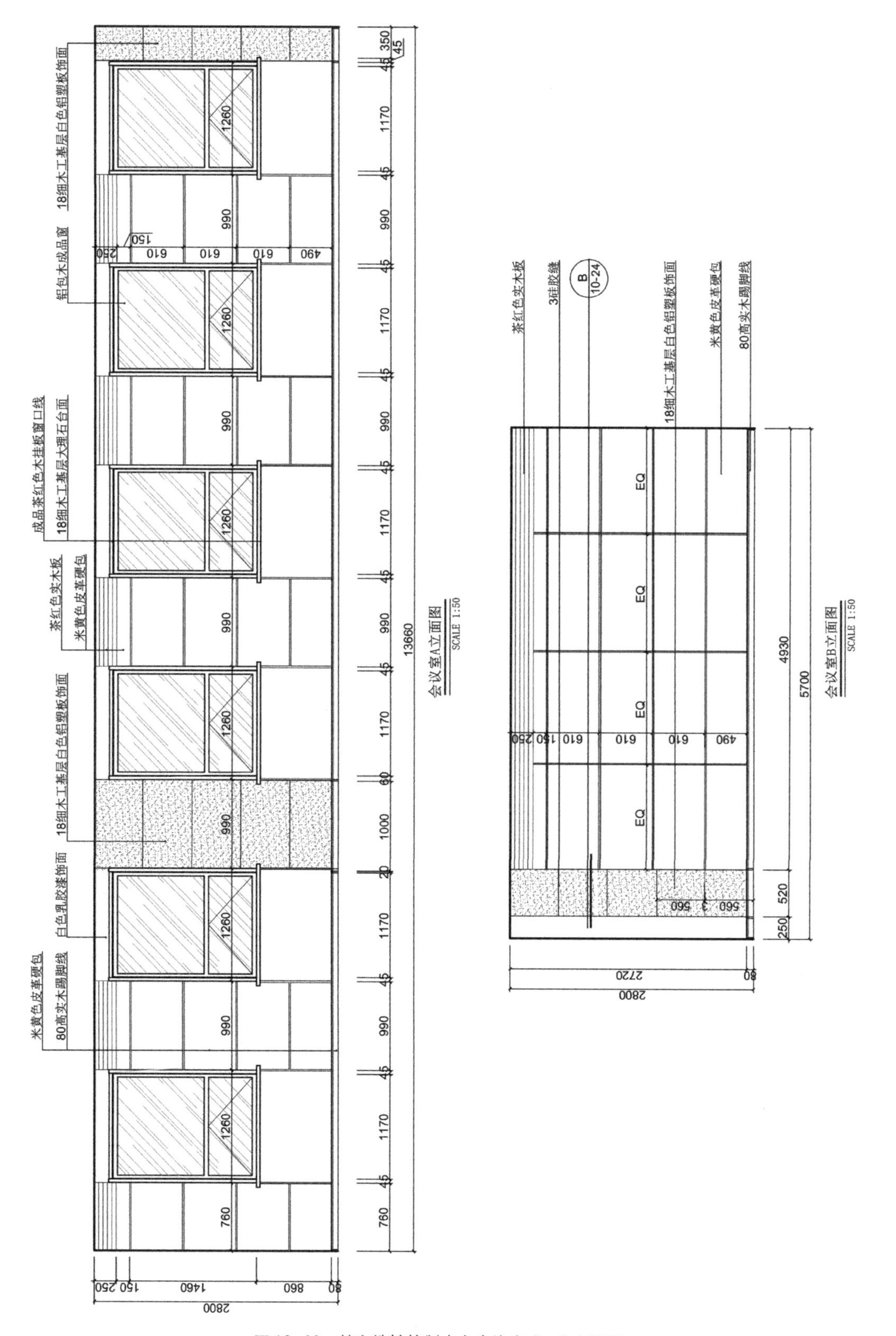

图 10–22　某市地铁控制中心会议室 A、B 立面图

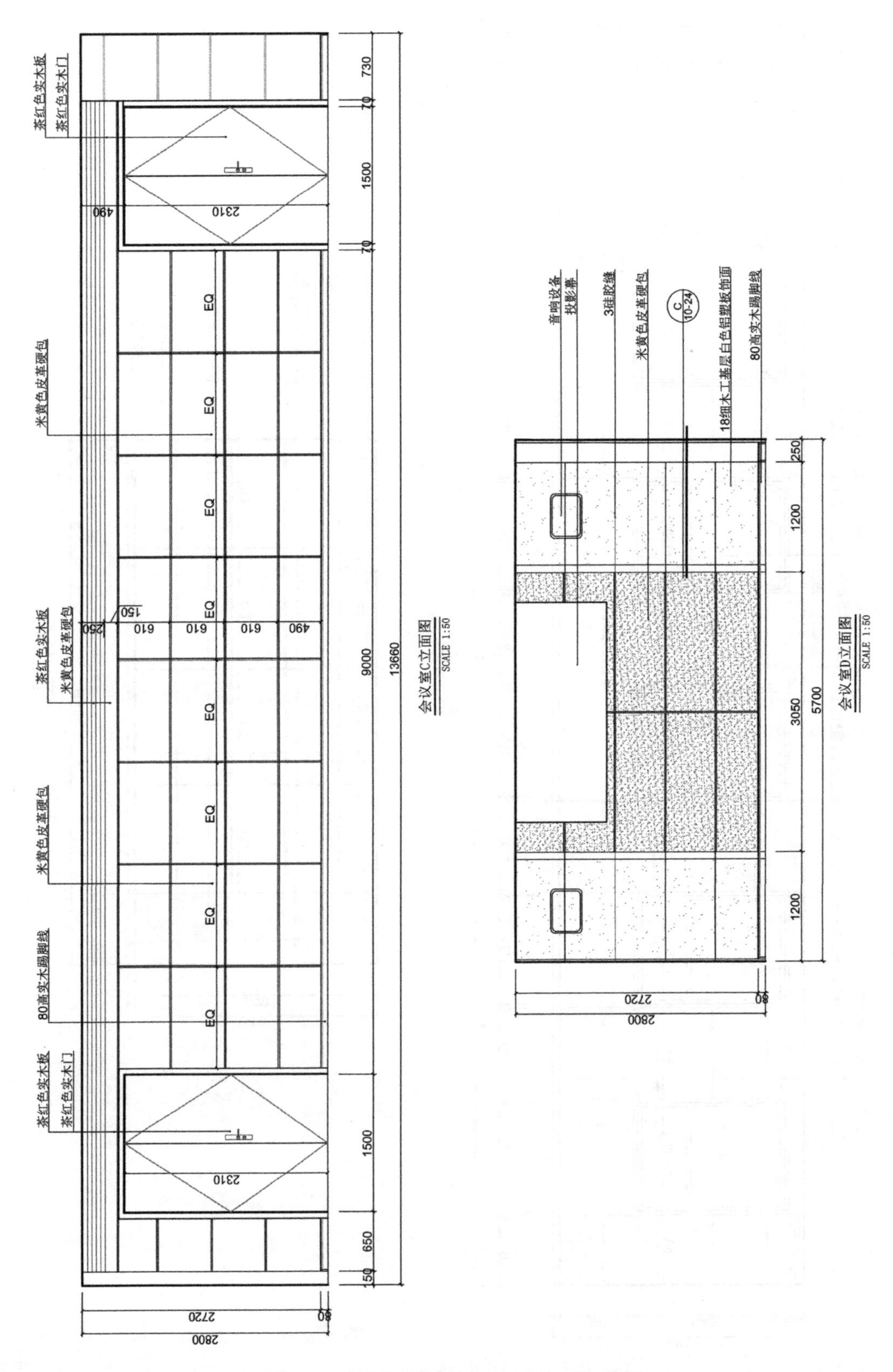

图 10–23　某市地铁控制中心会议室 C、D 立面图

任务 3　室内详图识读与绘制

1. 室内详图的识读

(1) 首先找到详图符号所对应的索引符号。

(2) 明确详图所表达的室内构件的基本信息，如墙柱面详图、顶棚详图、门窗详图等。

(3) 浏览详图，了解其各部件或零件的连接方式、安装方法等。

(4)明确详图的形成方式及比例。形成方式可为投影图、剖面图、断面图等。

(5) 查看文字说明、尺寸标注等。

2. 室内详图的绘制

室内详图参考图 10–24 所示。

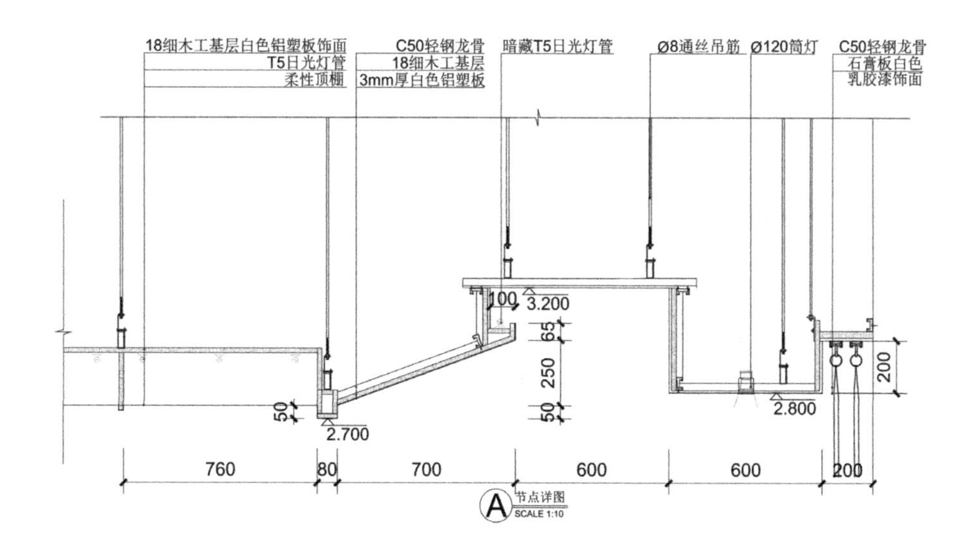

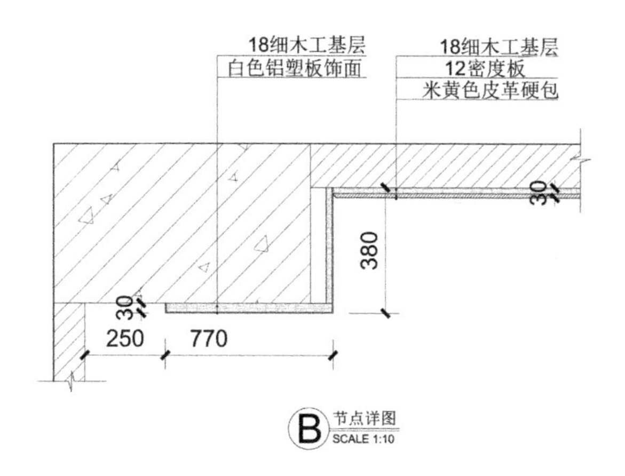

图 10–24
某市地铁控制中心会议室 A、B 节点详图

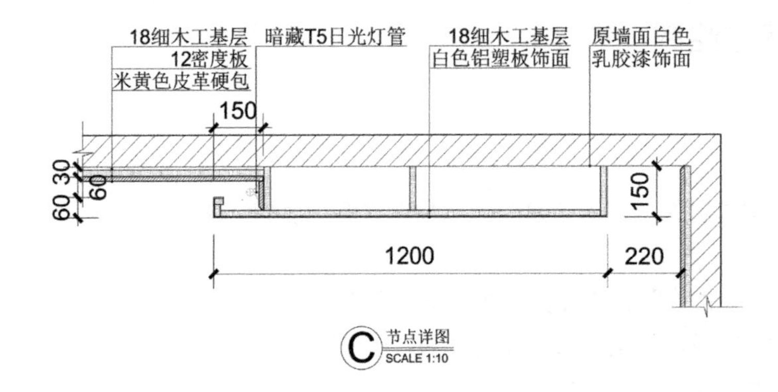

图 10-24（续）
某市地铁控制中心会议室 C 节点详图

【项目评价】

评价采用过程性评价和结果性评价两部分。过程性评价以课堂出勤情况、课上学习态度为主要考察点；结果性评价以识图和制图能力、项目完成情况等作为参考标准。具体评分表如表 10-6 所示。

项目3　会议室施工图识读与绘制　　　表10-6

项目任务		评价标准	分值
过程性评价		①不旷课；②不迟到；③不早退；④课堂纪律良好；⑤学习态度积极主动，及时完成教师布置的各项任务；⑥能够对项目进行合理分析；⑦积极参与各项讨论；⑧按照项目要求完成相关内容；⑨按照项目计划完成项目内容；⑩具有团队合作精神	30 分
结果性评价	施工图识读	①独立完成一套图纸的识读；②明确平面图识读要点（空间格局、朝向、平面图例等）；③明确立面图识读要点（各立面表达内容、立面图例等）；④明确详图识读要点（各部件之间的连接方式、工艺要求等）	10 分
	室内平面布置图与地面铺装图绘制	①各种图例、线型表达准确；②房间名称、图名表达准确；③内视符号、指北针表达准确；④尺寸标注表达准确；⑤图纸、图框表达准确；⑥比例准确；⑦图纸整洁干净	20 分
	室内顶棚平面图绘制	①各种图例、线型表达准确；②文字说明、图例表格、图名表达准确；③索引符号、标高表达准确；④尺寸标注表达准确；⑤图纸、图框表达准确；⑥比例准确；⑦图纸整洁、干净	10 分
	室内立面图绘制	①各种图例、线型表达准确；②文字说明、图名表达准确；③索引符号表达准确；④尺寸标注表达准确；⑤图纸、图框表达准确；⑥比例准确；⑦图纸整洁、干净	10 分
	室内详图绘制	①各种图例、线型表达准确；②文字说明、图名表达准确；③详图符号表达准确；④尺寸标注表达准确；⑤图纸、图框表达准确；⑥比例准确；⑦图纸整洁、干净	10 分
	装订	①图纸尺寸一致；②配有封皮；③装订整齐、干净	10 分

注：如不满足评价标准中的任意一项，过程性评价部分扣 3 分，结果性评价部分扣 2 分。

拓展项目 4　板式家具橱柜标准柜体图纸绘制

【项目描述】

1. 项目名称：板式家具橱柜标准柜体的图纸绘制

2. 项目说明：

家用橱柜是典型的板式家具，图 10–25 所示为移除门板及其他配件后的地柜标准柜体。主要参数如下：宽度 450mm，深度 554mm，高度 676mm。

【项目目标】

1. 了解橱柜标准柜体的概念。
2. 掌握板式家具最基本的结构形式。
3. 熟练掌握板式家具设计制图方法。
4. 能够识读板式家具板件孔位图。
5. 具有审核图纸的能力。

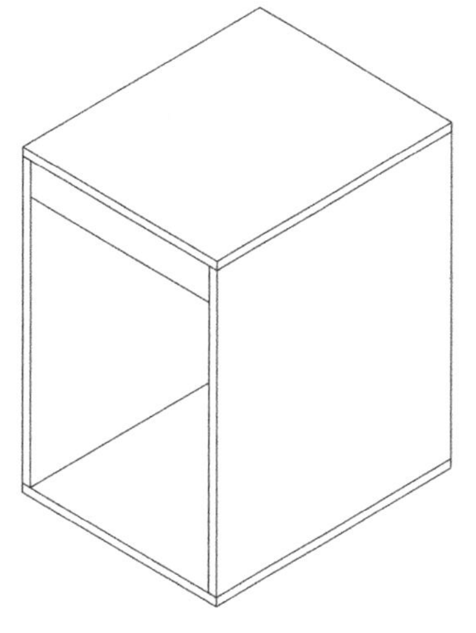

图 10–25
橱柜标准地柜立体图

【项目要求】

1. 识读要求

根据项目提供的橱柜标准地柜设计参考图纸，进行识读，并在此基础上完成图纸的临摹工作；另外，通过识读项目提供的该地柜板件孔位图，理解板式家具的结构形式与基本连接方式。

2. 制图要求

根据《家具制图》QB/T 1338—2012 中的相关规定，完成项目任务。

3. 图纸规格要求

（1）图纸尺寸：297mm × 210mm。

（2）表达方式：使用制图工具完成制图。

（3）家具图纸中要有统一的图框、标题栏、会签栏等。

4. 图纸内容要求

1）柜体外观图（三视图）

比例：1 ∶ 10

要求：根据图片提供的标准地柜的外观尺寸绘制主视图、左视图（剖面图）。板件间的位置关系要设计合理，剖视图要能清楚反映柜体的内部结构。尺寸标注、线型使用等要符合家具制图标准，其比例要恰当，力求图面清晰、美观。

2）柜体板件孔位图

比例：1 ∶ 5 或 1 ∶ 10

要求：板式家具主要是由板件构成，板件间一般通过五金连接件实现接合，因此板件孔位图不仅要有板件精确的外形尺寸，还要清晰反映连接件安装所需的孔位。在不影响图纸阅读的前提下，尺寸标注要尽可能详细。尤其是孔位的相对位置关系要标示明确。

【项目计划】

见表 10–7。

拓展项目项目4计划　　表10–7

项目任务	内容	学时
任务 1　橱柜标准柜体的基本结构	了解板式家具“产品标准化”的概念，并掌握标准柜体的基本结构形式	1
任务 2　橱柜标准柜体外观图识读与绘制	完成标准柜体外观图纸的识读，掌握柜体内部结构，并对图纸进行临摹	2
任务 3　橱柜标准柜体板件孔位图识读与绘制	识读柜体板件孔位图，能够通过图纸理解五金件的安装方法，有条件的情况下可以对该图纸进行临摹	2
任务 4　生产料单的识读与编制	掌握生产料单的编写方法，并通过料单的编写再次核对图纸信息	0.5
交图、答疑	学生提出绘制图纸过程中发现的问题，教师予以解答	0.5

【项目实施】

任务 1　橱柜标准柜体的基本结构

1. 示例详释

项目 4 所选示例是橱柜产品中地柜的标准柜体形式。橱柜企业在制定产品标准柜体的规格体系时，通常会考虑柜体的功能、适应性、板材出材率等多个因素。图 10–26 中所示为家庭用橱柜中地柜的剖面，从图中可以看出，地柜的总高度约在 800mm，符合人体工程学设计要求，但木质柜体的高度为 676mm，这是除去下部调高脚的高度及石材台面厚度后的柜体净高。本项目示例中标准地柜就是据此绘制的。

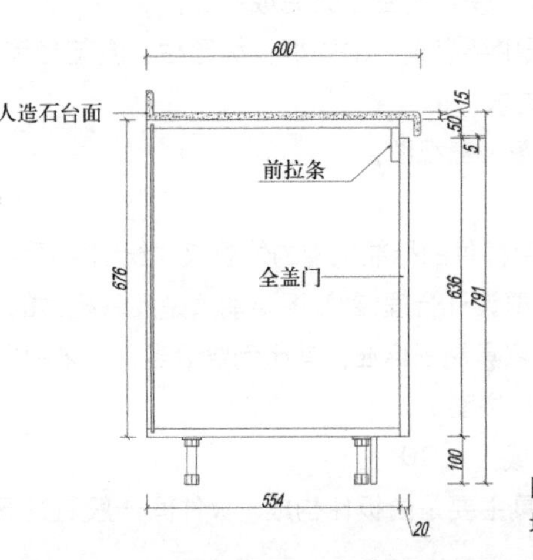

图 10–26
地柜剖面示意图

2. 橱柜标准柜体结构认知

（1）图 10–27 中所示标准柜体是由 2 块旁板、1 块顶板、1 块底板、1 根拉条、1 块背板以及隐藏在柜体后的加强条构成，通过上述板件构成了橱柜最基本的柜体形式。

（2）从图 10–27 中还可以看出各板件的位置关系。在板式家具的柜体设计中，首先要考虑顶、底板与旁板的位置关系，板件的位置有时影响柜体的受力情况，在本例中，顶板与旁板的关系是“顶板盖旁板”，这样有利于柜体承受上部施加的力；底板与旁板的关系是“底板托旁板”，这样有利于分散地柜的整体重量。

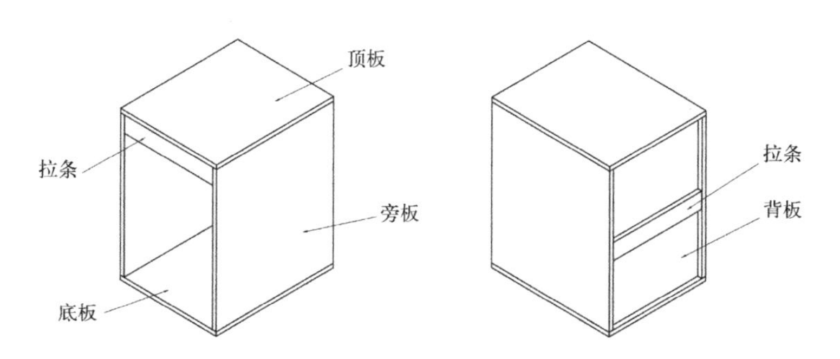

图 10–27
标准柜体的构成

相关链接：橱柜的“标准化”设计

板式家具大多使用规格人造板材，所以是最容易执行“标准化”的产品。橱柜是典型的板式家具，虽然其外观风格千变万化，但其基本组成可以概括成“标准柜体＋门板”的形式。在过去，加工设备柔性化程度不高的时候，标准柜体是批量生产作为实物库存。在处理客户订单时，设计师往往根据客户厨房的测量图及设计要求，优先调用标准柜体，标准柜体无法满足实际需求时，才加工非标柜体，这样可以大幅提高生产效率，同时又能满足客户的个性需求。值得一说的是，即使在今天，数控加工设备大量进入生产线，产品体系的标准化、模块化设计依然具有重要的意义。

任务 2　橱柜标准柜体外观图识读与绘制

1. 柜体外观图的识读

（1）对照图中家具立体图，找到标号零件所在位置，并对各零件相互的关系形成初步的认知。

（2）因该柜体比较简单，所以在图 10–28 中仅用主视图、左视图（剖面）就能够清晰反映柜体的外观及内部结构，在这种情况下俯视图就可以省略。通过剖视图，将家具内部结构表现出来，对于后期板件孔位图的精确绘制具有重要的作用。

（3）注意柜体轮廓线、尺寸标注线、点划线等线型的粗细变化。

（4）正确设置图纸比例，并按比例出图。

2. 地柜标准柜体外观图的绘制

从图 10–28 地柜标准柜体外观图中可以看出，该柜背板用的是 5mm 薄板，以四面开槽的方式安装，同时为了加强柜体的整体结构强度，在背板后面又加装了一根拉条，这根拉条与柜体前部上方的拉条可以通用。另外，在这件柜体

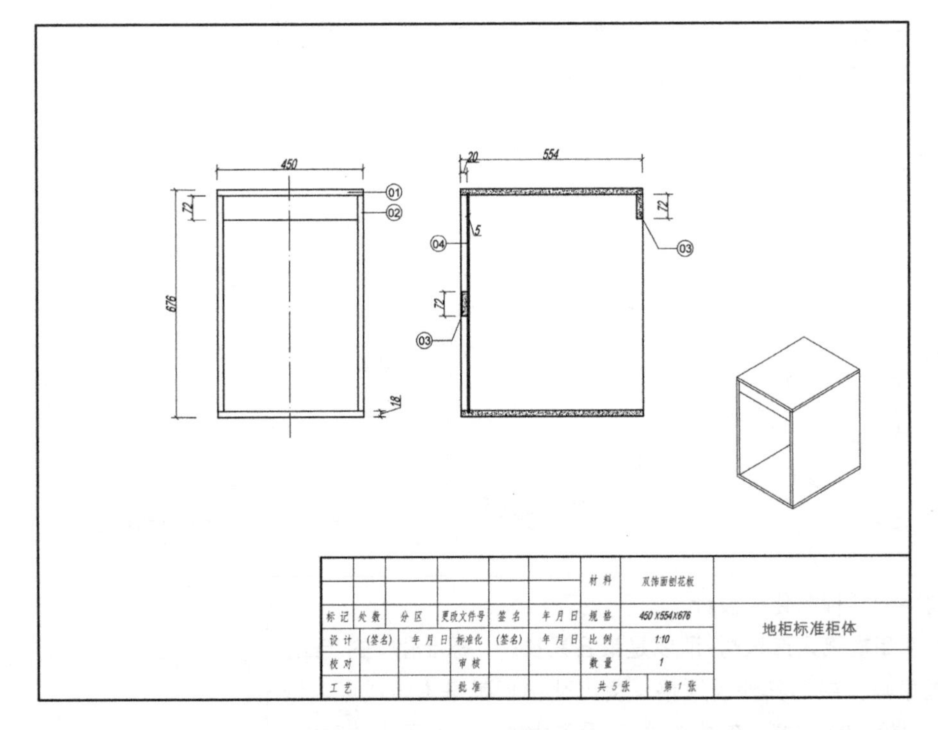

图 10—28
标准柜体外观图

的设计中，顶、底板可以互换。我们在板式家具设计时，要注意提高板件的通用性，最大程度减少板件的数量，这样可以提高加工效率。

> **请注意：**
>
> 需要特别说明的是本书中所列示例家具外观图上零件标号是为方便查找图纸而标注的，但在任务分解中，却是根据零部件重要程度及相互间的关联性展开的，因此会出现任务中图纸排版顺序与零件标号不一致的情况。

任务 3 橱柜标准柜体板件孔位图识读与绘制

1. 柜体板件孔位图的识读

（1）首先找到板件孔位图对应的板件在柜体中的位置，并观察与之相关联的其他板件的接合方式。

（2）根据零件的复杂程度选择视图，尽量以最少的视图全面清晰地反映零件的加工信息。

（3）正确使用各类线型，尺寸标注全面，无遗漏，有图框、标题栏，相关信息填写完整，图纸比例合理，整体清晰、美观。

2. 板件孔位图的绘制

需要特别说明的是，现在板式家具厂大量引入数控加工设备，用专门的软件进行拆单，所以板件孔位图已不需要人工绘制，但对孔位的理解，对于改善家具功能及正确实施安装都有重要的作用。

本书示例的柜体板件图可根据教学要求选绘。

1）旁板孔位图

旁板是板式柜类家具中的核心零件，几乎所有的柜体结构件都与之发生联系，因此，旁板孔位设计合理可以有效提高零件的通用性。示例柜体板件的垂直连接使用的是带尼龙预埋螺母的偏心连接件和定位圆棒榫，其孔位参数是根据所选用的五金安装参数设置的；图 10–29 中三角形标志表示封边符号，根据最新的家具质量标准，板式家具中即使是不可见的边部，也一律要作封边处理。

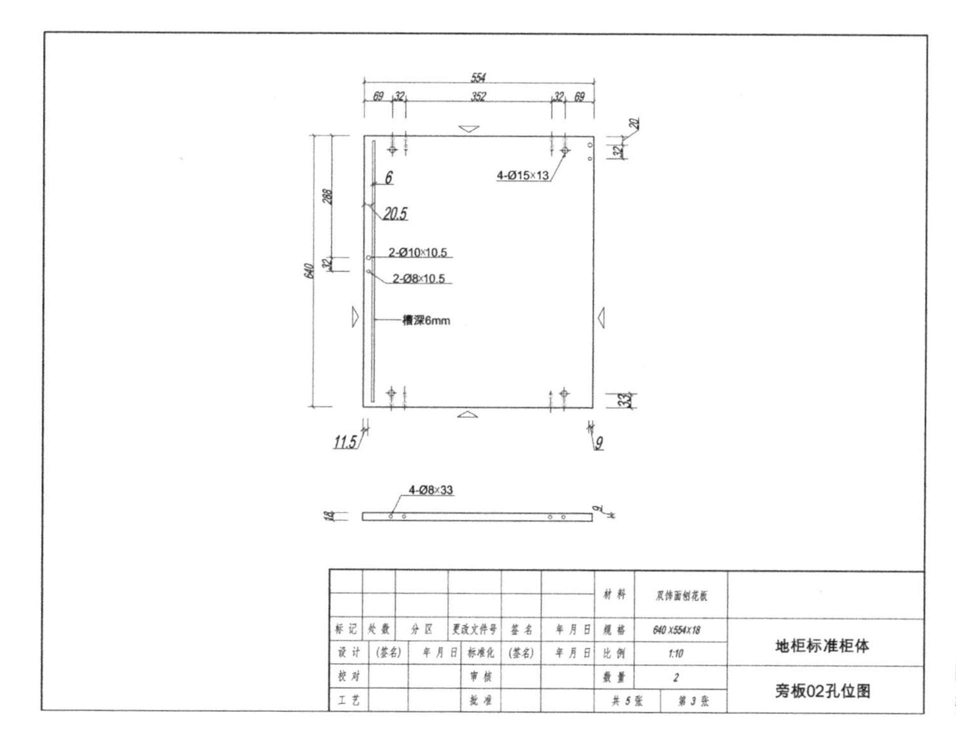

图 10–29
旁板孔位图

2）顶／底板孔位图

示例柜体中，顶／底板可以通用。从标题栏规格尺寸中可知板厚，所以只用一个视图表达板件加工参数即可，如图 10–30 所示。

3）拉条孔位图

示例柜体中，柜体正面上方的拉条与柜体背板后的拉条可以通用。前者主要用于门板的限位，后者起到加强柜体结构强度的作用，如图 10–31 所示。

4）背板图

示例柜体中（图 10–32），用的是厚度 5mm 的薄背板，因厨房中管道比较多，往往在安装中要根据实际情况临时开孔。地柜使用薄背板既便于现场开孔，又节省材料成本，甚至有些特殊柜体如水槽柜等只用拉条而没有背板。

任务 4　生产料单的识读与编制

1. 标准柜体生产料单的识读

（1）根据编号在外观图上找到对应的零件。

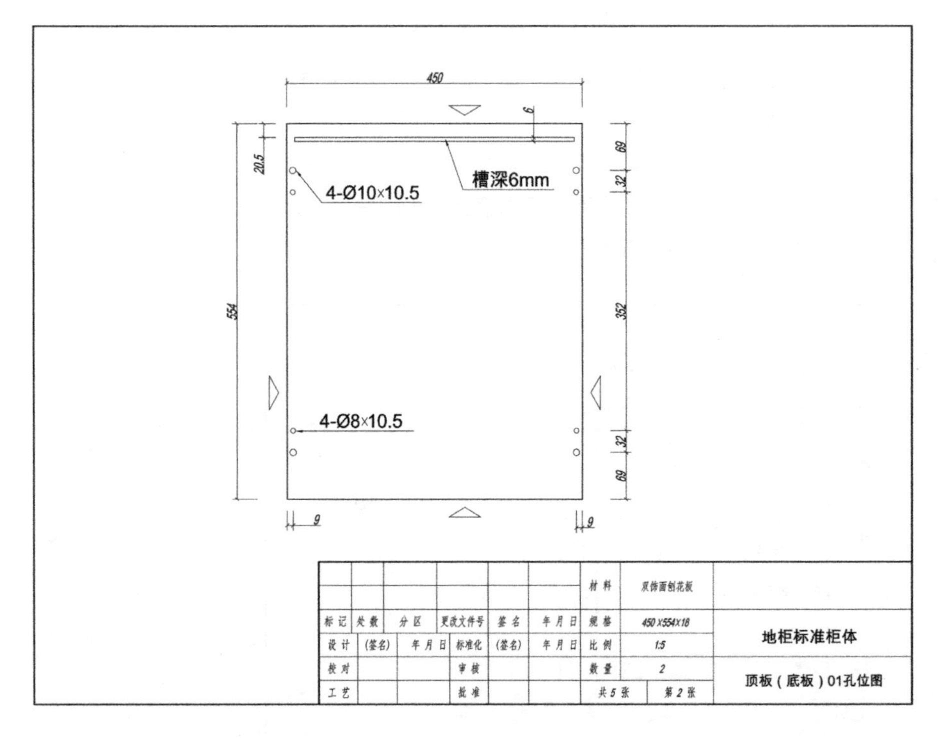

图 10–30
顶＼底板孔位图

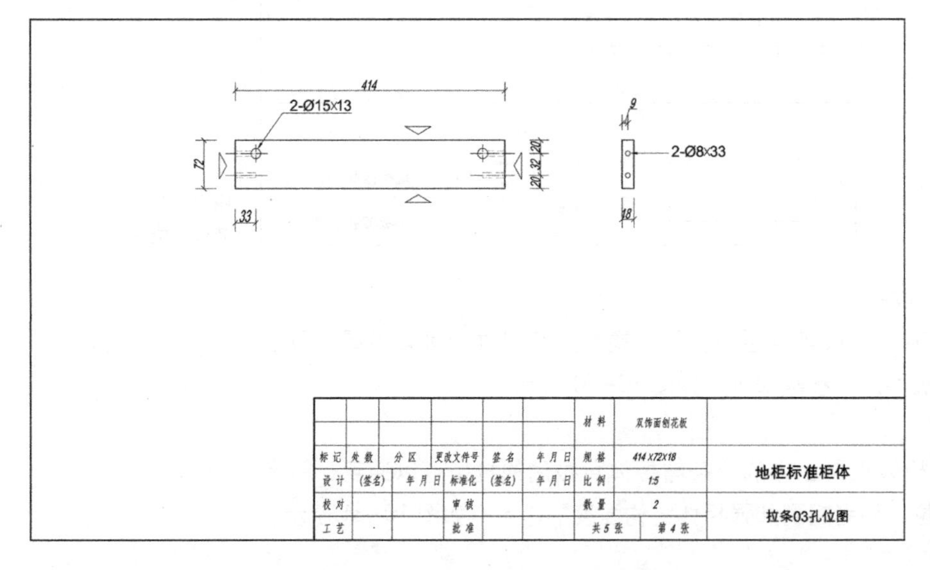

图 10–31
拉条孔位图

（2）查看规格尺寸、数量。

2. 参照表 10–8 样式，根据加工图纸信息编制生产料单，并核对相关信息

【项目评价】

评价采用过程性评价和结果性评价两部分。过程性评价以课堂出勤情况、课上学习态度为主要考察点；结果性评价以识图和制图能力、项目完成情况等作为参考标准。具体评分表如表 10–9 所示。

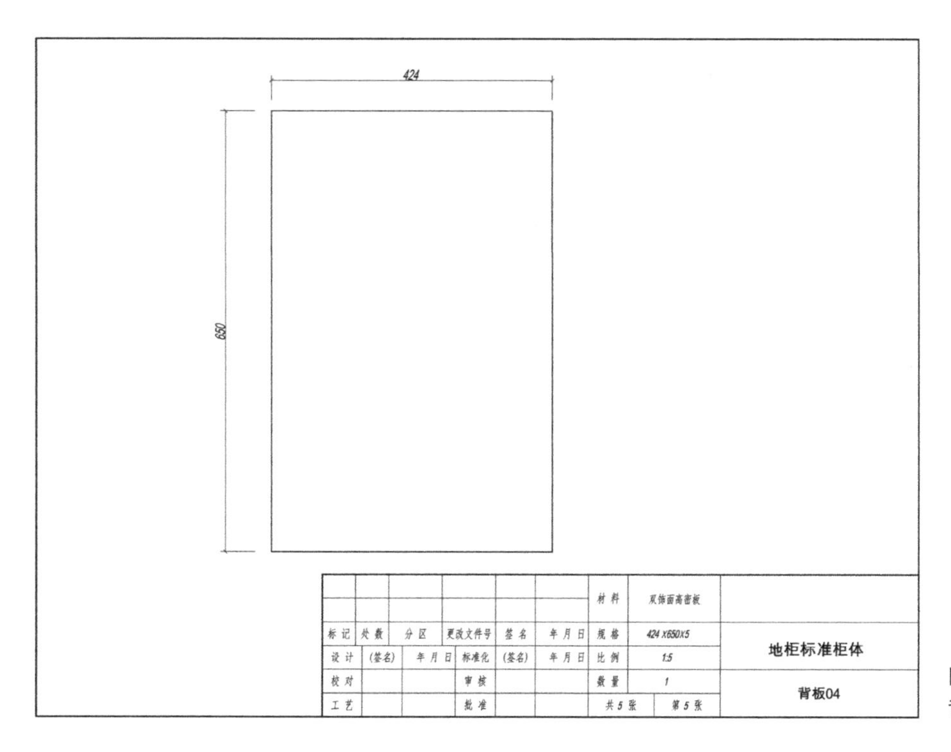

图 10–32
背板图

地柜标准柜体生产料单 表10–8

规格：450mm × 554mm × 676mm

零件序号	名称	规格（mm）			数量
		长	宽	厚	
01	顶板 \ 底板	554	450	18	2
02	旁板	640	554	18	2
03	拉条	414	72	18	2
04	背板	650	424	5	1

项目4　板式家具橱柜标准柜体图纸绘制 表10–9

项目任务		评价标准	分值
过程性评价		①不旷课；②不迟到；③不早退；④课堂纪律良好；⑤学习态度积极主动，及时完成教师布置的各项任务；⑥能够对项目进行合理分析；⑦积极参与各项讨论；⑧按照项目要求完成相关内容；⑨按照项目计划完成项目内容；⑩具有团队合作精神	30 分
结果性评价	橱柜标准柜体的基本结构	①通过本项目的学习，对于板式家具基本结构形成一定的认知；②能够自觉使用各种媒介，了解板式家具的种类与外观设计方法；③初步了解家具标准化设计概念，有助于形成良好的设计观	20 分
	橱柜标准柜体外观图识读与绘制	①正确理解外观图中各个视图的相互关系；②知晓组成该标准柜的全部零部件；③理解剖面图中所示的结构；④各种线型使用正确；⑤尺寸标注合理；⑥比例选择恰当；⑦图纸具有图框、标题栏，整体图面效果整洁、美观	15 分

续表

项目任务		评价标准	分值
结果性评价	橱柜标准柜体板件孔位图识读与绘制	①能够充分理解图纸中五金安装孔位的相互对应关系；②各种线型使用正确；③尺寸标注正确、完整；④比例选择恰当；⑤图纸具有图框、标题栏，整体图面效果整洁、美观	10～25分
	生产料单的识读编制	①生产料单信息与图纸相一致；②形式简明扼要，数据准确	5分
	装订	①图纸尺寸一致；②配有封皮；③装订整齐、干净	5分

注：如不满足评价标准中的任意一项，过程性评价部分扣3分，结果性评价部分扣2分；另外，在“橱柜标准柜体板件孔位图识读与绘制”任务评价中，学生如能掌握示例中的安装孔位关系，可得10分，如能进行板件图的临摹，则在11～25分之间，根据制图效果酌情赋分。

拓展项目 5　四出头官帽椅结构认知及加工图纸绘制

【项目描述】

图 10–33
四出头官帽椅
（山西唐人居古典家居文化有限公司藏品）

1. 项目名称：四出头官帽椅结构认知及加工图纸绘制

2. 项目说明：

四出头官帽椅是明清家具中很有代表性的椅类，图 10–33 所示四出头官帽椅出自我国某地区，具有典型的明式家具风格特征。其主要参数如下：座宽 580mm，座深 450mm，座高 520mm，靠背高 1250mm。

【项目目标】

1. 掌握四出头官帽椅的主要造型与结构特征。
2. 掌握家具加工图纸的识读方法。
3. 熟练掌握家具加工图纸的制图标准。
4. 掌握家具零部件图的表达方法。
5. 掌握古典家具材料、结构、工艺等方面的知识，为家具产品的创新设计储备相关知识。
6. 能够独立完成家具加工文件的编制。
7. 具有审核图纸的能力。

【项目要求】

1. 识读要求

根据项目提供的四出头官帽椅全套加工参考图纸，进行识读，并在此基础上完成图纸的临摹工作。

2. 制图要求

根据《家具制图》QB/T 1338—2012 中的相关规定，完成项目任务。

3. 图纸规格要求

（1）图纸尺寸：297mm × 210mm。

（2）表达方式：使用制图工具完成制图。

（3）家具图纸中要有统一的图框、标题栏、会签栏等。

4. 图纸内容要求

1）家具外观图（三视图）

比例：1 ：15

要求：根据图片提供的四出头官帽椅的外观尺寸绘制主视图、俯视图、左视图，并合理推断出各个零部件的细节尺寸。家具内部的重要节点、零件的主要接合方式等可用剖视或虚线表现出来。尺寸标注、线型使用等要符合家具制图标准，其比例要恰当，力求图面清晰、美观。

2）家具部件图

比例：1 ：10

要求：家具部件是由两个及以上零件组成，具有一定的功能性。可将部件图单独绘出，这有利于更为清晰地表达各个相关零件的接合关系。部件图上结构关系要表达完整，包括相关的连接孔位也要画出。有必要的情况下，可用半剖视图表达内部结构。在不影响图纸阅读的前提下，尺寸标注要尽可能详细。尤其是孔位的相对位置关系要标示明确。

3）家具零件图

比例1 ：10或1 ：5

要求：尽可能以最少的视图反映零件加工所需的全部信息，尺寸标注不能有遗漏，必要的情况下，可以文字简要说明加工中的特殊要求或注意事项。

4）节点详图

比例自定，通常为1 ：2、1 ：1或2 ：1。

要求：常规图纸难以清楚表达家具中重要节点或零部件间的接合关系，可用详图进一步表达。绘图时应注意各零部件之间连接方式的表达，标明相应尺寸；详图符号应与索引符号相对应。

5）生产料单的识读与编制

要求：家具的全套加工图纸绘制完成后，还需要据此编制生产料单。生产料单是整件家具零件信息的汇总，也是下料尺寸的依据。编制过程中不能出现疏漏或错误。

【项目计划】

见表10–10。

拓展项目项目5计划 　　　　**表10–10**

项目任务	内容	学时
任务1　四出头官帽椅的主要造型与结构特征认知	识记四出头官帽椅各零部件的名称，并通过该椅了解中国古典家具常见榫卯形式，从传统家具中体会古人的匠心设计	1
任务2　四出头官帽椅外观图识读与绘制	完成四出头官帽椅外观图纸的识读工作，理清整件家具的结构关系，并对图纸进行临摹	6
任务3　四出头官帽椅部件图识读与绘制	识读四出头官帽椅中的“座面”部件图，掌握与之相关联的各个零件的位置关系与接合方式，并对该图纸进行临摹	2
任务4　四出头官帽椅零件图识读与绘制	识读四出头官帽椅的零件图，能够根据外观图与部件图，理清各个零件在整件家具中的位置关系及相互间的接合方式，并对零件图进行临摹	8

续表

项目任务	内容	学时
任务5　四出头官帽椅节点详图识读与绘制	识读节点详图，并在家具中找到其所处的位置，选取合适的比例对其进行临摹	2
任务6　生产料单的识读与编制	汇总整理家具加工图纸，按零件序号编制生产料单	1
交图、答疑	学生提出绘制图纸过程中发现的问题，教师予以解答	1

【项目实施】

任务1　四出头官帽椅的主要造型与结构特征认知

四出头官帽椅特征认知：

（1）以这件四出头官帽椅为出发点，通过教师讲解或自行查找资料，掌握明式家具的造型及审美特点。

（2）查找相关资料，理解中国古典家具常见榫卯接合方式。

（3）因古典家具中各个构件都有其约定俗成的名称及制式，识记图10–34中该椅各零件的名称，这有利于后期加工图纸的规范管理。

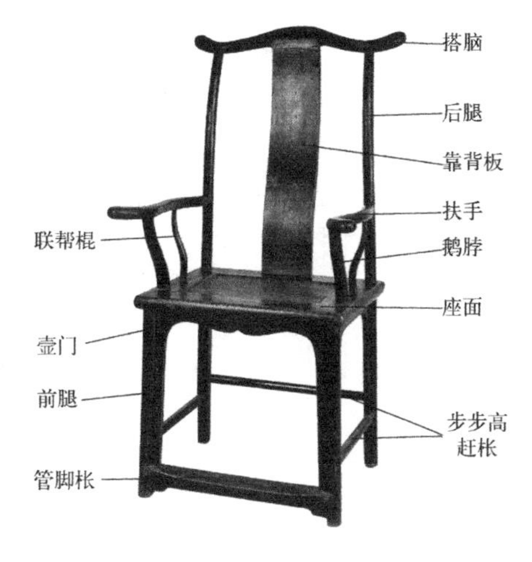

图10–34
四出头官帽椅构件名称

> **相关链接：**官帽椅
>
> 官帽椅，由于像古代官吏所戴的帽子而得名。明式家具中官帽椅包括四出头官帽椅、南官帽椅。四出头官帽椅在造型上的显著特征是椅子的搭脑、扶手两端都出头，因而得名为四出头官帽椅；而南官帽椅则搭脑、扶手无一处出头。因而王世襄先生在《明式家具研究》中说，椅子和古代官帽的联系，应从整体形象上进行比较，而不是从某一局部特征去比较。

任务2　四出头官帽椅外观图识读与绘制

1. 四出头官帽椅外观图的识读

（1）对照图中家具立体图，找到标号零件所在位置，并对各零件相互的关系形成初步的认知。

（2）四出头官帽椅是对称的，为了更为直观地表现家具内部结构，所以主视图左侧画成了外观图，右侧则是A–A剖面图，侧重于座面攒框镶板结构的表达。这种半剖视图的画法，减少了用于表现不可见轮廓线的虚线，让内部结构更为清晰地展现在图纸上。

（3）通过剖视图和虚线，将家具内部结构表现出来，对于后期零部件图的精确绘制具有重要的作用。

(4) 为了避免图面过于混乱，外观视图上只标注了规格尺寸及主要的零部件尺寸，更为详尽的尺寸将通过零部件图、节点详图来表达。

(5) 注意家具轮廓线、虚线、尺寸标注线、点划线、剖切符号等线型的粗细变化。

(6) 正确设置图纸比例，并按比例出图。

2. 四出头官帽椅外观图的绘制

四出头官帽椅外观图参考图 10—35 所示。(特别说明：前面图片所示四出头官帽椅座面芯为藤屉，本书为了简化工艺，加工图示例中所绘为硬屉)

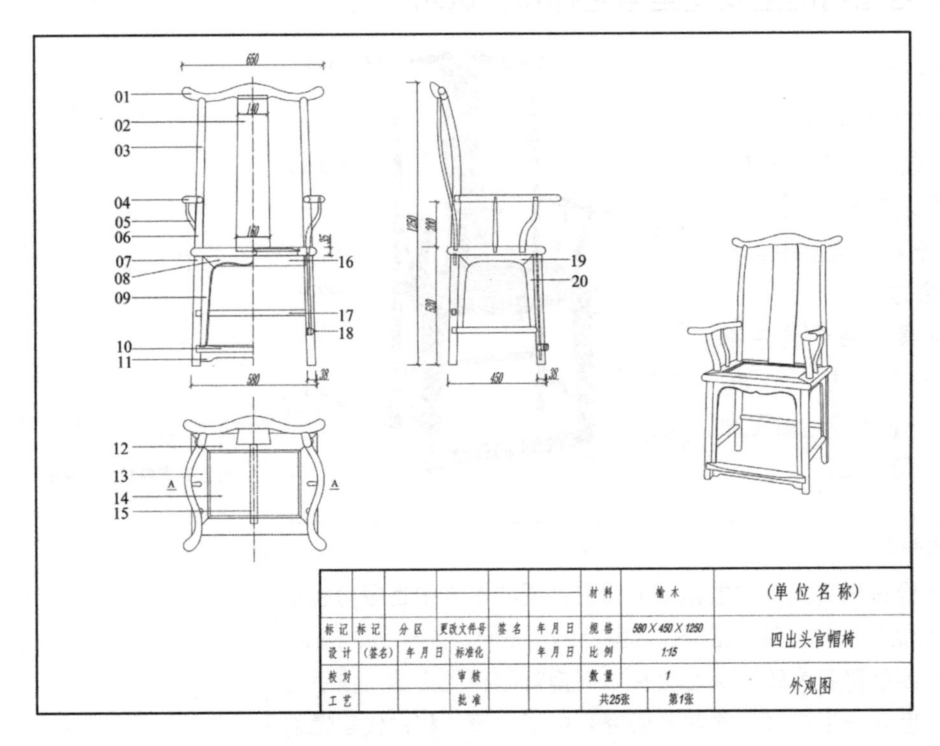

图 10—35
四出头官帽椅外观图

任务 3　四出头官帽椅部件图识读与绘制

1. 四出头官帽椅部件图的识读

(1) 在外观图中找到部件所在位置，并分析其零件组成与结构功能。

(2) 根据部件的复杂程度选择视图，尽量以最少的视图全面、清晰地反映部件的加工信息。

(3) 图纸表达内容详略得当。

(4) 注意线型的正确使用。

(5) 尺寸标注完整。

2. 四出头官帽椅部件图的绘制

1) 座面部件图

椅类家具中，座面是最为重要的一个部件，椅子中主要的结构承力构件都与其发生联系，所以正确绘制座面结构及相关接合孔位是非常重要的。在这把四出头官帽椅中，构成座面部件的零件包括前后大边、抹头、座芯板以及座芯板下起加固作用的穿带，如图 10–36 所示。

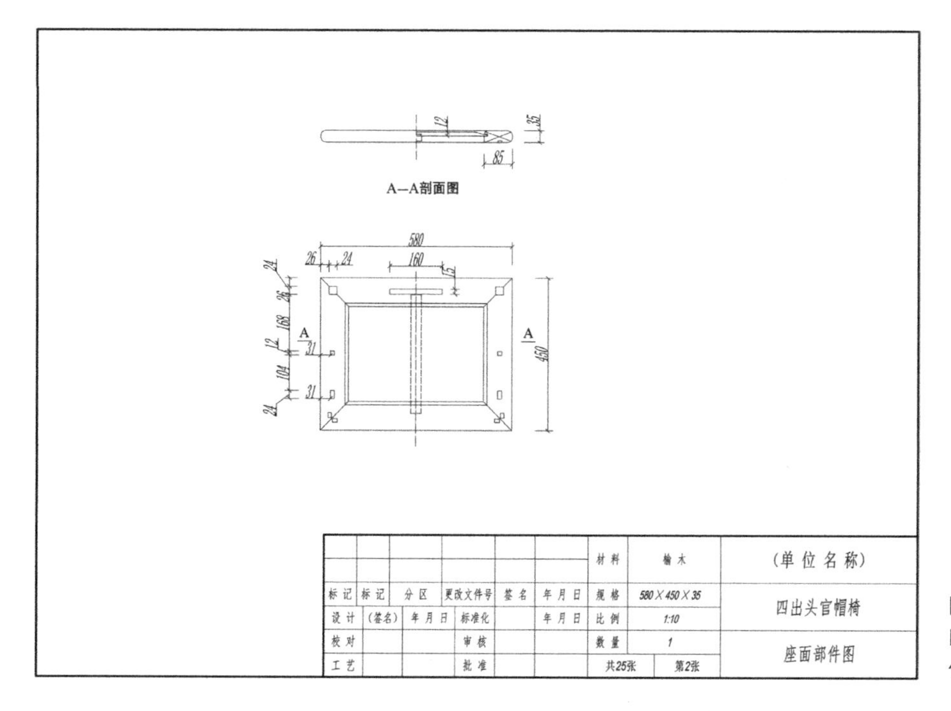

图 10–36
四出头官帽椅座面部件图

2）前券口部件图

前腿之间安装的三根牙子称为券口，其由上牙条与左右两根侧牙条构成，在结构上起到加固作用，同时也是该椅重要的装饰构件，如图 10–37 所示。

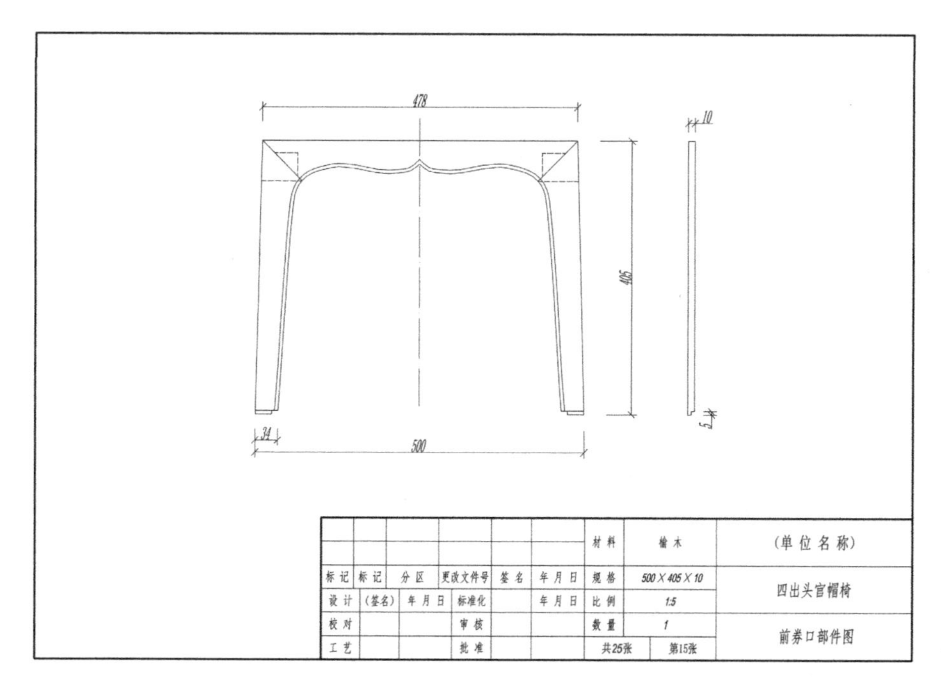

图 10–37
四出头官帽椅前券口部件图

3）侧券口部件图

侧券口是安装在前后腿之间的构件，其也由上牙条及左右牙条构成，但其在用料的大小及装饰性上要逊于前券口，如图 10–38 所示。

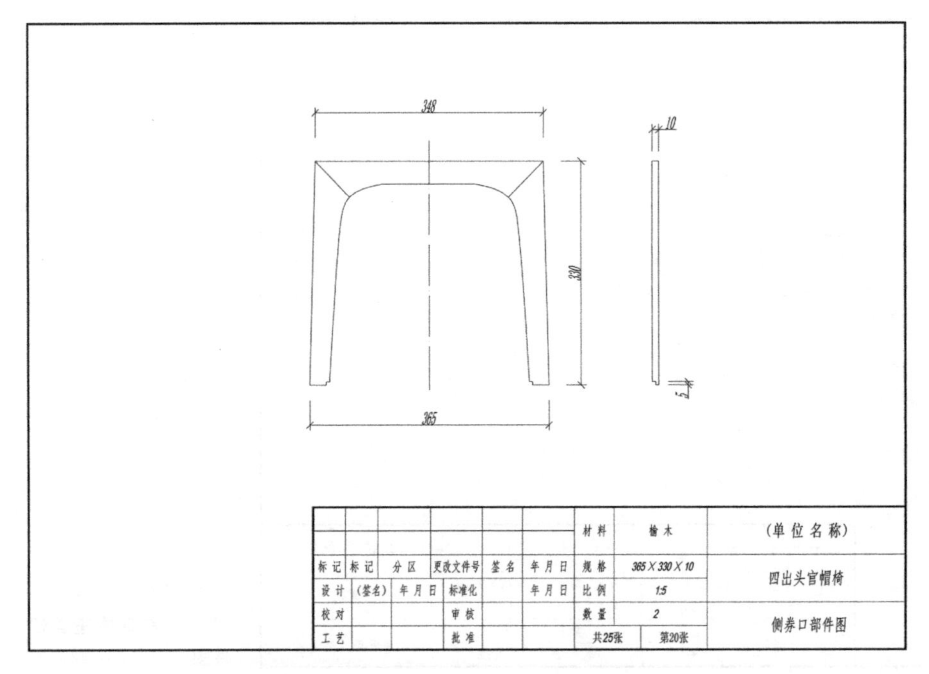

图 10–38 四出头官帽椅券口部件图

任务 4　四出头官帽椅零件图识读与绘制

1. 四出头官帽椅零件图的识读

（1）首先找到零件图在家具中的位置，并观察与之相关联的其他零部件的接合方式。

（2）根据零件的复杂程度选择视图，尽量以最少的视图全面、清晰地反映零件的加工信息。

（3）正确使用各类线型。

（4）尺寸标注全面，无遗漏。

（5）合理确定图纸比例。

（6）有图框、标题栏，相关信息填写完整。

（7）图纸整体清晰、美观。

2. 零件图的绘制

1）搭脑

搭脑是一个异形构件，在平面图纸空间表达时可能与实物形态会有些微不同，但要确保整体尺寸不能有大的偏差，如图 10–39 所示。

2）靠背板

在本例中，靠背板上端与搭脑接合处开榫后入槽，下部与座面大边接合处则直接入槽，如图 10–40 所示。

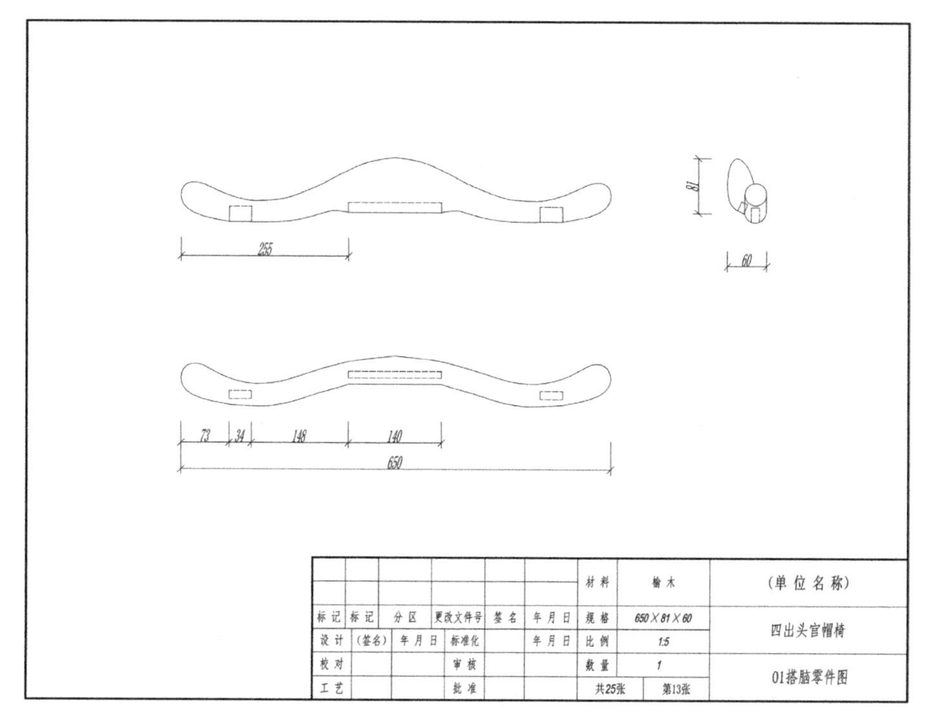

图 10–39
四出头官帽椅搭脑零件图

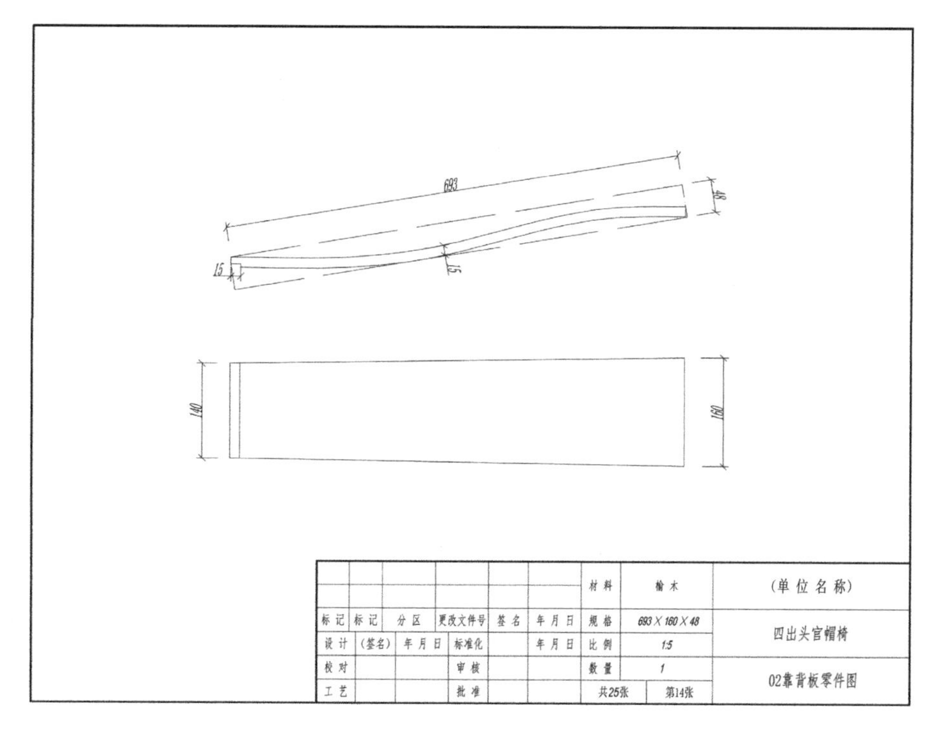

图 10–40
四出头官帽椅靠背板零件图

3）后腿

四出头官帽椅的后腿与靠背是“一木连作”的，这种做法能够提高家具整体的结构稳定性。与后腿相接合的零部件较多，有搭脑、扶手、座面、侧牙条、侧枨、后枨、后牙条，在制图时不要疏漏相关信息，如图 10–41 所示。

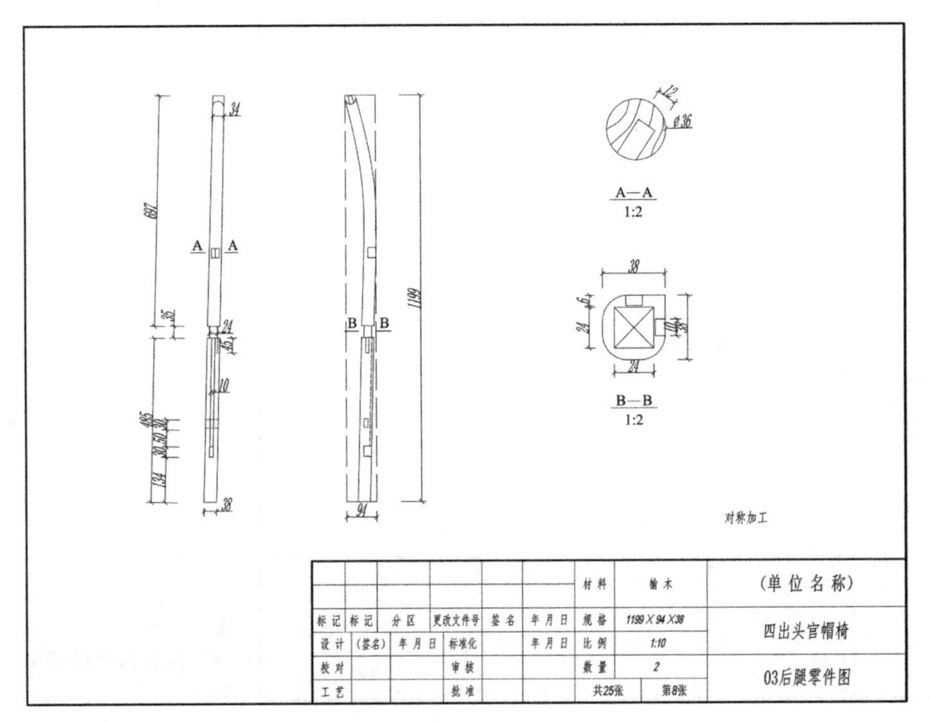

图 10–41
四出头官帽椅后腿零件图

4）扶手

与扶手相关联的零件有后腿、鹅脖、联帮棍，如图 10–42 所示。

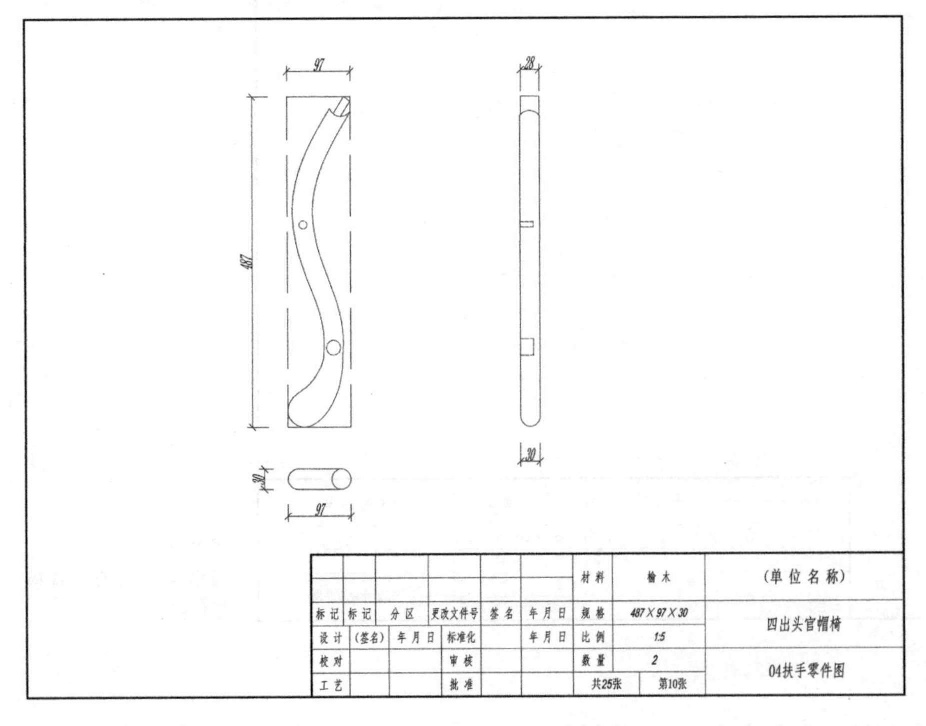

图 10–42
四出头官帽椅扶手零件图

5）联帮棍

联帮棍又称为"镰刀把"，有的地方又形象地称为"猪尾巴"，其两端大小不同，且呈S形曲线变化。与联帮棍相关联的零件有扶手与座面抹头，如图 10–43 所示。

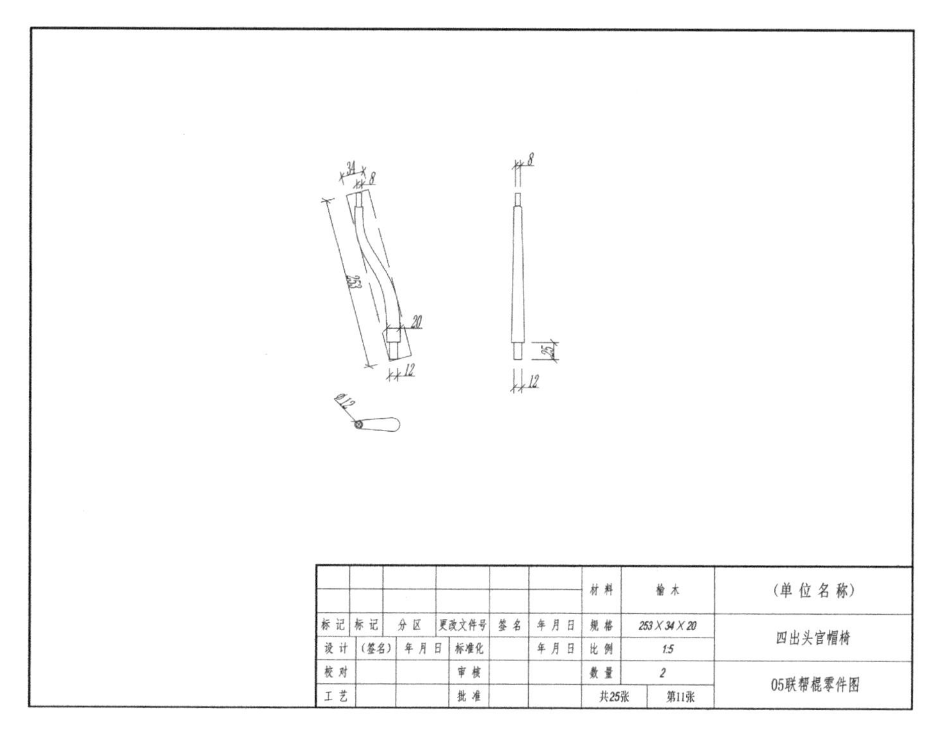

图 10–43
四出头官帽椅联帮棍零件图

6）鹅脖

本书示例的这件四出头官帽椅的鹅脖是与前腿分开的，相较于与前腿“一木连作”的形式，这种接合强度与耐久性要小于后者。与鹅脖相关联的零件有扶手、抹头，如图 10–44 所示。

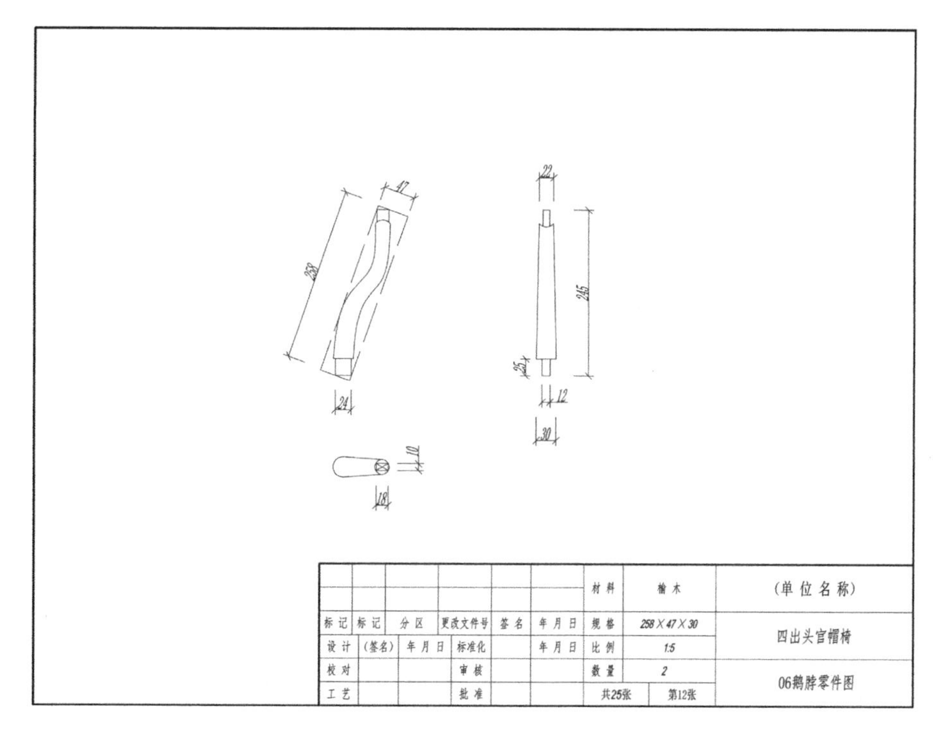

图 10–44
四出头官帽椅鹅脖零件图

7）前腿

前腿上端出榫，分别与座面的大边与抹头固定。与前腿相关联的零件还有前券口两侧牙条、管脚枨、管脚枨下牙条、侧枨、侧面券口牙条，如图 10–45 所示。

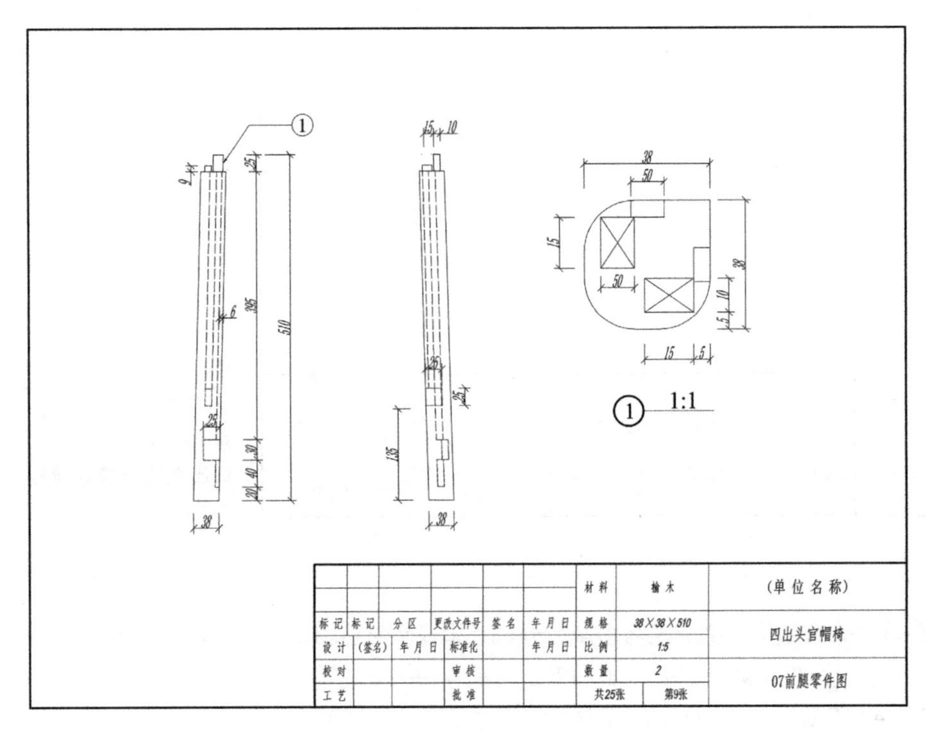

图 10–45
四出头官帽椅前腿零件图

8）前券口上牙条

与前券口上牙条相关联的零件有座面前大边、前券口两侧牙条，如图 10–46 所示。

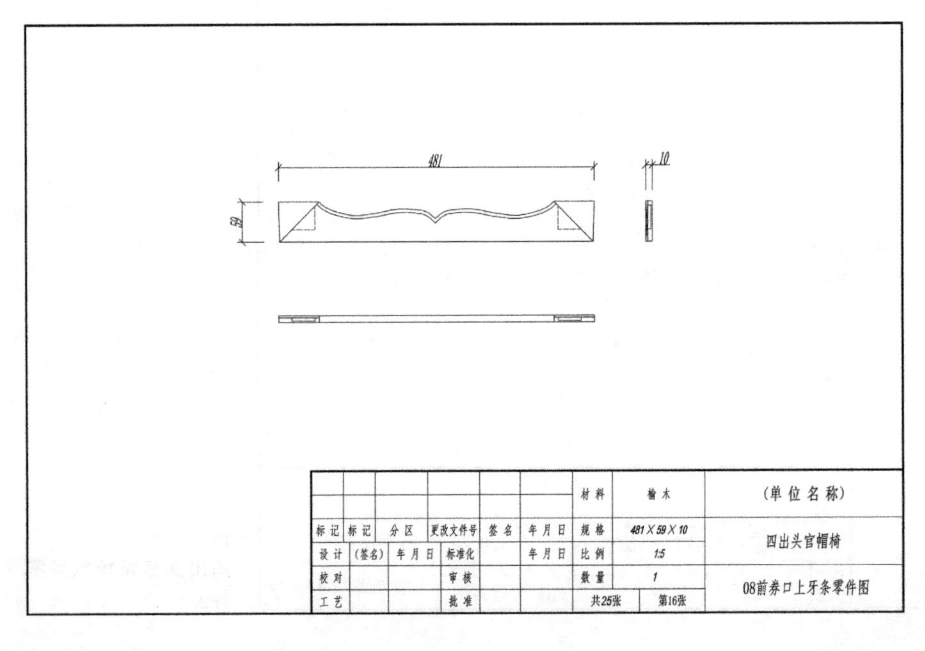

图 10–46
四出头官帽椅前券口上牙条零件图

9）前券口侧牙条

与前券口侧牙条相关联的零件有前券口上牙条、前腿、管脚枨，如图10–47所示。

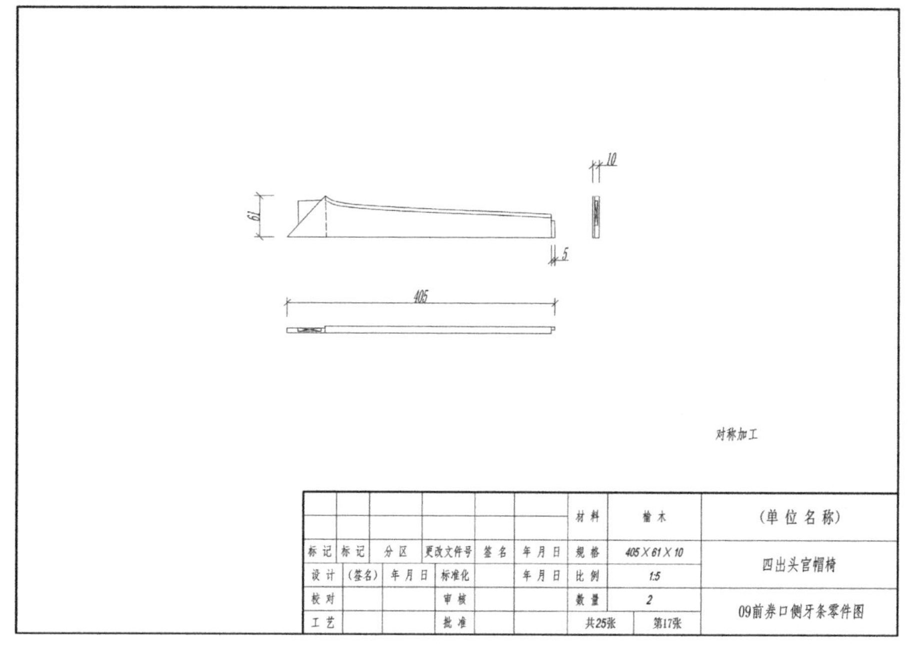

图 10–47
四出头官帽椅前券口侧牙条零件图

10）管脚枨

与管脚枨相关联的零件有前腿、管脚枨下牙条、前券口的两侧牙条，如图10–48所示。

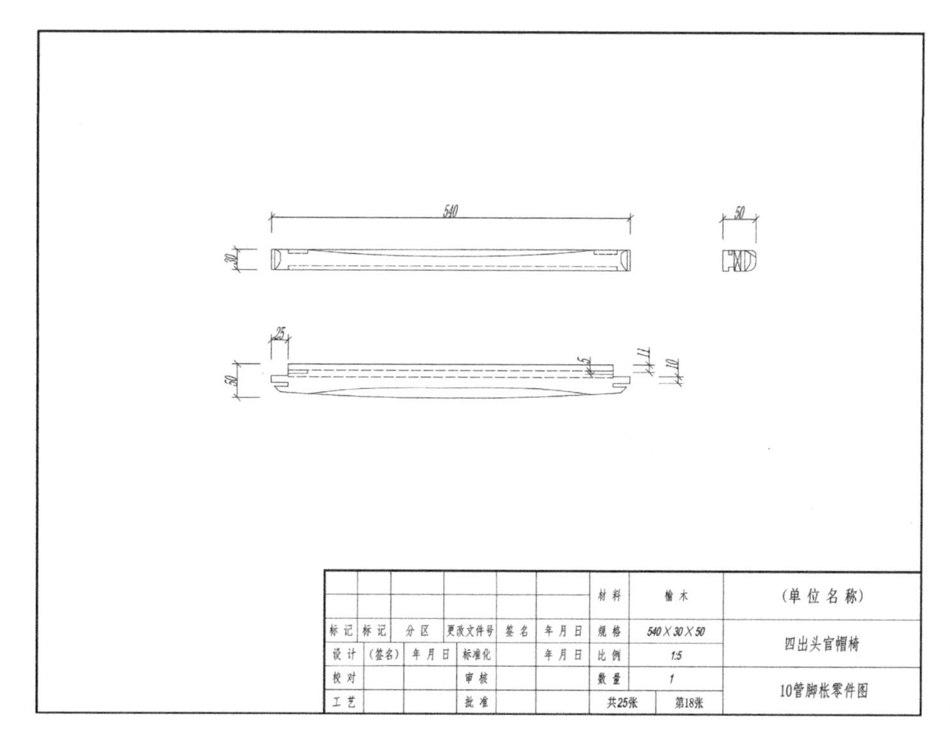

图 10–48
四出头官帽椅管脚枨零件图

11）管脚枨下牙条

与管脚枨下牙条相关联的零件有管脚枨、前腿，如图 10–49 所示。

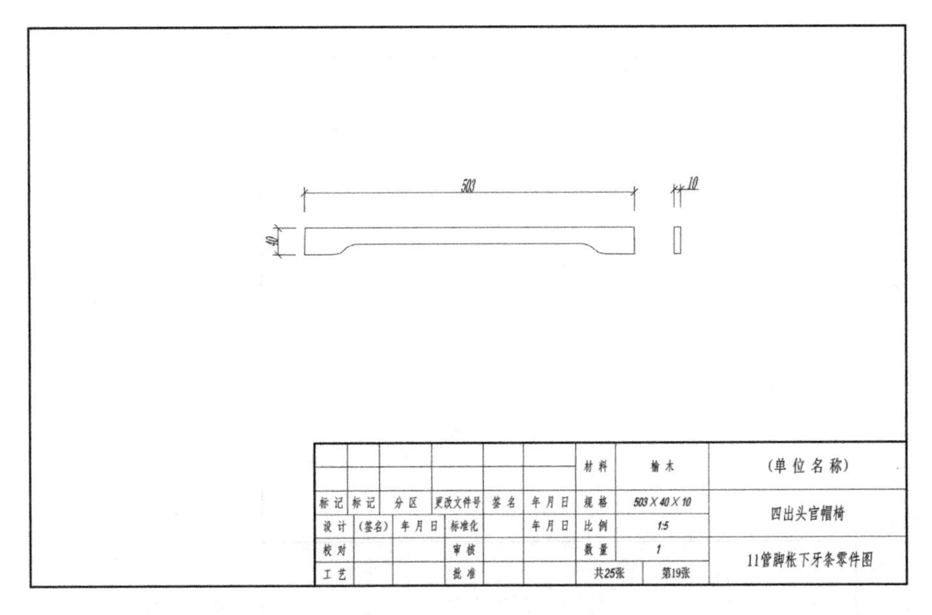

图 10–49
四出头官帽椅管脚枨下牙条零件图

12）大边

大边是座面的主要构成零件，前、后大边虽然下料尺寸相同，但因与之相关联的零件不同，所以这二者还是有一定区别的：前大边与前腿相连接，后大边与后腿及靠背板相连接，这使得二者开凿榫眼的类型与位置都不相同，如图 10–50、图 10–51 所示。

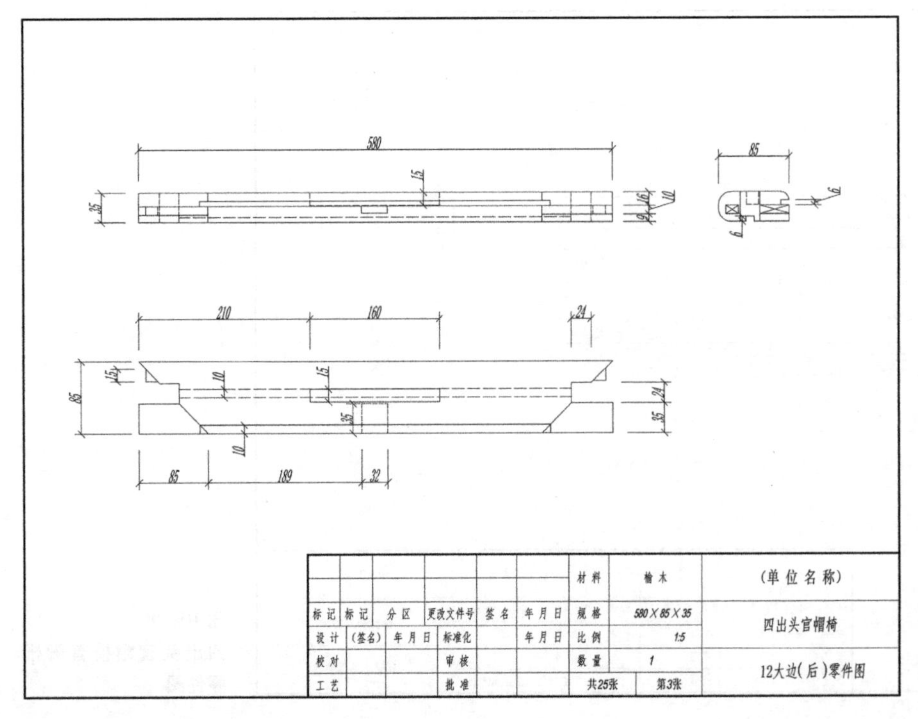

图 10–50
四出头官帽椅大边（后）零件图

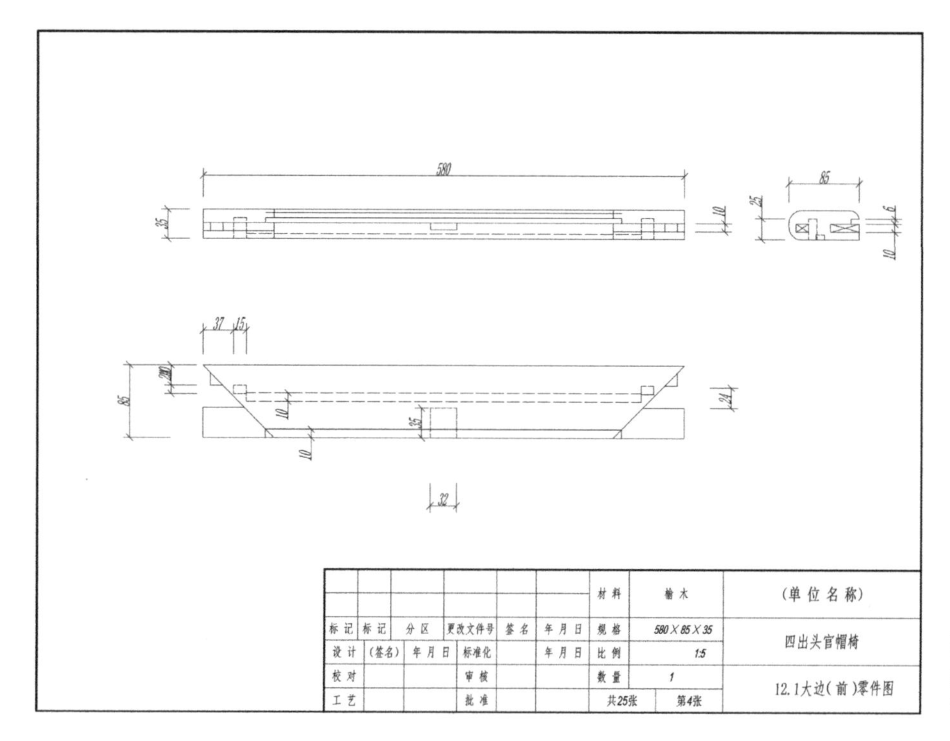

图 10–51
四出头官帽椅大边(前)零件图

13）抹头

抹头是座面的主要构成零件，与大边一起组成座面框，如图 10–52 所示。

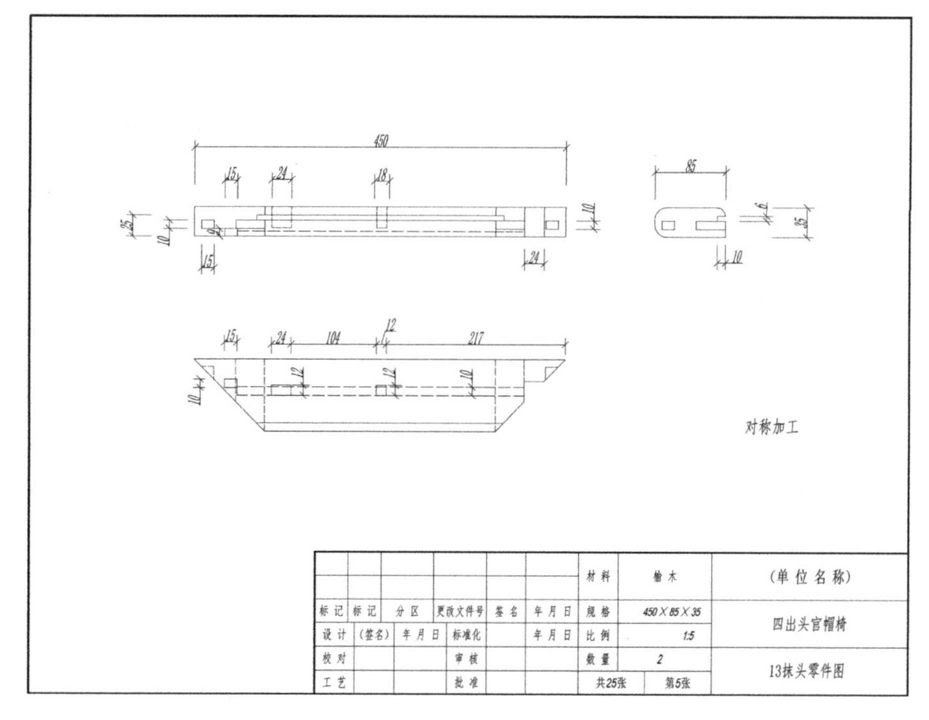

图 10–52
四出头官帽椅抹头零件图

14）座面芯板

座面攒框后镶入芯板，即所谓的硬屉，如图 10–53 所示。

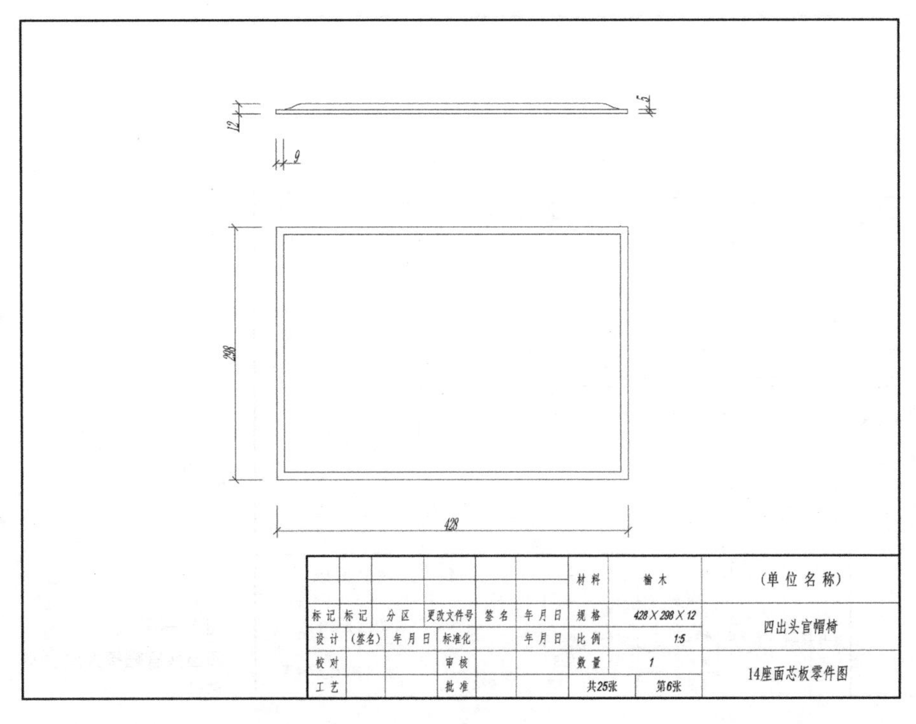

图 10–53
四出头官帽椅座面芯板零件图

15）穿带

座芯板下方铣榫槽，插入穿带，穿带两端与大边相接，起到加固座面的作用，如图 10–54 所示。

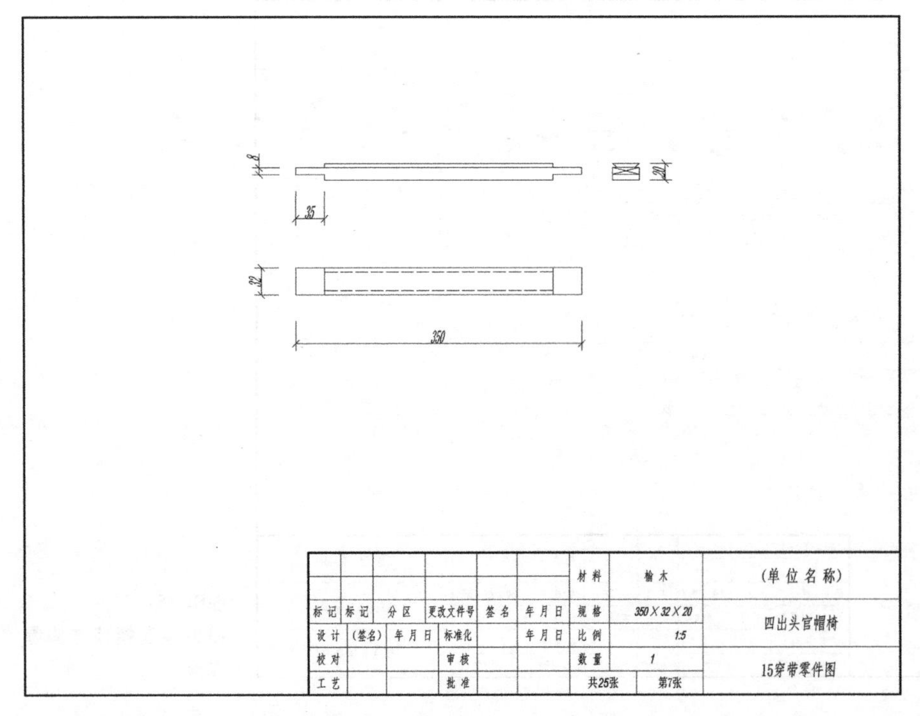

图 10–54
四出头官帽椅穿带零件图

16）后牙条

后牙条起到连接后腿、承托座面的作用，如图 10–55 所示。

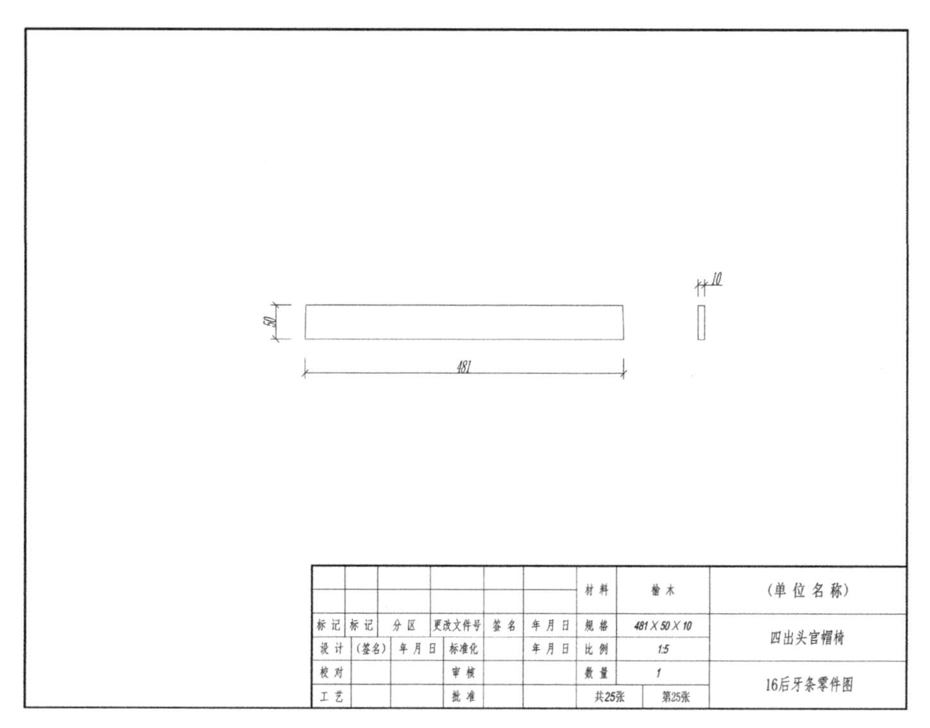

图 10–55
四出头官帽椅后牙条零件图

17）后枨

后枨连接后腿，起到加固作用，如图 10–56 所示。

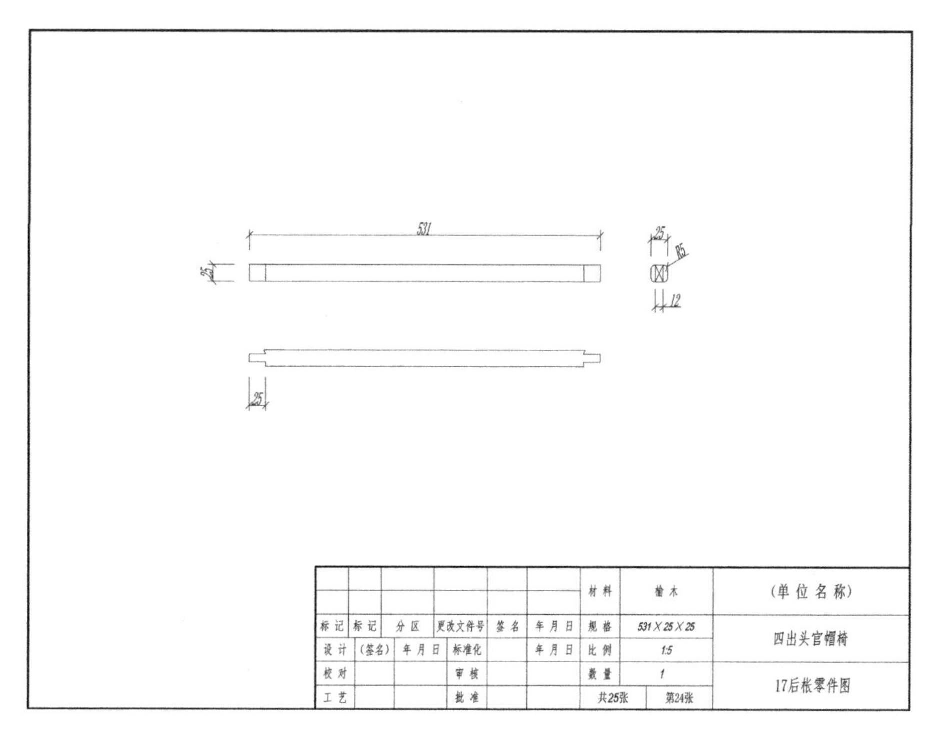

图 10–56
四出头官帽椅后枨零件图

18）侧枨

四出头官帽椅两边的侧枨连接前后腿，起到加固的作用，如图 10–57 所示。

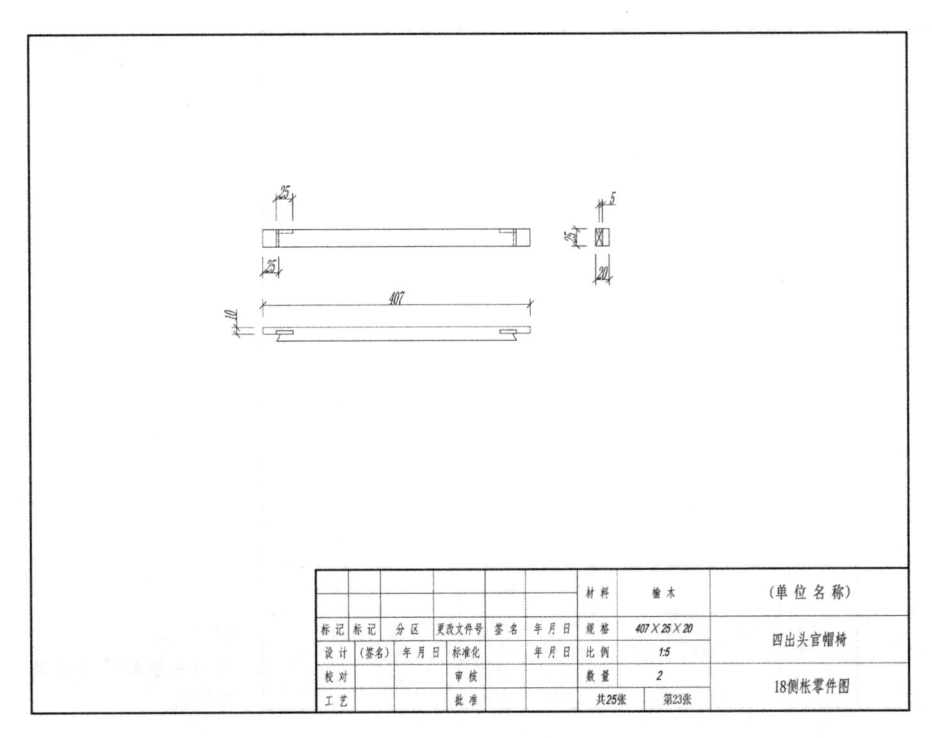

图 10–57
四出头官帽椅侧枨零件图

19）侧券口上牙条

侧券口上牙条与座面抹头及其两侧的牙条相连接，如图 10–58 所示。

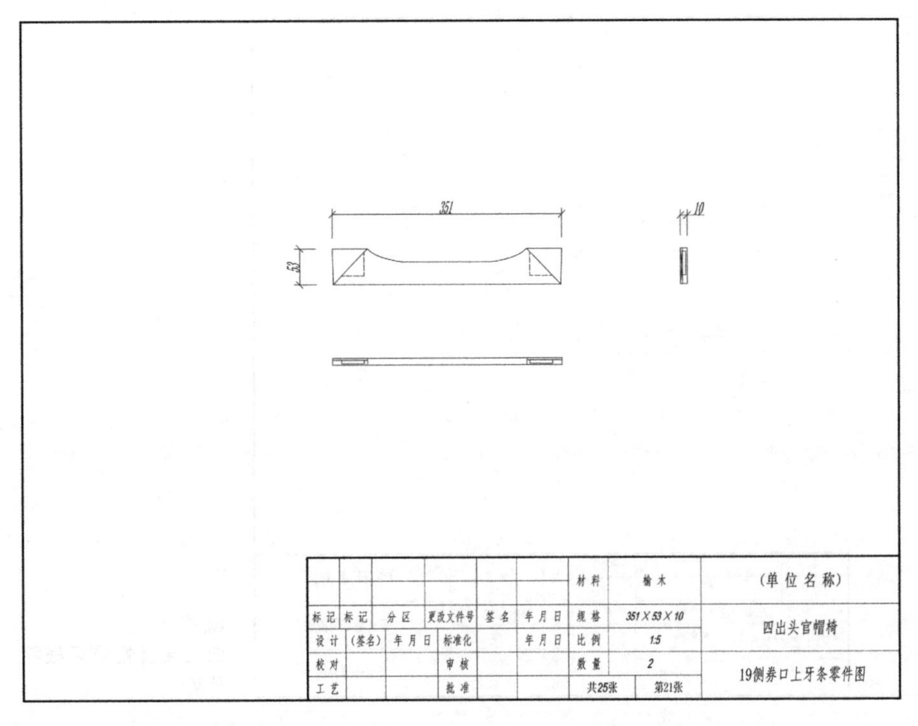

图 10–58
四出头官帽椅侧券口上牙条零件图

20）侧券口下牙条

侧券口下牙条与其上方牙条、前后腿、侧枨相连接，如图 10–59 所示。

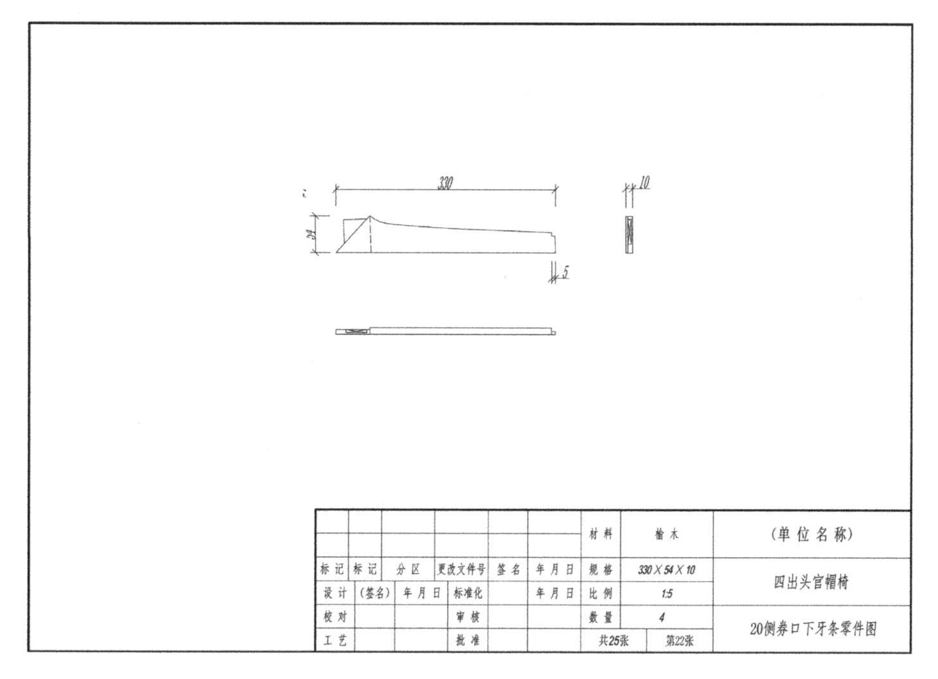

图 10–59
四出头官帽椅侧券口下牙条零件图

任务 5　四出头官帽椅节点详图识读与绘制

1. 四出头官帽椅节点详图的识读

(1) 首先找到详图所对应的索引符号。

(2) 明确详图所表达的该节点的结构形式。

(3) 明确详图的比例。

(4) 查看文字说明、尺寸标注等。

2. 节点详图的绘制

家具详图参考图 10–60 所示。

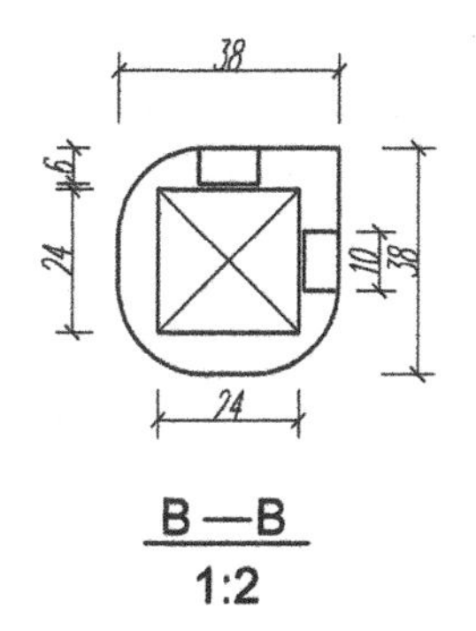

图 10–60
四出头官帽椅后腿节点详图

任务 6　生产料单的识读与编制

1. 四出头官帽椅生产料单的识读

(1) 根据编号在外观图上找到对应的零件。

(2) 查看规格尺寸、数量。

2. 参照表 11 样式，根据加工图纸信息编制生产料单，并核对相关信息

【项目评价】

评价采用过程性评价和结果性评价两部分。过程性评价以课堂出勤情况、课上学习态度为主要考察点；结果性评价以识图和制图能力、项目完成情况等作为参考标准。具体评分表如表 10–12 所示。

四出头官帽椅生产料单 表10–11

规格：580mm×450mm×1250mm

零件序号	名称	规格（mm）			数量
		长	宽	厚	
01	搭脑	650	81	60	1
02	靠背板	693	160	48	1
03	后腿	1199	94	38	2
04	扶手	487	97	30	2
05	联帮棍	253	34	20	2
06	鹅脖	258	47	30	2
07	前腿	510	38	38	2
08	前券口上牙条	481	59	10	1
09	前券口侧牙条	405	61	10	2
10	管脚枨	540	30	50	1
11	管脚枨下牙条	503	40	10	1
12	大边（后）	580	85	35	1
12.1	大边（前）	580	85	35	1
13	抹头	450	85	35	2
14	座面芯板	428	298	12	1
15	穿带	350	32	20	1
16	后牙条	481	50	10	1
17	后枨	531	25	25	1
18	侧枨	407	25	20	2
19	侧券口上牙条	351	53	10	2
20	侧券口下牙条	330	54	10	4

项目5四出头官帽椅结构认知及加工图纸绘制 表10–12

项目任务		评价标准	分值
过程性评价		①不旷课；②不迟到；③不早退；④课堂纪律良好；⑤学习态度积极主动，及时完成教师布置的各项任务；⑥能够对项目进行合理分析；⑦积极参与各项讨论；⑧按照项目要求完成相关内容；⑨按照项目计划完成项目内容；⑩具有团队合作精神	30分
结果性评价	四出头官帽椅的主要造型与结构特征认知	①通过本项目的学习，对于传统家具形成一定的认知；②能够自觉使用各种媒介，更为深入地学习古典家具的相关知识；③识记书中所示四出头官帽椅各构件的名称	10分
	四出头官帽椅外观图识读与绘制	①正确理解三视图中各个视图的相互关系；②知晓组成该椅的全部零部件；③理解图中所示重要节点；④各种线型使用正确；⑤尺寸标注合理；⑥比例选择恰当；⑦图纸具有图框、标题栏，整体图面效果整洁、美观	15分

续表

项目任务		评价标准	分值
结果性评价	四出头官帽椅部件图识读与绘制	①视图选择恰当，相互对应关系正确；②各零件结构关系明晰；③各种线型使用正确；④尺寸标注正确、完整；⑤比例选择恰当；⑥图纸具有图框、标题栏，整体图面效果整洁、美观	10分
	四出头官帽椅零件图识读与绘制	①视图选择恰当，相互对应关系正确；②零件加工信息完整，无疏漏；③各种线型使用正确；④尺寸标注正确、完整；⑤比例选择恰当；⑥图纸具有图框、标题栏，整体图面效果整洁、美观	15分
	四出头官帽椅节点详图识读与绘制	①合理选择节点；②加工所需尺寸在图中表达清晰完整；③比例选择恰当，并在图名下标注比例	10分
	生产料单的误读与编制	①生产料单信息与图纸相一致；②形式简明扼要，数据准确	5分
	装订	①图纸尺寸一致；②配有封皮；③装订整齐、干净	5分

注：如不满足评价标准中的任意一项，过程性评价部分扣3分，结果性评价部分扣2分。

参考文献

[1] 高祥生．装饰设计制图与识图[M]. 北京：中国建筑工业出版社，2002.

[2] 刘军旭，雷海涛．建筑工程制图与识图[M]. 北京：高等教育出版社，2014.

[3] 刘军旭．建筑工程制图与识图[M]. 北京：高等教育出版社，2012.

[4] 朱毅，杨永良．室内与家具设计制图[M]. 北京：科学出版社，2013.

[5] 彭红，陆步云．设计制图[M]. 北京：中国林业出版社，2008.

[6] 管晓琴．建筑制图[M]. 北京：机械工业出版社，2013.

[7] 方筱松．新编建筑工程制图[M]. 北京：北京大学出版社，2012.

[8] 赵晓飞．室内设计工程制图实际应用技巧[M]. 北京：中国建筑工业出版社，2011.

[9] 朱福熙，何斌．建筑制图[M]. 北京：高等教育出版社，1998.

[10] 陈志华．外国建筑史[M]. 北京：中国建筑工业出版社，2011.

[11] 夏玲涛，邬京虹．施工图识读[M]. 北京：高等教育出版社，2017.

[12] 彭红，陆步云．家具木工识图[M]. 北京：中国林业出版社，2005.

[13] 叶志远，王双科，邱尚周．《家具制图》标准修订解析[J]. 家具与室内装饰，2011(6)：18–19.

[14] 顾炼百．木材加工工艺学[M]. 北京：中国林业出版社，2003.

[15] 许柏鸣．家具设计[M]. 北京：中国轻工业出版社，2000.

[16] 江功南．家具制作图及其工艺文件[M]. 北京：中国轻工业出版社，2011.

[17] 德国海福乐集团中国地区常备家具五金及建筑五金产品手册[M].

[18] 梅长彤，周晓燕，金菊婉．人造板[M]. 北京：中国林业出版社，2005.